60

新中国艺术六十年

全国美学大会（第七届）
论文集

韦尔申 张伟 主编

文化艺术出版社
Culture and Art Publishing House

目　录

门类艺术研究

审美文化研究

序

汝 信

　　由中华美学学会和鲁迅美术学院主办的第七届全国美学大会暨"新中国美学六十周年"全国学术会议，于2009年8月在沈阳召开。这是我国美学界的一大盛事，也是近年来美学研究成果的一次集中的展示和交流。大会上发表的论文现已结集正式出版，这是全国美学大会第一次出版论文集，对美学感兴趣的广大读者将能从中获取有关我国美学发展状况的最新信息，相信本书会受到公众的热情欢迎。

　　新中国成立以来，我国美学研究蓬勃发展，取得了令人瞩目的成就，在经过的六十年历程中虽然也有曲折起伏，但比较而言美学作为哲学社会科学的学科之一，在学科建设方面进展还算是顺利的，如今富有自己特色的当代中国美学理论正在苗壮成长并逐步走向成熟。可以说，目前是历史上我国美学发展最好的时期。特别是"十七大"作出了兴起社会主义文化建设新高潮，推动"文化大发展、大繁荣"的重大战略部署后，全国各地都在大力开展文化建设，人民群众的审美需求空前高涨，这就为美学的繁荣发展创造了十分有利的客观条件。美学研究和审美教育是文化建设的重要组成部分，对贯彻以人为本、提高人的素质和促进人的自由全面发展起着独特的不可替代的作用，理所当然地日益受到人们的重视。

　　美学的春天已经来临，这次全国美学大会正是充分反映了现时代的这一发展趋势。

　　从这次大会上宣读的许多论文可以看出，我们美学工作者这些年来付出了辛勤的劳动，无论从美学研究的深度或广度来说都达到了新的水平。今天的中国美学在马克思主义思想指导下呈现出多样化发展的大好局面，内容丰富多彩，包罗万象，从理论到艺术实践、从历史到现实、从传统到现代、古今中外诸多美学问题都进入了研究的视野。尤其可喜的是，我们的一些美学研究者勇于解放思想，独立思考，面向新时代，放眼世界，广泛地吸收新知识，在研究工作中应用新概念和新方法，力求在理论上有所突破和创新。新中国美学的发展中始终贯彻着这种不断探索的精神，特别是在我国美学研究中占重要位置的有关美学的哲学基础的思考和论辩，从上个世纪五六十年代围绕认识论问题展开的美学大讨论开始，到"实践美学"、"后实践美学"、"当代本体论美学"的相继提出，以至从后现代观点对传统美学观念发起的挑战，都是从不同的角度、不同的层面对美学基本问题的探索，开拓了人们新的视野。可以预期，这种探索和创新还将一直继续下去，为我国的美学研究不断增添新的活力。还有一点值得注意，有的研究者在总结和回顾新中国六十年美学的发展历程时，除了充分肯定取得的成就外，也进行了深刻的反思，思考我国美学研究还有哪些缺失和不足。这样的反思也很有必要，是中国美学逐步走向成熟的表现。

开展美学研究，重视在理论上创新，决不是意味着要抛弃已往的美学遗产或否定传统美学在现代的价值。相反，只有充分尊重历史，才能深刻认识现实和把握未来。因此，关于中外美学史的研究一直是美学学科建设中的重要环节，近年来这方面的研究成绩卓著，为美学理论的发展提供了有力的支持。

无论中国或外国，历史上都有丰富的美学思想和悠久的美学传统，这些优秀的文化遗产是人类创造的共同精神财富。现代美学的发展不能离开传统的基础，中国美学必须扎根于中国传统的土壤。新中国美学的发展应是传统在新的历史条件下合乎规律的继续和进一步发展，而不是传统的断裂。当然，我们今天也是以创新的精神去研究中外美学史的，对美学遗产采取批判继承的态度，努力在传统和现代之间建立一种有机的联系。我们不能囿于传统，而是要从当代的视野出发，去发掘和弘扬传统美学思想中的精华，给予新的理解和诠释，并以此为基础融汇创新，使传统融入现代思想而获得新的生命力。

美学是一门与现实生活紧密相关的学问，美学的发展需要不断地从现实生活中汲取营养，需要研究现实生活中出现的新现象，回答现实生活中提出的新的美学问题。随着时代的前进，社会生活发生急剧的变化，产生了一系列与人民群众生活有密切关系的新的美学问题，如生态美学、日常生活审美化、大众传媒与网络文化、文化产业等等。我们的美学研究者贴近生活，及时地对现实中出现的这些新现象、新问题从美学上作了探讨，为美学研究充实了许多新的内容，从而大大超越了传统美学的研究范围，这次美学大会开设了"艺术产业化"的论题就是很好的尝试。

上述的几个方面并不能概括这次美学大会的全部学术成果，但无论哪一方面的研究，其总的目的都是为了要创造我们今天所需要的体现新时代精神的有中国特色的美学理论。美学研究和创新需要有一个良好的学术环境和宽松的学术气氛。坚持和贯彻"双百方针"，鼓励实事求是的科学研究和大胆探索，开展不同学术观点的自由讨论，是促进学术繁荣和美学发展的必要条件。学术繁荣了，才可能有理论上的创新。希望本书的出版能为推动美学问题的自由讨论做出应有的贡献，给这次全国美学大会画上一个圆满的句号。

艺术理论研究

当代精神境遇中的绘画本源性

韦尔申

正如哲学是时代精神的表征一样，绘画也同样应该是一种时代精神的表征。在我看来，绘画作为人文艺术之一种，不是一种客观认识的工具，更不是一门技术化的手艺，它应该是自己时代的生命领悟和精神自觉。

就当代中国美术发展来说，尤其是新时期以来的中国美术，与 20 世纪 80 年代所开启的崭新时代精神是紧密相连的。我想，无论中国当代美术发展到今天呈现出怎样复杂多元的格局，疏远或遗忘了 80 年代那种精神，就会陷入一种无根漂浮的状态。作为 80 年代新潮艺术群体中的一员，我被那个时代所感动，切身地感受到时代赋予我们的一种使命，并成为一名积极热情的参与者。20 世纪 80 年代是一个令人激动的年代，是一个思想解放、文艺复兴的年代。冰封已久的思想禁锢被打开了，艺术界涌动着创新的冲动与渴望，新的思想、新的感受、新的体验生成出强烈的表达诉求，寻找新的表征形式，探索新的艺术语言，成为艺术家们普遍追求的一种时代精神。时代要求我们寻找一种新的表达方式，一种与"文革"时期完全不同的艺术言说方式，虽然，我们的眼界还不够开阔，对国外各种各样的艺术风格与流派还所知甚浅或所知甚少，但内在充盈着探索创新的冲动，而这种内在的冲动应该说是最难能可贵的，因为，它带给我们一种精神状态，赋予我们一种精神内涵或一种精神样式。今天，有人提出"重返80 年代"的议题，这的确有一种怀旧的情结在里面，也许，我们"80 年代新一辈"已经老了；也许，时代变化得太快，80 年代已经成为曾经辉煌的过去，成为一种即将消逝的记忆，但回望 80 年代、重返 80 年代的确是一件非常有意义的事情，至少对于我来说是如此。

90 年代以后，我的绘画发生了一些改变，许多人觉得我是一个不断求新求变的人，其实骨子里我是一个比较怀旧的人，说得诗意点，是希望有一种坚守，有一种守望吧。坚守什么？守望什么？如果可以用时代来做标示的话，大概就是一种 80 年代的精神吧。在我看来，对于中国当代美术来说，80 年代艺术精神的核心问题是艺术如何表达时代。这其实是一个比较沉重的话题，也正因此，它赋予艺术一种深沉凝重的精神内涵，成为艺术生命中难以承受之重，使其难以轻盈华丽起来。虽然 80 年代精神中有这种过于沉重的东西，但它并不意味着迟滞凝固，它还有另一个面相，即一种强烈的先锋探索的姿态。从"85 美术新潮"运动中，我们可以明显地看到那种突破禁闭后的先锋冲动，虽然由于当时诸多条件的限制，许多探索还显得稚嫩，但它包含和蕴育着后来当代艺术探索的诸多主题和路向。这无疑是 80 年代留给我们的一份值得珍惜的精神遗产：沉重的精神性追寻与创新的先锋性探索。这两个看似有些矛盾冲突的东西，恰好构成了一种 80 年代所特有的艺术精神特质。也许，正因为此，中国当代艺术创作中始终蕴涵有一种张力。如果说，80 年代对于我来说究竟意味着什么，那么，我想也许正是这种经常置人于两难境遇之中的张力，构成了我艺术创作的某种语境或某种情境。

确实，表面上看，从"蒙古时期"向"守望者时期"转型，发生了很大的变化，但变化之中始终存在着延续性，这种变化是一种延续，它不是一种根本的转变或者改变。我后来画的知识分子题材的作品，也没有完全和我以前画的蒙古题材的作品，有一个截然的不同。它们之间还是有一种内在的联系，一种内在的精神联系。我想，我今后可能还会变化，那变化之后的样式和我今天的样式也一定会有些相应的内在关联，我觉得这样才能形成一种内在的精神关联，形成一个链条。在这个链条上，人们会看到一种艺术发展嬗变的轨迹。我选择蒙古题材来作画，是因为那确实是我比较熟悉的生活，但我又不想被这种题材所限制，不想将这类画变成一种异域风情的展示，当时，在民族题材绘画创作中确实存在着一种追求奇异景观展示的倾向。我想展示奇异风情并不是画此类绘画的真正目的，真正的目的应该是借助某些特殊的形象或形式去表达某种精神气质；这样才能深入到一个民族的精神深处，以此为切入点，它也应该为我们进一步探寻整个民族以至整个人类精神生活提供一种参照或一种样式。出于这样的考虑，我想我的创作不应该停留在"为蒙古题材而表现蒙古题材"或"为蒙古人而表现蒙古人"上，不应该局限于真实地再现蒙古人的生活场景。

蒙古人只是我试图表达某种精神生活的一种符号，因此，我尝试对它进行一种超越具体时空的关系处理。所以那个时候我的一些作品，很少有情节化的东西，也很少有具体的环境，具体的事件，具体的空间等等。我尝试某种去场景化、去情节化、去风情化的绘画语言，甚至有意将一些富有民族个性的东西去掉，对人物或场景进行的线条化、抽象化、平面化、简约化、象征化的处理，以期寻找出某种样式或图式，尽可能使这些样式或图式能够准确地传达出某种精神样态，说到底就是在找寻某种精神样式或精神图式。我想，精神一旦获得了某种样式或图式，就会呈现出一种永恒的崇高境界，它会使绘画具有一种崇高的美感，一种温克尔曼所推崇的"高贵的单纯和静穆的伟大"的古希腊式的艺术风格。

也许是因为我那时的绘画中始终有一种接近古典的崇高风格，有人将我的绘画或此类绘画称之为古典主义或新古典主义。关于我的绘画究竟属于什么流派或风格，怎样来界定它，我不是很在意。别人如何称谓你的作品，将它命名为一种什么主义，那是别人的事，我只关心绘画本身。在我看来，任何一种主义式的指称都会造成简约化。我确实不太赞同用地域来界定一个画家或流派，如有人认为我属于东北新古典主义。不同地域文化对不同艺术风格的形成会有一定的影响，但用地域来界定或划分某种艺术，总有"地理环境决定论"的嫌疑。在全球化的今天，地域性或地方性似乎显得越来越重要，但艺术家不应该局限其中，他应该有一种全球化的视野，而所谓全球化的视野，也就是要关注人类所面对的共同问题。作为当代的艺术家应该如何面对古典，是返归古典，还是告别古典，这些问题很复杂。我想应该从绘画本身来看古典与现代的问题，比如，我对前文艺复兴时期绘画的兴趣，表面上看，我确实是返归到古典，但我的目的并不是为了回到中世纪，那样的古典主义虽然古典，但并不是今天所需要的艺术。我的目的是在古典作品中寻找或发现某种更为重要的东西，这就是绘画如何来表达人类的精神。而这种绘画的精神性表达问题，是从我试图表达当代人的精神状貌的问题中诞生的。从这个意义上，我说古典的问题，应该与绘画本身及其当代问题紧密的联系为一体。因此，我们既要返归古典，又要告别古典。千万要警惕和防止是，一旦被贴上古典的标签，便容易陷入"为古典而古典"的圈套之中，历史上诸多复归古典的运动，已经给予我们许多有益的经验与教训。

什么是绘画的精神性表征或表达？在我的理解中，它无疑是一种非常古老久远又极具当代意蕴的绘画理念。显然，这种将绘画与精神性表达联系在一起的艺术理念，与写实主义或科学主义式的模仿再现传统不同，虽然，它并不抛却绘画的具象性特征，但它的目的或旨趣是通过具象去表达某种难以把捉的精神意蕴，表征某一时代或人类生存的精神境遇。我在绘画的过程中始终进行着一些探索，试图通过绘画来表征时代精神状况，探究人类精神的内在意蕴，在精神性与绘画性之间进行某种追问。我画的知识分子形象并不是某类职业群体题材的选择，不是一种典型的知识分子的样子，他是一个很富有个性的，但是又具有象征意义的这么一个人物。他不可以做表率，也不可以做样本，他不是知识分子的样板。我赋予他一种幽默、滑稽、很质朴也很认真的这么一种精神气质。我想，我主要的意图是，通过这一形象揭示出作为知识分子所应该恪守的精神家园。在这里，"知识分子"只不过是一种挪用或借代。因为，"知识分子"这一称谓更有助于体现时代的精神状态。从时代精神表达的角度来看"知识分子"系列，可能会更容易理解其中的意义蕴涵。

随着社会经济文化的转型变革，中国当代艺术不可避免地出现转型。面对日益复杂的当代社会生活变化，面对时尚化、娱乐化、媒介化、商品化、技术化、全球化等社会文化现象，我们应该处理好全球境域与本土资源、传统艺术形态与技术文化形态、人文关怀与时尚潮流的关系，营造一种共生互动的文化生态环境。面对国外纷繁陈杂的艺术流派与思想观念，既要体现我们民族的传统审美价值，又要深入思考全球化带来的这种艺术现象和哲学、文化问题；既要坚守中国传统的人文价值精神，又要具备更为广阔的跨文化语境的视野与心态。在坚守审美价值和人文关怀的同时，以更加开放的姿态和策略，冷静的思考和面对复杂的现实变化。在我看来，如何通过自己的方式更加准确的表征时代，如何运用新的艺术形式言说现实，取决于我们对当代经验的体悟，取决于我们对当代精神境遇的理解和呈现。

毫无疑问，寻求绘画表达的精神性这一关系到绘画的本源性难题，不可能轻而易举地就可以找到令人满意的答案，还需要有漫长而艰辛的路要走，还需要一代又一代艺术家的探索努力。但我相信，只要精神不死，绘画的精神性表达就应该是我们一直探寻的永恒的艺术命题。

艺术学建构的思考

杨恩寰

本文将提出艺术学建构的总体设想，其中包括艺术学研究的历史和现状，艺术学学科定位和体系框架，艺术学的对象、任务、方法等诸多理论问题的探讨和阐述，试图对艺术学这门学科做一个总体勾画和陈述。

一、艺术学概况

（一）西方艺术学

在西方，艺术学作为一门独立学科的历史，始于 19 世纪下半叶。在 1870 年左右，随着黑格尔哲学走向解体，黑格尔美学以及黑格尔派美学受到严重的冲击和批判。实验美学的先驱者费希纳（G. T. Fechner, 1834—1887），对黑格尔为代表的德国古典美学所采用的思辨方法建立起来的"自上而下"美学体系的可靠性提出了怀疑，积极主张采用科学实证方法建立"自上而下"美学体系；费希纳发表的演说《实验美学》（1871）和著作《美学导论》（1876）"标志着新的科学美学的开端"①。在美学走向科学的趋势下，德国古典美学把一切艺术问题都归结为美学问题，艺术与美浑然不分，艺术以实现美为目的，越来越引起学者的怀疑。学者们发现，以前在美学名义下进行的艺术研究，本有自己的研究对象和研究方法，并不等同于美学对象和方法，理应重新提出艺术学学科独立问题。但是由于学者各自对美与艺术、美学与艺术学的关系所持的观点和根

① 吉尔伯特·库恩《美学史》下卷，上海译文出版社 1989 年版，第 694 页。

据不同，艺术学从美学中分离而走向独立，一开始就引起学者的不同理解和不同态度。

德国美术史家、艺术理论家康拉德·菲德勒（Konrad Fiedler，1841—1895）首先从理论上对美和艺术作划分，对美学和艺术学做了界定。他认为，美与愉悦的情感有关，艺术则是遵循普遍规律的真理的感性认识，其本质是形象的构成，"美学的根本问题是跟艺术哲学的根本问题截然有别的东西"①。黑格尔认为美学就是艺术哲学，菲德勒却认为美学与艺术哲学在研究对象、范围以及所要解决的根本问题方面是截然不同的，美学所要研究解决的是与愉悦情感有关的美，艺术学所要研究解决的是与感性认识有关的"形象构成"。菲德勒着眼于艺术学（艺术哲学）与美学的区别，为艺术学从美学中分离而走向独立作出了贡献。尽管菲德勒还没有提出"艺术学"名称，后来却被学界称为"艺术学鼻祖"。

美学走向科学的过程，科学实证方法的提倡和运用，必然涉及许多相近学科的知识，像心理学、生理学、生物学、社会学、人种学等等，就从不同角度不同层面为美学研究提供了新材料。美学研究的领域在时间和空间上都扩展了，对艺术研究的兴趣也增强了，这就更加导致传统哲学美学的分裂，从而产生了许多科学美学，如心理学美学、人种学美学、社会学美学。德国艺术学家、社会学家格罗塞（E. Grosse，1862—1927）评论了各种哲学美学体系的垮台，并开始使用艺术学这个术语。在《艺术的起源》（1894）中，格罗塞对艺术哲学和艺术评论做了评论，指出"狭义的艺术哲学的种种尝试，向来差不多都是希图和某种思辨的哲学体系直接联结的。那些尝试一时固然随着哲学多少得到了承认，但是过了不久，就又和哲学一同没落了。我们并不想在这里判断这些思辨的东西的一般价值。如果我们以严格的科学标准评价它们，我们不得不承认它们遇到那样的命运是活该的……黑格尔派和赫尔巴特派的艺术哲学，在现在都已只有历史上的兴趣了"。广义的艺术哲学还包含艺术评论，"倘使将这些艺术评论的任何一种来加以精密的考察时，就会发现那些意见和定理，都不是以什么客观的科学的研究和观察做基础，只是以飘忽不定的、主观的、在根据上同纯科学的要素完全异趣的想像做基础的"。极力主张建立艺术科学，认为艺术科学的主要目的，"是为了支配艺术生命和发展的法则的知识"；

---

① 转引自竹内敏雄主编《美学百科辞典》，黑龙江人民出版社1986年版，第68页。

"只要艺术科学教给了我们一条支配着那一看似乎没有规律的任意的艺术发展过程的法则，艺术科学也就可以算是尽了它应尽的任务了罢"；"只要艺术科学能够显示出文化的某种形式和艺术的某种形式间所存在的规律而且固定的关系，艺术科学就算已经尽了它的使命"。他认为，艺术科学的问题，就是描述并解释艺术现象，可以采取"个人的和社会的两种形式"，"艺术科学课题的第一个形式是心理学的，第二个形式却是社会学的"。就是说，艺术科学或科学的艺术学，对艺术现象的描述和解释，可以采取心理学方法和社会学方法。不过格罗塞认为对艺术问题采取个人形式，采取心理学方法研究解决"不见得会有什么成绩"，"我们既然不能从艺术家个人性格去说明艺术品个体的性格，我们只能将同时代或同地域的艺术品的大集体和整个的民族或整个的时代联合一起来看"。[①] 他主张从社会、群体角度去研究艺术问题，就是说，采取社会学方法，用人种学、民族学、人类学观点去描述和解释艺术问题，特别是原始艺术问题。格罗塞的艺术科学，即艺术社会学，确实强化了艺术研究的科学走向，但这种研究并没有把审美排除在艺术之外。后来在《艺术学研究》（1900）中，他就采用人类学、民族学方法进行艺术科学研究，从艺术事实的特殊性上升为普遍性，通过原始艺术的研究，确定一般艺术学的课题：艺术的本质、门类艺术的不同性质；艺术动机及艺术的文化制约性；艺术给个人或社会生活的效应。[②]

在艺术学从美学中分离而走向独立过程中，除了菲德勒从研究对象之不同做了论证，格罗塞从研究方法之不同做了论证之外，施皮策（H. Spitzer）则从艺术的范围和美的范围之不一致论证艺术学独立的必要性。他认为，艺术创作不只是给人们以快感享受，还给人们以民族精神和道义的教谕，与审美的、宗教的、政治的动机联系在一起，艺术功能除审美之外还包含非审美功能。艺术范围与美的范围这种不一致，必然导致艺术学从美学中分离而走向独立。还有一批心理学家、进化论者也参与了美学研究，如移情说、游戏说，也加速了美学科学化的进程。当然在这一进程中，美学研究中的形而上学也并未绝迹，依然留有"神学倾向"。

美学研究处在急剧分裂分化之中，"在这时，许许多多日益增长的新发现和新趋势，被马克斯·德苏瓦尔提出的那个有弹性、可以作为广泛解

---

① 格罗塞《艺术的起源》，商务印书馆1984年版，第2—10页。
② 参见竹内敏雄主编《美学百科辞典》，第69页。

释的概念——'美学和普通艺术学'，以新的方式聚集在一起了"①。表面看来德国美学家德苏瓦尔（Max Dessoir，1867—1947）所著《美学与一般艺术学》（1906）② 好似在综合美学与艺术学，其实正是在划分美学与艺术学的学科界限。《美学与一般艺术学》是德苏瓦尔的代表作。本书分作两大部分：一部分是美学，一部分是一般艺术学，也可以说是艺术科学而不同于艺术哲学，中译本译为"艺术理论"是不太合适的。这样的体系框架，首先就反映德苏瓦尔力图划清美学与艺术学的学科界限。他指出，美学研究的范围超越艺术学研究的范围，因为美学研究并不限于艺术美及其诱发的快乐，也包括自然美和生活美及其诱发的快乐：艺术学研究的范围也绝非美学研究所包容的，因为"艺术之得以存在的必要与力量绝不局限在传统上标志着审美经验与审美对象的宁静的满足上。在精神生活与社会生活中，艺术有一种作用，它以我们的认识活动和意识活动去将这两者联合起来"，艺术不仅给予人们以审美愉快，而且还给予人们以认识、教育，艺术功能是多样的，绝非限于审美。其次又表明美学与艺术学的联系与合作，在观点和方法上二者有着密切联系。德苏瓦尔主张，必须通过越来越精细的划分，使美学与艺术学的差别鲜明起来，从而显出它们实际呈现的联系，进行联合行动，"只有划清了界限，合作才能从喧嚣的混乱中建立起来"。③ 他把划清美学与艺术学的界限作为二者合作的前提，这是非常清醒的学科意识，迥然不同于模糊学科界限的那种混同，混同正是缺乏一种学科独立的自觉意识。德苏瓦尔《美学与一般艺术学》一书应当是艺术学作为一门独立学科确立的标志。

一般艺术学作为艺术科学而确立之际，美学家乌提兹（E. Vtitz，1883—1956）在《一般艺术学基础论》（1914、1921）一书中重新强化了艺术学的哲学走向。他认为，艺术学涉及从艺术一般事实发生的问题的一切领域，需要美学及文化哲学、心理学、现象学、历史学、价值论等学科的协作，但必须以"艺术的本质研究"作为根本问题，这就需要以哲学为基础，采取统一研究的态度把所有作为艺术学的问题加以考察。④ 很显然，一般艺术学又被认为是艺术哲学。如果把德苏瓦尔和乌提兹的意见综合起

---

① 吉尔伯特·库恩《美学史》下卷，第693页。
② 德苏瓦尔所著《美学与一般艺术学》即《美学与普通艺术学》，汉译一译为德索《美学与艺术理论》。
③ 玛克斯·德索《美学与艺术理论》，中国社会科学出版社1987年版，第2—3页。
④ 参见竹内敏雄主编《美学百科辞典》，第69—70页。

来，那么一般艺术学应具有哲学和科学双重性质，这是符合实际的，在理论和方法上，理应采取哲学和科学的理论和方法。

正值一般艺术学从美学中分离走向独立并已独立之际，另有一部分美学家又重新着眼于美与艺术的密切联系，从而论证艺术学与美学的不可分性和等同性。如朗格（K. Langer，1855—1921），用心理学方法研究"艺术的本质"，认为作为艺术创作及欣赏目的的审美快感，是存在于幻想中的东西，这自然就把审美归结为艺术（幻想），美学就等于艺术学了。①

不难看出，当考察艺术学研究的历史时，始终存在美（审美）与艺术的关系问题，美学与艺术学的关系问题。有的强调艺术学从美学中分离出来，如菲德勒，依据的是艺术学与美学研究对象即艺术与美（审美）的区别；有的则强调艺术学与美学合起来，如朗格，依据的是艺术学与美学研究对象即艺术与美的密切联系；有的既看到艺术学与美学研究对象即艺术与美的区别，又看到艺术学与美学研究对象即艺术与美二者的联系却依然强调艺术学从美学中分离而独立，如德苏瓦尔。当然德苏瓦尔主张艺术学独立，并非只是一种观点、意见，而是设计并论证了一个"一般艺术学"体系框架，其中包括：（1）艺术创作活动：创作过程、创作者——艺术家；（2）艺术起源和艺术体系；（3）门类艺术：音乐、文学、戏剧、雕塑、绘画、书画刻印；（4）艺术功能：理性、社会、道德。从"一般艺术学"体系内容可以看出：这个艺术学体系缺乏关于"艺术的本质"的探讨，只注意科学方法，而没有哲学方法，后来乌提兹的补充就是在"艺术本质"的哲学研究方面；这个艺术学体系缺乏艺术欣赏与艺术批评，似乎在美学部分有所涉及；当然，从现代艺术学眼光看，这个艺术学体系还远未完善，如对艺术作品就没有专门分析论述。但是德苏瓦尔终究给一般艺术学即艺术科学提出并设计了一个体系，从而使艺术学具有作为一门独立学科的标志。

始创于 19 世纪下半叶的艺术学，或叫做艺术科学、一般艺术学，其走向科学的势头并没有减弱，尽管其中不时出现形而上学的介入，有时称之为艺术哲学，有时又称之为美学，而进入 20 世纪却越来越发生广泛的影响，并被诸多国家学者所接受。

对于艺术学从美学中分离而走向科学及其影响，美国美学家托马斯·

---

① 参见竹内敏雄主编《美学百科辞典》，第 69 - 70 页。

门罗曾做过论述。门罗说，康拉德·菲德勒是用科学方法研究艺术的带头人，并引用艺术批评史家温图里的话为证：菲德勒"放弃对美的研究，以便能专注于对艺术的研究，从这个角度说，他创立了区别于美学的艺术科学"。而德苏瓦尔则创立一种可称为一般艺术科学的中间领域，"它仍然应该是科学的、客观的和描述性的"，他本人热衷于艺术家的创造心理和创作想象的心理学研究，这样，"一般艺术科学"就为艺术学的科学研究敞开了大门。德苏瓦尔是赞同美学与"一般艺术科学"为两个平行的学科的，但是又赞同两个学科的研究进行积极的合作。德苏瓦尔所著《美学与一般艺术科学》（汉译本为德索：《美学与艺术理论》）把两个学科名称并列，表明"似乎存在着一个包括这两种学科的新的广泛领域"，这一双重名称所标示的联合，不仅是概念上的结合，而且是促使"不同学术领域的学者们相互积极合作的一种结合"。[①]

但是"二战"后，当代西方美学界已不再把美学与艺术学分开而趋向合一，大都把艺术学包含在美学之内。例如在美国，很少有人愿意用"一般艺术科学"这个名称，对能否有一门艺术"科学"很怀疑，有些人倾向使用"艺术的哲学"，但这又违反人们希望艺术学研究艺术品欣赏这一愿望，所以就愿意用美学这一名称涵盖艺术科学和艺术哲学，就是说，美学在这里已失去传统的严格的含义，而是一种较新的和较广义的解释。把艺术科学、艺术哲学都包容在美学之中，只为称呼方便，寻找不到一个更好的名称，其实这正预示一种危险，美学之被艺术学取代。比如门罗就强调，作为走向科学的美学之现代美学，就包括对艺术作品的研究，对与艺术最密切相关的人类活动和经验的研究；对艺术作品的观照、使用和欣赏的研究；对艺术的审美及其他的社会作用，对有关艺术活动的知识的掌握以为实用，并对艺术进行控制或通过艺术控制人类的思想、感情和行动系统的研究。[②] 现代美学使艺术研究走向科学，实际就是使艺术走向生活，而把艺术研究放在中心，淡化美（审美）的研究，终于导致当代西方美学向艺术学（艺术哲学与艺术科学）靠拢而由走向科学的美学转为走向生活的美学，即走向过程的美学。

走向过程的美学，是对后现代主义思潮和艺术的呼应，强调艺术行动化、生活化，倡导艺术的非艺术性质、非审美性质，而与生活融为一体。

---

① 托马斯·门罗《走向科学的美学》，中国文艺联合出版公司1984年版，第214－217页。
② 同上，第225－238页。

"在最近几十年中，这种向'过程'本身演进的倾向已变得越来越明显，艺术的样式也越来越丰富"①，但总的倾向是审美作为一种价值越来越淡化，越来越从艺术中退出，造成审美愉快的在于新奇，新奇总是与"过程"相联系，新奇来自创造。创造是否一定意味着生产出一种新奇的东西？人有一种新的想法，新的观念，洞察或感受到一种新的体验是否是创造？回答是肯定的。在 20 世纪的人看来，一种活动，只要不是简单的接受（陈述、复述、模仿），而是一种"自我超越"（超出自身以往的知识、经验、观念），那就是创造，创造而新奇，新奇不过是一种新的观看角度、态度，一种新的体验，实际就是审美态度。只要用一种审美态度去观看某种物体，不把它当作一种用来达到功利性目的的东西，只要在观看时冲破其功利性意义的障碍，从一个新奇的角度注意这些物体自身的形态，达到一种哲学的洞察和陈述，从而激起审美经验（不一定是美的经验，而多半是一种前所未有的、新奇的、给人以震动和激发的经验），这就是艺术，尽管这种经验仅仅与一种短暂的过程相伴。②"审美"已经被"新奇"所取代，只要新奇，什么都可以引起新经验——审美经验。

走向过程的美学，重视参与（创造和观赏）的新奇态度与新奇经验，自然就导致接受美学的兴起。接受美学更突出了接受过程，突出了这一过程的新奇经验，从美学说，即审美经验。作为过程的审美经验，则并非一个"美"字所能把握和描述的，现代美学把美与丑均纳入审美范畴，由美到丑并非决然对立的两极，而是一个经验过程的两端，在这美丑中间存在美丑比重不同的渗透交融价值形态，构成难以穷尽和表达的审美价值经验形态。美学凭借理性还难以描述，走向过程的艺术却可能经验到。

当代西方走向过程的美学，逐渐蜕变为艺术科学，除了涉及审美态度、审美经验之外，美学问题已被消解，就是审美经验、审美态度除保留超越利害的性质和态度之外已被传统美学之外的概念所解释。走向过程的美学，实际是一种走向过程的艺术学。但从另一角度考察，即从当代西方美学与艺术哲学的关系角度考察，同样发现美学已蜕变为一种艺术哲学，有关美的哲学对美的本质的探讨，有相当多的美学著作已不再涉及这个古

---

① 后现代主义艺术样式很多，如概念艺术、大地艺术、过程艺术、人体艺术等等，见吉姆·莱文《超越现代主义》，江苏美术出版社 1995 年版；又见滕守尧《艺术社会学描述》，上海人民出版社 1987 年版。

② 滕守尧《艺术社会学描述》，上海人民出版社 1987 年版，第 196 – 199 页。

老的、争论不休的形而上学问题，而对审美经验的研究已成为美学研究的主要和中心问题，审美经验是"当代西方美学研究的主要对象，几乎没有一本系统的美学著作不涉及审美经验的。美学研究对象的这一重大转变是当代西方美学最显著的特征之一"①。美学走向艺术哲学是当代西方美学发展演变的一种趋势，"美学向艺术哲学的靠拢"，是美学和艺术哲学的"单向趋同"。"什么是艺术中的现代趣味？说穿了，那就是艺术不再是美的了"，美学趋向艺术哲学，抛开了自然美和美的本质的研究，抛开了美作为艺术的一元论的价值观念，从而割断了美与艺术的联系。美学"不向艺术哲学靠拢，它将无事可作"。在当代西方美学中，"美学和艺术哲学的区别仅仅是种术语学上的区别而已"。② 在当代西方美学或艺术哲学中，随着美的本质研究之被排除，美的价值概念也逐渐失落，它只是构成审美价值中的一小部分，因为审美价值形态除美之外无法计数，而审美价值又只是艺术价值中的一个部分或层面，从价值论角度说，艺术哲学可以包含美学，美学向艺术哲学趋同、靠拢，势所必然。但是，在美学走向艺术哲学过程中，美作为艺术的主要价值的观点，对美的本质的研究，仍然存在。③ 美作为艺术作品的主要价值，其存在的客观性，不依鉴赏者存在与否而消失。

西方艺术学从 19 世纪下半叶开始，历经一个多世纪的发展演变，到 20 世纪末，始终没有从美学中根本摆脱或脱离出来，尽管有的学者在论证艺术学从美学中分离走向独立，论证美学走向艺术科学，论证美学与艺术哲学趋同，而事实上，艺术学——艺术科学也好，艺术哲学也好，始终与美学纠缠在一起，"剪不断，理还乱"。不管叫什么名称，美学要谈艺术，艺术学要谈美（审美），这是一个事实，根本原因还在于艺术与审美有不解之缘。艺术不等于审美（美），但缺失审美的艺术就不是艺术。当代西方许多所谓"后现代艺术"到底是不是艺术？如果是艺术，关键不还是在审美观照吗？

（二）中国艺术学

19 世纪末 20 世纪初，西方美学逐渐传入中国，最早接受西方美学影响的梁启超、王国维、蔡元培，主要接受的是近代德国美学，如康德、叔本华的美学，大都是哲学美学，而科学美学则较少。至于当时发生的艺术学独立

---

① 朱狄《当代西方美学》，人民出版社 1984 年版，第 512 页。
② 朱狄《当代西方艺术哲学》，人民出版社 1994 年版，第 4－5 页。
③ 同上，第 423－440 页。

运动，到了 20 世纪二三十年代才影响到中国学界。并对这一运动有所反映和回应。当时大多数美学或艺术学著作都谈美和艺术，二者并没有明显界限。美学著作如吕澂的《美学浅说》（1923）、《艺术概论》（1925），范寿康的《美学概论》（1927），陈望道的《美学概论》（1927），李安宅的《美学》（1934），以及艺术学著作如俞寄凡的《艺术概论》（1932）、张泽厚的《艺术学大纲》（1933）都兼谈美和艺术，除了比重有所不同之外，美和艺术、美学和艺术学并没有从理论上深入辨析，不过心理学美学即走向科学的倾向却有所反映。据所见，蔡元培在《美学的进化》（1921）一文中除了用较大篇幅叙写了康德、黑格尔、叔本华等人的"哲学的美学"之外，也介绍了费希纳的《实验美学》，对"科学的美学"的未来走向也做出了预测。而吕澂在《晚近的美学学说和〈美学原理〉》（1925）一文中对美学学科性质的争论有所反映，有的主张美学是价值科学，有的主张美学是经验科学，认为这种论争就涉及了美学和艺术学关系的问题，但没表示意见，只是说同一种研究对象可以用哲学方法研究，也可以用科学方法研究，美学不能据此一定说是哲学或科学。后来吕澂在《现代美学思潮》（1931）一书中则比较详细地介绍了"科学的美学"，并认为"科学的美学"构成了晚近美学的主要趋势。对艺术学从美学中分离而独立真正赞成并做出回应的是宗白华。宗白华在《艺术学》（1926—1928）中就谈到艺术学的独立运动并论述了理论原因。他说："艺术学本为美学之一，不过其方法和内容，美学有时不能代表之，故近年乃有艺术学独立之运动，代表之者为德之 Max Dessoir，著有专书，名 *Aesthetik und allgemeine kunstin seenschaft*，颇为著名。"① 后来，又在一次艺术学讲演中论述了艺术学与美学之区别，意在论述艺术学走向独立发展的必要性，以表达对艺术学走向独立学科发展趋势的支持。宗白华认为，"美学之范围，不足以包括一切艺术，故艺术学之名遂脱离美学而独立"；"艺术学也可谓是美学的一部分"，但艺术学内容"非仅限于美感"，"如一个艺术品所表现的文化，作家的个性，社会与时代的状况，宗教性，俱非美之所能概括也。故艺术学之研究对象不限于美感的价值，而尤注重一艺术品所包含、所表现之各种价值"。② 在这一时期，艺术学译著也相继问世，其中日本和苏联学者的著作居多。日本学者黑田鹏信《艺术概论》（1928 年汉

---

① 《宗白华全集》第 1 卷，安徽教育出版社 1994 年版，第 511 页。Max Dessoir，译为马克斯·德苏瓦尔或德索：*Aesthetik und allgemeine kunstin seenschaft*，书名《美学与一般艺术学》。
② 《宗白华全集》第 1 卷，安徽教育出版社 1994 年版，第 557 – 558 页。

译本）最后一章余论，就着重分析了美学与艺术学的关系，作者认为美学可分为二，即哲学美学与心理学美学；艺术学主要和心理学美学关系密切。此后，又有一批艺术学著作问世，如张泽厚《艺术学大纲》（1933）、钱歌川《文艺概论》（1935）、朱光潜《文艺心理学》（1936）、林风眠《艺术丛论》（1936）、向培良《艺术通论》（1937）。

进入 40 年代则有蔡仪《新艺术论》（1943）。40 年代，艺术学发展比较缓慢。新中国成立后由于种种原因，不久就发生美学论争，此后更加强调艺术的意识形态性，强调艺术是阶级斗争的工具，而对艺术本身的哲学和科学的思考极其不够，一般艺术学建设一直没有提到日程上来。从 50 年代到 70 年代末，所能见到的艺术学著作太少了，除了教学必需的文艺理论教材之外，就是有限的汉译著作，如列斐伏尔的《美学概论》（1957）、涅陀希文的《艺术概论》（1958）、丹纳的《艺术哲学》（1963）、帕克的《美学原理》（1965）以及康德《判断力批判》（上）（1964）、黑格尔《美学》第 1、2 卷（1979）。

进入 80 年代，艺术学建设逐渐引起重视，开始启动，已获得了某种进展，并有一批艺术学著作问世，如艺术心理学、艺术社会学、艺术文化学、艺术教育学，更有一般艺术学、艺术概论，而且观点、角度、方法都趋于多元化，更重视艺术学的哲学和科学的综合研究，从而推动了艺术学发展。

其原因，（1）解放思想，改革开放，建设有中国特色社会主义现代化事业的伟大实践，创造了物质文明和精神文明的辉煌成就，为社会科学、人文科学的启动研究，深入扩展，提供十分良好的条件。从事科学研究的人员心情舒畅，自由愉快，可以安心致志进行科学研究。就是在这种情况下艺术学研究敢于突破束缚思想的某些观念的局限，加强了对艺术学的哲学思考和科学论证，从而取得了很大的进展。（2）解放思想，实事求是，启发学界对运用马克思主义有关艺术的论述进行深入思考，克服运用马克思主义解释艺术而发生的诸多片面性、褊狭性，使之更加符合马克思主义有关艺术的全面论述。特别是要全面掌握马克思主义精神实质，对艺术做出创造性的阐释，去建构艺术学基本理论。（3）改革开放，使学界与世界各国学术思想文化交流增多，接触了国外最近的艺术学研究成果，取其所长，为我所用，从而丰富了艺术学的多层面多视角的研究。总体看，仍然在哲学和科学两大层面上引进国外某种美学和艺术学观点和方法。如在哲学层面上有关艺术本体的思考，适当参考现象学美学、存在主义美学、解释学美学、符号论美学、结构主义美学等观点；在科学层面上有关艺术创造、欣赏、批评的研究，艺术起源与发展的研究，运用心理学美学、社会学美学、文化学美学、接受美学等观点加以解释。

当代中国艺术学理论和学科建设，终究刚刚起步，才经历一、二十年，还存在许多理论问题没有解决，又兼当代西方美学一股否定美学、取消美学思潮的渗入，旧问题没解决，又增加了新问题，确实增加了艺术学理论研究的难度。当前在一般艺术学建设中，存在的主要问题是，美学与艺术学的关系问题，实质涉及美与艺术（研究对象）、哲学与科学（研究方法）的关系问题。这几个问题如果能得到合理解决，一般艺术学建设一定会得到健康而迅速的发展。美（审美）与艺术二者不等，美（审美）不只涉及艺术，还涉及非艺术，如自然、社会现象，艺术不只涉及美（审美），还涉及非审美，如有关观念、情欲方面的功利因素；二者确实又有部分交叉重叠之处，美（审美）涉及情感而又涉及形式，艺术涉及形式也涉及情感。美（审美）与艺术二者不等之处，那些不关联之处，构成美学与艺术学相分离的根据，各自研究的对象；美（审美）与艺术二者交叉重叠之处，则构成美学与艺术学共同的研究对象，但应有侧重，美学重情，从情及形；艺术学重形，由形及情。美（审美）的研究，有不同层面，可以进行哲学研究，不能把美学限于哲学研究。黑格尔美学的偏颇就在于这里，当代西方美学把美学归结为艺术哲学，也是一大失误。艺术的研究，同样有不同层面，可以进行哲学研究，可以进行科学研究，不能把艺术学限于科学研究。把艺术学理解为艺术哲学固然不当，而把艺术学理解为艺术科学也失之偏颇。这样的理论问题，需要从思辨和实证等层面加以解决，假如取得进展，当代中国艺术学会更快发展。当然，不能等这类问题解决再去建设，莫如边建设边解决，不失为上策。

二、艺术学及其体系框架

（一）艺术学：研究艺术现象的学科

顾名思义，艺术学就是研究艺术的学科，艺术作为经验事实，是可以感觉和体验到的一种现象，它包含丰富，是一个由多种因素、关系、运动、形式、环节、规律、本质构成的整体，就此也可以说，艺术学就是研究艺术现象的学科。这犹如说物理学就是研究物理现象的学科，心理学就是研究心理现象的学科，文化学就是研究文化现象的学科，都很名正言顺，顺理成章。从考察艺术学的历史和现状得知，由于艺术与审美（美）总是纠缠在一起，美学研究艺术，艺术学也研究美（审美），往往造成美学与艺术学混而不分，给研究带来诸多不便。现在把艺术学规定为研究艺术现象的学科，就是给予艺术学以独立的学科地位，而不再附属于美学。

当然，从现代美学和现代艺术学的观点看，没有非审美的艺术，所以艺术现象必然与审美现象交织，这是自然的。但是艺术现象还与非审美现象交融，这同样是自然的。所以艺术学研究艺术现象只是表明不再把审美现象作为主要的或基本的方面，并不表明不再研究审美现象，确切地说，艺术学是把审美现象作为艺术现象一个必要的层面来研究；审美融合或附丽艺术，艺术不是把审美作为唯一的要素，除了审美，艺术还融合更基本的非审美层面或要素。

从艺术研究的历史来看，柏拉图谈到诗的创造，艺术的模仿，也讲到了美（理念）的分有、审美观照，却没有把美和艺术联系起来，亚理士多德谈了艺术是技术创造、艺术模仿是求知，求知可以获得快感，也讲到美在形式（秩序、匀称、明确），也没有把美和艺术联系起来，就是在《诗学》中也没有从悲剧形式方面去论述悲剧感。最早把美和艺术联系起来思考和论述的，是普洛丁，他认为艺术是美的构思和运转（传达），把美（神明理性）作为艺术（模仿或表现）追求的目的和价值。文艺复兴时期人文主义美学，把美复归为自然和人，强化了美与艺术的联系，如阿尔伯蒂特别强调艺术不要简单模仿自然（美），同时要体现一种美的理想。从此美与艺术的联系一直就被认为是天经地义的，迨至鲍姆嘉通创立美学就把美与诗融合起来，开始有了"美的艺术"、"自由的艺术"的概念，美学就是诗的哲学、感性学。这一传统到了康德美学和黑格尔美学就演变为经典。康德从感性学角度论证了审美判断力，"美的艺术"、"自由的艺术"创造能力。黑格尔就把美学称为艺术哲学，从诗的哲学角度论证了艺术作为美的理想的逻辑表现和历史演变，构建了一种艺术哲学体系。这种传统影响到了 19 世纪下半叶，终于开始被打破，艺术学从美学中分离，走向独立，几经分合，到了 20 世纪末出现了以艺术学取代美学的思潮，美在艺术中开始失落。

应该承认，艺术学诞生、发展是学科分化的历史必然，但也应看到学科渗透融合也是学科发展的一种趋势。在学科分化与综合的趋势下，艺术学完全排除美学的影响是不可能的，反之亦然。艺术学作为研究艺术现象的一门独立学科，完全排除对审美的研究是不可能的，所要解决的是在艺术范围内在哪个层面上、在何等程度上去从艺术学角度研究美学问题，而又不是艺术美学。

（二）艺术学学科性质

一门学科的性质，在很大程度上取决于研究活动的性质，而研究活动的性质又与研究对象和研究方法相关联。艺术经验或艺术现象，作为艺术学的研究对象，是多层面、多要素的组合。艺术现象作为研究对象，首先是一种感性对象、经验对象，对其进行研究，就必须采取观察、描述、记录的方法。以这种经验描述的方法所进行的研究活动，是一种经验科学的活动，即以经验为基础，通过归纳而走向理论概括。就这个意义说，艺术学是一种科学，可以通过实证的科学。艺术现象不独可以观察、记录、描述，甚至可以进行实验、测量。艺术作品以及与之有关的心理行为就可以进行适当的实验、测量，并且对某些艺术作品的测量还可以达到相当精确的程度，例如作为艺术的建筑物的体积、绘画线条的分布、音乐韵律的反复和声调的变化就可以测量。就是接受者对艺术的需求程度以及评价行为，也可以通过问卷或其他方式进行测量。艺术现象中审美层面，作为一种心理经验、心理反映，同样可以进行观察和描述，对观察到的审美现象中反复出现的模式进行灵活的、推测性的描述。此外，作为科学的一项重要标准就是预测和控制，艺术学研究尽管没有达到自然科学和某些社会科学那样高的预测和控制程度，却也在一定范围内实现某种预测和控制，如通过观察预测某种文化年龄的人喜欢什么种类的艺术，或预测某社区、群体的趣味、爱好倾向，从而对艺术生产和消费进行控制。就艺术学的研究对象和方法，研究活动过程，以及对艺术活动的预测和控制来看，艺术学是一门科学，这是可以成立的。正是重视艺术学的科学性质这一面，才有艺术学从美学中分离而走向科学的历史发展。

但是，必须看到艺术学研究对象即艺术现象中存在大量哲学问题，是需要给予哲学理性解释而不是经验描述的。如艺术和审美本体问题，艺术和审美深层体验问题，艺术和审美价值以及最高境界、终极目标问题，诸如此类问题的探讨和解释，还要靠哲学研究。艺术学在历史发展过程中不时代之以艺术哲学，这一倾向的存在，正表明艺术学并非纯粹的科学，还具有哲学性质。难怪力主美学走向科学的美学家托马斯·门罗也说："艺术的哲学"今天仍然十分活跃，这方面工作还远远没有结束。①

艺术学是具有哲学和科学双重性质的学科。这样一种学科应定位在人文学科，尽管涉及自然科学和社会科学，涉及心理学、社会学，而与文化学更关联密切。

美学也属人文科学，同样具有哲学和科学双重性质，又兼研究对象即审美现象与艺术学研究对象即艺术现象有交汇之处，所以美学与艺术学联系十分密切，往往造成名称互换、用语互置现象，给两个学科研究带来不少混乱和不便。当然应该肯定学科间的互渗互补现象的存在，尤其在美学和艺术学之间，不仅是互渗互补，有时就互换互置，这对于科学研究是极为不利的。学科间的界限还是应划清或厘清，然后再讲学科互渗互补，渗透融合，这才是一种学科清醒与自觉，有利于学科的发展与提高。目前，美学和艺术学研究并没有达到这种学科意识的清醒与自觉，不少情况下依然是二者的互换互置，囫囵一团。美学大讲艺术，艺术学大讲审美（美），这种状况在艺术学建设和发展过程中应予以改变，加以解决。

艺术学和美学两种学科的区别还是比较清楚的。第一，研究的对象范围不同。艺术学研究艺术现象并只在艺术范围内研究审美现象，换句话说，只研究艺术审美（美）问题，艺术之外的审美现象如自然、社会中的美和审美问题，可不予过问。美学研究审美现象也包括艺术审美现象，但艺术中非审美现象就不应过问。单就艺术现象来说，艺术学要研究艺术全部问题，审美的和非审美的。美学就只研究艺术的审美问题。第二，研究的重点不同。艺术审美现象作为艺术学和美学的共同研究的对象，艺术学和美学的侧重点却不一样，艺术学重在意象构形，美学则重在意象缘情，还是有所区别的。美学也构形，即审美创造，可以理解为"使情成体"。艺术学构形则除了缘情之外还有非情感的因素如理念、意欲、智慧等均参与，艺术符号并非单纯情感的符号。第三，研究方法的重点不同。哲学方法和科学方法为艺术学和美学共同采用，但是艺术学更侧重对艺术现象的科学研究，而美学则更侧重审美现象的哲学研究，如审美价值研究，审美境界研究，这里只是说侧重，并非说艺术学不采用哲学方法，美学不采用

---

① 托马斯·门罗《走向科学的美学》，中国文联出版公司 1985 年版，第 203 页。

科学方法。

(三) 艺术学体系框架

当代中国艺术学体系框架，比较自由，虽然组成框架的内容大体差不多，但缺乏一种严格或严谨的逻辑秩序，似乎还构不成什么体系，这恐怕与立论基础、逻辑程序不大明确有关。就体系建设说，当代中国艺术学不如当代中国美学，当代中国美学总还有几种比较稳定的理论模式。

艺术学体系框架应当是艺术学研究对象即艺术现象被理解和把握之后的逻辑展开，应体现对研究对象综合理解与把握的程度和水平。当然由于对艺术现象的理解和把握程度不同，研究问题的角度不同，逻辑表述的秩序不同，往往影响体系框架的设计与构建。当代中国艺术学界各家对艺术现象的研究理解大致差不多，大都涉及这样一些问题或内容：艺术本质、艺术起源、艺术演进、艺术功能、艺术文化、艺术创作、艺术欣赏、艺术批评、艺术作品、艺术种类、艺术风格、艺术流派、艺术家。各家大都依据这些问题或内容进行组织安排构建体系框架，尽管有诸多不同，总体看也是大同小异。其中值得研究的问题有：（1）没有显示出问题或内容的内在联系，理论体系的起点或核心不突出；（2）过于着眼于宏观研究，微观的科学研究不突出；（3）艺术接受和创造的主体，即受众的参与没有得到应有的重视，接受美学、阐释学美学的成果没有合理吸收。

当代中国艺术学体系框架的设计和表述，应认真总结当代中国艺术学研究所取得的成果，并借鉴现代西方艺术学研究中合理因素，尤其要以对研究对象即艺术现象内在逻辑的理解和把握为依据。现将本文所设计的艺术学体系框架试表述如下：

艺术本性——艺术产品——艺术创造——艺术欣赏——艺术批评——艺术交流——艺术功效——艺术门类

这只是一个线性勾画出的平面框架，还不足以显示各部分的内在联系以及总体面貌。现在以简要的文字对这个框架试做一个说明。

艺术本性是一种活动，一种实践的特殊形式。它包容和派生其他一切艺术现象，艺术创造、艺术欣赏、艺术批评是作为实践的一种特殊形式的艺术活动所呈现的三种基本形式。艺术产品来自艺术创造，却也实现或完成于艺术欣赏和艺术批评。艺术活动是构成或成就艺术产品的基础，艺术产品不过是艺术活动，特别是艺术创造活动的存在方式。个人或群体之被称为艺术家或艺术创造者，称为艺术鉴赏家或艺术欣赏者，称为艺术批评家或艺术批评者，均是以其从事相应的艺术活动为依据而被称谓的。没有不从事绘画创造而被称为画家的，不去听音乐而被称为音乐欣赏家的，不观看电影并给予评价而被称为电影批评家的。艺术交流也是一种艺术活动，是借助艺术群体参与的一种文化交流活动，一种通过社会文化、社会经济的需求、驱动，促进艺术生产与艺术消费的活动，从而充分发挥和落实艺术功能效应，建设物质文明和精神文明。而艺术门类不过是艺术活动历史分化演进的产物。

根据如上理解，本文认为应该把艺术本性即艺术活动作为设计艺术学体系框架的起点，然后论述艺术活动物态化存在方式即艺术产品。艺术产品源自艺术活动，艺术本性和艺术产品这两部分合起来，共同构成艺术学经常提到的艺术本体论问题。论述过艺术活动和艺术产品，再论述艺术创造、艺术欣赏、艺术批评，方便而自然。艺术创造、艺术欣赏、艺术批评是艺术活动的不同形式，又都是围绕艺术产品进行的活动，至于艺术创造、艺术欣赏、艺术批评的叙述或讲述顺序，则依照惯例。与这三种艺术活动相应，又可以着重论述艺术家、欣赏者、批评家的问题。这三部分，侧重微观研究，有许多活动是看不见的心理活动，只能凭内省、体验的记录描述。艺术交流部分则应走向宏观研究，从社会经济文化角度论述艺术生产与消费问题。艺术功效部分，讲的应该说是艺术活动功能发挥和效应落实问题，把艺术活动落实在个体心性培育、社会文明建设上。最后艺术门类部分，以艺术活动创造性本性为依据，确定艺术分类原则，编制艺术门类体系，并对各类艺术及其特性做出论述。

三、艺术学对象

艺术现象作为艺术学研究对象，就是艺术事实，亦即人们经验的艺术事实。艺术现象或艺术事实，在现实生活中广泛存在着，唱歌、作画、跳舞、吟诗、谱曲、书写，固然是艺术，就是剪贴刺绣、对联谜语、盆景装饰、泥塑木雕、体育游戏，无不是艺术，文物收藏、珍品收集以及包含构形情趣活动都可称为艺术，至于现代西方出现的艺术生活化、生活艺术化文化思潮而导致的活动，更使艺术无处不在，与生活界限几近消失，举凡引发情趣的活动，或由情趣引发的活动，都可视为艺术。诸如环境布置，物品陈列，人体动作，言谈举止，姿态仪表，一招一式，扭曲变形，都是艺术。可以说，艺术与生活同在，历史的留存，现实的涌现，真是千千万万，散见各处，数不胜数。由于包含样多、量大，所以艺术现象复杂而丰富；又由于有共同性，都具备可称之为艺术的特性，所以艺术现象又是系统而整合的。艺术现象丰富而复杂，会造成理解和把握上的困难，艺术现象系统而整合，又提供了理解和把握上的可能，研究上的可能。

可见，作为艺术学对象的艺术现象，首先就在于它是一种行为，一种活动。艺术活动又总是一种对象性活动，总与艺术对象相关联，而艺术对象就是艺术产品。所以艺术现象又必然包括可以作为艺术对象的艺术产品。艺术产品作为物态化或物化的存在物，是一种相对静态的存在物。有的已存在万年以上，如旧石器时代法国西南部和西班牙西北部多尔多涅拉斯科洞穴岩画《公鹿饰带》，有的正在生产、涌现，这是一个难以估计的艺术群体系统存在，从建筑、雕像，到装饰、纹样。毫无疑问，这是艺术历史演变而成的，稳定的系列存在，是可看得见、摸得着的事实。这种相对比较稳定的经验事实，必然引起思考和研究。无数多样的艺术作品到底是什么？它由什么因素构成的，包括哪些层面和内容？它为什么会有那么大的魅力？这都是艺术作品作为最直接的经验存在引起的思考和探索的问题。

艺术作品之所以会引起研究思考，主要基于人们观照、接触、接受它时往往引起一种不同寻常的心理和行为反应，一种特殊的经验。是它那种给人以愉快、紧张、振奋或松弛、舒畅，给人以认知或教诲等等综合经验，长久令人体验记忆，不断唤起新的期望和追求，不断引起理性思考。这种思考不断延伸，便由对艺术作品的思考引向对艺术作品的欣赏与品评的思考。艺术欣赏与艺术批评关联艺术作品与艺术欣赏者与批评者的关系，获得某种欣赏经验和做出某种批评，既取决于艺术作品的价值和功能，也取决于欣赏者和批评者的观念、素质和能力。艺术欣赏和艺术批评这类艺术现象，作为研究对象，涉及欣赏和批评过程、方式，欣赏者和批评者的主观条件，以及影响欣赏和批评过程、方式的诸多因素，影响和制约欣赏者和批评者的诸多因素如生活经历，文化教养，观念态度，价值取向，审美趣味，以及心理能力等等。尤其重要的是，欣赏和批评的反应评价这类艺术活动，实际上参与或推动了艺术作品的创造、生产，实现或完成了艺术作品的创造和存在。诸如此类问题，都是艺术学所要研究解决的问题，其中包含着对极为复杂的欣赏和批评过程，大部分是"看不见"的心理过程的反思省察。

欣赏和批评这类艺术活动参与和完成艺术产品的创造，终究要以艺术产品的某种存在为前提。所以艺术产品的存在有赖于观照、接受，有赖于品评和判断，但更取决于生产创造，没有艺术创造活动就不会有艺术产品的诞生。这同样是由对艺术产品的思考，必然又引申出的一个极为重要的问题。艺术创造关联着艺术家、创造者与现实生活（自然、社会），与艺术产品的关系。艺术创造作为艺术现象的重要方面，作为研究对象涉及很多问题，如艺术创造过程、媒介和方法，现实生活与虚构或虚拟化，再现与表现，构思与传达等诸多关系问题，这些关系又都系于艺术创造者、艺术家，而艺术创造者与艺术家的活动又与他的生活经历、文化素养、人生理想、艺术精神、气质情趣以及个性心理有关。艺术家作为这些诸多关系和因素的综合体现，在艺术创造过程中处理如上诸多关系时必然显示出共性和独特个性。艺术创造作为艺术现象，构成艺术学研究的基本或主要方面。

艺术创造、欣赏和批评活动作为艺术活动，共同决定艺术产品的创造和实现。艺术学可以从对艺术产品的经验和思考而进入对艺术活动（欣赏、批评、创造），以及艺术活动的主体（欣赏者、批评者、创造者群体和个体）的思考和研究，但在艺术现象中，艺术活动决定艺术产品，决定艺术活动主体之为欣赏家、批评家、艺术家（天才），可以肯定地说，艺术活动是艺术现象的基础和核心，自然就成为艺术学研究的基本内容。

艺术活动不单是一种个体心理行为，而且是群体文化行为。无论从哪个角度、方面说，艺术交流作为社会文化活动的一种主要形式，必然受社会经济文化的影响和制约。艺术交流受社会经济文化需求的驱动，而又给予社会经济文化的发展以促进、推动。艺术学研究必然涉及和延伸至艺术与社会经济文化的关系方面。预计有关艺术交流的研究，将会更加重要突出。

艺术现象还包括艺术活动（创造、欣赏、批评、教育、交流、传播）的功能和效应，其实这正是艺术价值之所在，艺术存在之理由。艺术功能和效应，关系到个体人性建构与完善，社会文明建设与进步，艺术学理应给予深入研究。

艺术风格、艺术流派、艺术门类作为艺术历史演变的产物，不过是艺术活动及其产品的样式、特征和类型。艺术学必须给予关注研究。

总之，艺术现象作为一种丰富而整合的现象，综合或涵盖艺术主体（个体或群体）即创造者、接受者、批评者，艺术活动即创造、欣赏、批评、教育、交流、传播等个体和群体的文化心理和行为活动，艺术产品或作品（各门类艺术品）以及它们之间、它们与所处的社会（经济文化）环境之间的复杂的动态关系。而艺术现象的基础和中心则是艺术活动。就是艺术产品，也是随着艺术活动发生历史性变化，而具有历史性。艺术学作为对艺术现象整体的理解和把握，也可以说就是研究艺术活动的学科。

四、艺术学任务

艺术学的研究对象被确定之后，就必须明确研究目的或任务。一门学科的研究目的任务，是与该学科的研究对象分不开的，不能离开研究对象去谈什么研究目的任务，因为一门学科的研究目的任务，不过是凭借某种研究方式和方法，对研究对象加以描述、理解、把握，从而获得关于研究对象的知识、理论和价值。艺术学的研究目的任务，就是凭借多元化方法，描述艺术现象，阐释艺术现象的本质和规律、功能和效应（价值），概括并确立艺术活动规则和原理，从而应用于艺术实践活动，如创造、欣赏、批评、教育、交流、传播等等，以培养和塑造个体人性结构，建设和提高社会文明。艺术学研究任务不仅是认识性的，而且是价值性的；不仅是知识理论的，而且是实践应用的。艺术学研究任务，必须把认知与价值、理论与实践结合起来，并把知识理论落实于实践应用。

（一）描述艺术现象

艺术学研究的第一项任务，就是描述艺术现象，获得艺术知识。艺术现象广泛存在于生活之中，有时独立于生活而存在，有时又与生活相交融而存在，前者如所谓纯艺术活动系统，后者如与日常生活实用交织在一起的艺术活动。不论哪种情况，单就艺术现象来说，活动也好，产品也好，总是以感性形式呈现给接受者、观照者、操作者，对于研究者来说也是如此。总要先观察、感受、体验艺术产品，获得艺术活动经验知识，才可以进入研究。而要获得有关艺术的这种感性经验知识，必须将观察、记忆、体验的东西加以记录，以作为进一步分析研究之用，然后对这些经验记录描述，初步做些分析，使之系统化，就构成艺术知识。原始的记录描述，常常是零散的，混乱的，稍加理性分析综合就成为比较系统的艺术知识。比如研究绘画，总要以观赏绘画并对观赏绘画的活动经验加以记录描述，从绘画中观看到了什么，形象、结构、色彩如何，观看时的印象、感受怎样，就是要把观赏到的这幅绘画以及与之有关的心理和行为经验描述出来。这是艺术学研究的重要任务，基础性工作。这就需要广泛参与艺术活动，接触大量的艺术作品，听音乐、看绘画、读文学，并随时记录描述作品内容、结构、形态，记录描述参与各种艺术活动的心理感受、体验以及心得、感想。然后对这些描述性经验加以系统整理，如有关作品的，有关心理经验的，有关作品的还可分为思想内容的，人物形象的，结构形式的，功能价值的等等；有关心理经验的，还可分为感受、体验的，感性认知的，激发理想和行动的等等。毫无疑问，描述经过理性参与，使艺术经验逐步转为系统知识。这是艺术学研究一项很重要任务。假如这个任务都不能或不善于完成，那么进一步研究就缺乏必要的基础，只能是抽象议论而已，这就使艺术学失去作为科学的性质。

（二）把握艺术现象的规律

艺术学研究的第二项任务，就是揭示艺术现象的本质和规律，形成系统的知识理论。描述艺术现象，只是给艺术学研究提供了丰富的生动的经验事实，并对这些零散混乱的经验事实加以分析综合，概括整理，以形成系统的知识；而揭示艺术现象的本质和规律，却是在经验知识的基础上，进一步通过理性思考，形成反映艺术活动本质和规律的系统理论。描述、叙述、写实、记录，以及综合整理，都不能揭示和把握艺术现象的本质，经验的收集整理，依然停留在艺术活动现象层面上。艺术现象是一个多层面多系统的结构整体，至少可简化分为现象层面和规律层面。本质和规律就包含在现象中，就在现象表层的背后深层。现象比本质、规律更丰富，而本质和规律比现象更深刻。揭示和掌握艺术现象的本质和规律，如艺术活动的本质和规律，以及艺术创造、欣赏、批评、教育、交流的规律，探索和揭示艺术产品的起源和历史演变，门类艺术形成的历史及未来发展趋势，艺术风格流派的历史演变等等，并以理论模式反映和固定下来，必须运用哲学。把哲学思考和科学实证结合起来，以经验知识为基础，经过抽象和概括，使经验知识上升为理论体系，以概念形式构筑一个反映艺术活动本质和规律的理论模式。

艺术学不只提供经验事实的知识，还必须提供规律性的理论。艺术学应当从哲学走向科学，重视艺术经验知识的科学研究，也应当从科学走向哲学，重视艺术理论的哲学建构。

（三）阐释艺术活动的功用

艺术学的第三项任务，就是阐释艺术活动的功能和效应，从而形成一种规范性的艺术价值理论。如果说揭示艺术的本质和规律，以概念形式构建一种知识理论模式，是艺术学的理论任务，那么阐释艺术的功能和效用，以某种规则形式构建一种规范理论体系，同样是艺术学一种理论任务。前者可以理解为艺术学的知识论，后者可以理解为艺术学的价值论。

当代中国艺术学关于艺术知识论的研究历久不衰，而关于艺术价值论的研究却几经波折、反复，始终存在问题。比如从过分强调艺术作为政治工具，到只讲艺术的审美、娱乐功能，各走极端，都没能全面把握和阐释艺术功能和效应、价值和意义。艺术具有多元价值，影响力十分广泛而深远。"艺术对人类的态度和行为具有影响力"，政治领袖和宗教首领不断利用艺术的强大影响。在当代，人们把艺术的力量用于商业广告，医疗和教育领域，道德和政治活动。"艺术的力量正在被人们所揭示，它不仅能使人爽心悦目，而且可以通过某种方法使人受到激励，还可以通过其他方法使人感到松弛或委靡不振。艺术不只是一种奢侈品或供人娱乐和消遣的普通器具，它还可以激起人们的一种愤怒抗议的感情。它可以加强社会秩序，也可以破坏和削弱社会秩序。它可以影响人们（特别是青年人）的想像和爱憎，从而对人们的行为产生深远的影响"。① 艺术功能是多方面的，不只有审美、娱乐功能，还有政治、道德、教育、医疗等多种功能；不只可以影响和培育个体心性、情感和行为，而且可以影响社会秩序。艺术学必须研究艺术的功能和效应，充分阐释艺术价值和意义，建设艺术价值理论，从而规范和控制艺术活动。

（四）指导艺术实践

艺术学研究的第四项任务，是指导艺术实践。指导艺术实践可以说是

---

① 托马斯·门罗《走向科学的美学》，中国文联出版公司 1985 年版，第 483 页。

艺术学研究的一个重要目的。描述艺术现象，揭示艺术本质和规律，阐释艺术功能和效应，建立艺术知识性理论和艺术规范性理论，这本身就是对社会主义文化建设的一大贡献。但是仅仅停留在理论建设上，艺术学研究还没有走向最终落实。只有研究解决用艺术学理论去指导现实的艺术实践问题，才是艺术学研究走向最终落实的主要步骤。

艺术学理论来自艺术实践，又回到艺术实践，既接受艺术实践的检验，又指导艺术实践。艺术实践是艺术学研究的出发点，又是它的归结点，这种归结不是又回到出发点，而应对艺术实践的发展和提高有所促进，有所推动。

为了追求和实现这一重要目标，艺术学研究必须借助多学科的知识和理论、观点和方法，掌握艺术现象的本质和规律、功能和效应，以艺术学知识性和规范性理论为依据，充分发挥艺术在社会各个领域中的积极作用，实现艺术对个体和群体的积极影响。

在当代，艺术在社会生活各个领域中，影响力越来越强大，不单单是审美娱乐，而且成为政治、宗教、道德、教育、商业等等的宣传和控制工具，从而对个体和群体发生广泛而深刻的影响。就其积极方面说，艺术将成为个体心性完善建构，社会文明有序发展的重要途径。艺术学提供的艺术科学知识和规范理论，用以指导、规范艺术实践活动，特别是用以指导运用各种艺术对个体和群体心理和行为的引导、控制及预测，必将有力地塑造个体和群体的文化心理结构，培育他们的政治理念，价值取向，道德情操，审美趣味。在这里，研究艺术如何走向生活，对生活发生积极的作用即用艺术学知识理论对艺术实行有效的控制，并用艺术控制人们的心理和行为，使之对个体和社会发生有益的影响，这才是艺术学研究诸多任务中的最后或终极任务。

五、艺术学方法

为了完成艺术学的研究任务，必须根据艺术学研究对象的性质选择适当的研究方法。传统的哲学思辨的方法曾在艺术学研究中居于主导地位，迨至艺术学走向独立，科学方法越来越显得重要，其中有艺术学的，还有社会学、历史学、文化学、心理学的等等。科学方法的选择和运用并不意味着已完全取代了哲学方法。由于艺术现象的复杂性、多层面性，其中有的凭科学实证解决不了的。就是在科学层面上，凭科学的现有水平也不足以解释清楚，因此还需要哲学方法。哲学方法不等于思辨，当然包括思辨，但更重要的则是理性思考分析和经验考察总结。现在把艺术学研究比较常用的或必用的研究方法介绍和说明如下。

（一）科学方法

艺术是一种可以经验的现象，可看、可听、可触摸、可参与、可体验、可认知和可操作的现象，不应该做超经验的解释，必须做经验的解释，因此描述和把握经验就成为艺术学最基本的研究方法。

经验描述作为艺术学方法，重在观察、记录、验证。观察在于收集有用的和可靠的经验事实；记录在于用具体的和易于理解的词语对经验事实做实际的描述；验证在于以亲自获得的经验去检验理论假设，或提出新的理论假设。以观察、记录、实证为基本方式的科学方法，不同于那种严格控制的科学实验方法，可以称之为广义的实验方法。这种方法的基础就是观察（经验、体验）。观察，是一种对直接感受和体验到的具体事实所进行的崭新的和深入的观察，"永远是尝试性的和不带成见的方法"①。

观察艺术作品，就是把观察到的细节加以整合，把握有机整体，从而把作品与个人情感、联想反应相联系的事实做一种自然的"谈论和描述"，逐步形成一种有独特见解的描述。观察作品的心理反应，就是把艺术作品放在更广阔的人类行为内进行研究描述。其中包括，探索艺术创造的心理动力，最主要的就是调查收集整理艺术家的传记、回忆录以及创造经验记录，如实地把握艺术家的创造个性；研究艺术欣赏、艺术批评，就是要广泛调查收集欣赏者和批评者对艺术作品所做的心理反应以及相应的批判性词语的记录，言为心声，特别是要对那些经验性和批评性词语背后的心理过程与特性加以描述。为了使这种观察、描述方法具有代表性和可靠性，可以利用问题调查表即问卷方式进行调查，把需要回答的问题列于表中，所得答案与自己观察所得两相对照比较，可以证明或否证观察的可靠性。

艺术现象的经验事实，可以观察描述，同样，艺术现象的价值形式，作为一种经验状态，也可以观察（体验）描述。价值经验是由艺术作品与心理反应结合或融合程度决定的，也是一种经验状态，是可以描述的。价

---

① 托马斯·门罗《走向科学的美学》，中国文联出版公司 1985 年版，第 6 页。

值经验研究的困难在于如何掌握审美价值与非审美价值的界限。如果是以对艺术作品形式的情感反应体验作为依据而进行的评价，那么就是审美评价，这是可以描述的。如果是以对艺术作品内容因素的观念反应作为依据而进行的评价，那么就是非审美评价，如政治的、宗教的、道德的等等，这种评价也可以描述。以个人体验、理解为依据的价值批评可以描述，作为批评判断，即描述性判断，只是一种估计、尝试、预测、假设。这种价值（批评）描述，也是一种实验方法。艺术学的观察、描述方法，作为一种研究艺术的基本方法，对艺术发展有所促进，对艺术学理论建设有所帮助，可以突破艺术学研究方法的单一和固定的局限，走一条尊重科学实验的路。

（二）哲学方法

艺术学研究中的科学方法、实验方法，包括在一定控制条件下进行的艺术心理实验研究，哪怕是经过数量统计的心理测量研究，并不能解决艺术学中的所有问题，如艺术本性、本质、本体问题，艺术产品的结构问题，艺术创造、欣赏的深层动力、终极目标问题，艺术价值功能和效应问题，都不能依靠实验、科学方法来研究解决。艺术学中这类问题，即涉及艺术本性和价值问题，必须运用哲学方法去进行研究。

所谓哲学方法，大体有两种含义：一是指一般的含义，指具有普遍性的哲学研究方法，此即经常讲的哲学思辨，理性的思考辨析，这是哲学智慧的一种本性。这并不意味着完全抛开经验事实，只是说，作为方法，哲学更强调思辨、沉思、思考，有时作超经验的思考，给人以神秘感，其实不然，从总体说，哲学思辨都有经验依据，否则就不成其为哲学方法。正因为这样，哲学依靠这种理性思辨，分析综合那些非系统的观察经验，从而提出人们尚未意识到的问题和可供选择的最为合理的答案，以构筑理论假说。就这种意义说，艺术学借助哲学方法提出系统合理的理论，对某些重要理论问题通过猜想和推测，做出探索、预见和展望。一种含义是指具有特定观点取向的特殊的哲学方法，换句话说，可以把某种哲学理论观点作为研究的指导而具有方法论意义。康德哲学重在艺术的伦理和心理分析，黑格尔哲学重在艺术的历史和逻辑的论述，都把对艺术的哲学研究纳入各自的哲学体系，对艺术的理解和把握不过是哲学观点向艺术学的推演。现当代西方美学（艺术学）对艺术的解释，大都是某一哲学理论或派别的观点对艺术的解释，理论派别观点成为研究艺术的观点和方法，像艺术即直觉（直觉主义）、艺术即完美的经验（经验主义）、艺术是情感的符号（符号论）、艺术是想象建构起来的世界（存在主义）、艺术是意向性客体（现象学）、艺术（本文）是人类无意识结构的文化形式（结构主义）、艺术是生命完美的象征性再现（解释学）等等，既可以视为各哲学观点流派对艺术的理解，又可看作运用各自独特的哲学方法研究的结果。当代中国艺术学应当重视哲学方法和科学方法的互补，不应当以为艺术学走向科学而减弱哲学研究，忽视哲学方法。要想建设艺术学理论，没有哲学观点方法做基础支柱是不行的。对现当代西方哲学、艺术哲学的观点方法，要多元吸取容纳，而不是执一家之言作为理论和方法论基础。任何一种现当代西方哲学、艺术哲学，都不足以解决艺术学中的所有哲学问题，只是在某一局部方面有意义。就是对艺术的解释，也各有偏颇，并非本质概括。当代中国艺术学的理论建设，必须以马克思主义哲学及其对艺术的论述为理论基础和方法论基础，合理吸收现当代西方艺术哲学的研究成果。

（三）心理学方法

艺术学的科学方法，在很大程度上有赖于心理学方法的引进和应用。像前边提到的观察与描述方法，作为一种实验的科学方法，实际就得益于实验心理学的启示，而实验又来自近现代自然科学的实验方法的启示。除此之外，现代心理学即以实证为基础的科学心理学还给艺术学提供了一般的和间接的贡献，提高了对极复杂的艺术现象进行科学研究的信心。现代心理学提出的有关学习、习惯、情感心理机制理论，对解释艺术活动心理过程起到了重要的参照、借鉴作用，特别是"心理距离"说对审美态度的解释，移情说和内模仿说对艺术欣赏过程的解释，都是很有参考价值的。科学心理学近期取得的进展，只要留意联系艺术学研究，都会发生潜在或现实的影响。

如果具体考察一下，就会发现在现代心理学中有几种心理学观点和派别对艺术学研究尤为重要，有的甚至就联系艺术、解释艺术，取得一定成效，影响较大。

实验心理学可以对色彩、图样、乐曲的心理反应进行实验测量，却难以对复杂的艺术经验做出精确的测量。因为在实验室条件下，不利于情感反应的自由和充分发挥，不利于语言对艺术或经验做出客观的描述。如果对实验计划做深思熟虑的考虑和设计，摆脱过分重视控制和量性测定的弊端，在比较自然状态下，尽量使用艺术作品原作整体，注意观察受试者反应中易于变化的因素，慎重解释统计结果，这种有一定控制的自然状态下的实验方法，还是能够在艺术学领域取得富有成果的进展。格式塔心理学可以说是利用实验方法在美学和艺术学研究中取得巨大成功的一个心理学派，在艺术心理学研究方面有一批学术著作《艺术与视知觉》、《视觉思维》、《艺术心理学新论》已先后被译成汉语与中国学界见面。[①] 这些著作集中研究的课题，就是知觉（主要是视知觉）性质与艺术的关系。经过大量的实证，肯定心理现象是一个有机整体，知觉与思维是统一的，与个体生命与人类命运是相联系的。知觉具有能动的张力性质，一切知觉式样（完形）都具有这种基本性质。知觉与对象同构，知觉式样即经验对象，如绘画、雕塑，传达了这种能动的张力。艺术作品的这种表现性，唯一的基础就是张力。艺术作品表现了知觉的张力，而知觉的张力又象征着某种生命和命运。艺术表现性呈现出的更为深刻的意义就在这里。格式塔心理学提供的知觉"完形"、张力、表现性等概念，"同构"原理，已经运用于艺术创造与欣赏，艺术产品的解释；提供的研究方法也在艺术学研究中得到借鉴和运用。

精神分析心理学派所提供的观点和方法，也被艺术学研究广泛应用。这个学派把对梦的分析与对艺术的分析联系起来，认为梦和艺术都是本能欲望的变相满足，是情欲的宣泄、化装和升华。用这种观点去研究艺术，情欲就成为艺术创造的动力、艺术表现的内容，从而也就把艺术理解为解放情欲的工具。这种观点启发艺术学研究向无意识深层心理寻求解决艺术创造动力、内容等问题的途径。这个学派提出的心理类型学说，也为研究艺术创造主体心理类型提供了重要参考。

行为主义心理学派采取客观研究的方法，把复杂的行为分解并归结为"刺激—反应"这一简单的反射弧，把思维、情感作为潜伏行为来表述。艺术学研究用这种观点和方法去解释艺术技巧，艺术技巧不过是一种筋肉习惯，学习一门艺术就是培养和锻炼特殊的筋肉习惯。用来研究一个人的

---

① 《艺术与视知觉》，中国社会科学出版社 1984 年版；《视觉思维》，光明日报出版社 1986 年版；《艺术心理学新论》，商务印书馆 1996 年版，以上三种汉译本，均为美国美学家鲁·阿恩海姆（Rudolf Arnheim, 1904—2007）所著。

艺术兴趣，不必完全依据他的讲述，主要观察他的行为，经常读什么书，看什么戏，也就行了。又如人本主义心理学所提供的需要理论、高峰体验理论，对理解艺术需要、审美需要，艺术经验、审美经验，也是很有帮助的。

现代心理学原则、观点和方法，有的在艺术学研究中已被应用并取得重要的成果。但从总体上看，现代心理学对艺术诸多问题的解释，还不尽如人意。有些方法如内省已被重新适当运用，因为艺术心理极为复杂，各心理因素的组合、运动及其内在体验过程，很难把握和实证。这里存在很大的空白，利用内省方法，并加以描述，也可供参考。现代心理学就是指科学心理学，以各种客观的实验方法为基础。与此相对的，还有哲学心理学，主要利用内省与思辨方法研究心理现象，而把心理学作为哲学一个分支，可以说康德使这种哲学心理学研究达到了很高成就，之后又有叔本华、尼采的心理学，也属哲学心理学。就是精神分析学的无意识学说，也不是彻底科学实证的，其中也含有猜测、假设成分。这类哲学心理学对于研究艺术心理还是有用的，不可忽视。

（四）社会学方法

社会学方法，是把艺术作为一种社会现象来研究的方法，重在艺术与社会生活条件的联系来对艺术加以考察、研究，并从社会生活条件或环境对艺术的影响制约来对艺术加以解释，如泰纳的《艺术哲学》、格罗塞的《艺术的起源》以及普列汉诺夫的《没有地址的信》、《艺术讲演提纲》、《艺术与社会生活》，都是用社会学观点和方法去解释艺术的论著，给艺术的社会学研究，提供了重要参考。艺术的社会学研究主要从社会生活角度去探索、研究和解决一个时代社会的艺术现象如内容、形态、风格、流派，特别是艺术理想、观念、趣味等问题。重点应放在社会生活对艺术创造者和欣赏者的影响上，正是通过艺术创造者和欣赏者个体和群体艺术活动才影响到艺术作品。艺术的社会学研究必须借助艺术的心理学研究而落到实处、细微处，即落实到艺术活动上。社会是个极为复杂的结构，社会条件如经济、政治、宗教、道德、科学、礼仪习俗、文化心理、趣味风尚等各方面都对艺术现象发生影响。无论是综合研究，还是专项研究，目的在于揭示艺术与社会各因素的复杂关系。这种研究由于研究角度不同，侧重点不同，对社会理解不同，往往产生各种观点的艺术社会学解释。但是在揭示艺术对社会的依赖与影响的关系这一点上，却是各家各派所认可的。艺术的社会学研究，重在宏观，它的重要在于防止和反对对艺术做孤立的解释，而把艺术研究提高到一个社会有机整体观的水平。

（五）历史学方法

历史学方法，是把艺术现象作为一种历史现象来加以考察、研究的方法。这种方法重在探源、叙述、比较，这对于探索、考证、解释艺术起源和历史发展，艺术的分化与融合，艺术的走向与趋势，艺术风格流派的演变，艺术观念趣味的变易是最合适的方法。历史学方法往往借助文物考古成果，必须结合社会学方法从社会条件方面去寻找艺术发展演变的社会原因。还必须结合心理学方法，去寻找艺术发展演变的心理原因。就历史学方法本身说，其目的在于叙述艺术的历史发生发展过程，揭示艺术现象不断变化与相对稳定方面，以及艺术历史发展的联系环节，以预测艺术现象未来发展的趋势。历史学方法所面对的是各个历史时期万千艺术作品，创造和欣赏它们的历史人物亦不复存在，但是他们遗存的文字、器物可以作为研究的资料。唯一重要的依据，就是现实的研究者和欣赏者的感受和理解，但是这类现实感受和理解并非与历史人物对艺术作品的感受与理解相符，新增加的东西并不一定是原有的。这一方面表明某种艺术现象作为历史现象也总在变化，另一方面表明某种艺术现象的历史解释也很困难。

（六）文化学方法

文化学方法，是把艺术作为文化现象来研究，力图从文化角度给予艺术以解释。文化学研究大体有两种方式：一种重在科学考察，强调分析实证，如文化人类学；一种重在哲学综合，强调理性思辨，如文化哲学。这两种方法也都适用艺术学研究。艺术的文化学研究，是利用文化学的研究成果，对艺术作出文化学解释，描述艺术的文化本质，并比较其他文化形态或形式，以显示艺术的特殊的文化本质和特征。按比较合理的理解，文化是人类生存或生活样式，或者理解为人类适应、选择和改造自然的生存样式，人化方式，当然是以实践为基础的，在深层面上文化的本质与社会的本质是同一的，都是以实践为本质。实践就是对自然的适应、选择、改造的方式。人化即文化。就文化本身说，文化系统是由行为方式、价值观念、相应产品组成的。文化行为与其他行为的分别，在于它更重视价值观念的主导和取向。人类生存或生活始终是一种社会生存与生活，文化作为人类生存或生活样式，总是社会生存或生活样式。人类文化就是社会文化，总是在社会生活中表现或呈现出的。在社会物质生产生活系统中体现或呈现的，就称为物质文化；在社会精神生产生活中体现或呈现的，就称为精神文化；在社会组织系统中体现或呈现的，就称为制度文化。所以从不同社会文化系统或层面去研究艺术，都是一种文化学研究。但艺术主要应是一种精神文化形式，从精神文化这个层面或系统去研究艺术，并与其他精神文化形式或形态做比较，以揭示艺术的文化本质特性，应是艺术文化学研究的目的。马克思关于艺术对世界的掌握方式的论述，就完全可以视为对艺术的文化学研究。

各种研究方法，都有自己的适用的对象范围，各有所长，又各有所短，并没有一种适用一切或所有问题的研究方法。艺术学作为一般艺术科学和艺术哲学的双重学科，主张多层面多视角研究艺术现象，综合整体理解和把握艺术现象。因此，艺术学研究必须采用和运用多元化的方法，以提高艺术学理论发展水平。

艺术、审美、文化三题

陈　炎

　　在商业化、信息化、全球化的当代语境下，艺术、审美、文化这些传统社会中原本已有的元素都在发生着潜移默化的功能性转换，其意义已远远超出了我们习以为常的定义范围，因而需要我们重新思考。

一、艺术也是一种生产力

　　我们知道，在劳动者、劳动资料、劳动对象等生产力要素中，劳动者是最关键、最活跃、最具有支配地位的。而作为生产力主体的劳动者，至少具备体力、智力、审美能力（包括情感和想象能力）三种与生产相关的主体能力。这三种能力的逻辑性展开，便成为人类生产活动的历史性呈现。

　　在以农、林、牧、渔业为代表的第一产业占主导地位的前工业时代，人们要利用自身的肉体力量与外在自然进行直接的物质交换，即通过肩挑手挖的原始方式对自然界进行改造。在这一时期，社会生产力的主要因素无疑是人的体力。正因如此，在那个时代里，人的体能受到了高度的重视。

　　到了以机器制造业为代表的第二产业占主导地位的工业时代，由于有了机械化生产，人们更多地不是通过肉体的力量与自然对象发生直接的物质交换，而是借助机械的力量间接地改造自然。由于机械的发明与使用主要不是依据原始的肉体力量，而是依靠科学的发明与技术的创造，因而人的脑力劳动渐渐显得比体力劳动重要起来，智力的优越者比体力的优越者受到了越来越多的重视。也正是在这样一个时代里，人们提出了"科学技术是第一生产力"的历史性主张。

进入"后工业社会"以后，以农、林、牧、渔业为代表的"第一产业"和以制造业为代表的"第二产业"相对饱和，而以服务业为代表的"第三产业"却成为推动国民经济增长的主要动力。按照一般的分类原则，"第一、第二产业是直接从事物质资料生产的产业部门，第三产业不是直接从事物质资料生产的部门，它们在产品上有物质形态和非物质形态的区别。"①从消费经验的角度上看，第一产业和第二产业主要诉诸人们的物质需求，而第三产业则更多地诉诸人们的精神需求。正是在这种以服务业为代表的第三产业占主导地位的后工业时代，劳动者除体力、智力之外的审美能力便有了更多的用武之地。也正是在这一意义上讲，艺术作为生产力要素也便具有了越来越重要的历史地位。举个例子：农民收获一斤棉花，在市场上可以卖几块钱；工人将其织成布，可以卖几十块钱；裁缝将其做成衣服，可以卖几百块钱：如果经过类似皮尔·卡丹式的艺术大师设计成时装，就可能卖到几千块甚至上万块钱。可见，由几块钱的棉花变为成千上万块钱的时装，这其中既有"科技的附加值"，更有"艺术的附加值"。因此，我们为什么只承认科学技术是一种生产力而不承认艺术也是一种生产力呢？

其实，越是在科学技术全面发展的历史条件下，越是在商品生产已基本满足了人们生活之实用目的的前提下，艺术的生产力功能就越发重要。就像人们吃饭一样，先要果腹、吃饱、有营养，然后才能讲究色、香、味俱全。过去，人们能填饱肚子就已经十分满足了。而现在的饭店，不仅要厨艺精良，而且要讲究装潢、氛围和格调。这一切，无不渗透了人们的情感和想象，并以"艺术附加值"的形式实现其经济效益。再以建筑为例，现代建筑与后现代建筑的最大差别在于：前者是功能主义的，后者则有着超越使用功能之外的精神追求；前者是科学至上，后者则有着超越科学之外的人文含量。更为重要的是，后现代建筑的这种精神追求，这种人文含量，又不同于古代建筑宗教化、伦理化的内容，而是以审美为核心要素的。从这一意义上讲，一座后现代建筑显然要比一座现代建筑有着更多的"艺术附加值"。服饰、饮食和建筑如此，其他商品生产或消费行为无不如此。一件商品，当满足了人们的使用功能之后，具审美的艺术功能便会渐

———
① 《中国大百科全书·经济学》（光盘版），中国大百科全书出版社2000年版，"第一产业、第二产业、第三产业"条。

渐地凸显出来。

　　除此之外，在市场经济时代，商品在宣传促销上也少不了借助于艺术的魅力。早在 2002 年，中国大陆的广告花费总额已达到了 100 亿美元。尼尔森媒介研究中心亚太区董事长霍本德（Forrest L. Didier）预测："因为中国广告市场保持着每年两位数的增长率，中国有望在 2010 年以前超过日本，成为仅次于美国的全球第二大广告市场。"① 显然，广告传达的是商业信息，而商业信息的传达又需要艺术来加以包装。在"供大于求"的竞争环境下，美轮美奂的广告宣传可以吊起顾客那日益疲倦的胃口，成为所谓"眼球经济"。

　　其实，能实现艺术生产力价值的部门远不止上述几个方面。英国人将广告、建筑、艺术、文物、工艺品、工业设计、时装设计、电影、互动休闲软件、音乐、表演艺术、出版、软件、电视广播等行业确认为创意产业。文化经济学者凯夫斯对创意产业给出的定义是：提供我们宽泛地与文化的、艺术的或仅仅是娱乐的价值相联系的产品和服务。它们包括书刊出版，视觉艺术（绘画与雕刻），表演艺术（戏剧，歌剧，音乐会，舞蹈），录音制品，电影电视，甚至时尚、玩具和游戏。在以往的经济生活中，上述产业似乎并不能占据特别重要的地位。而时至今日，创意产业在后工业社会里所占 GDP 中的比重越来越高，在一些发达国家甚至超过了任何制造业对国内生产总值的贡献。谈到这里，人们首先想到的是电影业。据统计，2001 年美国好莱坞的票房收入为 83.5 亿美元。而《京华时报》2002年 5 月 8 日提供的数据显示，美国电影史上单日票房纪录如下：1.《蜘蛛侠》（首天）4141 万美元；2.《哈利·波特》（第二天）3351 万美元；3.《哈利·波特》（首天）3233 万美元：4.《盗墓迷城 2》（第二天）2859万美元；5.《星战前传之魅影危机》（首天）2854 万美元。一部电影在一天之内竟能够创造如此之大的经济价值，这是以往任何时代也不能想象的事情。在这一方面，我们不必尽举美国的例子。根据国家广电总局公布的数字，2004 年中国电影票房突破 15 亿元，国产影片票房收入占 55%，首次超过了进口大片。该年度最卖座的三部影片票房收入分别为《十面埋伏》1.5 亿、《功夫》1.25 亿、《天下无贼》1.01 亿，再加上年初《手机》的 8000 万票房，一年下来，张艺谋、冯小刚、周星驰三人就拿到 4

---

① 《中国媒体资讯》，《北方晨报》，2003 年 6 月 30 日。

亿多票房收入。在物质生活日益富足的情况下，人们有着越来越多的金钱和闲暇来进行艺术的消费。今天的城市居民购买上百元钱的门票去听一场音乐会，去看一场艺术表演，去出席一场电影首映式，已不是什么天方夜谭的事情了。难怪有人惊呼："资本的时代已经过去，创意的时代已经来临！"这一切的一切，不都在说明艺术作为生产力的要素越来越具有着重要作用吗？①

二、审美也是一种终极关怀

我们知道，人的独立意识，产生于人与自然、人与社会的历史性分裂。这种分裂是文明的结果，同时也带来了文明的问题。于是，生的孤独、爱的寂寞、死的烦恼，便成为一切文明社会中所不可避免的精神疾患。为了解除这些疾患，人们不仅追求物质的满足，而且需要精神的慰藉，这也便是"终极关怀"的动因所在。

大致说来，人类的终极关怀主要有三种形式：一种是给多样的现实世界以统一之本体存在的哲学承诺，一种是给有限的个体生命以无限之价值意义的宗教承诺，一种是给异化的现实人生以多样之审美观照的艺术承诺。随着人类文明的发展，哲学之本体论和宗教之形而上学纷纷面临着学理上的危机，在这种情况下，艺术之文化形式便需要自觉地承担起为人类提供终极关怀的历史使命。

一般认为，艺术的价值是多重的，这其中既有认识论的内容，也有伦理学的成分。而在我们看来，认识内容的多少并不是艺术价值的关键所在，否则，徐悲鸿笔下那幅不太合乎解剖学规范的《奔马》便不会价值连城了；伦理成分的强弱也不是艺术价值的关键所在，否则，贝多芬谱写的那首不太具道德色彩的《月光》便不会千古称颂了。说到底，艺术之所以为艺术，不在于认识，不在于教化，而在于给人以情感的慰藉，是对遭受异化痛苦的人们所进行的精神关怀。相对而言，我们可以将这种精神关怀分为初级和终极两种类型。所谓"初级关怀"，是对人们生活情绪的放松、抚慰、宣泄，并通过这种形式使其恢复到健康状态。比如我们在一天的辛苦劳作之后，到影院中去观赏一部惊心动魄的美国大片、到歌厅里去唱几

---

① 参见陈炎《美学与艺术也是一种生产力》，《文史哲》，2005 年第 3 期。

首脍炙人口的流行歌曲，虽然没有什么强烈的精神波澜、深刻的灵魂触动，但总归是一种浅层次的精神享受。所谓"终极关怀"，则是对人们生存意义的感悟、理解、追问，并通过这种形式使其获得一种精神的升华。比如我们在孤独、寂寞或遇到情感危机的时候去音乐厅欣赏一部交响乐，去歌剧院去观看一部悲剧，虽然不见得开心、解闷儿，但常常会有一种心灵的触动、情感的慰藉。对于不同层次、不同状态、不同境遇中的欣赏者来说，这两种艺术各有其存在的理由。但是，就艺术自身的价值而言，后者显然要比前者更有意义。这也正是《三字经》比不上《古诗十九首》、《金瓶梅》比不上《红楼梦》的原因所在。

一部优秀的艺术品，哪怕是写平平常常的生活琐事，也总能上升到"终极关怀"高度来加以理解。譬如唐代大诗人白居易年轻时写的那首五言律诗《草》："离离原上草，一岁一枯荣。野火烧不尽，春风吹又生。远芳侵古道，晴翠接荒城。又送王孙去，萋萋满别情。"从字面上看，通俗易懂，仿佛没有什么深奥的哲理，但它之所以被人们千古传颂，自有其"终极关怀"的重要意义。这是一首送别诗，首联写送别的场景：荒原古道上长满了离离青草，那"一岁一枯荣"的生命历程，就像代代不息的人生一样，在宿命的轮回中不断燃起新的希望。颔联借题发挥，进一步追索草的生命历程，"野火烧不尽"显然寓意了人生的苦难，"春风吹又生"则暗示了生命的顽强。溯往日，追来者，我们的人类不正是在这种具有悲剧意味的苦难现实之中一步步地走过来的吗？颈联再次回到"草"的描摹中来，以"芳"、"翠"二字使草的气味和颜色跃然纸上，而"古道"和"荒城"则在时间和空间的双重纬度下引发自然与社会、个人与历史关系的自由联想，并通过联想而重温生命的价值与意义。尾联最终落脚到送别的主题上来。巧妙的是，诗人不去直接抒发自己对友人的依依惜别之情，而是以拟人的手法将此情融入此景，以草的"萋萋"来承载人类所难以承载的情感……一首40个汉字的短诗如此，一场戏剧、一部电影、一篇小说更是如此。从《俄狄浦斯王》绝望的挣扎，到《浮士德》顽强的探索；从《哈姆雷特》沉痛的反思，到《等待戈多》麻木的期待；从《离骚》的上下求索，到《归去来兮》的古今游荡；从《牡丹亭》的生死之恋，到《红楼梦》的色空之迷……古今中外凡是超越民族和地域从而具有永恒价值的艺术品，无不具有形而上的"终极关怀"。

与西方社会相比，中国古代的哲学本体论并不发达，宗教也并不占据意识形态的主导地位，因而古人的"终极关怀"往往是通过审美活动加以实现的，这种文化的"代偿功能"也正是中国古典艺术特别发达的原因所在。我们知道，文明的人类之所以陷入异化的痛苦，乃是因为生产力和生产关系的利刃斩断了人与自然、人与社会的原始纽带。因此，作为治疗异化痛苦的古典艺术，最常用的方式是将人与自然、人与社会的断痕重新修复起来，从而将短暂的现实人生与永恒的自然存在联系起来，将有限的个体生命与无限的族类生活联系起来。于是，人们可以在"采菊东篱下，悠然见南山"的意境中获得一种"此中有真意，欲辩已忘言"的感悟：于是，人们可以在"前不见古人，后不见来者"的境遇中释放一种"念天地之悠悠，独怆然而涕下"的悲情：于是，人们可以在"人有悲欢离合，月有阴晴圆缺"的遗憾中寻找一种"但愿人长久，千里共婵娟"的慰藉……换言之，无论是思乡还是怀旧，无论是友谊还是爱情，如果我们沿着这种世俗情感的延长线不断追索的话，便总能在人与自然、人与社会的衔接处找到一种指向无限的生命意义。这一意义或许是永远也不能完全揭晓或彻底实现的，但这种追索本身也便具有了"终极关怀"的功能与价值。

三、文化也是一种资源

举个例子，假如我们有一笔资金，想要在世界范围内选择投资办厂的最佳环境。那么影响我们抉择的因素既有自然方面的，如备选地区的物产、原料、气候；也有社会方面的，如备选地区的治安状况和法律环境。除此之外，还有文化方面的，如备选地区的民族传统、宗教信仰。同自然与社会环境一样，文化状况也会影响到投资的经济效益：如果我们把这笔资金投入到一个佛教文化地区，生产效率可能不会太高，劳资摩擦成本也不会很大；如果我们把这笔资金投入到一个基督教文化地区，生产效率可能会提高，劳资摩擦的成本也会增大；如果我们把这笔资金投入到一个儒家文化地区，生产效率会很高，劳资摩擦成本会很低，但人际交易成本则会上升……换言之，不仅石油是资源、煤炭是资源，那些看不见、摸不着的文化也是一种资源，而且是一种取之不尽、用之不竭的资源。

"文化"即为"资源"，就有其潜在的"矿藏"。通过学术的勘察，使我们认识到，由于"古典的古代"在进入文明社会的过程中所导致的感性和理性的分裂对峙，使得西方文化在两极最为发达：在感性一极，表现为体育活动；在理性的一极，表现为科学活动。与之相反，由于"亚细亚的古代"进入文明社会的"早熟"形态，使得中国文化在感性和理性的两极都不发达，发达的是感性和理性之间相互交融、彼此渗透的中间环节：艺术和工艺。

作为感性生命的极度表现，西方人的体育事业不仅是为了锻炼身体，也不仅是为了弘扬国威，而是对人类感性生命力的探究，是一种肉体的沉醉。因此，凡是能够考验人类感性生命极限的地方，西方人都可以设立比赛项目。为此，他们不仅可以攀登绝壁，可以潜入海底，可以进行别出心裁的悬崖跳水和危险异常的汽车大赛，而且可以进行并不美妙的"健美比赛"和有害无益的"赛吃运动"……这一切在我们看来似乎荒唐可笑，然而唯其如此，人类的感性生命才可能在奥林匹克传统中显得富有生机。作为理性生命的极度表现，西方人的科学事业不仅是为了发展生产，也不仅是为了改善生活，而是对人类理性生命力的探究，是一种精神的沉醉。因此，凡是能够考验人类理性生命极限的地方，西方人都可以进行科学实践。为此，他们不仅可以陷入抽象的玄思，可以进行体系的构建，可以探讨肉眼看不见的微观世界和肉体接触不到的外层空间，而且可以在"波"与"粒"之间发现某种超乎于经验的现象、在"时"与"空"之间构造一些有悖于常理的学说……这一切在我们看来有些不可思议，然而唯其如此，人类的理性生命才可能在改造物质世界的过程中显得这样强大。

与西方文化的"矿脉"分布刚好相反，中国文化中的感性与理性均不发达，因而传统的体育与科学发育不良。但处在感性与理性的中间状态，中国古代的艺术与工艺却格外发达。说中国是一个艺术和工艺的国度，不仅是由于我们的古人为我们留下了先秦的诗经、战国的楚辞、汉代的辞赋、六朝的骈文、唐之诗、宋之词、元之曲、明清时代的小说这些纯艺术的上乘佳作，也不仅是由于我们的祖先为我们留下了仰韶的彩陶、良渚的玉器、殷商的青铜、汉代的石像、唐代的三彩、宋代的泥塑、元代的青花、明代的园林、清代的宫殿这些泛艺术的工艺精品，而且是由于我们古人的思维方式和行为方式本身就浸泡在艺术之中。就在西方的经院哲学家们通过逻辑或数学的手段来揭示宇宙乃至上帝的奥秘时，自隋、唐开始的科举制度却要将写诗和作文看成是每一个国家官吏所应具备的必要素养。因此，与西方不同，中国古代的知识分子不必躲在幽暗阴森的教堂里去研究天文历算，但却必须以琴、棋、书、画来修养身心。儒家以忠孝安邦、以礼乐治国的传统，自然会把文章提到"经国之大业，不朽之盛事"的高度；道家"乘物以游心"的处世哲学更容易让人们以艺术的态度来对待全部生活……①

因此，从某种意义上讲，一部中国审美文化史，恰恰浓缩了中国古代文明的精华！从这里，我们可以开掘出新的生产力要素；从这里，我们可以获得终极关怀的滋养；从这里，我们可以产生对民族传统感同身受的体验；从这里，我们可以立足东方，走向世界。

---

① 参阅陈炎《文化资源论》，《天津社会科学》，2006 年第 1 期。

艺术学的"三级跳"与新"节点"

李心峰

一

2008 年，我们迎来了改革开放 30 周年。2009 年，我们又迎来新中国诞生 60 周年。在这总结 30 年、回顾 60 年的日子里，我们欣喜地看到，我国艺术学的理论研究与学科建设在新中国成立以来特别是在新时期取得了相当大的成绩，得到了迅速的发展。这是艺术学界大家都能够看得到的客观事实。对此，需要艺术学界给予及时的总结与概括。在这里，我想对这一过程作一个轮廓性的梳理与描述。

中国现代的艺术理论发足于 19 世纪末 20 世纪初。中国现代意义上的"艺术"概念和艺术体系，至少在 1904 年即已在当时"西风东渐"大语境下初步形成。就现代意义上的艺术概念而言，最初从西方引进的词语并不是"艺术"而是"美术"（作为西方"美的艺术"的简称，指艺术一般而不是像后来那样特指造型艺术）。早在 1897 年，康有为在编著《日本书目志》时，已十分明确地在广义的艺术即艺术一般的意义上使用"美术"概念。梁启超在 1902 年的《新民说》中也不止一次地使用过"美术"、"美术家"之类的概念。1904 年王国维《孔子之美育主义》、《叔本华之哲学及教育学说》、《红楼梦评论》等论著，已频繁使用"美术"一词，且均是在艺术一般意义上使用的。这可视为中国现代艺术概念形成的一个重要标志。值得一提的是，王国维于 1904 年频繁使用"美术"一词的同时，也已开始使用"艺术"一词。这里所谓"艺术"与他同时所使用的"美术"意义相同，均指的是艺术一般，完全可以与"美术"一词互换使用。

即它也完全是一个现代意义上的"艺术"概念。后来，王国维使用"美术"与使用"艺术"的频率发生逆转，即使用"艺术"概念越来越多，而使用"美术"则开始减少。就整个艺术理论界而言，也逐渐出现了以"艺术"取代"美术"作为指称艺术一般的现代艺术概念的趋势。到1919年"五四"前夕，以"艺术"指称艺术一般，以"美术"指称造型艺术，已基本定型下来，标志着现代"艺术"概念在词语形式上也得到了确立。① 就中国现代艺术体系而言，它的发生如果可以引入西方近代由五种主要艺术（绘画、雕刻、音乐、诗、建筑）所构成的典型的"美的艺术"体系为标志，也可追溯到王国维1904年的《孔子之美育主义》、《叔本华之哲学及教育学说》。②

至于"艺术学"这样的学科名称，在我国最早大约出现于20世纪20年代之初。1922年，商务印书馆出版了俞寄凡译日本黑田鹏信《艺术学纲要》，让国人了解到世界上尚有一个被称为"艺术学"的学科。而由中国学者正式发表的文章著述中最早使用"艺术学"并对这一学科名称的产生、它与美学的关系等有所阐述的文献，笔者目前所看到的是滕固的《艺术学上所见的文化之起源》③、《艺术与科学》④ 等论文。此后，宗白华1926—1928年曾留下《艺术学》的讲稿⑤；张泽厚1933年出版了《艺术学大纲》⑥；马采在40年代初曾写出一组六篇"艺术学散论"的论文⑦，等等。这些目前已为人们所熟知，这里不多赘述。总起来说，在20世纪上半叶，中国现代艺术理论已经形成，艺术学也被介绍到我国的学林艺苑，并已出现了最初一批宝贵的研究成果。但是，当时的艺术学没有得到学术机构、机制上的保障，没有形成体系，没有物质基础和发展空间，则

---

① 详请参阅拙作《中国现代"艺术"概念关键词研究》，滕守尧主编《美学》第一卷，南京师范大学出版社2006年版。另见拙编《20世纪中国艺术理论主题史》（一、现代艺术概念），辽海出版社2005年版。

② 详请参阅拙作《论20世纪中国现代艺术体系的形成》，张晶、杜寒风主编《美学前沿》第三辑，中国传媒大学出版社2006年版。另见拙编《20世纪中国艺术理论主题史》（二、现代艺术体系），辽海出版社2005年版。

③ 滕固《艺术学上所见的文化之起源》，《学艺杂志》第四卷第十号，1923年4月1日出版。见沈宁编《滕固艺术文集》，上海人民美术出版社2003年版。

④ 滕固《艺术与科学》，《创造周报》第40号，1924年2月30日。见沈宁编《滕固艺术文集》，上海人民美术出版社2003年版。

⑤ 见《宗白华全集》第1卷，安徽教育出版社1994年版。

⑥ 张泽厚《艺术学大纲》，上海光华书局1933年版。

⑦ 见马采《艺术学与艺术史文集》，中山大学出版社1997年版。

是显而易见的。

新中国成立后，在全国成立了一批专业艺术院校和综合艺术院校，如中央美院、中央音乐学院，后来陆续成立了中央戏剧学院、中国音乐学院、北京舞蹈学院、北京电影学院、中央工艺美院等，号称"八大艺术院校"。各省、市、自治区也成立了一批专业艺术院校和综合艺术院校。文化部系统相继成立了中国戏曲研究院、民族美术研究所、中国音乐研究所等专业艺术研究机构。这些专业艺术院校、综合艺术院校与艺术科研机构的成立，为新中国的艺术教育与艺术科研提供了起码的硬件条件。对此，我们应给予充分的认识和高度的评价。

不过，我们也毋庸讳言，新中国成立后的前十七年，我国的艺术科学研究还完全没有走上正轨，更根本谈不上作为一门独立学科得到应有的发展。这主要表现在如下几个方面：第一，完全缺乏艺术学的学科自觉。有关艺术的基础理论研究，或者被置于笼统含混的所谓"文艺理论"、"文艺学"中，或者被包括在"美学"之中，而没有自己的一席之地。"一般艺术学"意义上的学术探讨更是无从谈起，甚至连"艺术学"这一学科名称也很少被提及。这一时期出版的唯一一部《艺术概论》高校教材，还是一部译著，著者为前苏联学者涅陀希文。[①] 就是说，这一时期，我们连一部由我国学者自己编著的《艺术概论》高校教材都没有。第二，所谓的艺术学科也仅限于戏曲、音乐、美术等几个主要的艺术门类，其他众多的艺术门类的研究则无人问津或零零散散不成气候。就是说，当时关于各个别艺术门类的研究也很不完整，够不成体系。第三，尽管当时在戏曲、音乐、美术这几个主要艺术门类成立了专门的研究机构，但它们却很不稳定，时常处于变动之中。即以"中国戏曲研究院"为例，它自 1951 年成立后，无论是在机构上、规模上还是在机构的归属乃至单位名称上，都屡屡生变，甚至时而中断时而重建时而又陷入停顿。民族美术研究所、中国音乐研究所等机构的情况也大致如此。[②] "文革"十年，更是让艺术学科的研究遭受重创，几乎处于停滞状态。这样的局面要想得到根本的改观，只能在粉碎"四人帮"、结束十年"文革"之后才有可能实现。

---

① 涅陀希文《艺术概论》，杨成寅译，朝花美术出版社 1958 年版。
② 参见中国艺术研究院院庆筹备委员会编辑《中国艺术研究院（1951—2001）》，2001 年 10 月印刷（内部发行）。

二

　　1978 年党的十一届三中全会，开启了新中国历史上一个高歌猛进、迅速发展的"新时期"，也为我国的艺术科学事业的发展注入强劲动力，开辟了无限广阔的天地。在改革开放三十多年的时间里，我国的艺术科学的发展可以说相当迅速。我想用"三级跳"这一比喻来描述这一层层递进的历程。

　　第一级跳，发生在 20 世纪 80 年代。1980 年，经国务院批准，在文化部正式成立"中国艺术研究院"。此前文化部下属的文学艺术研究机构"文学艺术研究院"这一临时性的名称被"中国艺术研究院"这一正式名称所更新取代。中国艺术研究院作为我国艺术科学唯一的国家级科研机构，拥有十多个研究所、室，几乎包括了我国所有重要的艺术门类。其中，也包括马克思主义文艺理论研究所、文化研究所这样一些综合研究一般文化、艺术理论的研究所。中国艺术研究院研究生部早在 1978 年即已成立，后改称中国艺术研究院研究生院。中国艺术研究院也是我国改革开放以来恢复高考制度后最先招收艺术学学科硕士研究生、博士研究生的科研机构，是国务院第一批公布的艺术学博士、硕士授予单位，是国家教育部最早批准的可以开展艺术学学科在职人员申请硕士学位工作的单位之一。像中国艺术研究院这样的国家级艺术科研机构的正式成立，在某种程度上为艺术科学的建设与发展提供了体制、机构上的有力保障。

　　我国于 1983 年建立国家社会科学基金制度，开始系统化、规范化的全国哲学社会科学的规划、课题评审、资助、管理等工作。早在国家社会科学基金制度开始建立的 1983 年，全国哲学社会科学规划领导小组在制定国家"六五"时期科研规划时，便作出了将艺术学科作为"单列学科"的决定。文化部根据这一决定，经部务会议决定，会同其他一些国家机构，成立了"全国艺术学科规划领导小组"，同时设立全国艺术学科规划领导小组办公室，交由中国艺术研究院代管（后划转文化部科技司）。1987 年 9 月，文化部又向全国文化系统发文，将"全国艺术学科规划领导小组"更名为"全国艺术科学规划领导小组"。在这里，将"艺术学科"修正为"艺术科学"，虽只是后面一个词语的文字次序的颠倒，却颇有深意。究竟是什么因素促成了这一"正名"之举，尚需进一步的考证，但是，这里面凝聚了艺术科学领域专家和领导们的集体智慧，则是可以想见的。应该说，全国哲学社会科学这一极富权威性的规划、评审、资助、管理体系将"艺术学科"（后定名为"艺术科学"）作为"单列学科"，实际上是从我国艺术科研的现实实际出发，明确地意识到艺术学科（艺术科学）已不能够继续沿袭以往的做法让其附属于文学学科，而是具有其学科的独立性和广阔发展空间，从而让其自立门户。此举虽从未大张旗鼓地加以张扬和宣传，但对新时期我国艺术科学的发展却具有十分重要的意义，它为艺术学在此后作为一门独立学科的学科自觉和学科发展，提供了发芽生根的土壤和宏观学科构架上的重要依据。

20 世纪 80 年代末，艺术理论界也正式提出了"大力开展艺术学研究、尽快确立艺术学的学科地位"[①] 的呼吁，标志着艺术研究界对于艺术学作为一门独立的学科，应从以往的美学与文艺学（文学学）研究框架中独立出来构建艺术学自身的学科体系的自省意识和学科自觉。这种艺术学学科独立的呼吁，是当时整个艺术学界日益觉醒、日渐明晰的学科自觉意识在理论上的反应，也满足了当时艺术学界努力为艺术科学争取独立的学科地位、开展艺术学的学科建设、推动艺术学的学科发展的迫切时代需求，因而很自然地得到了学术界的广泛共鸣。

总而言之，20 世纪 80 年代我国在艺术学科的科研机构、全国哲学社会科学规划体系中的艺术科学单列学科的设置，以及艺术学的学科自觉这一观念上的跨越，可视为新时期我国艺术学学科建设与学科发展过程中的第一级跳。以此为基础，我国的艺术学研究与学科建设明显提速。

三

20 世纪 90 年代，我国的艺术学学科发展实现了第二级跳，上了一个新的台阶。

首先，在 90 年代，艺术基础理论或一般艺术学、艺术的综合性理论研究取得相当丰硕的成果，发表了不少艺术基础理论和一般艺术学研究论文，出版了一批艺术学研究著作，如《元艺术学》、《艺术文化学》、《艺术掌握论》、《艺术类型学》、《现代艺术学导论》、《中国艺术学》等等。

---

① 参阅李心峰《艺术学的构想》，《文艺研究》1988 年第 1 期。

其次，全国艺术科学规划领导小组及其办公室虽然早在 1983 年即已成立，但由于科研条件、科研队伍、科研资金、资助规模等均相当有限，从 1983 年到 1991 年，被立项为国家艺术科学规划的课题屈指可数，而且在仅有的几个项目中，全部是传统优势艺术门类学科的史论研究课题，如《中国戏曲通论》（张庚、郭汉城）、《中国戏曲通史》（张庚、郭汉城）、《中国美术史》（王朝闻）、《中国话剧史》（葛一虹）、《戏曲艺术长河》（颜长珂、李愚）、《中国音乐文物大系》（一期工程）（黄翔鹏、王子初）等。这些课题的设立对于美术、音乐、戏剧戏曲这些个别艺术学科，其意义与学术价值、学术分量、学术地位毋庸置疑，而且事实证明，由于这些课题的设立，成就了新时期艺术科学研究中一批难以超越的经典之作与学术范本。但是，我们也可以看到，在这仅有的几个课题中，没有一个艺术基础理论或一般艺术学的研究课题。不过，到了 1992 年，全国艺术科学规划与评审、立项工作有了实质性的改观，开始走上正轨，本年度艺术科学课题评审和立项的课题不仅数量明显增多，课题涉及的范围显著扩大，课题类型也变得多样，而且出现了像《中国艺术学》、《艺术文化学》、《艺术掌握论》、《艺术类型学》等一般艺术学或艺术学综合研究的课题。在 1994—2000 年获得全国艺术科学规划立项的课题中，还有不少艺术基础理论、一般艺术学或艺术综合性研究课题。尤其是 1997 年，全国艺术科学重大课题《中华艺术通史》这一规模宏大、综合性强的艺术科学课题获得立项，成为 90 年代我国艺术科学课题评审中一个具有标志性意义的项目。

第三，在 90 年代，艺术学发展成为一级学科，并形成了自己的学科体系。早在 1990 年发布的国务院学位委员会、国家教委《授予博士、硕士学位和培养研究生的学科、专业目录》中，艺术学（学科代码 0503）已被确立为文学（05）这一大的学科门类下的一级学科（0503），只是在这个艺术学一级学科下面所设的专业（相当于二级学科）达 16 种，此外还有工业造型艺术、乐器修造艺术两个专业也排列在艺术学之下：

0503　　　艺术学

050301　音乐学（含：音乐教育）

050302　作曲与作曲技术理论

050303　音乐表演艺术（含：指挥、键盘乐器、管弦乐器、中国乐器、声乐）

050304　美术学（含：美术教育、民间美术研究）

050305　绘画艺术（含：中国画、油画、版画、壁画）

050306　雕塑艺术

050307　工艺美术学

050308　工艺美术设计（含：陶瓷设计、染织设计、装潢设计、书籍装帧、服装设计、装饰绘画、装饰雕塑、金属工艺、漆工艺）

050309　环境艺术

050310　戏剧学（附：戏曲学）

050311　戏剧、电影文学

050312　导演艺术及表演艺术

050313　舞台美术及技术

050314　电影历史及理论

050315　电影艺术及技术（含：电视艺术及技术）

050316　舞蹈历史及理论

0503S1　工业造型艺术

0503S2　乐器修造艺术

　　很显然，这样一个学科结构的设置虽隐含着按艺术类别划分专业目录的原则，但具体专业的设置相当杂乱，层次划分及逻辑联系不够清晰，没有形成一个简明有序合理的学科体系。

　　到1997年，国务院学位委员会、国家教委发布了修订后的《授予博士、硕士学位和培养研究生的学科、专业目录》，进一步明确了艺术学（0504）作为一级学科的地位（仍归之于文学［05］这一大的学科门类之下），而这一版的学科目录在艺术学的学科设置上有一个具有实质意义的重大变化，即开始形成了一个比较系统的艺术学二级学科体系：

艺术学（0504）

艺术学（050401）

音乐学（050402）

美术学（050403）

设计艺术学（050404）

戏剧戏曲学（050405）

电影学（050406）

广播电视艺术学（050407）

舞蹈学（050408）

这一艺术学一级学科之下共有八个二级艺术学学科。在这个二级学科体系中，第一次出现了与其他各门艺术学科相并列的作为二级学科的"艺术学"（050401）。这个作为二级学科的"艺术学"（050401）在学科名称上与在它上面一个层次上的一级学科的"艺术学"（0504）的学科名称完全一样，也可以说出现了重复。对此，是否能够找到一个更好的命名，的确有再讨论、再商榷的余地。我认为，当初如果把二级学科的艺术学直接命名为"一般艺术学"可能会更科学而不致发生歧义。但是，不管怎样，作为二级学科的艺术学（050401）的设立，具有极其重要的学科建设的意义。一方面，它的设立体现了艺术科学内部对于艺术的基础理论研究、一般的、整体的、综合性的研究的高度重视，这个领域恰恰是具有众多新的生长点、无限广阔的空间而在过去受到严重轻忽的地带；另一方面，由于这一学科的设立，实际上构建起了一般艺术学与特殊艺术学互补共存的学科体系。这也使得20世纪初在世界上最早倡导"一般艺术学"的德国艺术学家狄索瓦（又译德索）关于一般艺术学与特殊艺术学的学科体系的构想，真正在我国的大学学科体制上得以实现。这一学科体系的确立，对于形成有中国特色的艺术学学科体系与学科体制，也具有重要意义，甚至有可能在今后对世界上其他国家艺术学科体系与学科体制建设起到一定的引领与示范作用。

第四，东南大学作为我国一所著名的综合大学，于1994年6月率先成立了我国综合大学中的第一个艺术学系，张道一任系主任。艺术学系成立后，获得了二级学科艺术学的博士学位授予权，开始艺术学博士研究生的培养。1995年，东南大学艺术学系创办《艺术学研究》丛刊，由张道一主编。出版两期后，刊名改为《美学与艺术学研究》，由汝信、张道一主编，1996年出版第一集。此后，我国著名的高等学府北京大学、清华大学等综合大学也相继成立艺术学院之类的艺术教育与艺术科研机构，为二级学科的艺术学的学科发展与学科建设注入了充沛的活力。由东南大学起始的综合大学成立艺术学院、系，这在我国艺术学学科建设、学科发展中也具有十分重要的意义。它不仅宣告了艺术学科被封闭在少数一些艺术院校、艺术研究院所、仅只是少数艺术院校、艺术研究院所的专利的时代的结束，为艺术学科的发展开辟了辽阔的发展空间，更为艺术学能够在更为宏阔的学术背景下与其他人文社会科学乃至自然科学、理学、工学等学科实现有效有益的良性互动、深层对话、广泛交流、竞争发展创造了条件，非常有利于艺术学充实和加强人文内涵，提升学科的科学水平。

四

进入 21 世纪，我国的艺术学学科得到新的发展机遇，进入一个新的发展期，可说实现了第三级跳。

首先，在 2002 年，中国艺术研究院成为国务院学位委员会批准的我国第一个艺术学一级学科单位，拥有艺术学全部 8 个二级学科的博士学位授予权和 9 个专业的硕士学位授予权，在艺术学全部 8 个二级学科进行博士、硕士研究生的培养工作。此后，南京艺术学院、中国传媒大学、北京师范大学和北京大学、清华大学陆续被确定为艺术学一级学科单位，拥有艺术学博士学位授予权。另据凌继尧先生的研究，到目前为止，我国已拥有艺术类国家重点学科共 8 个；艺术学省级重点学科 12 个，艺术学省级人文社会科学重点研究基地 2 个；艺术学硕士点 60 个（仅指二级学科的艺术学硕士点，不包括各艺术门类的硕士点），等等。① 这些艺术学一级学科单位、艺术学博士点硕士点的规模化建设，为艺术学科培养高层次人才、满足社会对艺术学人才的需求、推动艺术学科的可持续发展提供了有力保障。

其次，新世纪以来，全国性的艺术学学科建设研讨会、艺术学学术研讨会频繁举办。如由上海大学、东南大学、山东艺术学院、山西大学等高校举办的全国艺术学学术研讨会已举办五届，取得了丰硕成果。南京艺术学院、北京大学艺术学院、鲁迅美术学院等高校也举办过有关艺术学学科建设的研讨会，对艺术学的学科建设与学科发展中的许多重要问题作了有益的探讨。这些高水平的全国性学术研讨会的举办，有力促进了艺术学的学科定位意识，推动了艺术学的学科发展。

---

① 详见凌继尧《我国艺术学学科建设的态势》，王廷信主编《艺术学界》第一辑，凤凰出版传媒集团、江苏美术出版社 2009 年版。

再次，新世纪以来，有关艺术学研究的丛刊、论丛纷纷推出。如上海大学与东南大学主办《艺术学》丛刊，由上海学林出版社出版，迄今已出版 10 期。南京艺术学院艺术学研究所主办《艺术学研究》，南京大学出版社出版，已出第二卷。东南大学艺术学院主办《艺术学界》第一辑也已于今年出版，等等。此外，还有一些艺术学丛书陆续问世。

第四，于 1997 年立项的全国艺术科学规划重大课题、李希凡总主编十四卷本《中华艺术通史》正文部分的十三卷于 2006 年 6 月一次性推出；最后一卷《索引卷》也已于近日出版。至此，集中了中国艺术研究院及部分高校、艺术院校、科研机构数十位专家学者、耗时十年以上的大型艺术科学集体攻关课题终于告竣。这是一部真正按照"通史"的写法，对整个中华艺术的发生、发展历程进行全面总结概括的综合的艺术史巨著。正如总主编李希凡在《中华艺术通史·总序》中所说："《中华艺术通史》的编撰，是论述自远古以来随着社会生活与政治经济文化发展，中华艺术生成演变的全过程，它是一部囊括中国传统主要艺术门类的综合的大型艺术通史。"[①]《中华艺术通史》是新世纪问世的艺术科学的最重要的成果，也是一项标志性的成果，将新时期以来我国艺术科学研究提高到一个新的水平。除这一重大科研成果之外，新世纪以来在艺术科学研究领域，还出版了许多有价值的学术成果。这些成果与上世纪 90 年代相比，不仅数量上有显著的增多，在探索的深度广度、视野的扩大、视角的创新等方面，也均有所推进。

第五，国家社会科学基金艺术学项目的评审、立项工作，在新世纪以来的"十五"、"十一五"期间，更是获得了显著的发展。"十五"期间，全国艺术科学规划领导小组办公室共评审立项 292 项课题，比"九五"期间的 104 项增长 180.77%；"十五"课题的平均资助力度比"九五"期间也有了成倍增长。"十五"期间最后一次艺术学项目评审时，全国申报的艺术学项目课题的数量首次超过 1000 项。[②] 而到了 2008 年，全国申报的艺术学项目课题的数量则超过了 1500 项，正式立项的各类国家社会科学基金艺术学项目则上升到 90 多项。且参加申报和获得立项的单位中，来自全国普通高校、综合大学所占的比例越来越高，使艺术学项目的评审更具有全国性、广泛性。除国家社会科学基金艺术学项目的课题评审外，在

① 《中华艺术通史·原始卷》，北京师范大学出版社 2006 年版，第 1 页。
② 参阅《全国艺术科学研究"十一五"（2006 – 2010 规划）》。

教育部的重大招标课题中，近年来也相继出现了艺术学的招标项目，等等，标志着艺术学项目的评审立项渠道的多元化。

此外，进入21世纪以来，我国艺术学科在本、专科招生规模方面也持续攀升。据有的学者研究，目前我国艺术专业的学生数量已是哲学和中文专业的学生之和的几十倍①，其数量之巨大，可想而知。

五

综上所述，艺术学在新时期三十多年的时间里，出色地实现了三级跳，其发展和扩张的速度是惊人的，所取得的成绩也是有目共睹的。但是，省思艺术学研究的现状，展望艺术学研究的未来，艺术学研究界的同人们，也都深切感受到我们的艺术学研究出现了制约其进一步发展的新的瓶颈。也可以说，我国的艺术学的学科建设与学科发展，正处于一个新的历史节点上。

那么，什么是制约今日艺术学进一步发展的根本瓶颈？这就是在国务院学位委员会、国家教委发布的《授予博士、硕士学位和培养研究生的学科、专业目录》中，直至今天，艺术学仍从属于文学这一大的学科门类之下，仅只是与中国语言文学、外国语言文学、新闻传播学相并列的文学门类中的四个一级学科之一，仍然未能从文学门类中独立出来从而成为一个真正意义上的独立的学科门类。为了让艺术学科真正获得作为一个独立学科门类的学科地位，开拓其应有的发展空间，打破上述制约艺术学进一步发展的最大瓶颈，要求艺术学由目前的一级学科升格为门类学科，便成为艺术学研究界当前最迫切的一大愿景，也成为近年来艺术学研究中最受人们关注的一个问题。

从有关资料来看，早在2002年初，国务院学位委员会艺术学科评议组在京成员便就《授予博士、硕士学位和培养研究生的学科、专业目录》中的"艺术学"由一级学科提升为门类学科的问题进行学术研讨，并在此基础上形成了《关于将"艺术学"由一级学科提升为门类的论证意见》，

---

① 参阅凌继尧《我国艺术学学科建设的态势》，王廷信主编《艺术学界》第一辑，凤凰出版传媒集团、江苏美术出版社2009年版。

提交给国务院学位委员会学位办公室。① 国务院学位委员会艺术学科评议组在京成员的这次学术研讨及他们提交给国务院学位办的书面论证意见，可以说拉开了呼吁和推动艺术学向门类学科升格的马拉松长跑的序幕。在此之后，关于艺术学学科升格的话题，几乎在每一次全国艺术学学术研讨会上都会成为中心议题或中心议题之一。艺术学界围绕这一话题，也发表了一些探索性文章。其中，周星教授《艺术学从一级学科调整为门类的设置方案分析》②、彭吉象教授《关于艺术学学科体系的几点思考》③ 等都是分析缜密、言之有据并产生很大反响的重要论文。

2009 年，有关艺术学向门类学科升格的话题，得到了更为集中而深入的讨论。讨论这一话题的范围也从艺术学界向外扩展，甚至在今年的两会上出现了相关的提案，有关部门也就此作了调研，等等。总之，就整个社会而言，把艺术学由目前的一级学科升格为门类的呼声越来越响亮，推动艺术学向门类学科升格的力度在日益加大，距离实现艺术学向学科门类升格的目标越来越近了。

可是，艺术学向门类学科升格这一目标到底何时能够实现？在短时间内，比如说，在一年、两年之内是否能够实现？对此，恐怕还无法贸然地下结论。也许，这是一个很短暂的过程。我们衷心期望这一过程越短越好。但也很有可能，我们还需要等待一段比较漫长的时间……。其原因恐怕不在人们对艺术学向门类升格的必要性无法达成充分的共识，而可能在于在一个更高的学科层面上，如何达成艺术学科与其他学科的平衡，以及其他一些同样提出门类升格吁求的学科应该如何加以应对；等等。这样，我们已别无选择，只能直面艺术学发展进程中的这一新的"节点"。

面对这一新的"节点"，我想，我们一方面仍有必要不断地发出艺术学向门类学科升格的吁求，另一方面，我们也不必消极地去等待。在此，我想向艺术学界的同人提出我的一点呼吁，即我们不妨努力地修炼内功，在艺术学的学术研究和学科建设上扎扎实实地多做些功课，多积累些成果，努力提高艺术学研究的学术境界。毕竟，艺术学在我国的学林艺苑还很年轻，很不成熟。与文学科学、美学等相邻学科相比，艺术学领域真正

---

① 南京艺术学院艺术学研究所、《艺术学研究》编辑部编辑《艺术学学科建设相关文献选编》，第 26 – 27 页。

② 《学位与研究生教育》，2008 年第 6 期。

③ 《艺术评论》，2008 年第 6 期。

值得夸耀的经典之作不是太多，而是太少。目前艺术专业的本、专科招生人数的大幅扩张也不是没有令人忧虑的盲目性和低分化现象。假如在每年的高校招生中，艺术类的招生无法摆脱"低分考生的收容所"之讥，那么，要强固艺术学科的基础，在艺术学科高层次人才培养方面提升境界、提高水准，我们还有很长的路要走。另外，我们还有许多研究领域相当薄弱甚至未及开垦；在艺术学高等教育和研究生教育中，我们还缺乏高层次高水准的一般艺术学教材等等。艺术学的学科发展与学科建设，仍然任重而道远。

拓展艺术学研究的新领域

——关于艺术文化学建构的思考

张　伟

艺术学研究应该适应文化大发展大繁荣的需要，改变艺术学研究中的自律性的立场，立足于文化来研究艺术现象。艺术文化学就是开辟艺术研究新途径，拓展艺术研究的新领域的一种尝试。艺术文化学（Culturology of the Art）是从文化学的视野研究艺术现象介于文化学和艺术学之间的边缘学科。它是以人的自由生命象征符号系统为研究对象，综合地揭示艺术文化特征的学科。①

一

艺术文化学学科是 20 世纪 70 年代末到 80 年代初期随着现代艺术科学的确立而确立的。

对艺术学研究的思想渊源也可以追溯到公元前若干世纪，即古希腊时期，但真正科学的现代艺术学的建立是十九世纪末叶才完成的，法国的康拉德·费德勒（Konrad Feidler，1841—1895）被称为"艺术学之父"。

艺术（arts）在古希腊时期和技艺（ski11）具有同一性，即是说画家和木匠、铁匠没有什么根本区别，其目的都是制作人工品，艺术同时也包括像农艺、驯马、格斗等技巧。因此，艺术与诗（叙事文学）有着严格的界限，他们可以将画家称为艺术家，但诗人绝不会戴上艺术家的桂冠。所以朱光潜先生说：在希腊时期的艺术"包括一切人工制作在内，不专指我

---

① 张伟《艺术文化学论纲》，《广东社会科学》，1990 年 3 期。

们所了解的艺术。"①

　　一直到 18 世纪以后，"美的艺术"（fine art）才和一般的工艺技艺分离出来。克里斯泰勒在《现代艺术体系》中认为，直到 18 世纪艺术家才把绘画、文学、戏剧结合到一起，此前的人们觉得音乐和数学比起音乐与绘画来有着更近的姻亲关系。于是，美和艺术发生了密切的关联。美只存在于艺术之中，凡是美的都是艺术，因而导致了 18 世纪初至 19 世纪末叶这段时期的美学等于艺术哲学的局面。

　　随着现代主义艺术的崛起，不仅艺术的殿堂内至高无上的神灵——美受到亵渎和嘲弄，而且艺术的自律性得到了强化，于是艺术这种集绘画、音乐、文学、戏剧、建筑、雕塑等于一身的人类文化形态出现在了世人面前。

　　现代艺术学就是对艺术进行整体研究的学科。在十八世纪之前，对各种艺术的理论研究分别被称之为《诗学》（亚里士多德）、《诗的艺术》（布瓦罗）、《论绘画》（狄德罗）等。"艺术学之父"康拉德的历史功绩不仅在于他为艺术学命名，而且提出艺术研究的自律性问题。他认为不仅要对各门艺术加以综合研究，同时艺术学的研究也要同美学研究划清界线。格罗塞不仅以他的《艺术的起源》一书而著称于世，而且还出版了《艺术学研究》一书。他强调将艺术活动和艺术作品从其他活动中分别开来进行系统研究的同时，也要在统一研究中对各艺术种类加以区别。马克斯·德索瓦尔（Max Dessoir, 1867—1947）于 1906 年发表的《美学及一般艺术学》一书首次提出"一般艺术学"的概念，认为美学研究不等于艺术学的研究，因此，将美学称为艺术哲学是不科学的，艺术学和美学各有自己的研究范围。他认为艺术学要包括所有艺术种类的研究，但这种研究是一般性的，如果对各艺术门类分别研究，他称之为特殊艺术学。

　　进入 20 世纪，在哲学和人文科学中出现了各个分支学科，它们无一不向艺术学渗透，产生了艺术社会学、艺术心理学、艺术符号学、艺术未来学等新兴学科，形成了艺术学研究的繁荣局面。

　　对艺术的文化学研究开始于 20 世纪 20 年代。尽管卡西尔的"象征符号"、斯本格勒"文化相对论"、斯特劳斯的"结构主义"、荣格"集体无意识"等学说都曾深刻地揭示了艺术的文化特性，但都没有完成艺术文化

①　朱光潜《西方美学史》，人民文学出版社 1979 年版，第 70 页。

学的建构。

英国伯明翰大学的"当代文化研究中心"的建立，使艺术的文化学研究成为自觉。该中心学者理查德·霍加特提出了"文学——文化分析"的研究模式，认为艺术是一种文化中的意义载体。艺术的文化学研究所要考察的不是作家在其作品中用以探索社会的方式，而是直接地对当时的各种问题、对其文化的"生活特质"所作分析的参与。他是从艺术的接受（解读）的视角探讨艺术的文化特质的。他将阅读分为两种方式：A 品质阅读（审美批评）；B 价值阅读（文化批评）。价值秩序有两种，一种是艺术价值秩序，另一种是文化价值秩序，但这两种价值秩序不具有同一性。艺术的价值秩序对于文化的价值秩序来说是一种破坏力量，试图打破文化的价值秩序，从而建构新的价值观念。这样，艺术便与文化发生了密切的关联，如果离开了文化的分析，艺术的深层价值便无法得到揭示。

前苏联文化理论研究从 20 世纪 50 年代起步，直到 60 年代末期才从西方引入"文化学"这一术语。在短短的几十年的时间里，前苏联的文化学研究取得了相当大的成就，并将文化学研究的成果广泛地运用到人文科学的各个领域。

前苏联对艺术的文化学研究首先是从美学界开始的。美学家鲍列夫在他 20 世纪 70 年代出版的《美学》一书中专门探讨了"艺术文化"问题。他将文化视为人的活动的产物，是人类的社会（不是遗传意义上的）记忆。显然，他将文化纳入了人类实践的范畴。正是"人的活动"对无机的自然界进行了加工和改造，创造了人类所特有的文化。这种文化不仅是一种存在，而且是一个过程，从而成为维系社会存在和发展的纽带。艺术文化则是在自己的千变万化中保持稳定的那一人道主义文化领域，它不同于其他的文化形态，其根本原因在于它具有审美的功能。"艺术能把人从精神上陶冶成艺术家，陶冶成按照美的规律创造一切物质和精神价值的能手。由于艺术文化能使人的精神始终具有创造力，它好像成了文化进行扩大再生产的动力来源。"[①] 这种文化进化论观点说明作者对艺术文化存在着过高的期望值。他将艺术文化看作了文化变迁的原动力，仿佛艺术文化可以决定世界未来的走向。

如果说鲍列夫的艺术文化观还缺乏系统的理论建构的话，那么前苏联

---

① 鲍列夫《美学》，中国文联出版公司，第 497 页。

另一位著名美学家卡冈的艺术文化理论则形成了较为严密的理论体系。他是从不同于生物生命的人的基本活动开始他的文化分析的。卡冈在《人类活动》一书中从理论上演绎出人类的五种基本的活动——改造活动、交际活动、认识活动、价值—定向活动和艺术活动，这五种活动构成人类活动的整体系统。

如果说文化是人类活动的方式和产品的总和，那么"艺术文化就是人们艺术活动的方式和产品的总和"①。卡冈认为艺术文化不同于审美文化，后者消融在整个文化之中，而艺术文化仅仅是整个文化一个局部层次，即处于物质文化和精神文化的中间层次。物质文化和精神文化不是截然划分的，物质文化全部过程表现为精神的目的和模式，而精神文化的内容要完全地物化，否则精神产品将不复存在。因此，艺术文化就不是精神因素和物质形态的简单的结合，"而是有机地交融在一起，互相融为一体，产生出某种第三者的东西，某种性质上独特的现象——被称作'艺术'的精神——物质价值。"② 这样，在艺术文化的所有子系统的统一和相互作用中，在其形成和进化的历史过程中，在其于文化里发挥功用的特征中去研究整个艺术文化的学科被卡冈称之为艺术文化学。从此，作为艺术学新兴学科之一的艺术文化学诞生了。

二

目前，关于艺术文化学的研究对象存在着种种不同的说法。印度学者穆克杰认为，艺术文化研究的基本任务是：1. 特定艺术对象的微观系统的研究。这种研究应描述主体的发生与结构，建立三体空间的分类，并分析它在整个文化中的地位。2. 艺术家传记研究。这种传记应包括艺术家一生中所有主要事件编年上说明，也应追溯其风格的发展，揭示其创造力的特征，说明其作品的影响。3. 整个文化结构中的艺术研究。比如什么东西能够被确定为艺术作品？艺术和艺术家的作用和影响是什么？艺术、经济、社会组织和精神生活如何相互联系等。4. 艺术史研究。穆克杰所确定的研究范围基本上是社会学和民族学的，因而他并没有走上严格意义的艺术文化学研究的道路。卡冈是这样确定艺术文化研究任务的：1. 揭

---

① 卡冈《美学和系统方法》，中国文联出版公司，第87、88页。
② 同上。

示艺术文化的组织和结构，在此基础上建立它的模式。2. 叙述艺术文化的基本子系统的功用和艺术文化在文化总系统中作为整体的功用。3. 寻求艺术文化的基本历史类型，并预测艺术文化的发展前景。国内有的同志也有这样的主张，认为艺术文化学应强调艺术研究的自律性，也就是通过对艺术活动本身的研究反观整个文化，揭示文化的特性。

我们认为首先强调艺术文化研究的自律性并不能比现在的艺术理论远走多少。诚然，艺术文化学的兴起固然同文化学和艺术学的发展有密切的联系，但不能否认它是对强调自律性的"新批评"的有力的反拨。"新批评"强调以艺术品为本体，并注重艺术品内部各组成要素的研究，但这种轰动一时的研究方法无法避免形式主义的根本缺欠，这就是艺术意义的匮乏以及艺术与历史和现实文化联系的中断，因而它逐渐走向了衰落。这说明任何艺术文化的自律性研究都是不可能实现的神话。

其次，如果从艺术活动反观整体文化，其立足点必定是文化，而不是艺术。这种研究用艺术的观念、价值等去说明、演绎文化的一般发展，显然将对艺术的文化学研究的意义降低了。艺术文化学研究的目的是从更广阔的文化大背景上使艺术自身的特性得以揭示，而不应成为文化学的附庸。

文化是人类生命的符号显现，也就是说人类以自身的生命力创造了以符号为标志的文化。在文化的诸形态中，艺术文化和科学文化、道德文化的根本区别在于：艺术文化是人的自由生命的象征符号系统。因此，艺术文化学的基本理论应该是：第一，对艺术文化进行总体思考的艺术文化哲学。这主要从以下三个层次展开：1. 如果说哲学是反思人自身的科学，那么，艺术文化哲学也不应离开人，不应离开人的生命。我们生活在一个生活的世界（life - world）之中，即我们的意识自觉的经验世界之中。艺术文化的世界更是如此，它不同于科学的世界，我们承认后者存在，但与艺术世界无关。如果我们用科学的态度去看世界，我们的世界无非是由原子、分子构成的物质形态的总和。生命的世界接近于斯本格勒的"世界共相"（world - image），艺术文化哲学就是对这个生命世界的揭示。生命（life）一般指生物所具有的活动能力，但文化哲学中的生命不仅具有生物学的意义，而且渗透着文化的基因与文化遗传。因此，从文化哲学的意义上我们将人的生命定义为使人的生存充满活力的开放系统，是使人的生活具有意义赋予价值的存在。2. 人类的生命与动物的生命的主要区别之一在于人的创造力即将自身的生命外化的能力。人们要努力去理解周围的世界，为周围的世界赋予意义，这包括人与自然的关系，也包括对人类生活经验的认识。那么，当人类试图对那些外在于他们的陌生现象加以理解时，符号便是他们理解世界和解释世界的生命的创造物。正是在这个意义上，卡西尔认为人作为文化的动物，其本性存在于人类自身的创造文化的活动之中。符号是人类生命创造的意义的载体。正是通过对符号的创造，才形成今天人类所特有的文化结构形态。3. 生命符号并不等于艺术文化，与其他文化形态的质的区别在于象征的意义。美国人类学家怀特认为"所有人类行为来源于象征符号的使用"，艺术中也包含着象征符号的使用。法国学者罗兰·巴尔特将文学符号、绘画符号、姿态符号、雕刻符号统称之为"象征符号"。象征一般地说是指某种东西的意义大于其本身。艺术文化的象征不是简单地等于能指和所指之间的不对应的关系，而体现为一种隐型的结构。任何艺术文化都不能离开象征，否则便失去了艺术文化自身存在的价值。

生命、符号和象征这三者是统一的整体，正是这三者有机的融合才显示出艺术文化的常青的生命力，才能构成艺术文化学的完整的理论体系。

第二，艺术文化总体研究（比较艺术文化学）。人类创造的文化是一个有机的统一体。对艺术文化的任何线性、孤立地研究都是不可取的。艺术文化学试图通过对艺术与神话、艺术与科学、艺术与宗教、艺术与历史和艺术与哲学等之间关系的多维度全方位的分析，揭示艺术的文化特性，为现代艺术的创作和发展提供理论基础。

第三，艺术文化的历史研究（艺术文化史）。任何艺术都是文化中的艺术，它随着文化的产生而产生，随着文化的变迁而发展。因此，对艺术文化的研究只有将艺术文化融入历史性的文化框架之中，才能使艺术文化的特性得以揭示。如果没有对艺术文化的历史性的研究，我们就会在艺术文化这个有机体中失去坚实的起点。这种研究不仅要追溯艺术文化发展的历史，还要揭示艺术文化变迁的内外动因，使艺术文化学的研究真正成为一门学科。

三

作为艺术研究新学科的艺术文化学有其自身的特点，对这些特点的揭示将有助于我们对艺术文化学的进一步理解。

首先，整体性原则是今日人文科学研究中的突出特征。系统论哲学、格式塔心理学和结构主义都十分强调这一点，一致认同"整体大于部分之和"的结论。人类文化的基本特点是它的共有性。因此，文化学更是在这一点上显示出自身的优越性。"整体论的主题规定：人类文化的研究所涉及的生活的诸多方面，和正在被研究的限定的实在一样的多。这和研究人的其他方法相比较，具有更宽泛的特点。它既要显示现在人的行为，又要顾及过去人的行为；既要考虑到生活中平凡的事物，又要考虑到不一般的事物；既要想到社会上的普通人，又要照顾到社会名流；既要体现行为的理性，又不能放弃非理性的思考；既要顾及行为的文化渊源，又不能忘记其生物学的来源。"文化学家不仅研究人类文化的各个层面，而且研究作为人类生命存在的一般的理论和原则，即使对文化的各层面的研究也不是孤立地进行，而是将其放到整个人类文化大背景之中加以揭示，从而使文化学这门学科"仍然保持着它的整体性的研究方向。"艺术文化学的研究强调研究对象在文化系统中有机的整体联系，通过全方位的分析而不是单个元素相加而形成结论。就是在分析艺术文化的局部问题时，也不能仅仅从某一局部出发，而应考虑到整个的文化大背景，与其他的文化因素联系起来。比如艺术风格的变化就受到文化变迁的制约。艺术风格的嬗变不仅仅是艺术文化内部的变化，而应该在文化的整体背景上，特别是文化变迁当中去加以研究。

其次，如果说整体性是艺术文化学研究的共时横向建构的话，那么，层次性则是艺术文化学研究的历时纵向建构。

任何事物都是分层次的，所谓层次是指事物从低级向高级发展的空间有序性。美国人类学家克鲁克洪在《文化的研究》一文中将文化的结构分为显型和隐型的两个层次：显型结构寓于事实所构成的规律中，它主要停在经验层次上；而隐型结构则是二级抽象，只有在文化的精深微妙的自我意识深处才能发现其存在。如果将艺术文化从层次上进行分析，那么我们认为艺术文化的感性符号是艺术存在的显型标志，它是最为生动富于生命力的层面。但艺术文化学的分析不能停于此，要向深层意蕴开掘，只有在艺术文化的象征结构中，才能深入到生命的深层结构之中把握艺术本体意义的生成。艺术是人类文化的组成部分之一，这样，它不可避免地受到文化的制约，因为人类无法超越文化为我们设定的程序。艺术要求是应该独特的，每一件艺术品必须与另一件艺术品不同，否则就失去了存在的价值。而文化又是一般的、普遍的。怎样解决这个问题呢？我们是否可以这样设定：艺术的显型结构必须与文化形成同构。否则艺术创作就同大猩猩乱涂鸦一样难以理解，而隐型结构通过象征显示出其独特的意义，这种意义使我们获得一种形而上学的满足。这样，艺术文化学层次上的分析，就可以使我们解决较多的艺术难题。

最后，超越性原则。超越是存在主义哲学的重要概念。他们认为人们的深层本质是四分五裂的，人类必须超越自身才能达到自由。我们恰恰是在与之相反的意义上去运用超越的概念，其目的是为了回归自身，回归到生命形式本身，所要超越的是现实原则。超越的结果是对时间性的克服和对永恒性的追求。艺术文化学正是在这个意义实现其自身的超越性。第一，对一般艺术理论模式的超越。以生命本体符号显现为建构的艺术文化学，是从生命本体的高度揭示艺术自身特性，它同一般艺术理论的模式产生了较大的分歧。后者缺乏从文化大背景上去分析艺术问题的视野，而停留在政治学和社会学的层面上，或者强调主体对客体的反映，或者强调能动的"主体性"，而且形成较大的争论。艺术文化学以生命本体的一元论取消了主体、客体的二元论。它将艺术看作是一种生命现象，是文化的产物。因此它自身的超越性在主体与客体之间建起一座桥梁。第二，对庸俗社会学的超越。开始于丹纳的社会学批评拓展了对艺术研究范围的领域，取得了令人瞩目的科学成果。但是，不得不承认，在社会学的研究领域中有一股庸俗社会学的潮流。这种思潮庸俗片面地将艺术当作是经济基础的直接派生物，视其为政治服务的工具，其实质是一种机械庸俗的社会学思想。这与马克思主义的历史唯物主义精神是背道而驰的。艺术文化学不仅仅将艺术看作是社会产物，而且是文化的产物，是人类共有的观念的价值体系的显现。这是一般社会学研究方法所不能完成的。将艺术作为一种文化现象，从人的生命高度去看待一切艺术文化产品的艺术文化学的价值正体现于此。

在艺术文化中，核心是人的生命，如果艺术世界里失去了对人的生命的昭示，将意味着艺术的死亡。艺术文化学正是从人的生命出发，给人的生命本体以极大的关注。因此，它不仅作为一种方法，而且作为一种观念呈现于人们的意识之中，这种观念将导致艺术研究领域里的深刻变革。

艺术市场管理特征的探究

孟庆耘

1965 年美国成立了世界上第一个艺术商业联合会，称为 "The Arts & Business Councie"，这是艺术与商业相结合的最初表达，表明了艺术与商业彼此独立但可以进行利益的相互交换。到了 20 世纪 70 年代英美艺术界开始盛行 "Arts Marketing" 这一词语，这时人们已经把艺术与市场、或艺术与营销联系在一起，已经把艺术品以商业的价值体现出来，审美欲望也可以从市场交换中得到满足，艺术品也成为了商品，是以交换为目的的价值与利益的对决。

在中国古代文人历来是以义为上，义与利是衡量君子人格品行的标准，所以"书画不可以论价，士人难以货取，所以通书画博易，自是雅致"[①]。在古人看来，艺术与财利的交换是污染了文人清幽雅性的品格。解放后，艺术是为工农兵大众服务的，是教育人、培育人、影响人的工具，更不能成为人们交换为目的谋取利益的工具，特别是在"文革"期间，更多的艺术品被打入"封资修"的另类，艺术被政治化。然而，到了1989 年之后，随着改革开放的深入，西方各种思潮和先进文化涌入国门。同样，西方现代艺术发展与艺术品的思潮也传入中国，时隔 4 年，1993 年中国艺术品市场启动，拍卖公司第一次开始拍卖中国艺术品，随后 94 年嘉盾拍卖公司启拍。1995、1996 年国外资金开始注入艺术品市场，画廊在中国出现。90 年代中后期，中国开始形成了艺术品交换的市场。2000 年以后，以北京、上海、广州为主要地区的艺术品市场初具规模，2003 年后中国艺术品市场出现繁荣景象，拍卖行、画廊数量急剧增加。艺术品交

---

① （宋）米芾《画史》，《画品丛书》，第 203 页。

易从最初的书画，拓展为各种艺术品类的交换；艺术品从最初是以政府即博物馆、美术馆的公共投资，发展为个人、公私营企业等买家消费群体的产生。

然而，艺术是人类情感的对象化形式，艺术作品是传达人类情感的载体，它与商品不同之处就是要更多地体现精神、思想、审美的价值。但它又作为商品进入市场进行交易。因此，艺术品不仅具有普通商品的物质特质，同时它又有不同于普通商品的精神、审美的特质，使艺术市场表现出了与普通商品市场不同的特征。所以对于艺术市场的管理也要依据艺术市场的特质进行维护和管理。

一、调和艺术品审美与商品价值的矛盾

自 20 世纪 90 年代艺术开始向市场转化，2003 年、2004 年艺术市场呈现出繁荣的态势，从此，艺术品也与物质产品一样，成为了人们的交换的产品，但是作为艺术品又与物质产品不完全一样，物质产品是一种以实用价值为目的的消费，而艺术品却是包含了精神、审美需求的消费，以及保值、投资的需求。正是因为艺术品同时具有精神性与物质性的双重性质，使得艺术品的交易表现出不同于普通物质商品的特质，艺术品的市场也与普通的商品市场表现出不同的特征。

市场是进行生产的物质产品交易的场所和平台，艺术市场是艺术品进行交易的场所。从艺术学的视角看，艺术市场是艺术品不断被人确正的场所和平台，是体现艺术家和艺术品价值的重要时机；从经济学的角度看，艺术市场就是艺术产品进行交易实现产权更替的场所，是艺术商品的价值以价格的形式转变为市场价值的地方。无论是从艺术学角度还是从经济学角度看，艺术产品同物质产品一样，只有通过消费才能使产品的价值从可能性变为现实。由于艺术产品的特殊性，而作为艺术品的消费也与物质产品的消费不同，物质产品的消费是一种物质实用价值的消费，而艺术品的消费是一种精神价值、保值投资的消费。我们知道，经济的发展促进了商品市场的繁荣，这也是艺术市场发生、形成与繁荣的前提，由于经济的发展提高了生产效率，使人们有了更多的休闲时间，并利用这更多的休闲时间去关注艺术品，同时经济发展，收入及生活水平提高，为艺术品的消费提供了经济上的保障。人们在满足了生活最基本需求之后，就更加注重精

神文化的培养与消费，这种消费需求是拉动艺术市场发展的内在动力。

然而，在商品经济出现之前，艺术产品的生产与消费是合而为一的。原始社会没有专门的文化生产者，因为生产力发展水平非常低下，是以集体的劳动来满足人们的基本需求，所以每个人既是物质资料生产者又是艺术品生产者，既是物质财富的生产者又是文化艺术的创造者和消费者，物质生产与艺术生产合而为一，诗歌、舞蹈、绘画与雕刻的原始艺术无不是与物质生产劳动交织在一起；随着劳动工具与生产技术的不断改进，逐步出现剩余产品，有了专门从事智力劳动的精神生产者，艺术生产出的艺术产品也随之出现，然而，此时的艺术产品并不是作为商品，当时的陶艺、彩绘等工艺品而是专供奴隶主享受，艺术生产与艺术消费仍属于统一形式；封建社会自给自足的生产方式也决定了艺术生产是自娱性的生产方式，贵族、地主、官僚以富足的财富豢养门客和家奴，其中就有文人墨客、书画才子、乐使舞娘等等专供他们享乐，同时，王公贵族、地主官僚自身也进行自娱性的艺术活动，仍然保持了艺术生产与艺术消费的一致性；进入资本主义社会，商品经济的产生和发展，把一切劳动产品都变成了商品并将其推进流通领域，让劳动产品在市场中为资本家来实现剩余价值，艺术产品也不例外。在市场面前，艺术生产和艺术产品已不再是生产与消费合而为一，而是也作为商品生产来满足市场需求，成为消费产品，打破了艺术生产与奴隶主和封建地主贵族的依附性。艺术生产与消费的合一性、自娱性走向了广阔的市场，艺术生产也在商品经济的催生下，成为艺术品生产的独立领域，导致了艺术家个人创作与艺术的社会化生产相分离，从而导致了艺术生产与消费的分离。

艺术产品作为商品进入市场的流通领域，既有一般商品的价值交换属性，同时艺术产品又具有审美的精神属性。从经济学角度看，价值就是凝结在商品中的一般的无差别的人类劳动，生产某一单位产品所需的社会必要劳动时间来决定商品的价值量。但是，作为艺术产品的商品价值又有它的复杂性，艺术生产既是艺术审美创作活动，同时又是艺术经济活动，艺术家审美创造性活动是一种意识形态的精神活动。这样独特的具体劳动很难用社会必要劳动时间来确定它的价值量，这种审美的精神创造劳动很难转化为一般的无差别的人类劳动，它们的价值能否在交换中实现，也有别于一般物质产品。艺术品的审美价值和商业价值的矛盾表现日益尖锐，"一切所谓最高尚的劳动——脑力劳动和艺术劳动都变成了交易的对象，并因此失去了从前的荣誉。"① 在艺术市场中，艺术产品的估价常常是有时高于它的价值，有时会低于它的价值，著名的艺术家的艺术产品少有问津，而平庸艺术家的艺术品走红暴富这样的事例在艺术市场中并不奇特。艺术产品作为商品既有普遍性，又有特殊性，艺术产品的特殊性是在于它的审美意识，即审美价值，艺术产品同时还要实现其作为商品普遍性的商品价值即经济效益，在艺术市场中平衡审美价值与商品价值往往是相对困难。在经济利益的驱使下，产生了艺术寻求经济价值，追求经济利益，抛弃了艺术产品的审美价值，急功近利，把经济效益作为艺术生产的创作目标，成为艺术商品的拜金主义者。艺术市场同商品市场一样，具有优胜劣汰的自我调节机制，审美价值与经济价值也会在市场运作中得到一定的调节，然而更重要的还是依赖于对艺术市场的管理。因此调和艺术产品审美价值与商品价值的矛盾，是艺术市场管理的特征之一。

二、优化艺术作品，实施精品战略

针对艺术市场中艺术品生产是艺术家个体行为，并不存在为谁生产满足谁的需求，而是为了表达自己的艺术感受，释放艺术家的情感，但市场就是市场，艺术又同时是一般商品，为了更好地协调艺术产品的审美价值和商品价值，还必须通过艺术市场管理来优化艺术作品，即是提高艺术品的质量，创作出更多的艺术精品，让那些垃圾艺术品在市场中没有立足之地，以此实现艺术品的审美价值与商品价值的有机平衡，这是艺术管理的第又一个特征。

市场是开放的，鱼龙混杂，艺术市场也必然按市场规律运行和发展，市场合理化的管理起着主导作用。艺术作品的优化、精品化是增强艺术市场生命力和活力的有效、有力手段，艺术产品的优化和精品化是应对市场复杂多变的法宝。众所周知，艺术品的生产不是批量生产，更不是满足人们物质需求的产品，它的产量来自于艺术家的创作灵感的实现，同时也取决于消费者审美情趣的转移，因此，在艺术市场中，艺术品并不是像一般商品那样，随着价格的上涨而增加供给量，而当艺术品的市场价格下降时，艺术家的创作也不会像工厂那样倒闭关门，他们仍然可以进行艺术创

---

① 马克思、恩格斯《马克思恩格斯全集》第六卷，人民出版社 1961 年版，第 659 页。

作和生产。所以，艺术品的生产和供给并不是以艺术市场上的价格上涨而增加创作的产量，因为艺术家创造的艺术作品不仅是个体行为，也是艺术家的艺术感受；同时，艺术家的艺术产品也不会因为艺术品在市场上的价格下降而减少自己的艺术创作，因为艺术家的艺术创作在一定程度上并不是为了满足商品价值的需求，而是自己艺术创作灵感的表达、情感的宣泄。在这种情况下，优化艺术作品，实施艺术精品战略就会成为非常容易的现实。

艺术精品是艺术市场的主力军，没有精品的艺术市场是一个没有活力、没有前途的市场。精品是价格的保证也是价值的保证。优化艺术作品，创造艺术精品离不开以下要素：首先，打造一支创作技艺高超，思想深刻的艺术家队伍。有了这样高水平、高素质的艺术家群体，无论是在艺术品价格上涨与下降时都会有艺术精品，都会有优质的艺术产品推向市场，这无疑是推动艺术市场良性发展的巨大力量，只有当艺术家自觉地摆正艺术生产的审美功能和商品效益之间的关系，艺术精品就会不断涌现。正如邓小平同志在第四次文代会的祝词中要求的那样："艺术工作者要始终不渝地面向广大群众，在艺术上精益求精，力戒粗制滥造，认真严肃地考虑自己作品的社会效果，力求把最好的精神食粮贡献给人民。"其次，增加懂艺术，能够欣赏的消费者群体。马克思曾说："艺术对象创造出懂得艺术和能够欣赏美的大众，——任何其他产品也都是这样。因此，生产不尽为主体生产对象，而且也为对象生产主体……同样，消费生产出生产者的素质，因为它在生产者身上引起追求一定目标的需要。"① 马克思这一段话表明：艺术生产出的艺术精品也同样会生产出懂得欣赏的消费者。艺术是人类的精神产品，是意识形态，因此，艺术又具有培育、教化的功能和作用。人们通过对艺术品的审美体验和感受，达到丰富人的心灵，提高人的素质，振奋人的精神，铸造人的性格，促进人的全面、和谐自由发展的目的。艺术家创造和生产艺术品精品也是起到了提高大众的审美感悟，培养大众的艺术鉴赏情趣的作用。同时，还应通过各种媒介和渠道，对大众进行美育教育，提高大众的艺术鉴赏能力和水平。第三，强化艺术经纪人的地位和作用。由于艺术品生产者并不会随艺术品一道进入市场流通领域，而是需要一个桥梁把艺术创作者和受众联系起来，这个桥梁就是

① 马克思《政治经济学批判》，人民出版社 1995 年版，第 202 页。

艺术经纪人。是艺术家商业利益的代理人，是促成艺术品所有权发生转移的中介和桥梁，艺术经纪人把艺术品买卖双方建立起商业联系，是帮助艺术家获得商业利益的重要力量。同时，艺术经纪人还要让艺术消费者买到货真价实、称心如意的艺术品。因为艺术经纪人不但了解市场行情，还有专业的艺术鉴赏力，这样艺术家可以专心进行艺术精品的创作。

三、整合艺术市场资源，促进艺术市场的良性发展

在艺术市场中，艺术家；艺术品；艺术品经营机构如画廊、艺术博物馆、拍卖机构、艺术博览会；艺术批评家；艺术评估、艺术市场消费者等成为了艺术市场的基本因素，每一个因素对艺术市场都有着举足轻重的作用，艺术市场的消费者又可分为投资者、收藏者、投机者，对市场众多因素和不同消费群体进行资源的整合也是艺术市场管理的特征。

整合艺术市场资源主要是表现在对艺术市场的各个要素进行合理、有机地整合，是把分散、零星的艺术品供给者通过一定的买卖关系结合成为一个有机的整体，目的是有利于艺术品的营销。

西方自 20 世纪 60 年代艺术市场复苏并迅猛发展，到目前市场模式已简化为评论家——媒体——收藏家，虽然模式简单，但却是一个有效的艺术市场机制，而中国的艺术市场发生较晚，并且具有中国特色，美术学院——艺术家——策展人——评论家——媒体——画廊——拍卖行——收藏家——美术馆这样的市场模式相对西方既显复杂，又不够完善。那么在具有中国特色的艺术市场管理中，对艺术市场各种要素资源的整合，促进艺术品的营销就显得尤为重要。中国自 20 世纪 90 年代后，艺术市场形成并逐步发展，一些艺术家挤进了国际知名的艺术展馆和画廊，因此，中国大地上的画廊、拍卖行也同艺术市场一道产生和发展。仅在 1995 年至 2006 年间拍卖行或拍卖公司就达 4000 多家，大小画廊也不计其数，各地以 798 为模式的"画家村"也相继出现。艺术家的数量不断增长。在这种形势下，对艺术市场中各种要素资源的整合也势在必得，通过艺术市场资源的整合，使画廊、拍卖行、艺术家、消费者成为相互协调、相互促进、彼此信任的理想关系，使艺术市场健康、有序、良性地运行和发展。

艺术市场资源的整合，可以使艺术市场具有前瞻性、选择性以及创新性，可以主动把握艺术市场的信息和动态，预示艺术市场发展的趋势和方

向，发展新的艺术消费需求和新的艺术品生产和创造者，进而选择既有审美价值又有商业价值的艺术作品，并以有效的途径和方式向社会传播以满足艺术消费者的需求。因此，要把艺术市场的各种因素看成是一个有机的整体，整合艺术市场各种资源在艺术市场发展中起到了推动作用，并且增强中国艺术市场在国际艺术市场上的竞争力。

参考文献：

［1］胡惠林《文化经济学》，上海交通大学出版社 1996 年版。

［2］［加］弗朗索瓦·科尔伯特著，高福进等译《文化产业营销与管理》，上海人民出版社 2002 年版。

［3］李万康《艺术市场学概论》，复旦大学出版社 2005 年版。

审美解放与艺术变迁

——兼谈中国艺术史的分期问题

徐子方

一百多年前，黑格尔在美学讲演中明确提出了"审美带有令人解放的性质"的著名论断，自那以来，审美解放即成为美学领域经常出现的话题，然而大多停留在纯粹的理论探讨阶段，且局限在审美欣赏和艺术接受角度。今天看来，审美解放的核心在于美的发现，既是接受，也是创造，既可据以理论分析，又可用于历史归纳。对于我们考察和阐释艺术史也有一定的理论指导意义。

在中国历史上，意义重大而深远的思想解放和文化转型时期很多，但与审美解放和艺术发展密切相关的莫过于汉魏交替、宋元之际、五四新文化运动。具体上说，虽然表现形态各异，但客观上皆促成了对既有观念和社会规范的冲击和更新，作为社会历史的一部分，中国艺术史也在这种冲击和更新中完成了自身的审美解放和形态演变。

一

严格说来，艺术史上的审美解放最早应当追溯到原始社会，从人类第一次以审美的因素赋予制造工具的过程开始，换言之，第一个不纯粹出于实用目的的人工物的创意也就是艺术史的出发点。固然，由于生产力水平低下，人类祖先物质匮乏，整天忙于衣食不暇，无力从事维系生存之外的精神生产，但即使出于提高劳动效率考虑而对工具的改进，精致化的过程也便是人们逐步从自我及固有观念的禁制下解放的开始，从而导致了以实用艺术为核心的人类早期艺术的诞生。另一方面，劳作的艰辛又总是和企求超自然力量庇护联系在一起，宗教的力量，加之片刻的休憩和娱乐，以及包括求偶在内的人与人之间的交往，必然促成精神领域中美被发现和应用。这一点可以看作整个人类的共同经历，但无疑也适用于中国。由于历史久远，许多场景无法复原，我们无法确切得知第一件艺术品的创制信息，但理论上完全可以作逻辑上的推断。原始时期的这次审美解放导致了石器、骨器、陶器以及岩画、原始歌舞等艺术史第一次浪潮的涌现，由此开始了中国艺术史上以实用艺术为主流的第一个发展时期——上古时期。

上古，史学界一般是指有文字留存的商周秦汉这段时期，和我们这里艺术分期可谓不谋而合。当然，上古艺术还可作进一步划分。作为中国艺术史第一个浪潮的上古艺术并没有随着原始社会的解体而中断，如果说以石器和陶器为代表的原始艺术构成了上古艺术第一阶段的话，进入夏商周等阶级社会后，与国家制度（祭器、礼器、乐器）密切相关的青铜器艺术构成了新时期艺术的主流，从而进入了上古艺术的第二阶段。和前一阶段一样，本阶段艺术同样不脱实用工艺的特点，只是由服务于原始宗教和生活必须转向服务于国家祭祀及礼乐制度而已。为着同样的服务目的，以《诗经》、《楚辞》、《大武舞》及"优孟衣冠"为代表的音乐和语言及表演艺术也在本阶段得到了发展。不仅创作，理论上同样体现着相关特色，《礼记》、《乐记》、《考工记》即为明显代表。故可将本阶段的艺术称为礼乐艺术。

百家争鸣是我国古代史上一次重要的思想解放时期，这种解放更多出于解决哲学、伦理学等意识形态以及政治制度方面的问题，是文明社会试图建立思想规范的一种努力，尽管争鸣本身在某种程度上有助于时代精神的解放，从而导致礼崩乐坏即礼乐文化的解体，促成了本阶段礼乐艺术的终结。但终究不是人类自身的生命解放，与审美解放无关，自然难以促成奖的发现和创造，难以形成新的艺术样式。

上古艺术第三阶段应从秦王朝的建立开始，延及两汉时期。本阶段艺术已由材质向形制过渡，单一的礼乐功能开始渗入了娱乐的成分。一方面，由石块、陶土构成并服务于防御和祭祀目的的长城、宫阙、陶俑、画像砖形成前所未有的规模，另一方面，继承《诗经》、《楚辞》传统的乐府诗歌和汉赋已经脱离了礼乐及祭祀文化的轨迹，开始显示满足精神愉悦的特点。然而，由于大一统政治的建立，崇尚法家的秦帝国虽为独尊儒术的汉王朝取代，但试图建立大一统思想控制的本质并没有改变，统治者将儒学上升为经，标榜以孝治天下和察举征辟的选士制度使得朝野上下专注沽名钓誉，对身心的刻意约束无论如何不利于审美解放，如果说秦以前的艺术为礼乐服务因而可以礼乐命名的话，本阶段艺术可以为政治制度服务而陈为政制艺术。

至此不难看出，随着时代变迁，上古艺术的内容和形式也在不断改变，自原始艺术、礼乐艺术到政制艺术，服务对象及功能均发生了巨大变化，但除了少数文体如楚辞外大都为集体或无名氏创作，一以贯之的是主流艺术的实用功能和艺术创造见物不见人的时代特色。

二

上古艺术随着东汉末年大一统政制的崩溃而终结，之后中国艺术进入了中古时期。

中古期划分的情况稍涉复杂。史学界一般定在魏晋至隋唐这一时期，我们则认为这时期还应延伸到两宋。魏晋是中国艺术史又一个发生根本变革的时代，与大一统政制崩溃同时的是儒道合流，玄学兴起，佛教传入及道家宗教化，这一切皆注定了汉帝国独尊儒术的大一统思想的式微。"魏武好法术，而天下贵刑名；魏文慕通达，而天下贱守节。"（《晋书·傅玄传》）这并非曹氏父子力能回天，而是大一统社会崩溃和经学自身式微的必然结果。稍后嵇康著《释私论》倡言"越名教而任自然"，更集中体现了当时文人士大夫摆脱经学精神束缚的思想解放特征。在这种社会大环境下面人们开始由注重外在而转向注重自身，生命意识得到空前强化。《世说新语》专门设有《任诞篇》集中表现所谓"魏晋名士"和"名士风流"，他们崇尚自然，主张任意自适，喜欢率性而为。另外还有《容止篇》，和当时盛行的宫体诗一样，公开关注男人的容貌，女人的体态，均为前所未有。20 世纪 20 年代，鲁迅即曾明确指出："曹丕的一个时代可说是'文学的自觉时代'。"（《而已集·魏晋风度及文章与药及酒之关系》）与他同时稍前，日本汉学家铃木虎雄所著《中国诗论史》也说："魏代是中国文学的自觉时代。"他们所指虽仅在于曹魏这个时代，但文学的自觉和独立是一个历史进程，曹魏的文学变革，正标志着这一进程的开始。作为艺术一部分的文学如此，整个艺术史发展进程同样也不例外。思想和精神的解放有助于审美的解放。此前功能至上的实用艺术为此时期以绘画和书法以及清商大曲、参军戏、歌舞戏为代表的赏心悦目的娱乐艺术所取代。即使为亡灵和佛教宣传服务的南朝墓葬壁画、北朝寺院和佛像雕塑，也不无娱乐的成分，至多存在娱神和娱人之差而已。更为重要的还在于，由曹魏钟繇、东吴曹不兴并始，经过画家顾恺之、陆探微、张僧繇、曹仲达，书法家王羲之、王珣、陶弘景，艺术史整体上结束了只有艺术品没有艺术家的历史。

由魏晋肇始的艺术新浪潮，经过南北朝直到唐宋继续汹涌澎湃，唐宋艺术继承了前代的传统而有了新发展。绘画方面，从展子虔、吴道子、李思训到荆关董巨，到南宋四家，人物画和山水画、寺院壁画和院体画、疏体和密体，内容、材质和技法日臻更新。书法方面，从欧虞褚薛、张旭、怀素到柳公权、颜真卿，到苏黄米蔡，行书和篆隶、楷书和草书古风新体，各尽其妙，艺术家群体可谓尽呈风流，与此相呼应的还有融合音乐和语言艺术的唐诗宋词诸大家。雕塑方面，敦煌、云冈、龙门、大足、麦积山等佛寺石窟造像在继承和创新中继续发展，风格也由秀骨清相向丰腴伟硕演变。娱乐方面，清商大曲、两域歌伎发展演变为唐宋大曲和燕乐歌舞，参军戏、歌舞戏则逐步市场化，最终演变为勾栏瓦舍中的宋杂剧、金院本以至南曲戏文。这一切皆预示着重视接受主体的近古艺术时代即将到来。

三

近古，史学界一般是指宋代至清鸦片战争以前，系基于社会性质分析而将鸦片战争至"五四"运动之所谓"近代"排除在外的。我们认为，鸦片战争决定的是中国社会的性质而不是艺术史新的历史转折，不可能作为近古艺术划分阶段的依据，就是说，近古艺术下限不是以公元1911年清王朝覆灭为标志，而是向后移至"五四"新文化运动。

公元13世纪元帝国的建立是古代史上特别引人注目的事件，它标志着我国历史上第一次由少数民族掌握了全国政权。元王朝的建立客观上是对中国古代以汉民族为主体的传统文化的巨大冲击，一度动摇了它赖以生存的精神支柱。如前所言，儒学体系自汉武帝"罢黜百家，独尊儒术"之后即成了汉民族传统文化的核心。汉末大一统社会随着黄巾起义和军阀混战崩溃之后，经学式微，儒学的统治地位第一次受到了强有力的挑战，由此导致了曹魏时社会性思想解放和艺术自觉时代的开始，然而这种冲击和挑战来自内部，是汉民族文化在面临时代变革时所作的内部调适。统治者采取兼容佛道的思想政策，但并不意味着儒学失掉了它的正宗地位。至唐宋时，统治者将诗文作为国家选拔治国人才的科举考试的主要形式，以诗歌散文为主流的中国古典艺术终于发展到了繁荣阶段，这里面当然有着艺术自身的发展规律在起作用，但显然也与儒家传统的艺术观念的鼓励和指导有关。宋代以后，理学大兴，儒家理论更加严密、充实，正统文化亦变得更加精致、高雅。从某种意义上说，随着儒家思想社会功能的强化。魏晋以后儒学艺术之间日趋分离的关系之后又有了一定程度的结合，而元帝国的建立则再一次拆散了这种结合并连艺术自身也发生了根本的变化。

艺术自元代伊始发生根本性变化的标志有二，一是元杂剧的崛起和元曲四大家的出现显示了市俗戏剧综合性艺术已由此前受鄙视被贬斥而上升为社会文化的主流，歌舞音乐让位于戏曲音乐。二是赵孟頫及元四家为代表文人画由此前偏于一隅而至此际蔚为大观，明清时期这种文人艺术更增加了文人书法和江南私家园林的成分。与此前艺术服务于礼乐、政制、宗教和统治者个人爱好，本时期中国艺术更重视市俗大众的需要，以及中下层文人士大夫力图挣脱外在精神束缚的情感宣泄，尤其是前者，它实际上代表艺术史新趋势，如果说上古艺术更多的是从艺术品角度发现美，中古艺术增加了重个人原创的艺术家的因素，近古艺术则在艺术品、艺术家之外看到了艺术的接受主体——市俗大众。明清传奇虽然在一定程度上出现了背离市场规则的文人雅化倾向，但以弋阳腔传奇为代表的这一传统却始终充满了舞台生命活力，最终在清中叶以花雅之争、京剧占据舞台主流的结果为这一趋势重新拨正了方向。与此同时的文人绘画也开始出现按质论价的市场运作苗头。也正由于审美解放向市俗化趋势转变的影响，近古时期雕塑也由此前充满神秘张力的佛教造像而趋于装饰化和生活化，风格的转变并不必然表现为审美退化。

近古艺术还具有中国古典艺术集大成的特点，特别是在中国历史上最后一个封建王朝的清代，这种集大成的特色更加明显。宫廷艺术、宗教艺术、文人艺术和市俗艺术，视觉艺术、听觉艺术和综合性艺术，所有曾经发生过的艺术形式大都能在清代找到生长乃至复苏的机遇，艺术品、艺术家和艺术受众一道构成了艺术王国的有机主体。这种集大成的特色还表现为对海外异域艺术的包容和消化，如果说明代的利玛窦博取中国最高统治者注意的是自鸣钟，明清之际的汤若望靠的是天文历法赢得了皇帝的崇信，清康熙时期入宫的德里格和郎世宁分别将西洋音乐和油画及其技法带进了中国。郎世宁更将中西画法结合，形成了自己的风格，在中国绘画史上留下了深重的一笔。当然，直到五四新文化运动产生之前，包括西洋绘画和音乐在内的外国艺术进入中国并未能从根本上改变中国艺术的总体面貌，正如同当年的佛教艺术进入中国后逐步本土化，最终形成中国艺术一部分的经历一样，这实际上反映了植根于中国文化土壤的中国古典艺术具有吸纳、包容和消化外来文化艺术的强大生命力。这种情况的改变，要到中国社会发生根本变革的五四新文化之后随着文化的变迁而发生根本性的改变。

四

与中国古代文化联系紧密的近古艺术，随着中国最后一个封建王朝清王朝的覆亡而终结，这实际上也是中国古典艺术独霸天下的局面的结束——中国现代艺术，伴随着向西方先进文明学习的中国现代社会的诞生而诞生了。

中国现代艺术最大的特点是艺术的多元化，随着国门打开，人们思想文化观念日趋面向世界，身心的大解放同时导致了审美观念的大解放。长期以来，人们从祖先和前辈那里获得教益，从前代传承下来名家名作那里发现美，继而受启发而创造艺术，而本时期则有较大不同，这就是美的启发和艺术的创造并不局限于园内，国外也有一片广阔的天地！于是油画、西洋雕塑、西方建筑、钢琴曲、西洋古典舞、现代舞、话剧乃至电影、电视等艺术形式纷至沓来，并且不仅作为欣赏的对象，而且洋为中用，成了中国人表现自己情感和观念的艺术形式，油画方面，刘海粟、林风眠、吴作人、吴冠中、潘玉良等大师，雕塑方面有刘开渠、滑田友、曾竹韶、王临乙，萧传玖、潘鹤铸等名流，他们和建筑方面的吕彦、童寯、杨廷宝，音乐方面聂耳、冼星海、贺渌汀、殷承宗，话剧方面的曹禺、洪深、欧阳予倩、田汉，电影方面的郑君里、赵丹等共同组成中国现代艺术史上的特殊方阵，与徐悲鸿、张大千、齐白石、梅兰芳、周信芳、阿炳、泥人张等民族艺术家一道撑起了中国现代艺术的蓝天。可以说，中西合璧，艺术多元是中国现代艺术的最大特点，开放交流，转益多师是中国现代艺术迅速走向世界的根本保证。中国现代艺术的这一特点和进程在 20 世纪 50 年代后由于标举民族化，倡导推陈出新而一度受到干扰，但也并未就此中断，五四时期引进并生根在中国大地上的各种新兴艺术类型在"百花齐放"、"民族化"、"现代化"的旗帜下继续生存和发展，即使在大革文化命时期，以八个样板戏为代表的"文革"艺术仍旧采用中两合璧的形式，政治思想及其体制的一元化并没有导致艺术上的一花独放。

20 世纪 70 年代后期，改革开放的春风吹拂着中华大地，在解放思想的大旗下，社会以前所未有的姿态和深度对外开放，人们对自身命运、自由发展的关注和思考也远远超过了以往。同样，伴随着思想解放、精神解放的是审美大解放，这一次解放的力度甚至不下于五四新文化运动。现代主义、后现代主义艺术思潮相继进入并化为艺术创造的指导思想和动力之一，艺术的多元化随着时代发展而变得愈加鲜明。

至此不难得出结论，伴随着思想开放和精神解放的审美解放是我们理解和把握中国艺术发展的一把钥匙，在此基础上我们将中国古典艺术和中国现代艺术分为中国艺术的前后两个艺术类型。相比较而言，古典艺术发展时期漫长，前后经历了整个的原始社会和封建社会，时间跨越五千年，我们以魏晋时期和宋元之际两次社会变革和文化转型带来的审美解放将其分为上古、中古和近古三个发展阶段。而清王朝覆亡所标志的封建社会解体固然是政治性事件，但整个古典思想文化体系随之发生根本性变革，入们审美观念因而出现前所未有大解放也是事实，由此出现古典艺术向现代艺术转型也是水到渠成的事实，中国现代艺术的地位因而得以确立。自此而后，中国艺术的多元化趋势……发而不可收，直到 20 世纪 70 年代后期随着社会改革开放而更加出现飞跃式大发展，这些都可以用来衡量和把握中国艺术发展进程。当然，中国艺术发展的分期是一个复杂的系统性问题，特别是将古典和现代打通，把各门类艺术打通，在此基础上进行宏观的全方位思考，更是一个世纪性难题。本文作为一个粗浅的尝试，将中国艺术分为上古、中古、近古和现代四个时期，目的在于提出问题，以期引起学术界同行的关注。

艺术与艺术学的跨出边界及其所引发的思考

——兼涉艺术学学科建设的一种新起点

金丹元　曹　琼

20 世纪 90 年代中期迄今，艺术学的学科建设和理论建构受到国内学术界的格外关注，并引发出了很多热烈而持久的探讨。相对其他学科门类而言，艺术学的学科建设问题显得较为复杂，并且至今仍无定论。这也恰恰反映了艺术与艺术学本身的复杂多变。随着社会政治经济、意识形态、思想观念、科学技术等等的变化与发展，艺术与艺术学自身也处在不断变革的动态过程中。其间，跨出边界是当今阶段艺术实践中一个显著的特征，由此，我们可以从艺术实践的现实出发，对艺术和艺术学跨出边界的现状进行分析，以求从艺术和艺术学自身的裂变中去寻求其逻辑性起点，对艺术学科建设作出一定的思考和回应。

一、艺术与艺术学学科的跨越边界已呈必然趋势

艺术与艺术学学科的跨出边界至少可体现在如下三个方面，这三个方面的变化，无疑都值得我们去深长思之。

一是艺术门类的边界被突破，例如传统的话剧、歌剧、戏剧、戏曲，传统的国画、油画、雕塑的单向领域、表现手段和固有的制作过程、材料、载体已被打碎后重新组合，话剧中会出现歌舞，戏剧戏曲也常被搬演至电视屏幕，纯粹的山水花卉画成为一种弱化了的陈旧形式，新的颜料、纸张、渲染法、手指直接代笔等层出不穷。中国画中常糅合进西洋水彩、水粉，乃至油画的笔触、铺设和空间造型，使得山水、花鸟画也"金碧辉煌"起来，空濛的山水烟云越来越富有层次感，花鸟虫草也变得更有质

感，而油画中也常可见国画的效果和技法，如线的递进，黑色的大胆运用，将中国画中的写意风格与印象派绘画手段有意无意地相结合，似也成了一种新的"集体无意识"的艺术性发挥。摄影艺术倒反而越来越像绘画，不仅被"影像化"了，也更趋绘画化、雕塑化。其中，又掺进了不少装饰的成分。如此，虚拟之真与现实客观摄录已混为一体，分不清究竟是水墨还是油彩，抑或是水粉还是版画？而雕塑的材料越来越多，几乎任何材料都可能成为一座新的雕像或一组新的雕像群，加之灯光、声音、三维动画、数字成像的参与，话剧、歌舞、戏剧舞台上出现多媒体技术已是见怪不怪了，舞台上真人的演出与同时在幕上出现的不断变幻的影像，更具现代性，也进一步拓宽了人的想象空间。则更不用说诸如手机、街舞、完全艺术、装置艺术、视像艺术等各种新艺术样式和种类的问世了。

欧美后现代主义艺术思潮涌入中国后，环境艺术、大地艺术、特定场景艺术等不断在中国的艺术界开辟出新的创作天地和研究领域，它们的出现和探索，也把观众的注意力引向了博物馆之外，许多新锐艺术家企图打破艺术与生活的界限，突破传统的审美范畴，漠视作品个体的独特性，注重作品大批量的复制，将艺术品的生产、传播和消费与工业机械融为一体。后现代艺术的一个显著特征就是使艺术简化为大众都能参与创作的东西，也就是所谓"互动"，而网络的兴起，更多地改变了我们对艺术的认识，它不仅改变了艺术本身，也几乎颠覆了艺术的媒介、传播方式、评判标准。网络的普及使艺术与网络技术的结合愈益紧密，网络广告、网络Flash、网络动画、网络游戏等等在年轻一代中极为流行。现今我们对网络与艺术状态的研究还极为缺乏，而且其本身更是纷繁复杂、变化莫测。那么，艺术学学科中，迎面而来的就会遇到这样的问题：艺术学学科是否接纳这些新的大众艺术，如何给它们定性、归类？看来单向的对某一种艺术进行分类和作出评价已远不适应当下日新月异的艺术创作和艺术欣赏的需要，那么艺术学学科包括艺术学教学该如何更新，课程设置是否需要修正？凡此一类，都足以对艺术学学科自身提出严峻的挑战。

二是艺术的跨民族、跨国界现象越来越明显。例如今天的电影已经越来越国际化了，且不说影视文化的开放已成为全球性的大势所趋，仅就中国来说，从美国大片的蜂拥而入，到日剧、韩剧的渗透至普普通通的中国家庭，甚至许多西方著名的制片人、大导演和投资公司，都是有针对性地将新推出的影片的目标受众直接锁定中国市场。不仅将推出的动作片的拍摄现场移至香港、上海等地的大马路，甚至一些电影的结局走向，也希望由中国观众来参与决定。而香港的《无间道》竟然被美国人改拍成《无间道风云》，并一举拿下奥斯卡大奖。而中国内地与港台、中国与外国的合拍片也不断增多，外资涌入中国市场的同时，也将外国的新技术、新思潮、新的创作思路、风格带进中国大陆。凡此种种，都说明全球化时代的艺术已成了无国界之别、无民族之分的世界大众的共同消费品。正如米特里所说的"如果从民族语言的含义上去理解语言一词，电影就不是一种语言"。然而，"作为表达思想的一种象征手段，电影是一门语言。"① 其实远不止电影，可以说当代各种艺术样式，如绘画、音乐、文学、舞蹈、戏剧等都有这种表达思想和作为象征手段的特点。例如广告设计、电脑制作、混合型现代舞蹈、模特走秀等等，都出现了跨文化合力的创作走向；在北京、上海这样的大都市中，几乎每星期都有各种各样、名目繁多的国际性艺术展览、设计展示或与艺术活动相关的创新信息的传播。当我们走进由各国争相招标而设计出的建筑物里，观赏、消费着来自各不同国家的创作者合作参与的影像、绘画、雕塑、时装秀、动漫形象时，几乎难以分清它的原创者究竟是谁，是谁偷了谁的"奶酪"。有人说，20 世纪是影像的世纪。在全球化、跨文化的今天，影像的表达和传播、网络的盛行无疑极大地推动了艺术的跨民族、跨国界现象。如是，艺术学的跨文化研究该如何进行，我们的师资队伍、知识结构该如何更新，都成了摆在艺术教育决策者和具体执行者面前无法回避的新课题。今天的艺术界理当培养出视野更为广阔，知识面大大拓宽的艺术学研究人才，否则，我们何以面对各种新思潮和跨文化影响下的当代艺术创作，又怎么与国外的艺术家和艺术研究者进行交流、对话和融合呢？

三是作为学科的艺术学自身也跨出了边界。我们一般把艺术学归于人文科学，但由于艺术活动与其他人文科学不同，它是建立在使用物质媒介及对其功能开发的基础之上的，而且技术在当今艺术活动中的作用显得尤为重要，实际上艺术学已经跨越了人文科学和自然科学原先的界限，两者已互相渗透，你中有我，我中有你。诸如建筑、电视、多媒体、设计等，都出现了这样的发展态势。如现代建筑是将技术性很强的工学与艺术学综合起来的学科，是处在艺术学和其他学科交叉地带的学科综合体；在电

---

① 参见［美］尼克·布朗《电影理论史评》，中国电影出版社 1994 年版，第 85 页。

影、电视学中，事实上已经将艺术学、文学、新闻学、传播学、电子科学技术、信息和通信技术等糅合在一起。如今的舞台艺术完全离不开灯光、照明乃至于多媒体的设计和辅助。我们传统的将人文科学和自然科学截然分开，以及学科细化的做法，客观上也造成了将类似建筑、影视、戏剧戏曲这样的艺术学科始终停留在不同学科和门类内的尴尬。门类艺术的跨学科特征决定了不同的研究视角往往会产生不同的学科偏向：艺术学的、工学的、文学的等等，这也是它们作为三级学科（专业）设置可以分布在完全不同学科门类的院系中的一个依据。这些纷繁复杂的划分直接导致了这些艺术学学科教育和发展上的很多弊端和限制。同时，今天的艺术学研究必定会同文化学、社会学、人类学、经济学、市场学、未来学等，直接或间接地发生联系，乃至于多视角多方面的交叉。例如，当代艺术创作和艺术研究无法绕开关于现代主义、后现代主义、现代性、女性主义等涉及文化讨论的各种现实命题，也离不开有关社会认同、社会影响、社会心理接受等方面的严肃思考，艺术品的价值取向，既要重视作为艺术品的内容与形式的关系、艺术品的精致程度、审美价值，也要兼顾到其经济规律、市场效应。不管是艺术品拍卖，还是一般的商业出售，都与市场需要、市场的价格波动紧密联系。它会形成有关艺术产业、艺术信息业、营销机制等等的深入探讨。而关于艺术发生、艺术品如何体现生命形态、人性的呼唤等等，又必然会同人类学、文化学直接挂钩。这就必然又会出现诸如艺术人类学、艺术文化学、艺术法学、艺术经济学等各种新的分支学科。而对于诸如此类已经出现或即将出现的新学科，至少就今天的实际情况而言，研究尚处于方兴未艾的阶段。需要从思考到书写，或重新书写的内容还很多，这就为艺术学学科建设又带来各种新的机遇、挑战和处于夹缝中创新求异的困境。为此，艺术学研究的视野正在被不断拓宽。

在当代艺术学研究中，后期西方马克思主义与后现代文化审美特征往往更被广泛关注。在对艺术现象进行预测、展望时，又会自然而然地涉足于未来学，特别是神话、科幻作品与各种新的冲击所引发的新一轮迷惑和对人类何去何从的追问等等，近十多年来在艺术探索中就占有突出的地位，如电影《侏罗纪公园》、《黑客帝国》、《魔戒》、《闪灵》、《哈利波特》等都是这方面颇具影响力的代表，随之而来的是话剧、歌舞剧、电视剧，以至于绘画、雕塑题材的怀旧式演绎，怀旧有时也可能以描写未来的形式出现，如后现代理论家詹姆逊就认为"《星球大战》从转喻角度看是……—部怀旧电影……它并非在其生活过的全部世界中重新创造一幅过去的画面，相反，通过重新创造旧时典型的艺术品的感觉与形状来唤起人们对历史上陈年旧事的眷恋之情"①。因为在詹姆逊看来，重温和描绘过去的往事、风格，或以文化神话的形式来拼凑"虚假的现实主义"，也是体验后现代电影的"一个不可缺少的组成部分"。② 怀旧也是一种神话，是把过去经典化、神话化了的一种策略，而所有这些神话、科幻、怀旧式的情调又都与后现代现状有关，同时也加剧了艺术和艺术学跨出边界、文化互动、样式更替的进程。总之，艺术学自身不由自主地跨出边界，已成为艺术学学科建设的一个不可忽略的逻辑起点。

二、跨出边界后的深度反思

造成艺术与艺术学的跨出边界的原因无疑是多方面的。除了艺术自身的裂变、现代艺术类型与传统艺术类型之间相互的影响与借鉴之外，还有更多来自外部因素的共同作用：全球化、跨文化的冲击和无所不在的影响，科学技术的发展、高科技在艺术实践中的应用，消费文化的盛行，网络时代的多元化选择，后现代社会的到来等等都是"合谋"的重要因素。世界进入一个消费文化主导的时代，艺术活动也在自觉或不自觉地变成一种消费过程，出产各种令人炫目、充满感官刺激的消费品。传统的艺术创作观念发生了裂变，审美趣味也在不断多样化和时尚化。然而，虽然纷繁复杂的"创作"叫人目不暇接，但其人文意识也在不知不觉中逐步淡化，失去了艺术原有的深度感和精神内涵。生产周期被压缩，变化无常的消费文化不断迎合着大众的口味。"什么是艺术"也在不断接受着社会和时代的拷问。似乎维特根斯坦所言之美的本质、艺术的本质都是属于说不清楚的、应该沉默的说法，已变成了一个事实。然而，从根本上否定对艺术概念的界定，说到底是一种不可知论和意义虚无论的表现，一旦"艺术是什么"无从界定，事实上也就无艺术与非艺术之别，"艺术"自身也被彻底解构了，这当然是难以令人苟同的。不过，维特根斯坦和莫里斯·韦兹都认为艺术是开放性的说法，倒的确值得重视，正因为如此，我们才觉得对

---

① 转引自［英］约翰·斯道雷《文化理论与通俗文化导论》，南京大学出版社 2001 年版，第 267 页。
② 同上。

艺术跨出边界后的创作与研究作出整体反思是完全必要的。毫无疑问，今天的艺术已经不再是仅供少数人鉴赏玩味的东西，大众文化时代使艺术成为一种多元的"开放性结构"，有着某种"家族相似"的特点（维特根斯坦语），进而使艺术创作也有了充分发挥其张力的各种可能性。这样，我们无法绕开，且又不得回答的命题便骤然突显了出来，也许，如下几个方面是首先值得我们认真加以关注和思考的：

第一，当艺术与艺术学事实上都已跨出边界后，艺术研究、艺术理论该如何回应各种新的创作样式和艺术现象？可以肯定地说，今天的艺术理论研究者必须不断追踪新的艺术活动，才有可能把握它的动向和发展态势，发现并开拓理论视野。我们要与当前的创作实践相连接，使学科体系建设的创新与艺术创作的创新保持同步，在对新艺术类型予以关注和把握的同时，发展和创新艺术理论，赋予艺术理论以新的生命力和使命感。众所周知，艺术学学科建设不仅关系到学科的性质、定位、课程设置等等，而且需要与当今的艺术实践相结合。长期以来，国内艺术学的教学，特别是研究生阶段的教育，往往与当今的艺术实践相脱离，很多研究工作对国内外艺术创作的前沿、动态搞不清楚，这是我们迫切需要加以补充和修正的部分，艺术学虽以理论为主，但也要以艺术实践、艺术作品为具体研究对象，因此不应该，也不可能总是远离作品而纸上谈兵，只有切实地贴近现实，贴近当下不断变化着的艺术样式，才能从中总结出新的规律，新的认知，走出那些已被实践证明过时了的落伍的旧理论的阴影，并将之重新上升到哲学和美学的高度，提炼出新的人文内涵和精神向度。换言之，在如今这么一个随时都在不断变化着，处处都能触摸到新生命跃动的不确定性的信息社会中，哲学和美学自身也需要重新书写，可以相信，21 世纪将会出现一大批新的艺术理论家和新的哲学体系，当人的心灵激烈动荡之后，冷却了的理性和文化沉淀将必然绽放新的美哲学之花。诚然，这不是说传统理论、现代艺术理论都已死亡或正在濒于死亡，而是指在肯定传统艺术理论和现代思维合理部分的基础上，勇于革新和重塑，以新的合于时代进步的理念，去摸索新的思路，探寻新的审美方式。因此，重视作品，重视艺术动态前沿，是艺术学学科建设的重要一环。唯其如此，艺术学学科建设才有可能更完善，更上一新的台阶，它自身也才能跟上时代和潮流。

第二，跨国界的艺术现象、消费文化时代、网络空间等必然会对习惯性的艺术审美、传统的艺术原理提出新的拷问。在全球化和消费文化主导的时代里，艺术实践早已超越了国界的限制，而更多地受到彼此间的影响。当今各种艺术形态的建构方式，它们所表现出来的对客观世界的把握，对美的理想状态的憧憬，与大众的关系已贴得更近，而与传统意义上的"高雅"反而疏离了。艺术现象和形态越来越趋于世俗化，但艺术的精致程度反而得到了极大的提高，当高技术不仅改变了艺术形态，也改变着制作方式后，则雅、俗的界限抹平了，艺术也由此而进入了新的阶段，迎来了它的新天地。有人指出"艺术和它的基础分离了。这种新运动可称之为'后资产阶级的艺术'。它是'有教养的资产阶级'的时代记忆它的艺术的终结"。① 这是个"大众的社会，民主大众社会的这种公开特点，再加上它规模的扩大和广大群众参与的倾向，不仅产生了过多的文化精英，而且也剥夺了这些精英人物所需要的、将冲动升华的专有权。这一点艺术特权一旦丧失，那么对趣味和风格指导原则加以从容而审慎的阐述就不可能了。新的冲动、直觉和接近世界的新鲜渠道，如果没有时间在小集团中成熟，那就会被广大群众作为单纯的刺激物来领会……"。② 当代社会中的艺术作品与消费时代、网络空间等等之间的联系日益密切，很多艺术品成了文化工业中的一环。习惯性的艺术审美、传统的艺术空间在面对如此庞大的文化工业时，常常显得不相适应，因此，今天的艺术学研究者必须转换观念，一方面必须尽快拿出能适应跨文化和大众艺术的新的理论框架，对各种新的艺术种类、新的样式起到指导、规范和批评的作用，另一方面，要大力扶持那些有发展前景的新兴艺术和艺术人才，不仅为他们提供施展才能的平台和空间，也要给他们更多的发言权和与主流文化直接对话的机会，并在理论上为他们"伸张正义"。而作为主流文化、精英文化的转换观念，也理应包括改变过去那种长期被忽略、轻视，甚至蔑视民族、民间艺术，或者说弱势艺术、边缘艺术的所谓正统意识，因为在当下，艺术观和艺术一样正亲历着一个新的时代转型。

第三，高科技不断渗透至艺术创作中，还可能导致人们的思维方式乃至生存方式的改变。当艺术电影逐步走向成熟后，电影语言与文字语言的不同，就已经出现了影像思维替代传统语言思维的接受方式。但今天介入了高科技的现代电影，往往将现实世界、精神世界、神话世界与虚拟世界

---

① 朱狄《当代西方艺术哲学》，人民出版社 1994 年版，第 512 页。
② 贝尔《资本主义文化矛盾》，三联书店 1989 年版，第 185 页。

神奇地连接在一起，实际上极易创造出一种比纯虚拟世界更有影响力和渗透性的新的世界，即将上述几种原本完全不同，相互平行的世界交织在一起，这种新世界常常呈现为一种物质与精神。现实与虚构的混合体，必然会极大地影响着现代人、未来人的思维方式。这在当代商业电影大量利用数字技术、三维动画中已露出其妙用之端倪，如美国电影《夺命连线》中所讲的"神经线"及其串联故事的方式，已经向我们证明了这种可能性。而由霍普金斯自编自导的《滑流》，则更是一部将现实与幻觉搅混在一起的充满了奇思妙想，又渗入了时空旅行的电影，最新的《魔法奇缘》，把童话世界里的人物直接引入现实生活中，将卡通形象中的王子和他的情侣一下子幻化成真实的人，从地下钻出来，直接出现在现实中川流不息、人来人往的纽约大街上。虽说都是一种富有想象力的假定性，但它也启示着人们艺术假定内蕴着巨大的潜力，至少，它进一步强化了电影是梦，人类离不开梦想的主题，梦想成为人类追求美好生活，向往和平、幸福、甜蜜的现实世界与和谐的人际关系，并不断积极进取的驱动力，它也始终在提醒着人们：只要勤奋努力和持之以恒，"梦想成真"并非全是天方夜谭，这样，电影与高技术的结合也就不仅仅只是一种娱乐，一种享受，它可能远远大于娱乐，大于艺术，而致成为一种转变思维模式的助推器。

而当艺术思维逐步转化为一般思维时，它就有可能产生出各种前所未有的创造性，不仅会大大拓展人的想象力，也极易刺激人的创新冲动。当然，从负面的角度看，它很易使人跌入幻影、幻想的陷阱中而难以自拔，但其正面价值，特别是激活人内在的创作欲望、潜意识中的奇思妙想，则理当为正在走向 21 世纪的今日的年轻人和未来人所共同重视，并不断在此基础上予以校正、挖掘和开发，如是，则未来视觉艺术的美学革命所产生的巨大潜能将为人类的创新和思维转向作出不可估量的贡献。而在网络的虚拟空间中，网络游戏、网络 Flash、网络 MV、网络动画以更加多样和灵活的方式出现，侵入人们的思维世界。网络游戏中能模拟和再现的诸如战争、绑架、驱车等"真实"场景，超越现实生活中的各种惊险刺激的个体体验，这些都可能潜移默化地改变着人们的思维世界和生存方式，也肯定会冲击着传统的艺术思维和艺术审美心理。其结果不正将一次次地证明艺术能使人快乐、聪明，获得各种精神享受，艺术的发展既是人类文明进步的产物，同时，它又会反作用于人类的文明进程和人类自身素质的提升吗？

　　综上所述，艺术与艺术学的跨出边界理当引起我们，特别是关注艺术学学科建设的学者们的高度重视，对于理论创新和学科建设而言，"跨出边界"的影响力也许才刚刚开始，但可以深信不疑的是，再过五年、十年，随着"跨出边界"的不断蔓延，门类与门类、民族与民族、文化与文化间的不断碰撞与交融的日益渗透，它必将深刻而广泛地影响艺术学学科的重建和反思，那么，何不从现在起就予以认真思考，并作出明智的选择和通盘筹划呢？时代变了，艺术的面貌也正发生着顺应时代潮流的革命性变化，传统的样式、经典的艺术精品，肯定会继续与世长存，但新的艺术形态、审美形态又肯定会让人觉得眼花缭乱和更为千姿百态，甚至令人匪夷所思，我们不能视而不见，听而不闻，食而不知其味。学科建设倘若也要跟上潮流的话，则对"跨出边界"的反思无疑也是一种新的逻辑起点。

　　诚然，在漫漫艺术史的长河中。我们永远也不该忘却那些伟大的巨匠和先哲们已经矗立起的高峰，但我们和比我们更为年轻的一代会走得更远，站得更高，因为后人总是站在前一辈的肩上在回望历史的烟尘，在远眺未来的前景。

中国秦汉艺术的审美特征

周均平

秦汉时代是中国历史上一个承前启后、继往开来的伟大时代。它不仅社会发展繁荣昌盛，居世界先进地位，而且其文学艺术也灿烂辉煌，在中国艺术史乃至世界艺术史上写下了独具风采的篇章。探讨这样一个时代的文学艺术的审美特征，不仅对我们全面认识和把握秦汉艺术规律有重要的价值，而且对全面认识和把握东方和世界艺术发展的规律也有十分重要的意义。关于秦汉艺术的审美特征，学界众说纷纭，笔者认为，秦汉艺术的审美特征可以概括为现实与浪漫的统一、繁富与稚纯的统一、凝重与飞动的统一和美与善的统一四大特征。本文拟就此略述己见。

一、现实与浪漫的统一

有学者认为秦汉艺术是"现实主义"，[①] 有学者则认为是"浪漫主义"。[②] 笔者认为秦汉艺术既不是现实主义，也不是浪漫主义，而是古典主义，或者说是以外向和谐的壮丽为总体时代特色的古典主义。[③]

秦汉艺术的壮丽理想表现在现实与理想的关系上，就是现实与浪漫的统一。秦汉时代的各类艺术如文学、绘画、雕塑、舞蹈等都极为鲜明地显现出这一特征。

汉赋是一代文学的典型代表。它以铺采摛文的方法，达到体物喻志（写志）的目的，表现出强烈的写实精神。在大赋作家的笔下，我们看到

---

① 李浴《中国美术史纲》上卷，辽宁美术出版社 1984 年版，第 361 - 362 页。
② 李泽厚《美的历程》，中国社会科学出版社 1989 年版，第 67、69、78 - 80 页。
③ 周来祥《美学文选》，广西师范大学出版社 1999 年版。

汉大赋又不完全拘泥于眼前实景的描写，而能驰骋空灵豁达的神奇想象巧构瑰丽之幻境，以表现大美思想。祝尧《古赋辨体》卷三评大赋云："取天地百神之奇怪，使其词夸；取风云山川之形态，使其词媚；取鸟兽草木之名物，使其词赡；取金璧睬增之容色，使其词藻；取宫室城网之制度，使其词庄。"这种艺术效果的取得，是汉赋由体物写实之整体结构向艺术想象之整体结构的升华，其间写实与想象浑然一体。这种创造性想象的体现，既是赋家采用的艺术夸张手法之结果，又是其体物写志之笔力所在。它在现实之境上巧构出神幻之境，展示出具有浪漫情采的大美。而此现象在大赋艺术中的出现，尚有三个原因：一是《楚辞》浪漫精神的影响；二是神话传说的渗透；三是天人合一观念的表现。正是幻境与现实的相交互叠，才构成了汉大赋繁富、神奇、遒劲、整体的审美图景。

乐府神仙诗本应是浪漫虚幻的，但却具有极其写实的精神。它所描绘的虽是非现实世界，但充溢在浪漫幻想中的却是当下的现实情怀。求仙作为汉人生活的一项内容而存在，所以他们与仙的关系十分亲近，甚至是一种人间性的关系。

秦汉画像石、画像砖同样以独特的艺术语言表现了现实与浪漫统一的特征。山东孝堂山郭氏祠对整个汉代画像具有典型意义：汉代画像基本都是从上到下的神话、历史、现实的画面结构；都是由神话人物、历史人物故事和现实生活的事件构成三大系统。汉代画像的三个系统共生于一壁或几壁，构成了时空合一，天上地下共存，过去现在未来互通的囊括宇宙的风神。这种共存合一要反映在一壁之中，汉画像一是用了纵向的层级分隔，这样神话、历史、现实有一个相对的秩序，但又由共存一壁而带来互通；二是用了横向的并置，人物的并置，故事的并置，分可为一个个的单独形象，合又可为整体的系列形象。纵向层级与横向并置可以具体为多种不同的手法，但又都是为了达到一个艺术目的，以"我"（墓主人）为主线，尽可能表现在世界中的多层联系，尽可能多地表现一种"容纳万有"的思想。宇宙之大，万物之众，而祠墓有限，按宇宙模式进行典型总括，和依"我"之特性予以加减在所必须。①

汉代，人们情感生活的特点是对神仙世界的幻想和现实生活的玩味。这种社会心理情感通过舞蹈表现出来时，便形成了舞蹈在内容与形式上的

①　彭吉象《中国艺术学》，高等教育出版社 1997 年版，第 33、39－40、43－44 页。

两大类别：神仙意识，是汉代的一种社会意识。这种意识是汉代艺术表现的主体。如羽人的形象在汉代画像石上就比比皆是。因此汉代的舞蹈，充满了神仙幻想和丰富奇异的想象。与充满原始活力想象的浪漫世界形成鲜明对比的是丰富多彩、情态各异的现实人间。人间的情感生活在汉代的舞蹈中占了相当的比重。从模拟农业劳动生产的《灵星舞》到纯舞性质的"翘袖折腰"；从诙谐滑稽的《沐猴与狗斗》到抒发个人情怀的即兴舞、礼节舞，无不充满现实的生活气息和现实的社会情感。

显而易见，秦汉文艺总体上是现实与浪漫的统一，是个不争的事实。正如有学者指出的："两汉文学艺术，存在着一个奇怪的现象：一方面是极力强调文艺为政治教化服务，充满儒家的现实主义精神。另一方面却'苟驰奇饰'，虚幻荒诞，充满了神灵仙怪，飘风云霓的浪漫主义气氛。这种现象既是矛盾的，又是统一的，这种既矛盾又统一的整体，才是两汉文学艺术的全貌。"[1]

从横向静态看，秦汉艺术各个时期都不同程度地表现出现实与浪漫结合的特征，都包含着现实与浪漫这两个相互联系、相互渗透的侧面。但从动态发展来看，随着艺术生态的发展变化，秦汉艺术中现实与浪漫的结合，在不同的历史阶段所占的地位和比重则有所不同，呈现出由秦代重现实，到西汉重浪漫，再到东汉重现实的重心转移。

现今所发现的秦壁画，以黑色为主色；秦代的漆器彩绘，写实的意味极大地增强了，以致有静呆之感；画像砖也表现出鲜明的严正质朴的中原写实风格，人物比例准确，神态庄重。但是，最能表现秦代艺术风貌的还是秦陵兵马俑。

秦陵兵马俑最重要的特色就是写实。这首先表现为人马的形体如真人般高大。俑人高约 1.85 米，马高约 1.7 米，这是秦以前的陶俑未曾有过的，也是秦以后的陶俑未曾有过的。更重要的是整体所形成的大。近万尊高大的塑像构成一个宏大的整体，其气势之磅礴，也只有万里长城和秦汉宫殿才能与之相比。对于秦俑的个性特色和类型特征，专家们已有众多的描述。令人吃惊的是，这些陶俑所表现出的高度写实能力，比之以前任何时代的作品，确实有了一个巨大的飞跃。人物外型准确、精细，并能体现出不同的品貌和性格；尤其是战马的塑造，其写实水平完全可以和同期的

---

[1] 曹顺庆《两汉文论译注》，北京出版社 1988 年版，第 10 页。

希腊、罗马雕塑相媲美。这个伟大的雕塑群展现的意象，使我们领略到当时中原艺术的极高水准，同时也可以推测到当时的绘画风貌是理性的、静态的、写实的。然而总的来说，秦俑的"写实"主要是与秦以前和以后的塑俑相比较而鲜明地凸显出来的。如果放在世界雕塑的范围，特别是与西方雕塑相比较而言，它仍具有很强的中国特色。因此，如果要用"写实"一词来形容秦俑的话，是在于：只有用近于真人比例的高大人马才脱离艺术的玩赏而进入现实威慑的似真之境，只有用如此众多的真人般高大的兵马汇成的庞然整体才真正地显出了秦王朝的巨大的力量和宏伟的气势。

如果说秦陵兵马俑以细致的刻画、写实的风格和整体的气势显出了秦汉精神，那么西汉霍去病墓的石雕则以一种与秦俑完全相反的方式——简略的笔画、写意的手法和象征的氛围——表现了秦汉气魄。霍去病墓就像霍去病本人的生平——样本就是秦汉席卷天下，并吞八荒精神的一种体现。因此当这种精神用一种象征的艺术手法表现出来的时候，就给墓冢中的石雕带来了一种空前绝后的境界。

汉代雕塑由浪漫到现实的重心转移，可以从两个最有代表性的作品得到说明。汉代前期侧重浪漫，以霍去病墓石雕群为代表。霍去病墓石雕群的创作动因是极为现实的，群雕也有部分写实因素，但大巧若拙，大气磅礴，内在精神气质和整体艺术表现洋溢着浪漫气息，充分显现了汉代鼎盛时期那种空前气魄。后期以马踏飞燕或青铜奔马为代表。该作品的整体立意构思显然是浪漫的。你看那奔马三腿腾空，一足踏燕，似闪电驰击长空，如流光风驰电掣。多么浓郁的诗意！多么瑰丽的想象！具体造型虽有写意的因素，如对飞燕的表现，仅雕出其形态轮廓，仅能看出是鸟而已，至于到底是什么鸟，则没有准确的写实细节能够确证。也正因为此，至今对该作品的诠释仍存在着是乌鸦、是燕、是隼的争论，但对雕塑主体部分，奔马的造型，则是以写实为主。奔马的形态，身体比例，细部刻画均绝对准确。除形体大小有别外，与真马形象实在难分伯仲。在写实的准确逼真上，实在是超过了秦陵兵马俑的骏马形象，更不要说西汉的塑马形象了。也正因为此，有学者认为该马具有极重要的科学价值，因为它是当时用来作为鉴识好马标准的马式。究竟是否马式尚待进一步探讨，但无可否认的是这个作品名副其实地达到了现实与浪漫的高度融合，至今在构思、立意造型上似乎无出其右者，因而该作品被当之无愧地从中华几千年无数艺术瑰宝中精选出来，作为向全世界展示的今日中国旅游的标志，成为中国古代文化艺术的象征。与西汉霍去病墓石雕相比，该作品现实写实的因素毕竟更为突出，展现出与汉赋和汉代绘画从浪漫到现实的相同的重心转移轨迹。

汉代绘画也经历了相似的历程。从现有文献和考古实物来看，西汉绘画总体上侧重浪漫幻想，表现驱邪成仙的主题。如作为西汉前期绘画代表出土的西汉初期三幅帛画，画面展现为天上、人间、地下三部分，表现的是引魂升天的主题。西汉中晚期的绘画如卜千秋墓壁画组成一幅死者升仙图，形象地表达出当时人们希图死后成仙的幻想。比这座墓时代稍迟的另一座西汉空心砖壁画墓中，虽然仍以驱邪、成仙为基调，但出现了新的题材，表明了壁画主题由虚幻的驱邪成仙逐渐向现实的人间情景的转变。进入东汉时期，作为西汉壁画基调的驱邪成仙图像，日益减弱，而表现死者生前官位和威仪的画面，占据了墓壁的主要位置。当人们将目光从升仙的幻景，移向描绘现实社会中的车马骑从或宴饮舞乐，乃至宅院庄园的时候，自然导致创作墓室壁画的画师们更加重视写实手法，从而将汉代绘画艺术推向新高峰。

汉代这种由浪漫到现实的重心转换也充分地体现在赋这一汉代文化全息缩影的文学体裁上。汉赋经历了一个由西汉的浪漫夸饰到东汉的现实描绘的重点变化。西汉的浪漫夸饰以司马相如为代表。到东汉班固明显地向现实描绘转换。班固是一代赋家，更是一位历史学家。他将目光转向了现实世界的描写，渗入了人文的气质。班固这种转变，在后来张衡的《二京赋》中仍有发展。班固写过《两都赋》，张衡的作品就是通过模拟班固作成的。然而大赋的转变是从想象向观察的转变，从浪漫情思向现实生活的转变。而它们的铺陈之质有所不同，西汉的铺陈成为一种夸张的想象，到了东汉，则成为如何把生活的场面记录下来了。这也许是张衡的这篇《二京赋》的重要价值所在。

正如李泽厚先生所指出的：从西汉到东汉，经历了汉武帝"罢黜百家、独家儒术"的意识形态的严重变革。以儒学为标志、以历史经验为内容的先秦理性精神也日渐濡染侵入文艺领域和人们观念中，"比起马王堆帛画来，原始神话毕竟在相对地褪色。人世、历史和现实愈益占据重要的画面位置。这是社会发展文明进步的必然结果。"

当然，受当时审美关系侧重客体，追求外在对象的外向型和谐的特点制约，从总体上看，秦汉艺术在现实与浪漫统一的基础上，更侧重现实、客体、再现、写实。

例如，汉赋的主要特征是铺采摛文，体物写志。体物和写志就汉代赋作创作实践来看，显然重在体物。可以说包举一切，囊括万物，穷形极相是其追求的最终目标，体物不达穷形极相绝不罢休。即使浪漫夸饰也是热烈地追求着对象，最终还是以现实为指归。

史传文学或历史散文，在司马迁那里，还有较强的文学性，"实录"与"爱奇"同时并存或兼而有之，但两者比较起来，司马迁把"实录"放在首位是大致不差的。班固虽对《史记》的思想倾向颇有微词，但其对该书"其文直，其事核，不虚美，不隐恶，故谓之实录"的评语则是中的之论。在班固那里"实录"已成为《汉书》的最大特色。虽然后世对其正统思想多有指摘，但对《汉书》翔实的历史价值，则是普遍肯定的。秦汉绘画和雕塑，在形似中求神似，虽然形神理论已有重大发展，形似理论趋于完备，神似理论熠熠闪光，创作中既有秦陵兵马俑"空前绝后"的写实，也有霍去病墓石雕大巧若拙的写意，但整体来看，秦汉绘画和雕塑都是在形似中求神似，都没有超出侧重现实、客体、再现、写实的阈限。秦汉建筑宫苑，则要求法天象地。"作为统一大国的象征，秦汉宫苑始终以无比广大的天地宇宙为艺术模仿的对象。所以在体象天地以立宫苑的同时，他们也在以同样的热情经营着穹宇的格局。"①

不仅上述与再现写实联系密切的艺术形式、文体表现出以现实、再现、写实为主的倾向，就连今日公认的以抒情、写意为本质特征的艺术形式和文学体裁如诗歌、音乐、舞蹈、书法等等，也同样呈现出重现实、再现、写实的浓重色彩。

诗歌如汉乐府，感于哀乐，缘事而发，刚健清新，气韵天成。本应以抒发喜怒哀乐各种情感为主，把抒情性放在第一位，但文学史家公认汉乐府具有极强的叙事性、情节性和故事性。不仅叙事诗如此，就是抒情诗也是如此。而且其最大的特点是实录。以致被有的学者从题材内容的角度称为"两汉社会生活的百科全书"。音乐是本于人心，长于抒情，偏于表现的艺术，《礼记·乐记》早就比较确切深刻地指出这一点，揭示了音乐的审美本质，但同时又要求再现。再现的内容不仅包括促使情感产生变化的社会政治状况，而且包括直接再现客观现实生活中的特定对象，直接描绘

---

① 王毅《园林与中国文化》，上海人民出版社 1990 年版，第 54 页、第 68 页、第 125 页、第 128 页。

和反映现实生活中的人物和事件。舞蹈也是最长于抒情表现的艺术，秦汉时就把它放在表达情感的最高层次。所谓："诗者，志之所之也，在心为志，发言为诗，情动于中而形于言，言之不足故嗟叹之，嗟叹之不足故永歌之，永歌之不足，不知手之舞之，足之蹈之也。"（《诗大序》）即言此意。但在同时也赋予了它极强的再现、模仿、写实功能。如汉代舞蹈中的《灵星舞》。正因为此，"汉代舞蹈的模拟与再现就较为显著"。① 书法在当今被视为表现性和抽象性最强的艺术。但在汉代书法家那里，书法首先被看作"肇于自然"，是自然形象的模拟和再现。书法创作要以自然美的形象为客观依据，有意识地，自觉地去摹状自然万物的气势、姿态、韵律，使"纵横有可象者，方得谓之书"。他们大都把书法外在结构形式与自然美物象联系起来。借助自然物象之美来形容比拟书法之美，强调书法艺术的状物，再现功能。

总之，秦汉时代，不仅叙事、造型类的艺术形式侧重现实、客体、再现、写实，就是抒情表现类的艺术门类和文体形式也较多模拟再现色彩。既然如此就不能不说这是秦汉艺术的突出特征了。正如陈炎先生所说的："当一个时代不仅叙事的艺术门类比较发达，就连抒情的艺术门类也偏于发挥其叙事功能的时候，这种倾向便值得重视了。"②

二、繁富与稚纯的统一

正如秦汉大一统包含着向君王一人中央集权专制和兼容并包开放两极拓展的相反相成的矛盾情况一样，秦汉艺术也包括着看似矛盾，实则相成的两个相互渗透的方面：繁富与稚纯。这两个方面的相反相成相互渗透及其审美效果，构成了秦汉艺术的一个重要特征。

秦汉艺术是繁富铺陈，饱满充沛的。这种繁富铺陈至少表现在秦汉艺术的内容和形式两个方面。就题材内容来看，与包括宇宙、牢笼天地、容纳万有的宇宙观念相表里，秦汉艺术的题材琳琅满目，五彩缤纷，几乎无所不包，在我们面前展现了一个穷极天地、囊括古今、浑融万物的审美世界。就艺术表现来看，适应着包括宇宙、牢笼天地、容纳万有、百态俱陈的表现需要，秦汉艺术的表现手法是那样铺陈恣肆，张扬跋扈，表现出对

---

① 袁禾《中国舞蹈意象论》，文化艺术出版社 1994 年版，第 138 页。
② 陈炎《有别于审美思想史和审美物态史的审美文化史》，《东方丛刊》，1998 年第 2 期。

描摹对象整体性和全面性的模仿要求。

为了达到这种追求表现对象的整体性全面性的要求，汉代绘画在布局上平列充填，而且一个画面还往往被划分为许多档，每一档中又都充满了众多的人物或场景。汉人不仅对同一场景比如庖厨、百戏，常常要刻画出种种纷繁的小场面来：杀鸡、宰牛、淘洗、烹调、摆席、奏乐以及顶盘、倒竖、耍刀、弄丸、斗兽、叠案等等，而且这些小场面又是全部铺展在一个平面上的。

汉代众艺杂陈的百戏作为中国戏剧的雏形也具有"全"的特点。至于"贪大求全"的汉大赋，在全面性上达到了汉代艺术的极至。汉赋的特长就是对一事物、事件或情志进行汉代人看来全面细致的模仿。事物大可以是城市、大海，小可以是一支笙、一支笛。事件可以是羽猎、游历、舞蹈，情志可以是思旧、叹逝、思玄、秋兴。无论描述的对象和表呈的情志是什么，都要求达到赋的全面性。

《西都赋》比较经典地呈现了汉赋基本的审美方式。第一，用一种与汉代宇宙观一致的审美构图方法去描摹事物。第二，由大到小又由小到大的循环视线。由以上两点，很自然地得出了审美方式的第三个特点：按照汉人的立体全面方式进行仔细的"步步移，面面观"仰观俯察，四面游目的铺陈排列。《西都赋》从一开始就见这种铺陈排列迎面而来，然后是随着叙事对象的转移而一套接着一套。所有汉赋都是这样，只是有简繁之别。汉赋的铺陈排列就是在按照汉宇宙图式形成的躯干纲目上进行细节的添加。这里也像汉画像一样，各类事物都有一个素材系列库，写到哪一类别就可以从库中选取该文所需之素材罗列上去就行了。汉赋的趣旨与汉代容纳万有的精神一样，是要穷尽事物。由此它在铺陈排列事物的时候，是现实加想象。它的铺采摘文最后成了容纳万有的象征体系。《西都赋》就是如此。它的西都城的描绘，就是天地人合一，天人相感，天地相通的人文象征。它的宫殿描绘是一种法天象地、容纳万有的宇宙象征。它的狩猎描写是一种囊括四海、并吞八荒的征服象征。它的泛舟观乐描绘，通过乐的天地人合的本质，与观时的"俯仰乐极"，表现了天人合一的象征。

与繁富铺陈相反相成的是秦汉艺术的幼稚单纯。秦汉艺术无论创作思想，还是创作技巧都处于中国古典艺术走向全面自觉、臻于完全成熟的前期。此时民间文艺与文人创作还没有彻底分化，绝大多数艺术种类的创作者来自民间。他们没有完整而明确的创作思想，也没有受正规的艺术训练，完全是凭着直观感受与内心需要来从事创作，也只能在心领神会与具体实践中不断地总结与提高。这样，秦汉艺术往往就幼稚得不能再幼稚，单纯得不能再单纯，天真得不能再天真，直率得不能再直率，自然得不能再自然。比起魏晋及唐宋来，秦汉艺术难免有一种生涩之感，像汉赋的过分夸张而缺少剪裁，较唐诗宋词就直露烦琐得多；汉简"疏处可走马，密处不透风"的章法比起主"韵"的魏晋行草与宗"法"的唐楷来，就要缺少和谐与精熟得多；汉画像密匝充满的布局、比例失衡的造型与庞杂无序的取材，无论是比起唐以后的院体画还是文人画来，都要缺少工整与雅逸得多；即使是汉长安城的宫苑建筑，也呈不规则形，未央宫位于城西南角，长乐宫却在东南角，这样的总体规划就没有像唐长安城宫苑建筑群那样方整谨严、轴线分明而对整个长安城所具的统摄性以及由此而产生的层次感。在它那里，多数情况下艺术的各个种类，各个因素、各种关系还远未达到多元贯通、有机融合的程度。正如有学者指出的，它"即便华贵，也还是单纯的华贵；即便雄浑，也仍是稚气的雄浑"。①

但是，正是这一未熟之"生"，却有一片勃发的生机在。因为在艺术表现上的熟，即艺术创造的完成态，容易产生"习气"———种从精神品格到艺术手法的全方位的惰性，在这种惰性引导下，由熟而俗，艺术生机就将绝矣。而"生"，永在追求成熟的途中，也永葆艺术的青春，汉代艺术正在从"生"到"熟"的途中，有着一种勃勃的生机与别具一格的意味。事实正是如此。汉赋的"巨丽"对于写景状貌的语言技巧的淬炼、音韵节律的探索与宏阔气度的渲染，汉简书法的流动古拙，恣肆汪洋对于书艺笔意的高古与章法的创新，汉乐舞的任情达性、锐意创造对于后世乐舞品类与技艺上的启迪与沾溉等等，都是有史可鉴，功不可没的。所以，我们说汉代的艺术是稚纯的艺术，也是充满生机的艺术。

这种繁富与稚纯在秦汉艺术中往往得到令人难以置信的多种形式的统一。"汉代是素器制作成就最高的时期，同时也是狂热追求华美的时期。这从宫室、墓室的壁画、漆器、衣饰的华丽精美上均可以看出。也有的铜器比较华贵，施以鎏金，或饰以金银错。"当然，从总体上看，秦汉仍然是以追求华丽为主调。再如："汉代的铜镜更是汉代青铜器中极有特色的一个品种，它是朴素与繁缛，实用与艺术的统一体。它的镜面光洁明亮一

---

① 金丹元《禅意与化境》，上海文艺出版社 1992 年版，第 133 页。

尘不染，镜背浮雕精美，在圆内极尽巧妙构思。这集繁简二式于一身的铜镜，体现了汉人对古代文化的兼容与创新。"[1] 汉乐府作品也有异曲同工之妙。汉乐府诗在题材内容上被认为"是一幅全景式的两汉社会生活的画卷……两汉社会生活的百科全书"。[2] 在艺术表现上，汉乐府则稚纯到极点。它感于哀乐，缘事而发，刚健清新，自然而然，气韵天成，诗成处皆为妙境，得到历代评家的高度赞誉。

繁富与稚纯结合的整体表现效果就是古拙。汉代的艺术形象看起来是那样笨拙古老，姿态不符常情，长短不合比例，直线、棱角、方形又是那样突出，缺乏柔和……过分弯的腰，过分长的袖，过分显示的动作姿态……笨拙得不合现实比例；在构图上，汉代艺术还不懂后代讲求的以虚当实，以白当黑之类的规律，它铺天盖地，满幅而来。画面塞得满满的，几乎不留空白。这也似乎"笨拙"。然而，它却给人们以后代空灵精致的艺术所无法代替的丰满朴实的意境。相比于后代文人们喜爱的空灵的美，它更使人感到饱满和实在。与后代的巧、细、轻相比，它确乎显得分外的拙、粗、重。它不华丽却单纯，它无细部而洗练。它由于不以自身形象为自足目的，就反而显得开放而不封闭。汉代艺术尽管由于处在草创阶段，显得幼稚、粗糙、简单和拙笨，但是由于上述那种运动、速度的韵律感，那种生动活跃的气势力量，就反而由之而愈显其优越和高明。天龙山的唐雕尽管如何肌肉凸出相貌吓人，比起汉代笨拙的石雕，也仍然逊色。宋画像砖尽管如何细微工整，面容姣好，秀色纤纤，比起汉代来，那生命感和艺术价值距离很大。汉代艺术那种蓬勃旺盛的生命，那整体性的力量和气势，是后代艺术所难以企及的。

这种古拙并非炉火纯青后的举重若轻，也不是极炼如不炼后的返璞归真，更不是熟谙无法是至法玄妙后的自觉超越，这种古拙与其说是有心栽花，不如说是无心插柳，它是秦汉人昂扬奋发，开拓进取，气魄恢弘，深沉雄大的整体性民族精神的自然流露，是我们民族少年期的艺术灵性的天才表现，是真正的无法是至法。正如一个人不可能返老还童一样，秦汉的古拙与我们民族的成长史不可分割，所以对于今人来说，这种古拙是永远难以企及的，刻意模仿最多也只能得其形而难获其神。也正因为此，秦汉艺术就具有永久的魅力。

---

① 岳庆平等《中国秦汉艺术史》，人民出版社 1994 年版，第 190－191 页。
② 张永鑫《汉乐府研究》，江苏古籍出版社 1992 年版，第 235－236 页。

三、凝重与飞动的统一

凝重与飞动的统一，是秦汉艺术的又一个重要特征。所谓凝重，是指充实浑厚而有力量（分量），或者说，饱满厚重，深沉雄大。所谓"秦碑力劲""汉碑气厚"即言此意。秦汉艺术的凝重特点，主要表现在大、全、满、溢诸方面。

首先说"大"。秦汉是尚大的时代，"以大为美"是时代的主旋律。各种各样的艺术形式都以不同的方式表现出"大"的风采。空间的巨大是秦汉建筑的一大特点。西汉长安城面积约 36 平方公里，其中宫苑面积是全城总面积的二分之一以上，是明清紫禁城面积（约 0.7 平方公里）的 20 余倍。秦汉雕塑"大"的代表可推秦始皇陵兵马俑。秦陵兵马俑，人马的形体高大。俑人高约 1.85 米，马高约 1.7 米，这在中国雕塑史的陶俑塑造上，是空前绝后的。更重要的是秦陵兵马俑整体所形成的大。近万尊高大的塑像构成一个宏大的整体，其气势之磅礴，也只有万里长城和秦汉宫殿才能与之相比。具有 1500 多年历史的敦煌莫高窟，现存的塑像才 2400 多尊；而秦仅 15 年历史，在创造了一系列惊天动地的地上奇迹的同时，还创造了这一地下奇迹：一个世界上最庞大的地下雕塑群。作为一代文学之正宗的汉赋，则把这"以大为美"推向高峰。闻一多先生说汉赋"凡大必美，其美无以名之"，[①] 确实揭示了汉赋最基本的审美特征。所谓"以大为美"，大体包括了题材和表现形式两方面的内容。在题材内容上，汉赋的"以大为美"表现在两点上。第一，追求对表现对象描写的全面性或完整性。第二，选取高峻壮大的外在事物作为描写对象。在艺术表现形式上，汉赋也在诸多方面表现出以大为美的特色。第一，在篇幅上，体制巨大。第二，在表现手法上，汉代赋家多采用夸饰等等手法。第三，在语言上，汉赋多喜用"巨"、"大"、"壮"、"最"之类的形容词和概指数量词等等。

其次说"全"。"全"至少表现在秦汉艺术内容和形式两个方面。就题材内容来看，与包括宇宙、总揽人物、牢笼天地、容纳万有的宇宙观念相表里，秦汉艺术的题材琳琅满目，五彩缤纷，几乎无所不包；在我们面

---

① 郑临川《闻一多论古典文学》，重庆出版社 1984 年版，第 65 页。

前展现了一个穷极天地、囊括古今、浑融万物的审美世界。至于"贪大求全"的汉大赋，在"全"（全面性）上达到了汉代艺术的极至。汉赋的"以大为美"，其实就包含着"以全为美"。汉赋追求对表现对象描写的完整性或全面性。司马相如说："赋家之心，包括宇宙，总揽人物"。意思是说赋家作赋追求的是对世界整体的完整把握和全面表现。汉赋的创作实践和代表作品都确认了这一点。就汉赋整体来说，其内容之广泛可说无所不包，大到山川，小到寥虫，力求把万事万物以及人所创造的一切都包容进来。读过汉赋，会觉得其内容极其丰富，几乎世界上所有的一切，过去、现在、未来，似乎都包括进来了。这种对表现对象完整性和全面性的追求，反映了秦汉人审美上的博大气魄，表现了他们征服和占有一切的欲望和激情。

再次说"满"。"大"而"全"，就不能不"满"，就不能不表现出"满"的效果。满是汉画像石、砖的一个特点。任一石，任一砖，总是塞得满满的。不但整个画面要填满，画面中的任一行格也要填满。古代圣王的一排，要排满，车马的出行要从一端接满到另一端。满是代替多，是代替无限。人物一直排列过去，给人以无限之感。车马从头走到尾，给人以无限之感。《弋射图》中，大鱼一条条满满地横着，给人无限之感，天上的鸟一行行多方向飞去，给人以无限之感。满表明了汉的审美趣味是尽量得多，多多益善，有一种占有的兴奋。满也意味着汉代对无限的把握不是一种虚灵的体味，而是一种具体的观赏，因此尽管是神话，也被画得如此具体，尽管是历史是传说，也如在目前，栩栩如生。汉赋的铺陈排列，要达到的就是汉画像的"满"的效果，通过"满"来达到对天地万物的穷尽。但赋作为一种文学式样，它的穷尽万物的满的铺陈，一个很大的特点，就是只能通过文字来实现。因此汉赋对万物的占有又表现为一种对文字的占有。读汉赋，就像读百科词典，更像进博物馆，真是琳琅满目，令人目不暇接。它是汉人要占有万物，穷尽宇宙的具体体现，但是这种占有穷尽不是抽象的把握，哲学的体味，而是具体实在的占有，要慢慢地品味，仔细地赏玩。这就造成了建筑的大，容纳的众，画像和汉赋的"满"，而一种恢弘博大的时代气派正在这"满"中体现出来了。

最后说"溢"。满到极至，满到不能再满，就自然而然地给人以"溢"的审美感受，形成"溢"的审美效果。比如汉代绘画，画面饱满充盈，几乎不留空白，物象铺天盖地，密密匝匝，满幅而来，似欲夺框而出。汉代简牍书法，戴着脚镣跳舞，在空间狭窄的有限简面上笔走龙蛇，极尽腾挪舒展之能事，造成一种奔放不羁的大气势，似要脱简而走。方寸肖形印，不仅整个画面被填充无余，而且形象栩栩如生，其意态之飞动，气势之磅礴，简直就要裂石而出。汉代舞蹈则在"蹑节鼓陈"，"在山峨峨，在水汤汤，与志迁化"的形神（意）交融中，"舒意自广"，"游心无垠"（傅毅《舞赋》），使有限的舞姿，传达出无限的情意。至于极尽铺彩摛文、穷形尽相之能事的汉赋，更必然表现出一种"光彩炜炜而欲然，声貌岌岌其将动"（《文心雕龙·夸饰》）的天风海涛般的力量和海倾洋溢般的气势。晋代挚虞曾指责汉赋有四过："假象过大，则与类相远；逸词过壮，则与事相违；辨言过理，则与义相失；丽靡过美，则与情相悖。"（《文章流别论》）这"四过"，从艺术规律的积极意义上看，其实就是汉赋不可替代的特点，就是其审美效果上的"溢"。

大、全、满、溢的融合使秦汉艺术显示出充实丰盈、地蕴海涵，饱满厚重，深沉雄大的凝重特色。它体现的是秦汉人的外向开拓、进取、征服和占有，是对囊括宇宙，容纳万有后的喜悦和细细的玩赏，是对自身力量的感性确证和热情讴歌。而就在这玩赏、确证、讴歌中，一种巨大的时代精神气魄就显现出来。

所谓飞动，意即飞扬运动而生气勃勃，它在实质上展现的是一种活泼跳跃流动不居的生命的艺术形式。秦汉时代飞动得到了更高更普遍的审美表现，展现出一个生龙活虎生机勃勃的艺术世界。如汉简书法笔画的错落不一，画像构图的无规则、陶塑人体比例的失调、宫苑建筑整体的失衡等，都付诸观赏者的"六官"以强烈的动态感。更主要的还在于汉代艺术那种飞动张扬的精神实质已无法被艺术构图所包蕴起来，它冲决了所有的外在藩篱而将它的精神淋漓尽致地呈现在世人面前。汉代舞蹈在这方面颇具代表性。汉代舞蹈主要有"盘鼓舞"、"巾舞"、"袖舞"、"建鼓舞"等几种类型，几乎每一种都飞动优美、技艺高超。各地出土的汉代画像石、砖和漆器、陶塑等，也大量地塑造了展现舞人长袖飘扬的飞动之势的艺术形象。汉代势若飞动的群体风格美，也突出表现在建筑艺术的飞动之势上。在汉代，出土文物中已见屋顶分别相悖的微微起翘的曲线。汉代雕塑也不乏表现飞动之美的范例。例如汉代雕塑的代表作《马踏飞燕》。在绘画中，汉代艺术通过静态的空间形象的动态描绘，展现出令人叹为观止的动态之美。

　　表现最充分的还是书法。汉代起，中国书法艺术蓬勃兴起，一些书法家开始对书法艺术作理论上的探讨，有的就认为书之笔画、结构、布局必须具有动势，跃动飞扬之美成为书法家最看重的艺术风格。就书势来说，汉代，可说是"字若飞动"的隶书的时代，它和开其先路的"字若飞动"的小篆一志，纵贯于书艺风格美历史流程中整整一个秦汉时代。小篆和隶书八分有着种种对立的风格特征，然而异中又有同，即二者均有飞动之势，只是形态、程度不同而已。当然，在秦汉这个大时代里，应该说，汉代的飞动之势最为典型，发展得最为充分，而秦代不过是其前奏或序曲。汉隶名碑既普遍地富于分势、波势，又不像简牍隶书那样率意急就、纵肆犷野，它们或雍容典雅，或峻峭发露，或方整浑厚，或秀丽逸宕……然而无不以波挑翻翻为美，无不以或显或隐的飞动为势。

　　宗白华先生在《中国美学史中重要问题的初步探索》一文中论"飞动之美"，就以汉代为例。他指出："在汉代，不但舞蹈、杂技等艺术十分发达，就是绘画、雕刻，也无一不呈现一种飞舞的状态。图案画常常用云彩、雷纹和翻腾的龙构成，雕刻也常常是雄壮的动物，还要加上两个能飞的翅膀。充分反映了汉民族在当时的前进的活力。"① 华夏民族的飞动之美，在汉代是一个突出的高峰，它鲜明地体现了民族腾飞的生命情调和文化精神。

　　凝重与飞动的统一形成一种独有的气势。那弯弓射鸟的画像石，那长袖善舞的陶俑，那奔驰的马，那说书的人，那刺秦王的图景，那车马战斗的情节，那卜千秋墓壁画中的人神动物的行进行列，……这里统统没有细节，没有修饰，没有个性表达，也没有主观抒情。相反，突出的是高度夸张的形体姿态，是手舞足蹈的大动作，是异常单纯简洁的整体形象。这是一种粗线条粗轮廓的图景形象，然而，整个汉代艺术生命也就在这里。就在这不事细节修饰的夸张姿态和大型动作中，就在这种粗轮廓的整体形象的飞扬流动中，表现出力量、运动以及由之而形成的"气势"的美。在汉代艺术中，运动、力量、"气势"就是它的本质。一往无前不可阻挡的气势、运动和力量，构成了汉代艺术的美学风格。它与六朝以后的安详凝练的静态姿式和内在精神，是何等鲜明的对照。汉代艺术那种蓬勃旺盛的生命，那种整体性的力量和气势，是后代艺术所难以企及的。需要着重说明的是，仅有凝重没有飞动，就将流于饤饾呆板，板滞生涩，同样，仅有飞

---

　　① 宗白华《美学散步》，上海人民出版社 1981 年版，第 62 页。

动而无凝重，就会流于虚飘轻浮，凝重与飞动的相反相成，有机融合才是气势。尤其是克服了凝重后的飞动，或是拥有了飞动后的凝重。秦汉艺术的奥秘和优势之一不在单纯的凝重或单纯的飞动，而在凝重与飞动的不可分割，相反相成。秦汉典范的艺术种类和代表作品几乎都能证明这一点。

秦汉建筑，就单个建筑来说，比起基督教、伊斯兰教和佛教建筑来，它确乎相对低矮，比较平淡，应该承认逊色一筹。但就整体建筑群说，它却结构方正，逶迤交错，气势雄浑。它不是以单个建筑物的体状形貌，而是以整体建筑群的结构布局、制约配合而取胜。非常简单的基本单位却组成了复杂的群体结构，形成在严格对称中仍有变化，在多样变化中又保持统一的风貌。即使像万里长城，虽然不可能有任何严格对称之可言，但它的每段体制则是完全雷同的。它盘缠万里，虽不算高大却连绵于群山峻岭之巅，像一条无尽的龙在作永恒的飞舞。它在空间上的连续本身即展示了时间中的绵延，在克服了巨大身躯的凝重后显示了空间中的飞动，成了我们民族的伟大活力的象征。"襄阳出土的一座绿神三层陶楼，它的垂脊硕大雄健，出檐异常深远，颇有几分威重之感。但正脊和垂脊顶端却偏又高高耸起，像是将巨大屋顶压向下方的千钧之力轻轻提升，轻与重、高与下的艺术矛盾在这里被运用得混转如丸"，凝重与飞动的统一得到了水乳交融式的充分表现。建筑如此，画像石、砖亦然。大量的画像石、砖作品（包括壁画），皆生动而活泼，古拙而雄健。秦汉时代书法的群体风格美，其主导倾向是尚势。它体势飞动，并融雄放、秀逸、骏发以及沉厚、劲健等于一体。这一风格美，下限似可至三国时代，而以汉代为主。汉隶中的波挑翩翩是构成新韵律的关键。汉隶波挑的俯仰运动展示了内在的沉厚的力度，展示外焕的飞举之势，是一种赋予了灵感的运动力。汉隶的出现犹如江河奔泻，破毁小篆的形体结构，变圆为方，变曲为直，变繁为简，一切痛快淋漓。汉碑的雄奇飞动之壮美，正是从汉代社会的具体形象里通过美感来摄取的，它正传达出一个壮阔飞举的时代的社会的律动，表现出两汉时代的雄伟的气势和生生不息的创造力。汉大赋钉饾呆板，然而厚重恢弘，给人一种阔大遒劲的艺术感受，一个重要原因便在于其中贯注着一股天风海涛般的浩荡气势。

形体巨大，数量众多的作品气吞山河，形体小的作品也同样气势非凡。项羽的《垓下歌》、刘邦的《大风歌》，如按篇幅，均寥寥数语，只能断为小诗，然而语少意多，诗小气魄大。通过这些小诗，我们可以感悟所谓英雄时代英雄的精神底蕴。秦汉简牍书法也有同样的审美效果。简牍书法毕竟受着材料的限制，一简连一简的书写只能偏重于行气，而无暇顾盼左右关系。然而，它的艺术价值并没有受到损失，这主要是简牍书法独具字小气势大的特征和开放不封闭的形象。从各类汉简来看，简面上大多是一公分左右的小字，偶尔才有三公分左右的大字，在地位狭窄的简面上铺天盖地地布满着汉隶，不仅没有显出分外的拥挤、拙重，反而给予人们一种奔腾无羁的气势，不觉其小，反觉其大的浪漫风味。就是方寸天地的小小玺印，在秦汉人那里表现出的也是宇宙气魄。

因为秦汉的"尚大"不仅仅是崇尚形体巨大，数量众多，更重要的是要显示出一种胸怀之大，力量之大，气魄之大和趣味之大。贾谊在形容秦的抱负时，用过一段排比文字，非常恰切地概括了秦汉文化艺术的特点：席卷天下，包举宇内，囊括四海，并吞八荒。秦汉所谓"尚大"崇尚的就是这种宏伟胸魄和雄大气势。

凝重与飞动的统一，有着丰富的审美文化渊源和深厚的社会历史根基。就审美渊源来说，先秦艺术的某些特征和先秦地域文化的整合特别是南北文化的整合成为这一特色的源头。就深厚的社会历史根基而言，秦汉艺术洋溢着的充沛的生命精气、激发着的粗犷的时代豪气、充盈着的淋漓的宇宙元气，构成了凝重与飞动统一的深层内蕴。秦汉艺术充沛的生命精气，粗犷的时代豪气和充盈的宇宙元气的融会贯通，激荡厮磨，就升华而为凝重与飞动的统一，冲决而为辉煌大赋，壮观宫殿，瑰丽画像，宏放乐章，雄浑雕塑，精美工艺，豪放书法……从而形成宏博巨丽、气势磅礴的炎汉气象或壮丽风采。

四、美与善的统一

中国古典美学和古典艺术历来讲情理结合，文道统一，人艺一体（人品与艺品统一），这个道和理虽然偏重人文之道，偏重伦理道德规范，但也与天道相通，与宇宙、自然的客观规律相通。封建伦理道德的善，也被看成天经地义的真。通过人道看天道，通过善去表现真，通过人品去评价艺品，换句话说，以文道统一，情理统一，人艺统一为基本内容的美善统一，正是中国审美文化的一大特色。中国古典审美文化美善结合的特点，在秦汉艺术中得到了极为充分的、富于时代特征的表现。

在秦代，这种美善统一是以极端功利主义的尚用形式表现出来的。在汉代，统治者和思想家鉴于秦亡的教训，更加深刻地认识到行仁义，施教化的重要性。因此，在这个问题上，无论什么思想倾向，什么思想流派，几乎都主张审美、文艺服从、服务于政治教化、伦理重塑、人格再造、稳定大一统社会的主旨。这种美善结合，弘道济世，注重政治教化的审美功能观，在汉代艺术的理论形态和感性形态都有显著的表现。

在理论上，汉代统治者和思想家对礼乐教化作了连篇累牍的强调。从汉初的陆贾、贾谊、三家诗论到《淮南子》、董仲舒、司马迁、扬雄、班固、王充、郑玄；从诗论、赋论到书论、画论、乐论等等，几乎无不如此。汉代诗学是汉代文学思想中体现美善结合特点的标本，这在社会文化现象上，表现为《诗》在汉代五经中最先尊为"经"，立有博士，其地位在汉文化鼎盛时的武帝朝被无限提升；在文学思想内涵上，《诗》之"美刺"与"讽谏"，成为衡量汉代文学价值的基本准则。而此诗学的"美刺"与"讽谏"辐射于汉代一切文学批评，又形成了具有更广泛意义的时代文化特征。如赋论有"抒下情而通讽谕"（班固《西都赋·序》，书论有"文者宣教明化于王者朝廷"（许慎《说文解字·序》），"书乾坤之阴阳，赞三皇之洪勋，叙五帝之休乎，扬荡荡之典文，纪三王之功伐兮，表八百之肆勤，传六经而辍百氏兮，建皇极而叙论，综人事于日奄昧兮，赞幽冥于明神"（蔡邕《笔赋》）。这是书法与伦理结合的典型例证。画论有"恶以诫世，善以示后"（王延寿《鲁灵光殿赋》），"存乎鉴戒者，书画也"（曹植《画赞·序》）。乐论有"补短明化，助流政教"（司马迁《史记·乐书》）。极端者，甚至把这种弘道济世，经世致用的功能观强调到了无以复加的程度。如扬雄壮悔少作，实质是认为汉大赋劝百讽一，难以实现其理想的弘道济世、讽谏教化的社会作用。被章太炎称为汉有此一人足以振耻的思想家王充，提出"劝善惩恶"、"增善消恶"的原则，要求文艺为政治教化服务。他说："故夫贤圣之兴文也，起事不空为，因因不妄作；作有益于化，化有补于政。"（《论衡·对作》）他甚至说："为世用者，百篇无害；不为用者，一章无补。"（《论衡·自纪》）赵壹《非草书》否定草书的主要原因有三，三个原因，一言以蔽之，就是认为草书"非圣人之业"，不能"弘道兴世"。由上可见，扬雄、王充、赵壹显然是以片面极端的方式强调了美与善的统一，至于汉代文艺批评中的依经立义、依诗论骚、依诗论赋及其所导致的楚骚诗经化，汉赋诗歌化，实质就是要使骚、赋服从于政治教化。

在艺术上，当时几乎所有的艺术形式都被纳入礼乐教化、经世致用的总体导向之内。在汉赋中，颂美和讽谕同时并存。在书法中，秦代刻石和汉代石经等等也都具有歌功颂德、端肃民风、矫正视听、申明准则等教化作用。在绘画中，汉代统治者为了表彰功臣、列女、贞妇、孝子、贤妃、忠勇侠义之士以及古圣先贤，宣扬儒学及炫耀自己奢侈享乐的生活，常在宫观庙宇的壁上绘像，在像旁书以赞词。就连建筑也成为显示皇权至上、明确尊卑贵贱、区分高低等级的形象载体。"萧何治未央宫，立东阙、北阙、前殿、武库、太仓，上（刘邦）见其壮丽，甚怒，谓何曰：'天下匈匈，劳苦数岁，成败未可知，是何治宫室过度也？'何曰：'天下方未定，故可因以就宫室；且夫天子以四海为家，非令壮丽，亡（无）以重威，且亡令后世有以加也。'"（《汉书·高帝纪》）显而易见，统治者是要通过建筑这种巨大的物质实体，张扬其占有天下，统治天下的无与伦比的雄心，达到其体现帝王威风、威慑天下、长治久安的目的。

在艺术中，受到统治者和思想家高度重视，体现政治教化最明显的莫过于诗歌和音乐或诗教和乐教。汉武帝不愧是一个有远见卓识的帝王，他看到了要建立长治久安的专制帝国，就必须从教育出发打下基础。董仲舒应和了汉武帝的要求，在著名的对策中提出汉代要想长治久安，首要任务是肃清暴秦余毒，改造人性，以移风易俗。董仲舒推崇上古教育，大力倡导以社会为场所的乐教："乐者，所以变民风，化民俗也；其变民也易，其化人也著。故声发于和而本于情、接于肌肤、臧（藏）于骨髓、故王道微缺，而管弦之声未衰也。"（《举贤良对策》）在董仲舒看来，音乐与诗歌都是先王之道的显现，用"乐教"来化民，是一种最直接和最易行的途径。曾受业董仲舒的司马迁也唱和有应，在《史记·乐书》中提出："夫上古明王举乐者，非以娱心自乐，快意恣欲，将欲为治也。正教者皆始于音，音正而行正，故音乐者，所以动荡血脉，通流精神而和正心也。"强调音乐是为了教化百姓，而不是娱悦耳目。董仲舒指出，百姓的好利之心只有用教化才能感化向善，像秦朝那样，纯任暴力是无济于事的。"夫万民之从利也，如水之走下，不以教化堤防之，不能止也，是故教化立而奸邪皆止者，其堤防完也，教化废而奸邪并出、刑罚不能胜者，其堤防坏也。古之王者明于此。是故南面而治天下，莫不以教化为大务。"（《举贤良对策》）董仲舒向皇帝提出，教化必须通过具体途径来施行，为此他提出了设五经博士、兴礼乐、立太学等行政措施。汉武帝接受了董仲舒的建议，立五经博士，设乐府机构，从而使统治者的社会教化有了相应的制度保证，影响到后世的封建王朝社会教育体系。东汉班固在《两都赋》中论及汉武帝的这些措施时说："大汉初定，日不暇给。至于武、宣之世，乃崇礼官、考文章、内设金马石渠之署，外兴乐府协律之事，以兴废继绝、润色鸿业。是以众庶悦豫，福应尤盛。"在西周也有专门的音乐机构，以适应统治者的礼乐之教，到了汉武帝时期，则扩大了规模，增加了功能。从相关记载来看，乐府的主要职能是采集民歌与制作新诗。皇帝在各种社会活动中，通过乐府机关制作与改编的音乐风化天下，宣传礼教，达到"经夫妇，成孝敬，厚人伦，美教化，移风俗"的目的。当然，除此之外，也有不少反映世俗人情的诗，这些诗"感于哀乐、缘事而发"，真实地反映了人民的悲欢离合。实际上，汉武帝立乐府自创新声，运用能代表时代要求的音乐来教化天下，"兴废继绝，润色鸿业"，是其建立新的文化教育的一项重要行政措施。萧涤非先生在《汉魏六朝乐府文学史》中评价汉武帝设立乐府机关时说："然如武帝之立乐府而采歌谣，以为施政之方针，虽不足于语于移风易俗，固犹得其遗意。"就是看到了汉武帝立乐府在一定程度上是为了弘扬周代的教化。[①]

强调美善结合体现在艺术创作主体与作品的关系上，就是更为重视人品和艺品的关系。在将这种探讨从哲学意义转化、发展为美学意义的思想过程中，汉代扬雄起到了十分关键的作用。他提出的"书、心画也"这个命题已经开始初步从美学意义上探讨了人品和艺品的关系。扬雄的"心画"说虽然未必专就书法而言，但它对后代书论的影响极大。中国书论中注重书家个性品格与书风关系的祈向即滥觞于此。扬雄的"心画"说第一次从理论上涉及了书法与作者思想感情、精神品格之间的关系，指出了书法具有表意抒情的性质，从而开启了后代强调个性表现、注重人品修养的论书传统。其实，在汉代除了扬雄之外，还有两个人在这一转变和发展的思想过程中起到了同样重要的作用，这就是东汉的王充和赵壹。应该说，王充比扬雄更加深入地探讨了人品和艺品之间的内在联系性和统一性。而赵壹则完全从美学上探讨了艺术家个性气质和书法艺术之间的复杂关系，从而继扬雄之后，将先秦的有关思想从哲学领域带入到美学领域。从扬

---

① 袁济喜《论中国古代审美教育的实施》，《文艺研究》，2001年第1期。

雄、王充到赵壹关于人品和艺品关系的探讨，既从一个方面突出体现了秦汉艺术强调美善统一的特色，也充分反映了由哲学形态向美学形态转变和发展的思想过程。

当然，由于汉代几乎把一切都纳入礼乐教化的渠道，服从服务于政教，因此，秦汉的美善统一往往是美统一于善，或常常是善压倒美，表现出极强的功利主义色彩。

艺术创意：艺术学研究的新维度

田川流

在当代艺术活动中，艺术创意及其研究已经成为引人注目的现象，显现出广阔的前景。作为研究艺术活动本体特质及其活动规律的艺术学，应当将艺术创意纳入自己的视野，并作为学科研究的重要拓展，使之成为体现了当代社会艺术活动鲜明特点的重要维度，进而彰显其丰富和多元的意义，促使其在文化建设与发展中发挥更大的作用。

一

艺术学研究不应是一个封闭的体系，而应成为开放性学科。任何学科，一旦将自身置于封闭的状态，也就自然失去了生存的活力。传统的艺术学研究往往拘于单一艺术史论的研究，而在当下，则应拓展其理论外延，使之融入文化建设与发展的时空之中，适应社会文化发展的需要，服务于文化建设，在新世纪文化建设中寻求新的发展。在当代文化大发展的态势下，艺术学研究更应拓宽研究视野，探索融入文化艺术建设的途径与渠道，在不同的层面间接或直接服务于文化艺术的建设。其实，艺术学从来也不是一个单纯的理论性学科，它一直将艺术批评的理论与实践作为自身的重要使命，具有应用的意义。当代艺术学的基本构成，应当包括以下几个方面：第一，艺术理论研究；第二，艺术史研究；第三，艺术批评研究与实践；第四，艺术与其他人文或社会科学相关的研究，诸如艺术传播学、艺术产业学、艺术经济学、艺术科技学、艺术民俗学；第五，艺术与其他应用类学科相交叉的研究与实践，诸如艺术管理学、艺术统计学、艺术信息学等，其中，艺术创意研究与实践应当作为重要的一个分支，成为其中一个重要的维度。

艺术创意主要是在当代各类艺术活动中从事创意性工作的活动，在一定意义上正是艺术与创意的结合。创意，是对于一种意味、意象或意蕴的创造。文化创意或艺术创意，是指在文化活动或艺术活动中的创意。体现于一般艺术活动中的创意性行为，可以指称为一般意义的或狭义的艺术创意。而从更广义的视野理解艺术创意，是指对于一项具有创造性的活动融入了艺术的内涵，彰显了艺术的特质。本文主要着力于对艺术活动中创意精神与行为的阐释。

艺术创意是在艺术活动与创意实践的结合的基础上实现的，具有深厚的理论内涵，同时又具有丰富的实践意义。其理论内涵，包容了艺术学、管理学、经济学、信息学等多方面的知识，是多元知识结构的整合，同时，艺术创意又具有浓郁的实践性特色，是将多元理论运用于艺术活动的创造性实践活动。

与创意最为接近的概念是创新与创作，其间既有一定的联系，也有明显的区别。其联系与区别不仅体现在语义上，同时更深刻地体现在内涵上。

艺术创意具有丰富的内涵。创意与一般意义上的创新有着一致的方面，主要体现在：其一，无论是创意，还是创新或创作，均具有创造的意味，即在前人的基础上实现新的跨越。其二，它们均具有出新的意味。亦即创造的内容具有着新颖的内涵。正是由于此，艺术的创意、创新抑或创造，均具有将艺术活动推向新的层次或新的视域的意义。

与此同时，艺术创意与创新或创作的区别也是明显的。

创意多为原创，创新可以是原创，也可以是在其他基础上的创造。在艺术活动中，创意多对于一项活动的整体性构想及其运作形式的谋划，通常具有原创性。而创新则是指在一般活动中基于既有的条件和基础，对于艺术或技术的更新与改进，或者是对于某科，观念或者理念的出新或提升。

创意着力于文化内涵，以及艺术内涵的打造，创新可以是文化的，也可以是技术层面的。艺术创意较多凝结于对于艺术活动文化内涵以及审美境界的实现，而创新则致力于新的理念及其目标的确认与实现，其是否具有浓郁的文化内涵并非必需。

创意始终伴随着意象和形象，创新者可以是理性的和逻辑的。由于创意是对于整体艺术活动的构想，因而创意的过程更具有形象思维的特点，在一定意义上，创意正是对于一定意象以及充分文化意蕴的文化符号的创造，同时也不乏理性思维的意味，因而艺术的创意也同样，还必须以特有的意象和形象为伴随，贯穿于艺术创意的始终。而创新则或者伴随意象或形象，同时也可以成为单一理念的，纯粹抽象思维的、逻辑演绎和推理的活动。

创意多为整体性的，创新可以是局部的或是单一环节的。创意既具有整体性，同时也具有综合性，多元性，较多体现为一个相对完整的过程，而非单一的环节。而创新则可以是整体的，也可以是局部的或单一环节的。

综上，艺术创意是在当代社会发展中的重要文化现象，它注重于艺术活动过程和环节的完整性，以及意蕴或意趣的整体与多元性建构，显示出原创的意义。艺术创意是艺术活动的核心与灵魂。

二

艺术创意的出现具有特定的时代与社会背景，是历史的必然，也是艺术发展的必然。

从宏观的意义讲，自人类艺术活动以来，便有了创意，但是在长期的艺术活动中，创意是与通常的艺术创作融会在一起的。到了 20 世纪，创意进而又与策划与管理相交叉，但至少在二十年前，创意没有也不可能得到人们的特别关注，甚至极少看到创意这个词语，更不可能成为一个具有学科意义的范畴。只有到了 20 世纪的后期，伴随社会政治经济文化的综合发展，创意或文化创意才能够显现出本体的意义而获得重要的地位和价值。与此相适应，当代艺术活动也对艺术创意提出了前所未有的要求，艺术创意同样具有了本体性地位和意义。

艺术创意与文化创意有着密切的联系。文化创意更多体现于当代人类物质生产活动以及文化产业活动中的方方面面，其本质就在于努力为人类社会的各种活动，特别是物质生产活动融入文化的因素与含量，以期大大增进其文化的附加值，获得更为显著的经济效应。艺术创意与之非常接近，首先，艺术创意从属于文化创意，是文化创意的有机构成，应当说，它是文化创意中最具核心意义的成分。人们或许会质疑，艺术活动本身不就是创意行为吗？的确，在历史上的艺术活动中，艺术创意是广泛存在的，但是从来也没有像今天这样赋予艺术创意如此丰富和深厚的内涵，也从来没有像今天这样对于艺术创意人才有着如此迫切的需求。在传统的艺术活动中，基于各种条件，事实上，有的艺术经营者、艺术家、艺术活动家、艺术经纪人等均承担起一定的艺术创意的工作和责任，甚至有时某些艺术家也兼有艺术经营者、艺术策划者的职能，其实质也已兼起了艺术创意的责任。但其时，人们并没有意识到艺术创意应当具有如何重要的地位。而在当代，由于社会多种因素的出现或衍变，艺术活动已经出现了重要嬗变，甚至是本体的变化，从来也没有像今天这样对于艺术创意有着如此迫切的需求。

艺术活动综合性与多元性的凸显。在当代，艺术活动越来越呈现出多元的、综合性和多层次性态势，以往那种单一音乐、美术、戏剧、文学等样式的艺术活动越来越被两种或多种艺术样式的结合所替代。以新颖的多种艺术样式相融合的艺术创构体现出极大的艺术魅力和对于受众的吸引力，从而形成很大的艺术优势。而在这样的艺术活动中，传统的艺术形式显得单一和苍白。面对这样的态势，仅掌握单一艺术形式创作或被其他能力的艺术工作者的特有素质已经很难应对这样的要求。

艺术创造内部基本构成的演变。由于各种因素的促成，当代艺术活动的内部构成发生着较大的变化。其中包括人员的构成：越来越趋向于不同专业特点的人员的组合来代替传统的单一艺术人员的构成：特别是，单一综合类艺术越来越成为重要的艺术样式时，依赖传统的单一的艺术人员的工作已经难以完成复杂的过程，而是需要多样的人才结构形成整体性的艺术活动群体，方能完成艺术活动的；同时，艺术活动中科技含量的增大，也需要更多方面的人员参与其间。对于艺术内涵的传播因素，包括传播的技术、传播的方式、传播的功能等等，都成为艺术活动的组织者、策划者不能不考虑的方面，而这些方面恰恰是一般的艺术工作者难以顾及的，也是很难把握的。

艺术活动科技含量的剧增。有史以来从来没有像现在这样艺术与科技获得如此紧密的交融。当代科技的迅猛发展极大地促使着艺术的发展，人们看到，任何当代的科技成果，只要有可能，就会迅速的融入到艺术活动中来，以增进艺术活动的视听魅力。任何艺术样式都难以离开科技的推动，同时任何样式的艺术，凡是能够自觉融入科技因素，就能够得到发展，凡是难以融入科技因素，或是拒斥科技的融入，就势必走向式微或衰落。而对于艺术创意者来说，比较熟悉科技的发展以及懂得科技与艺术的关系的人，才能够较好的从事艺术活动的创意。

文化产业与艺术市场的要求。文化产业，特别是艺术产业的发展，对于当代艺术活动的基本构成也提出新的要求。文化与艺术产业的迅速发展，使得当代艺术活动不再如以往那样仅仅是作为精神的意识形态的活动而存在。而是以其前所未有的姿态出现在艺术经济与产业的领域，成为当代社会无论哪个国家都不能不予以重视的地位，对于国民经济的增长具有举足轻重的地位。这就要求绝大多数艺术工作者均要注重艺术活动的经济与市场的因素，以及艺术活动能够达到的市场效应，对于产业发展的贡献等等。而在这些方面，同样是传统的艺术活动难以顾及的。

基于这些因素，人们看到，一个特殊的、具有新颖的使命与功能的艺术活动类别及其人员的出现，亦即艺术创意人才的呼之欲出。这种人才的存在意义及其特质具有极强的当代性，以及只有在当代文化发展与建设的历史时期，人们方能看到艺术创意的地位与存在价值，艺术创意活动开始从诸如艺术创作、导演与导播、艺术策划、艺术管理、艺术传播等功能中逐渐分离出来，逐渐具有了自身的本体性意义与突出的特性。

人们最易将艺术创意等同于艺术创作。长期以来，人们很难将关于一件作品的创作与创意分解开来。这是因为，在一般意义的创作，特别是在具有个体性的创作活动中，艺术创意与创作一般是融为一体的。但是在当代，艺术活动与创作越来越多的具有了集体性与综合性特点，即使对于一件电影或电视剧本的创作，也通常无法由一个人所独立完成，因此，艺术创意就成为艺术创作之前的具有总体设计意义的创造性活动，越是大型的、具有多元艺术特质的创作、制作活动，就越是需要有艺术创意者对创作群体予以统筹与整体性把握。

艺术创意有时接近于编剧，但也有着重要的区别。编剧一般负责对于戏剧或影视剧本的全面创作，而对与艺术创造相关的其他各个环节与流程则很难顾及，艺术创意虽然应对艺术活动的整体构架乃至剧本提出整体意见，但是却不必承担剧本撰写的具体工作，而是注重于艺术活动的所有环节与全部流程，进行丰富的具有创见性的构想。

而在更多的艺术活动中，艺术创意更接近于导演。艺术创意有时确实与导演近似，但导演的职能是对艺术的整体品位和艺术创作负责，而不必对于艺术创作与制作之外的其他方面承担责任。长期以来，由于电影与电视剧艺术创制机构的基本建制，许多导演事实上已经承担了部分的创意性工作。特别是在曾经出现过的导演中心制时代，导演其实已经代行了创意的职能。而在那时，人们尚未意识到专司艺术创意的人员的出现与存在的必然性。

艺术创意的功能与艺术策划的功能很接近，但是也有所不同。艺术策划一般出现在艺术活动初始时期，而艺术创意应存在于艺术活动的全过程；艺术策划重在对于艺术活动的基本构成以及艺术活动的人员结构予以布局和启动，艺术创意则重在对于艺术活动的深层结构以及内涵予以建构。

艺术创意的功能与艺术管理也比较接近，但差异也是明显的，艺术管理重在对于艺术活动的启动、运行、经营以及资金筹措、融资、信贷、经费支出、回收与盈利等方面的活动予以掌握与控制，以及对于艺术活动人员的任用、人员之间关系的调节等等。而艺术创意则重在对于艺术活动中可能实现的经济与市场指标进行预测及评估，以及对于如何实现最优化的人员结构、运行方式提出方案，亦即重在提出谋略，而并非具体实施。

艺术创意与艺术经纪人也有类同之处，但也存在大的差别。艺术经纪人重在帮助艺术家以及艺术经营者如何实现最大的效益，其中包括提出具体的经营方略、经营手段，以及经营的过程的掌控等，而艺术创意则重在对于艺术活动的内部艺术层面的结构与样态予以建构，以期帮助艺术家、艺术经营者在实现艺术层面的成功的同时，实现其市场或产业的成功。

综上所述，艺术创意人员与以上人员差异的根本所在，主要体现于艺术创意者主要针对艺术活动的内涵层面与本体方面，一般不承担具体的艺术创作以及艺术活动的运作、经营等工作。它既是艺术活动的创作群体的重要构成，同时又对艺术活动的全面运作予以把握与思考；既要对艺术层面与艺术内涵的深化负有责任，同时又要注重艺术活动的外部因素可能带来的影响。

三

经过近年来的艺术实践与理论探索，艺术创意愈来愈显示出重要的特性：

第一，艺术创意具有创造的超越性。主要体现在，艺术创意通常具有异样的超越的样态和意义，艺术创意可以打破艺术活动的既有状态，形成对于艺术形式或内容的超越与意义的翻新。亦即通过对于一个普通的样式所具有的意义的解构与再创，使之具有了新的内涵和鲜活的生命力。艺术创意所生成的奇特构想，可以使艺术活动突破既有的意义，生成巨大的能量和诱人的魅力，具有了前所未有的新奇的意义。

第二，艺术创意具有想象的链接性。艺术创意可以体现于一个创造性活动中的艺术性的构想，也可以体现于一个艺术活动的整体过程乃至每个环节的创造性构想。在艺术创意过程中，通常在对于一个具体环节的创造性构想出现之后，又会出现一连串的具有价值链意义的更多的构想，这些构想既是单一的个体，同时又具有相互链接的意义，亦即多个创意性构想具有类同的性质，具有类同的价值趋向，同时具有可以相互融合与交叉的特性。这样的创意过程，可以称作创意链。一个较大规模的艺术活动，通常需要众多单一创意的链接，同时更需要构成创意的集合体，或者称作创意群，以推进艺术活动的运行。

第三，艺术创意具有思维的交融性。其交融既体现为不同思维方式的交叉，也体现为思维方式的融合。在艺术创意中，由于其具有巨大的创造的特性，因此必然具有理性的意义，既具有理性的思维特性，同时具有理性创造的目标取向，特别是在艺术活动及其作品的价值定位、精神取向等方面，理性的因素必不可少。同时，艺术创意还需要更为广阔的视野，涉及更加广泛的领域，例如艺术作品与艺术营销之间的关联，艺术创作与艺术传播之间的关系等等，均表明作为艺术创意，仅仅具有理性或仅仅具有感性都是不够的，或是难以完成的，因为作为艺术因素，又势必具有感性的因素，情感与想象也就融入其间了。理性是骨架，感性是血肉，理性是方向和目标，感性是其间特别活跃的因子。

第四，艺术创意具有审美的通感性。由于当代的艺术创意并非一个艺术活动方式或艺术创造方式所能完成，因而创意者必须在审美感觉与知觉方面具有通感的能力，亦即具有联觉或通觉的素质。正如钱钟书所云："在日常经验里，视觉、听觉、触觉、嗅觉、味觉往往可以彼此打通或交通，眼、耳、舌、鼻、身各个官能的领域可以不分界限。颜色似乎会有温度，声音似乎会有形象，冷暖似乎会有重量，气味似乎会有锋芒。"其间，创意者比任何艺术家都需要更多地实现以通感或曰联觉的得心理方式予以审美建构。艺术创意既可以是微观的，也可以是宏观的。小到一个突发奇想的点子，大到对于一个区域一个时期的整体艺术构想，均可以创意出美妙绝伦的意象或意境来，特别是在当代，艺术创意更是体现为多种艺术类别的交融，多种艺术语言的交融，多种艺术方式的结合，以及多种学科理论与知识的结合，多种思维形式的交融。在这样的艺术创意中，可以驰骋想象，极大地发挥艺术想象与联想的作用，以实现创造性思维的极大魅力。艺术创意不仅可以出现在单一的艺术形式中，同样可以出现在不同艺术样式的结合之中，以及不同学科、不同领域的结合之中，以形成对于艺术活动以及艺术作品的异乎寻常的跨越，产生更大的魅力。

艺术创意在当代艺术活动中具有重要的、难以替代的作用，承担着重要的使命。

艺术创意应当承担对于艺术活动内容、主题、体裁的构想，特别是对于一项重要艺术活动的缘起，艺术创意者应当具有敏锐的思绪和创造的活力，能够基于对社会文化艺术活动的宏观观照，迅速生发对于某项艺术活动、艺术项目极大的创造欲望。

艺术创意应当对于艺术活动或艺术作品的创造与制作承担整体风格与品位的定位的责任，亦即依据创意者对于特定的地域及人群的接受特点的把握，对于艺术活动及其作品的形式特点与风格作出恰如其分的设置，对于情节与结构做出富有创见的与其风格特征相适应的建构。

艺术创意应当对于艺术作品中艺术形象的设计以及艺术意境和最终目标的设定，提出充分的构想。对于形象的构想，既包括人物形象，也包括环境物象的设计，同时又要对于该形象体系可能出现的艺术效应和社会效应予以充分的估计和应对，以求使之更快更广泛的出现辐射性效应，实现艺术形象及其意境的社会效应的最大化和最佳化。

艺术创意应当基于艺术实体的基本条件和艺术创作的需要，将视野拓展于尽可能大的空间，对于艺术主创人员的遴选提出具体意见，同时对于主创人员应付与的酬金和待遇做出符合实际且最佳的方案。特别是面对艺术人才市场纷纭复杂和充满竞争的态势，更应当审时度势，对于人才的选择作出既符合艺术创作的需要，同时又达到最佳目标的选择。

艺术创意应对于艺术活动的投资、成本、回收与盈利的经营性目标的提出预案，特别是应基于实体的条件与可能达到的投资与融资的条件，对于该项活动需要付出的成本予以估算，对于市场营销方式提出实施方案，对于该项活动可能获得的收益进行预算。

艺术创意应对于艺术产品的传播形式、方法、规模等提出预案，同时还应包括传播领域及其传播客体的分析，以及传播效应的实现，以求获得最优化的传播与运行方案。

艺术创意应对于该项艺术活动的产业规模、市场效应进行全面预测，对于社会需求的呈现予以勾勒。在预测中，应当基于该项艺术创制及服务活动的特性，以及不同受众群体的接受心理状况，对于其市场效应予以客观的估计及预测，确立该项艺术活动的基本市场定位。艺术创意应对艺术活动及其产品的后续性开发提出预案，包括对于艺术活动及其产品与后续产品开发的链接，后产品开发的定位、开发规模，运作方式等进行科学的构想，特别是对于艺术活动及其产品中可能推出的具有品牌意义的形象设计及其在后产品开发中的意义与价值，应当予以充分的估计和拓展。

艺术创意应对于艺术活动多样性目标的实现做出预测和可行性报告，对于艺术活动的社会效应、精神效应进行分析，在充分认识其积极的和正面的艺术效应的同时，对于可能出现的负面的精神效应以及消极社会影响，应当从艺术活动初始便采取及时的和必要的措施。还要对该项活动可能遇到的困难与障碍作出充分的估计。对于艺术创制或服务的整体过程中可能出现的各种不利因素提出充分的警示，并设置必要的防范预案。

艺术创意人员的职能与其他人员虽然有一定的交叉，但又明显看出艺术创意的功能的独特性以及意义的鲜明性。艺术创意是杂家，但又是艺术活动、艺术创造的灵魂或中枢。其独特的功能以及作用是其他人员难以替代的。同时，艺术创意又不是万能的和决定一切的，他不能取代艺术创造活动过程中的其他任何环节，而是为艺术创造活动提供预案和精神指导。在当代，许多重要的艺术活动及项目的运作成功，主要来源于有着好的创意，这正是艺术创意人才聪明才智的表现。

艺术创意人才具有突出的特征。

艺术创意人才必须懂得艺术活动基本规律。创意者必须十分熟悉艺术活动基本规律，以及各艺术门类的本体特性。他可以对多种艺术种类的技能操作不甚精通，但必须熟悉其艺术的一般特点与规律，包括熟悉各艺术门类的艺术一般语言、形式特点和创作规律。

艺术创意人才须懂得各类艺术形式的基本特点。亦即懂得各艺术门类的形式因素与艺术语言特点，懂得艺术活动的一般创造手法和创作技能，创意者当然不可能熟悉所有艺术门类的创作语言，但是其亦可以懂得艺术活动一般的创作规律，同时也应尽力熟悉一个或两个艺术门类的艺术创作语言，以求可以借助于艺术语言与形式的因素，予以良好的创意。

艺术创意人才须熟悉艺术家创作的特色与心理特点。是指熟悉和了解一般艺术家的创作心理与创作流程的特点，特别是对于不同艺术门类的艺术家的创作心理有所了解。懂得一般创作的规律，甚至不排除个人有时可以参与一定的创作。

艺术创意人才应熟悉一定的现代科学技术知识。在现代社会，艺术创意须懂得一定的科学技术知识，特别是在当代以电子技术为龙头的科技发展的时代，只有较多得懂得科学技术知识，才能够在艺术创意中较多和较准确地考虑到科技因素如何渗入艺术活动，以大大增进艺术的审美含量。

艺术创意人才须懂得艺术经济与市场的基本规律，以及艺术制作、传播与营销的运行方式。由于社会愈来愈将艺术活动更多的推向产业和市场的领域，艺术与其他文化活动一道，更多地承担起艺术产业与增进国民经济增长的重任，因此从事艺术创意，势必要更多的考虑艺术如何服务于社会经济增长，以及如何与社会经济活动更多交融的课题，艺术创意者在创意的初始，就应将其可能或者应当在经济方面得到如何的效应纳入自己的视野，以求促使整体的艺术创意渗透着为更多大众接受，获得更大的经济效益。使之对于文化的发展与经济的发展作出双重的贡献。

艺术创意人才还应懂得不同地域民族人们特有的接受心理。为了获得艺术与经济的多方面收获，艺术创意应当研究与熟悉各种不同地域和人群的艺术接受心理及其接受的基本状况，许多艺术的创意实质上是为着一个特定的区域的人们服务的，有的则将其视野拓展到更广阔的领域，以求获得更广阔的接受群，从而获得更大的效应。因之，艺术创意者对于一项艺术活动的区域性定位应当比较准确，同时因熟悉该领域接受人群的各种心理状况，从而能够在艺术创意中自觉与自如的融入与其相适应的艺术元素，以最大可能地满足人们的审美心理需求。

基于以上论述，可以看出，艺术创意者兼有艺术创作者、管理者、策划者等职能，艺术创意者既应具有宏阔的视野，同时具有细腻的微观的创造能力，艺术创意人才既基于理论层面，又兼有应用特征；既富有研究素质，又具有批评内涵；既具有文化特征，也有管理运作的能力；既具有理性思维，又富有创造性想象，以实现其理论构想与实践操作的结合，以及理性思考与想象性创造的结合。

艺术创意者不承担具体的艺术创造活动及其工作，但又不应是空谈家，而应立足于对于艺术活动的内部规律及其创新的特点予以特别关注，力求不断推出具有一定创造水准的成果。因此，艺术创意人才应具有特有的丰富的知识结构和心理素质。既应具有坚实的哲学及艺术理论功底，也应具有一定的艺术创造形式规律及其创新能力，还应具有一定的管理与经济理论及其运作能力，以及必要的科学技术知识和运作能力。

可以预见，在未来的时间里，将会有更多艺术创意人才涌现，甚至会出现一个艺术创意人才群体，成为当代艺术活动中的一个新兴的、最具活力的创造性群体。

大象之美

——传统艺术与文化传统系列论文之三

长　北

"大象之美"这个题目，直入中华传统艺术的最深层。它提出的是"人的自然化"，是一个关于"美"的命题。"象"之美不是每一个人都能看到，或者说，不是每一个人看到都能领悟得到的，多数人熟视无睹，甚至于学了许多年艺术技巧的人、钻了许多年艺术理论牛角尖的人，不一定能够悟到中华传统艺术的大象之美。这里边有比较深的哲学，要看各人的蒙养和修养，还要看各人的悟性。

一、什么是"象"？

什么是"象"？"象"是可见的气化了的物质形态，它直指世间万物乃至宇宙可见、可感而不可形的生命力量。比如说，春天来了，山头有股气在腾腾欲动，就像小伙子刚从赛场上跑回来、头上冒着热气似的，那样一种腾腾欲动之气，你用什么"形"能够表现它？不可"形"，那是"象"。"象"不可形却常常可见。王维《终南山》，"白云回望合，青霭入看无"，远看终南山，白云、青霭笼罩着它，待到你走进山中，"青霭"却看不见了，这"青霭"就是山头腾腾欲动的气。中华民族的造词真是妙不可言。"烟花三月下扬州"，"花"难道会冒烟？这里的"烟"，指如烟似雾。一朵花可以"形"，但是，无数花像烟雾一样弥漫了开来，你怎么用形来表现它？那就是"象"。每年梅花刚开的时候，我喜欢站在梅花山上往山下明孝陵方向看，一层层的梅花，红的、白的、绿的……在天空织出了五彩云雾，加上春天紫金山上腾腾欲动的气，那种"象"啊，不可形，却有大美！"春江花月夜"，江可形，月可形，花可形，春天夜里的江，却是不可形的，只能用"象"来表现。所以，乐曲《春江花月夜》用非常优美的意象，给我们展现了那不可形的一幕一幕。"氤氲"、"混沌"、"山岚"、"烟雨"都不是"形"而是"象"。"形象"这个双音词，把"形"和"象"两个近义词拉在了一起，已经用西方概念偷换过了内涵，那是后话了。中国的古词汇都是先单音而后双音，我国古代，"形"是形，"象"是象。今天，老百姓不是很清楚它们的差别，但是，文化人应该知道它们是有差别的。

正因为"象"既物象又超物象，既恍惚又真实，弥漫于空气之中而至于无穷大，所以老子说，"大象无形"（《老子·四十一章》）。"形"是固定的，"象"是可见而又变化的；"形"是有限的，"象"是无限的；"形"实，"象"虚；"形"常常是死的，比如说桌子，有形却没有生命；"象"却有着形所不能涵盖的"活"的东西，这活的东西，用石涛的话说，就是"处处生活"——处处生猛活泼，直指世间万物乃至宇宙整体的生命力量和精神气氛。除了无形的"大象"之外，有没有"象"藏于形、寓于形的呢？大有藏于形的"象"存在。形中藏"象"，比形中无"象"耐得欣赏，有形而上意味。形可以藏"象"，寓"象"，却不可以代"象"。佛经上说，"一花一世界，一叶一如来"，教我们从一花一叶那样细微的生命之中，体悟宇宙天地的大生命。一花一叶可以藏有大象，你不能说一花一叶都是大象。西方文艺理论强调典型性，强调"这一个"。西方的"这一个"，具体到了"这个人"，或是"这个景"，未免拘泥于"形"；中华传统艺术不是指向某一个个体，不是表现黑格尔说的"这一个"；即使可见的"形"是某一个个体，这个个体也往往代表着一类，是个"类象"。中华传统艺术不是眼睛一瞄就能够看出门道来的，中华传统艺术的"水"很深。

说到这里，可以给"象"下一个定义了，什么是"象"呢？不可形却可见或者可感的、宇宙万物整体的生命力量与精神气氛。2009 年二期《中国美术研究》上有篇文章，说"形于外者皆是象"。"形于外者"都是"象"吗？桌子也形于外，是象吗？"象"所以有大美，就在于它是活的、变的、大的、不可形的。谁不喜欢生猛活泼又耐得涵咏的艺术作品呢！

二、《易传》说"象"

《周易》通篇的核心思想，就是变化的"象"。《易传》说，"易者，象也"，"《易》有太极，是生两仪，两仪生四象，四象生八卦"。宇宙从万无到万有，初成于"气"。这气化的、原初的宇宙，这天地阴阳未分时的混沌状态，就是太极，或者叫"太一"，它无穷大，什么都囊括在内，或者说什么都没有，所以，"太极本无极也"。康德从物理学和天体学基础出发，也承认宇宙的原初状态是一片星云，或者说什么都没有。可见，先民"太极本无极"的说法绝对不是故弄玄虚，而基于对自然的长期观察和理解。两仪指阴、阳。太极动而生阳，动极而静，静而生阴，阴阳二气交感，化生万物。四象是少阳、老阳、少阴、老阴，分别代表春、夏、秋、冬，东、南、西、北。《周易》为人们编织了一张无所不包的时空网络，促成了中华古典艺术中广袤无垠的宇宙意识。《易传》又说，"参伍以变，错综其数。通其变，遂成天地之文；极其数，遂定天下之象"。这里的"文"与"象"互文，这里的"数"是指天数和地数，一句话就概括了天地之间一切的运动和变化，可见，"文"与"象"都是错综变化的。《易传》又说，"仰则观象于天，俯则观法于地"，"是故法象莫大于天地"，"形而上者谓之道，形而下者谓之器"，"制器者尚其象"，从此确立了"法天象地"、"制器尚象"的造物活动总法则。中国古代有观象之器，如栻盘、罗盘等；成象之器，如鼎、彝等；更多的是藏象之器，如玉琮、古琴、铜钱、围棋、筷子、线装书等等，就蕴藏着天、地、人之象。如果说"天有时，地有气，材有美，工有巧"（《考工记》）是古代造物活动形而下的总法则，"法天象地"、"制器尚象"作为古代一切创造活动的总法则，则走向了形而上的更高层面。天地是一大器，这里的"制器"囊括了中华民族一切创造活动，人在天地间的一切活动，都应该法天象地，都应该"尚象"。《易传》在那么早的年代里，就总结出了中华民族特殊的思维方式；就站在那样一个高度，给中华民族的一切创造活动指出了形而上导向。从此，中华艺术具备了哲学的性格，通向了形而上。《易传》论述的"象"是从哲学出发的，不是从艺术出发的。随着中华艺术中文化的精进，"象"愈来愈指向了审美。

三、由"象"衍生出的审美范畴

因为"象"是生命的表达，而艺术是要表现生命的，伴随着艺术文化的精进，由"象"又衍生出了不少审美范畴，如"气象"、"意象"、"兴象"等等。

（一）气象

"气象"是中华美学的重要范畴之一，与气象台研究的"气象"是两码事。

什么是中华民族认识中的"气"？气是灵魂是生命，人没有了气，就没有了命。灵魂的"魂"字，偏旁是"云"，"云"就是空中飘散的气。中华民族追求"与大化融合无际"、"无天人内外之隔"的审美境界，中华审美范畴所说的"气"，不单指向个体生命，更指向宇宙大生命，指向艺术创造者自身的生命之气与大自然生命之气的融合。宇宙大生命的运动与人的生命运动同构，人的气质、气格自然就反映在他所创造的艺术之中。文有气，曹丕说，"文以气为主。气之清浊有体，不可力强而致……虽在父兄，不能以移子弟"（曹丕《典论·论文》），文章当中，长状语等附加成分要尽量前置在主语前面，主语与主动词要尽量靠近，就是为了文气连贯。画有气，张彦远说"真画一画，见其生气"（张彦远《历代名画记》）。这里出现了一个名词"一画"，清代石涛又接着提出了"一画"论。关于"一画"，有很多解释，前贤们有的说"一画"是用一根线条画出来，浙江有教授说"一画"是个聚宝盆。"一画"到底是什么？我在2003年《美术研究》上发表了一篇文章，我说，"一画"就是宇宙万物整体的生命力量和精神气氛，也就是"象"。不可形而可见的精神气氛，有什么办法画？只能用整体的方法，用水墨画出天地宇宙这个"一"。书有气，"秦碑力劲，汉碑气厚"（刘熙载《艺概》）。诗有气。司空图用"蓝田日暖，良玉生烟"（《与极浦书》）来形容诗不可形的、虚的言外之意。我1988年去西安，抽空到蓝田去看水陆庵影塑，路上，我看见八百里秦川冒着腾腾欲动之气，真像蓝田美玉在生烟。那腾腾欲动的气啊，不可形，但我确确实实是看到了。现在许多"新诗"，明明是白话分行，余光中《思乡》、舒婷《致橡树》，那才叫新诗。诗，一定要有不可形的

"象"、说不明的言外之意。

"气"比"象"虚，"气"与"象"结合而成"气象"，指艺术作品既见主体诉诸感知的生命力量，又见宇宙万有的大生命感，大自然的生气与主体的元气、气度、气格、气宇"神遇而迹化"，转化为艺术作品整体的生气和气势。"气象"比"象"更指向整体的生命力量——人体生命之气与宇宙万有的生命之气融合为一，内涵也更混茫、更深厚了。什么样的艺术作品有气象？中华民族没有设定出某种抽象概念，且以作品说话。

（二）意象

"意"下面有一个"心"字，可见"意"必须用心来创造来表达。用心创造出不可形的象，也就是说，不可形的象带上了人的感情，就是"意象"。所以，意象是寓意之象。"昔我往矣，杨柳依依；今我来思，雨雪霏霏"，没有一个字写征人之苦，而征人之苦如在眼前。辛弃疾说，"我见青山多妩媚，料青山见我亦如是，情与貌，略相似……"。我在九寨沟，坐在树正瀑布的栈桥上，看"千山鸟飞绝"，看瀑布完全不受河床的约束，漫山遍野地流啊，流啊，生命如果像树正瀑布那样自由，该有多好啊。就这样，我在栈桥上一坐几个钟点，我看它，它看我，就像两个恋人，"相看两不厌"。树正瀑布带上了我的感情，我把它看成是自由的生命，于是，树正瀑布成为我心中的和笔下的意象。傅毅《舞赋》说，"舞以尽意"，杨丽萍跳舞，跳的是花开了，春天来了。她纤长的手指和柔软的腰肢太迷人了，手指上下轻动，用"意"创造出春雨淅沥、百花盛开的春天意象。我见过最美的背影，一个是杨丽萍，一个是陈燮阳。陈燮阳指挥着指挥着，突然停在那儿，什么动作也没有了，但是，我分明看到了他的"神"在牵引着整个乐队。这时候，真是"此时无声胜有声"啊！这两个背影，比朱自清的《背影》还要美，因为朱自清表现的是形和神，杨丽萍、陈燮阳表现的是"象"。

因为"气象"、"意象"有很多"形"外的东西，西方人很难理解。你和老外谈"气象"，他肯定想到气象台；谈"意象"，他会奇怪：中国人哪来这么多言外之意？中华传统艺术的"水"真的很深哎！

四、中华传统艺术中的大象之美

下面，我以图形、器皿、雕塑、建筑、音乐、国画作为例证，详细剖析和欣赏中华传统艺术的大象之美。

有不可形而可见的"象"，又有寓于形而大于形的"象"。音乐、书法和水墨画是纯艺术，它们的最高境界就是忘形而去表现"象"；有形的东西并不都蕴藏着"象"。形中藏"象"比较不可形的"象"，更要靠"悟眼"去感知，去发现。

（一）图形中的天地之象

中华民族的一些古老图形，以可见之形，表现不可形之象。它表现的不是"这一个"，而是高度归纳，表现宇宙自然的运行规律。比如太极图、卦象、河图、洛书等等图形，都是华夏民族创造出来的"类象"。中华先民把宇宙自然生生变化、阴阳相交相逆、既静又动、既动又静的自然运行规律，用两条相抱相逆、你进我退、你退我进、你中有我、我中有你、黑白对峙、相生相克的"鱼"表现了出来，组成中华最早的图案——太极图。太极图把阴阳两极包在圆形的一体内，以最简单的图形，揭示出了大自然运行的规律。八卦作为中华先民创造出来的又一图形，把宇宙之间复杂变化的自然现象和社会现象纳入阴阳两爻组成的六十四卦之中，归纳出自然和社会的运行规律。中华历史上有两种八卦图：先王八卦和文王八卦。先王指包牺氏，有的书称它"伏羲"。先王八卦乾卦在上，坤卦在下，是伏羲"仰则观象于天，俯则观法于地……近取诸身，远取诸物"（《易传·系辞下传》）的产物；文王八卦比较先王八卦，乾卦与坤卦是旋转的，更强调了变化。今天，人们还在用太极图作为图案骨式。比如上面画一只喜鹊俯冲下来，下面必定画一只喜鹊仰头接应；上面画一条金鱼往下游，下面必定画一条金鱼往上游；上面画一只小狮子，下面必定画一只大狮子回身呵护；鸟成双，鱼成对，一仰一俯，一上一下，相互依偎，揖让调和，充分表现了宇宙之美、阴阳之美。这种旋转的图式，就是太极图式。中华民族给这类对偶图案起了一个喜气的名字，叫"喜相逢"。战国的双凤纹漆盘，清代的蝶双飞、蝶恋花、太狮少狮图案，都是用太极图作为图案骨式，特别有动感，有生命感。太极图骨式发展为中华艺术的曲线旋律。中华艺术中，S形曲线无处不在，可以是造型，可以是图案，汉代和六朝的石辟邪，昂首挺胸，整体就是个大S形造型。中华艺术中无处不在的S形曲线，正是从太极图衍变而来的。1、3、5、7、9五个天数，加起来是25；2、4、6、8、10五个地数，加起来是30；天数和地数加起来是

55。河图上，25 个白点是天数、30 个黑点是地数，东、西、南、北、中五个方位都有天数与地数搭配，象征阴阳相合。洛书上，天数地数的黑白点排成"二四为肩，六八为足，左三右七，戴九履一，五居中央"（［北周］甄鸾注《数术记遗九宫算》）的龟形图，无论从哪一边或者对角数黑白点，都是 15。天地运行被中华民族浓缩在简单的图形里边。汉代出现了一种表现天地图式的"栻盘"，上层圆形像天，称天盘；下层方形象地，称地盘：上下两盘用同一根轴叠合起来，暗合"天圆地方"。后来，盘上的天地图式越来越完备，成为风水先生用的"六壬盘"：天盘正中设北斗七星，内圈篆文标十二个月，外圈篆文标二十八宿；地盘内围篆文标壬癸、甲乙、丙丁、庚辛八干和天、地、人、鬼四维，中围篆文标十二地支，外围篆文标二十八宿。六壬盘纳天、地、人、鬼与天文、节令于一器。六壬盘之后，又出现了风水罗盘。它们都以图形表现天地之象，表现出中华民族整体的思维方式和无所不在的宇宙意识。

器皿上的图形，有的也藏有天地之象。希腊陶瓶画酒神下棋，视点是不变的。马家窑彩陶侧面以二方连续图案作为装饰；从顶上看，又形成了一个圆形适合图案。特殊的视点固然与先民即地而坐有关，更是中华民族仰观俯察的观察方式决定的。庙底沟彩陶上的花叶纹，看实，是花叶；看虚，还是花叶；这一朵花的花瓣，同时又是那一朵花的一部分。拘泥的"形"变为宇宙一统，万物共生，阴阳互转，无始无终。可见，原始社会，中华民族仰观俯察的整体观照法已经形成。

茫茫宇宙，到处可见不可形的"象"，华夏先人把它概括为可见的"形"，有限的"形"里蕴藏着无限的大象。云有形吗？仰望天空，白云在蓝天飘浮着，云与天没有清晰的边界。先人把这大自然游走变化的"气"用有形的云纹来表现，有限的"形"寓有无限的大象。云纹变化为商周青铜器上的云雷纹，又变化为后世建筑与器皿上的回纹，一线运动，生生不息。战国秦汉漆盘上，云纹又变化为凤纹，变化为蔓草，不拘于形而充满了想象。马王堆汉墓漆棺上的云纹，像波涛翻卷，云气之中，羽人、怪兽随云纹的律动而奔逐。那是表现这一个"云"或是这一个"兽"吗？不是。那是混沌初开的汉人对尚不可知的宇宙在驰骋想象并且尽情讴歌！河北定县汉墓出土的错金银铜车杖，在直径 3.6 厘米、长 26.5 厘米的小范围内，用金丝和绿松石镶嵌了无数禽兽，随山形的律动而奔逐。同样，它不着意表现某一个，而是表现自然万有和谐的生命律动。大自然的规律是什么？是永恒的动。"大象"之所以有大美，就在于它无意模拟一花一叶，而是借一花一叶表现大自然永恒的动。流水也没有固定的形状，先民以线状的水纹表现它的运动变化，行于所当行，止于不可不止，建筑与器皿上的"卍字流水纹"，如水网河道，四通八达，有限的"形"，蕴藏着大自然生生不灭、不断运动变化着的"象"。

中唐时候，有一种舞叫《八卦舞》，舞者穿着五色服装，排成八方八卦。华北现在还有一种秧歌舞叫《黄河九曲灯》，用三百六十盏灯象征三百六十天，走九弯九城九十道弯。民歌里唱："天下黄河九十九道弯。"为什么不唱"天下黄河一百零一道弯"？九十九是天数之极，跳舞是循天之道，舞之道就是天地运行的大道。陕北还有一种《阳歌阳舞》，从名字就知道它是在循天之道。《艺术世界》刊登过《阳歌阳舞》的各种路线图，舞队变换走出的图形，都暗含天地阴阳之道①。《黄河九曲灯》、《阳歌阳舞》表现的，正是天地运行的大象。

（二）器皿中的时代映象

中国古代，"器"与"具"是有区分的，"具"落脚在实用，而"器"常常用以寓道，用以藏象，用以藏礼，孔子说，"唯器与名不可以假人"，把藏礼的"器"看得和名节同等重要。当然，并不是所有的器皿都寓道，藏礼，藏象。

时代精神是一种不可形的"大象"。原始社会，先民元气充沛，原始先民创造出来的艺术，无不真力弥满。大汶口文化《猪形鬶》，像孩子刚刚喝饱了奶，很满足地仰头在叫，不拘泥于猪形，而表现出"这一类"的生命律动。这只猪是一个行将就木的人创造出来的，还是一个生命上升期的人创造出来的呢？可能他家里就有一头孩子般的猪或是猪一般壮的孩子，一个行将就木的人，是不可能创造出如此蓬勃的生命意象的。仰韶文化庙底沟形《枭形尊》，是猫头鹰吗？明明有熊的腿；是熊吗？明明有猫头鹰的嘴。它既不是熊也不是鹰，而是中华民族创造出来的类象。龙山文化《白陶鬶》，"流"像嗷嗷待哺的嘴，鬶足像装得满当当的米袋，又像青年女性的臀部，有人还说它像一只昂首鸣叫的东方公鸡。米袋？臀部？公鸡？尽情地想象吧。正因为器皿寄寓了宇宙万有的生命意象，欣赏它，

----

① 详可见郭庆丰《阳歌阳舞图》，《艺术世界》2000 年 11 月。

才能够任意调动起想象。

优秀的器皿，一器就映照出时代的"大象"。透过唐代金碗，我们看到的是一个时代倡导"环肥"的雍容之美，看到的是蓬勃的大唐气象。宋代以文治国，文风昌盛，是民族文化最为成熟、最为纯粹的时代，也是一个值得中华民族在文化上而不是武力上骄傲的时代。宋代耀州窑梅瓶，就藏有宋代文质彬彬、教化昌盛时代精神的"象"。元代前期，大漠来风势头强劲，宋代那样清瘦的造型不见了，花瓣形黑漆罐，何等地壮硕浑穆！它哪里是表现"一花"，它是表现"时代精神"这一大象！元代后期，汉文化复归，器皿才从壮硕渐渐让位于清秀。

（三）汉唐雕塑的磅礴气象

古代雕塑，以汉唐雕塑最有"磅礴气象"，越到明清，雕塑就只剩下了"形"而没有了"象"，除了建筑，明清艺术是难当"气象"二字了。

汉代霍去病墓石刻，从墓形到石刻，都充分利用了自然之象。其一，石人、石兽散布在山上。今天，日本箱根雕塑公园就把雕塑散布在山林里边。其二，保留石形，略加雕镂。比如《卧虎》，就那么几根线纹，老虎匍匐时皮毛松弛的质感就出来了！野猪的嘴正好是石头的尖角，顺势略作加工，它攻击的习性就显露无遗。《卧牛》，身子是巨大的团块，头也是结实的团块，鼻翼大张，好像在呼哧呼哧地喘气，牛耕作乍停的生命情状被传神地刻画了出来。《野熊抱人》，石头不够雕刻人的体积，就用线刻，该雕刻干净的地方偏偏不雕刻干净，就让它多在那里。为什么不刻到栩栩如生？为的是保留岩石的野性和体块感，强化岩石的冲击力量。如果处处打磨得非常圆滑，还有野性的冲击力量吗？还有巨石在大自然里的自然之象吗？没有了，只剩下了圆熟。站在霍去病墓石刻面前，人们感觉到山林野兽般的气息，就像野熊正张牙舞爪迎面扑来，黄河般奔放的激情，真要裂石而出。如果在霍去病墓前放一座"凄凄惨惨戚戚"的《李清照石雕像》，"匈奴不灭，何以家为"的霍去病怎么能受得了？对于这样一位猛将，只能用野性的石雕猛兽来纪念他。有记者采访我以后，报上登出我形容古建筑三雕"栩栩如生，惟妙惟肖"之类的话。"栩栩如生，惟妙惟肖"是技术，中华艺术从来不追求栩栩如生惟妙惟肖，只有不懂得中华文化的人才会用"栩栩如生，惟妙惟肖"来形容中华艺术。霍去病墓石刻中，雕得最差的是名声最响的《马踏匈奴》，形有余而气不足；秦王陵兵马俑缺少想象，艺术上远不如霍去病墓石刻。南朝，委靡的文风慢慢地兴起来了，但是，江苏南朝陵墓石刻仍然保留着汉代石刻雄强博大的气势。南京梁陵石刻辟邪造型丰伟，大体大块。它昂首雄视着前方，在蓝天白云的映照之下，真有气吞八荒的气势！

唐朝是怎样一种令华夏民族骄傲的气象啊！西安附近的帝王陵墓石刻，无不藏有大象。上世纪80年代，西安碑林博物馆有三个石刻馆，陈列着满满当当的唐朝帝陵石刻。顺陵石狮没有张牙舞爪，也没有咄咄逼人，它从容镇定地缓缓前行，人们却不能不为它轩昂的气宇所震慑。这是怎样一种威而不猛的儒家精神，怎样一种稳操胜券、凛然不可侵犯的大唐气象啊！同样有凛然气象的。如颜真卿楷书。唐代塑像几乎无一不元气充沛，无一不藏有蓬勃气象。明清帝陵已经是世界级文化遗产，其价值是多方面的；但就神道石刻而言，实在是空存体量，汉唐气象早已经荡然无存了。

（四）古建筑的大象之美与风水术

1. 古建筑的气象

建筑的气象不是营造之始就可以完全形成的，它是自然、岁月与人共同造就的乐章。建筑靠岁月的积淀来养气。建筑气场又直接参与对人的塑造，建筑环境有大象，进进出出的人才会有大气象。建筑环境的气场对人襟抱形成的陶冶作用，有甚于任何人为的艺术。

先举藏书楼、书院为例。我见过的藏书楼中，天一阁是历史积淀最深的了。木楼给人一种年深月久的感觉，前面庭院逼仄，布置成为一个很有山林气象的园林，假山叠峰很高。出了小院，外面园子很开敞，亭、台、楼、阁里，陈列有历代的碑石文物。建筑环境有开敞，有密集，协调在历史文化的氛围里。徜徉其中，让人感觉到中华文化的厚重。宁波最值得去的地方就是天一阁。书院最有气象的，不能不说是岳麓书院了。进了岳麓书院，中轴线上一排殿堂，朱熹写的四个大字"忠孝节义"与人同高，张挂在殿堂里边，面对庄严整饬的氛围，你想心不澄明、想不肃然起敬都难。中轴线最后有一个小小的园林，碑廊环绕，曲水可以流觞。人不能一天到晚看书，孔圣人也想放松，也想"浴乎沂，风乎舞雩，咏而归"呢！中轴线右，是一排排一人一间的书屋，读书非常安静。殿堂、书屋和园林三种建筑布局，分别形成肃穆、澄静、清朗的氛围，动静搭配，正体现出儒家"礼乐相生"的思想。我在书院里浮想联翩，感受到了文化传递的庄严使命。书院与岳麓山下的湖南大学图书馆隔墙相望。料想毛泽东在湖南大学，必定受到过岳麓书院熏陶，他才能够在爱晚亭写下了"看万山红遍、层林尽染"那样有大气象的诗句。

中国的寺庙建筑中，还有唐代的祖宗健在。唐武宗会昌年间，因为和尚私藏武器，皇帝一怒之下，拆毁了四万多所寺庙，这就是史书记载的"会昌毁佛"。因此，"会昌毁佛"前的寺庙，踏破铁鞋也难寻觅了！五台山南禅寺地处偏僻，侥幸漏网，成为"会昌毁佛"以前唯一幸存的唐代建筑。很可惜，20世纪落架重修，原有的气场削弱了，雕塑还是原汁原味。也在五台山，佛光寺东大殿重建于857年，是现存唯一原构的唐代大殿。殿前有两株冲天而上的古柏；大殿出檐深远，斗栱硕大，大屋顶坡度平缓，气格刚中见柔，雄浑凝重。当年，人们是如何发现佛光寺的呢？梁思成在敦煌唐代残卷《五台山地形图》里看到有佛光寺，但是，他从来没有见过这座寺庙。他就到五台山去找。那时的五台山，人迹罕至。梁思成一看，好生了得，好一派唐风！他就爬到屋梁上去找记年文字。梁上，蝙蝠乱飞，灰尘堆积。他用手抹啊，抹啊，突然看到"大唐武德……"的记年文字，灰头黑脸地从梁上跳了下来，蹦啊，叫啊！梁思成性格很含蓄很收敛的，不像林徽因那么外露，但是，在踏破铁鞋无觅处的旷世之珍面前，他失态了！佛光寺好就好在没有落架重修，原来的气场被完整地保留了下来。上世纪80年代，我怀着一颗朝圣之心追寻梁思成足迹，终于在深山里见到了如此大气的唐代大殿。平遥市区有个镇国寺，里边有五代后汉的大殿，市区人烟稠密，当然不可能有佛光寺那样与天地共振的气场了。凡间的寺庙就太多了。曲阜的孔庙古柏森森，群鸦乱飞，很有历史的苍凉氛围。"先有潭柘，后有幽州"，北京潭柘寺很安静，很厚重，很大气，完全和山林融化在一起。我去的时候是暑假，人间早已是"芳菲尽"了，那里的桃花刚刚盛开。古建筑靠岁月的积淀来养气。所以，古建筑不能轻易落架，一落架，气场就被破坏了。

历代帝王陵墓都是有大象之美的。黄帝陵前黄帝庙里，那几棵数人合抱的古柏太让人追忆了！是它和古建筑营造出了黄帝陵悠远的历史氛围。从庙后上山，陵上满植古柏。今天的人大搞"祭黄"，新建了水泥大殿和水泥广场，大得吓人，满眼水泥，把历史慢慢养出来的气场给破坏了！唐代帝陵最有代表性的是高宗和武则天的合葬墓——乾陵。顺山坡渐次上山，两座奶头形山包形成了天然门阙。神道两旁，排列着望柱、翼马、朱雀、石马、石人和石雕蕃酋象以及述圣记碑、无字碑和石狮，宝顶正好在山顶。这样的陵墓选址，充分利用了天然地势，营造出了宏伟开阔的气象。北宋徽宗、钦宗死于非命，其余七帝陵和赵匡胤父亲的陵墓一共八座帝陵都在河南巩县。那年我去，石刻还散落在田野里，徘徊流连，不禁有黍离之叹。现在，石刻用围墙围起来了，围墙很高，没有了与大自然共振的气场，历史的苍凉感也就被大大削弱了。其实，用镂空栅栏代替围墙，就能达到内外气场的共振。

朱元璋按风水术鹅明孝陵选址，"前有照的，后有靠的，左右有抱的"，也就是说，前有水，后有山，左右有树林。建筑选址对于原有气场的保护和继续积累，绝对重要。多数人游明孝陵，过金水桥转一圈就算看过了，看的哪是完整的明孝陵？请先到南京农业大学对面的下马坊公园，从下马坊走到大金门，然后到碑亭，现在没有了屋顶，叫"四方城"，过马路到对面石象路，明代是没有马路割断的，看完转弯，过棂星门，继续看石象，然后才到金水桥，过文武方门，到孝陵殿、内红门、方城明楼、宝顶。这样走全了，才能够理解朱元璋怎么按风水说选址，怎么按北斗七星布置建筑，才能够理解明孝陵对于明清皇陵形制有着怎样的开创意义。这样看一遍还不算完整，最好得到汤山去看阳山碑材。永乐皇帝为让天下人知道他的孝心，下令把一座阳山开凿成一座石碑，竖起来 73 米，大概有 24 层楼高。因为体积太大，根本没有办法搬运出山，从此长眠在南京汤山。站在碑身石材上，俯看一锤一凿凿出来的悬崖峭壁，不能不惊叹中国工匠创造出来的奇迹！现在，那里交给私人承包，门口建了一座小庙。请问什么样的庙能够当得起阳山碑材？重修古建筑，一定要设想古人的情景，尽量少破坏原有的气场，随便加个房子加个泥塑木偶，那不是重修，是破坏。对阳山碑材最好的保护，就是让它在大自然的怀抱里安卧。

2004 年，我才圆了去东西陵的梦。东陵在遵化，范围太大，被村庄集镇隔断了，管理太乱。西陵在易县永宁山的树林之中，自然风光和原貌保护都非常好。陵区外面，农家的房顶上晒满金黄的玉米，通红的柿子挂满了树梢，鸡鸣狗吠，一片人间景象。转过森林，每一个陵区竟然都自成与外界隔绝的小天地。举目四望，青山环抱，松树为屏，历史的苍凉氛围保存得十分完整，仿佛天与地都参与了陵区的组成，天与地都参加到祭奠的氛围里来了！

明代长城像一条巨龙，蜿蜒在中华大地之上，一头一尾是非看不可的：龙头——山海关，龙尾——嘉峪关。老龙头修出新气、小家子气来，难以与蜿蜒万里的龙身匹配。嘉峪关仍然矗立在茫茫荒漠上，马鬃山和祁连山一黑，一白，纠缠交错，成为无边天穹下嘉峪关的背景，何等地壮观大气！我三十年前初到嘉峪关，下了火车，要走很远很远的路。一个人在戈壁滩上走啊，走啊，天和地一片混沌，是那样地静穆和完整，一齐向遥远的地平线圆过去，就像儿时学的西北民谣，"天似穹庐，笼盖四野"，我就像安泰站在地面，浑身都感应到了无比的壮气。我更有一种强烈的皈依感，好像回到了生命的原初状态，回到了母亲的子宫里。古人为什么会造出天地混沌、盘古开天的神话？那不是凭空臆想，而是源于古人切身的体验。我更体会到古人为什么会有那么强烈的忧生意识。面对原始面目的天地，人显得何等渺小，张骞在这条路上走过去了，法显在这条路上走过去了，玄奘在这条路上走过去了，彭加木、余纯顺……一个个走过去了，消失于无形，只有天地亘古不灭。遥想我们的祖先，终日在这苍茫、浩瀚、混沌之中奔逐，鏖战，他们的性格、他们创造的艺术怎么能不雄浑博大，怎么能不感应了天地无始无终的元气呢？而一个人整天局限在水泥盒子里，他的性格、他创造的艺术，又怎么能不浅薄，平庸，小家子气呢？艺术史上一个严酷的事实，竟然在茫茫荒漠中找到了答案：为什么亘古蛮荒的地方保留着真正的艺术，而灯红酒绿的都市反而缺少真艺术？因为越是亘古蛮荒、边远落后的地方，人越保存着生命本体的质朴和率真，迸发出生命本体的冲动和热情；而越是发达地区，人越私欲膨胀，矫情粉饰。为什么在生我养我的江浙，我从来没有这样的感悟？江浙的天和地早就被人切割得支离破碎，人只能从建筑的夹缝里望天，现代人已经体悟不到天地原始的、本真的大美。所以，越是文明开化的地方，人越是只看到人和人创造的一切，看不到大自然的力量不可抗拒；人越是感应不到天地的混沌之气，变得胸襟狭隘，自陷于恩恩怨怨，斤斤于一得一失。

荒漠独行让我亲见了建筑与天地的共振，我感受到的情感冲击波有甚于面对任何人为的艺术，进而感悟人生。余秋雨在《文化苦旅》里说，敢于在戈壁滩独行的人，侏儒也变成了巨人，这句话实在深得我心。20世纪初我到敦煌开会，二上嘉峪关。汽车送我们到关隘下面，杨柳摇曳，鲜花盛开，我就没有了第一次独行那种雷击般的震撼。人为后加的东西越多，古建筑与自然的共振就越遭到破坏。

　　我前后五次深入大西北，吃尽辛苦，徘徊在珠峰脚下，逡巡于贺兰山谷，进行着一次又一次生命的高峰体验，人生因此而厚实。慢慢地，我变了！意志变得坚强，胸襟变得阔大，愈来愈远离了平庸。一个中国人，特别是一个在江浙长大的中国人，不像玄奘一样循路西行，苦苦寻访中华文化的遗迹，就不可能真正懂得：什么是黄土地上黄皮肤的华夏民族，也不可能真正懂得：什么是中华文化，什么是中华艺术。文明发达开化的地区，人们得留住一份纯真、一份烂漫、一份爱心、一份执著，也就留住了艺术。这既是为艺术不死，也是为我们之为人，我们这个社会之为文明社会。

　　2. 风水术

　　了解了建筑的气场，再来理解风水术，恐怕没有人会简单地说风水是"迷信"了。

　　风水术是中华民族城镇、村庄、住宅、坟墓选址和规划的一整套理论。它讲究营造要利用天然地势。比如城市。孙中山《建国方略》就说南京"有高山，有深水，有平原，此三种天工钟毓一处"，也就是风水很好。盱眙是朱元璋出生的地方，十座山三面围裹，像一把大龙椅，前面是长江，多好的风水！再比如村庄。徽州每一个村庄入村就看见"水口"，并且有树林遮挡，为的是藏气纳风，使村庄成为与天地共振、不受外界干扰的自适空间。再比如住宅。"凡宅左有流水谓之青龙，右有长道谓之白虎，前有河池谓之朱雀，后有丘陵谓之玄武。"[①] 毛泽东在韶山的老家，后面有一座小山，前面有一个池塘，一条小路绕过池塘进山，按风水术衡量，青龙白虎朱雀玄武一样不缺。背山挡住了冬天的寒风，向阳可以接纳阳光，缓坡可以避免水患，面水取水方便，又迎来了夏日的凉风，有路便于进出。这样的住宅选址，谁不喜欢？风水术讲究"望气"。望气绝对不是迷信，气场是不可形的大象，是天地、岁月与建筑、与人的和谐共振。这样的和谐共振，是没有办法一月赶造、向某某节献礼的，只能慢慢地"养"。岁月的积淀越深，建筑的气场就越深厚。所以，风水术又叫"堪舆学"，"堪舆"，就是天地，建筑是否有大象之美，天地自然的参与是决定因素。

---

　　① （清）陈梦雷编、蒋廷锡校《阳宅十书·论宅·外形第一》，中华书局 1985 年版，另见（清）陈梦雷编《古今图书集成·博物汇编·艺术典》第六百七十一卷《堪舆部》，鼎文书局 1977 年版。

"风水"而成为"术",就夹杂了谶纬迷信。为什么天安门到端门不种树？因为天安门在南面，南方属于火，火加木会发生火灾，按照五行和风水术，这里是不能种树的。藏书楼最怕失火，《易经》说"天一生水"，所以宁波藏书楼叫"天一阁"。风水里边的谶纬迷信，是我们应该扬弃的。但是，风水术是中华民族早熟的环境科学和环境设计理论，表现出中华民族天人合一的宇宙观，表现出中华先民的早慧和大慧，我们应该继承它，应该为民族的早慧和大慧而骄傲。

（五）乐舞与国画中的宇宙意象

1. 乐舞

音乐是最高级最纯粹的艺术。图画能画出"形"，也能画出不可形而可见的"象"。音乐是不能表现"形"的，它表现的是人的情感，是天地自然的大象。最美的音乐就是表现天地自然大象的音乐，它接近天籁。老子说，"大音希声"（《老子·四十一章》）。"希声"不是"稀声"或是"无声"，而是传达出宇宙天地人类的本真——道。东晋孙登常常引亢长啸。怎么叫"啸"？没有歌词的放歌。阮籍听到孙登长啸，居然顿悟人生，写下了一篇《大人先生赋》。大人者，道之化身也。可见，孙登的"啸"是表现自然之道的大音。有一次，东南大学请来了刘索拉。她嘴里不是在唱，是在"啸"！她一边弹一边"啸"，虽然没有歌词，但是，我全听懂了，她内心的苦闷、郁结、疑问、无奈……全通过"啸"表达出来了！这个女人悟性太好了！她懂得音乐的长处是表现大象，她悟到了天地宇宙包括自己生命那些不可言说也不必言说的东西——那些恍惚混沌的象。我联想到了孙登当年的长啸。再就是我陪赵枫先生看南京民乐团演奏，陈双九的埙独奏是最不能忘怀的了：像风吹过穴，呜呜咽咽地吹过来，由远到近，分明是原始先民无助的哀鸣！他们在洪荒之中，被野兽撕咬，又冷，又饿，但是，他们不敢呼天抢地，更不敢怨天恨地，唯恐冲撞了伟力无边的自然。他们只敢把内心积压的痛楚，幽幽地、缓缓地告诉苍天。悲凉的乐音把我引向了大漠黄沙，引向了"断竹，续竹，飞土，逐肉"的弹歌时代。我的心受到了震撼。我明白了：为什么洪荒自然才是人类悟道的地方。越钻进人为的小圈子里，"道"也就离我们越远。

舞蹈同样有境界高低之分。刚才提到"舞以尽意"，也就是说，用舞蹈来创造意象。可是，傅毅下面还有话呢！他说跳舞的人要用"泰真"也就是太极真气打通自己的闭塞，遗弃形骸而度越凡俗，不仅要修养仪表节操显示出自己的志向，更要"独驰思乎杳冥"，也就是让思想自由驰骋在宇宙太空①。可见，舞蹈的最高境界不是耍弄肢体，而是用"泰真"之气去表现"杳冥"的宇宙意象。

2. 国画

宋元中国画的高峰，是以中华哲学的精熟作为根基的。宋画注重写实，写实的"形"里边藏有宇宙自然的大象，一花一叶，象征的是宇宙大生命。宗白华说宋画"深沉静穆地与这无限的自然、无限的太空浑然融化，体合为一。它所启示的境界是静的，因为顺着自然法则运行的宇宙是虽动而静的，与自然精神合一的人生也是虽动而静的……画家是默契自然的，所以画幅中潜存着一层深深的静寂。就是尺幅里的花鸟、虫鱼，也都像是沉落遗忘于宇宙悠渺的太空中，意境旷邈幽深"②。宋画与宗白华话两相对照，更能体悟到两方的奥妙。我读宗白华书，常常沉迷忘返，不知人间有肉味。鲁迅说"宋的院画，萎靡柔媚之处当舍，周密不苟之处是可取的"③，与宗白华见解相比，显然属于皮相之论了。今人郎绍君也只说宋代美术写实技巧是第一流的。宋画的高妙哪里就是写实呢，高就高在它深藏的宇宙意识！

国画常常指水墨画。中国的水墨画最擅长表现不可形而可见的"象"。"春融冶，夏翁郁，秋疏薄，冬黯淡"，春天那种暖日融融的气象，怎么用形来表现？冬天那种山寒水瘦的景象，怎么用形来表现？"烟寺晚钟"，"潇湘夜雨"，晚上的烟雾、钟声，怎么用形表现？夜里的雨又怎么用形表现？用工笔重彩、用白描都不行，只有用水墨。南朝王微已经悟出"一管之笔，拟太虚之体"（王微《叙画》），太虚之体就是不可形的"象"，就是宇宙大生命整体的精神气氛；唐代张彦远说"真画一画，见其生气"（张彦远《历代名画记》）；石涛解释这个"一画"说，"画一而成纲缊，天下之能事毕矣"（石涛《画语录》）。"纲缊"，就是指天地之间如烟似雾的混沌气氛，就是"象"。"象"就是中华艺术中的"一"，"一"就是宇

---

① （汉）傅毅《舞赋》原文为"启泰真之否隔兮，超遗物而度俗"，"修仪操以显志兮，独驰思乎杳冥"。

② 宗白华《介绍两本关于中国画学的书并论中国的绘画》，《艺境》，北京大学出版社1987年版，第82页。

③ 鲁迅《论旧形式的采用》，见张望《鲁迅论美术》，人民美术出版社1982年版，第128页。

宙万物整体的生命力量和精神气氛。水墨画墨分五色，五色通向哲学；玄是道家崇尚的颜色，水墨画的"玄"色，正是道家冲虚、恬淡、玄远境界的表现。所以，中国画是最富于哲学精神的艺术。

中国的山水画，与西方的风景画有本质的区别。西方的风景画，画的是某处具体的风光景色；中华民族的"山水画"，不是再现自然的一角，而是表现宇宙大生命与画家生命的融合。"山水"这个词，本身就不是指向某一暂时的景框，而是指向稳定恒常的自然。元季水墨山水画家，以暂时传达出了永恒，以有限传达出了无限。其中黄公望，最得"自然"二字神髓。他画山头，像大大小小的土堆，完全是原始未经人类加工的天地，不故作奇险，却茫茫苍苍，境界涵浑，主定宾揖，有纵有横，变化自然，全无造作。黄公望自己说，他对技法"用而不用，不用而用"（黄公望《写山水诀》）。他的画是摈落筌蹄的美，得鱼而忘筌，得兔而忘蹄，画的时候，把技法全丢开了。所以，明清画家反反复复地临摹他的作品，到了高山仰止的程度。倪瓒的画常题名为《六君子》，近景画六颗树，远景画一抹远山，清冷莹洁，了无人迹，传达出一种地老天荒式的静穆。元四家在静穆中观照自然，生命感受和宇宙体验融为一体，胸中意象上升为宇宙意象，无边的静，传达出永恒的动，寄托的是对生命有限的超越和对永恒、无限的企盼。恽南田用"若天际冥鸿"、"洗净尘滓，独存孤迥"这样的话形容元人山水画的清冷高远，宗白华用"一片空明中金刚不灭的精粹"形容元人山水画的永恒境界。王维《辋川绝句》，"木末芙蓉花，山中发红萼。涧户寂无人，纷纷开且落"，静到了悄无声息，但是，水自流，花自落，大自然在悄无声息之中展现自己的生命。也就是说，通过静，揭示宇宙大化顺应自然法则运行的永恒的动。暂时的静和永恒的动，正是宇宙大化的运行规律。在人类诞生之前，宇宙就这样运行着；在人类灭绝之后，宇宙还将这样运行下去。王维《辋川绝句》和元人山水，是既有着深厚学养、又接受了天地蒙养、感悟到天地大化运行规律的士子在俯瞰人生，是"有高举远慕之思"的"无我之境"。它没有写"我"，却比写"我"的作品更表现出宇宙大化悄然运行的永恒规律，因为揭示的是永恒，作品也就走向了永恒。

元季四家的画是不是每个人都能读懂呢？大象之美是不是中国人都能体悟到呢？宗炳说，只有"澄怀"的人才能够"味象"（宗炳《画山水序》），王国维说，"有得有不得，且得之者亦各有深浅焉"，"人惟于静中得之"（王国维《人间词话》）。只有经过了人生的大彻大痛，只有看过了地老天荒式的静穆，才会在人之初般的惊愕之中，体悟到人生的短暂和宇宙的无穷，从而自觉地珍惜人生，与纷攘尘世拉开距离，在静穆中享受自然和生命。我自从到积石山，看过地老天荒的奇山异水；自从到西藏，领略过珠峰脚下的蛮荒；自从到贺兰山谷，有"披荆斩棘"的亲身体验：人类几万年的文明轨迹常在我心中鼓荡，我懂得了人事纷攘、功名利禄都是过眼云烟，只有宇宙永恒不灭。庄子说："独与天地精神往来"，卢梭说"我独处时从来不感到厌烦，闲聊才是我一辈子忍受不了的事情"，"独处是人生中的美好时刻和美好体验，虽有些寂寞，寂寞中却又有一种充实。独处是灵魂生长的必要空间。在独处时，我们从别人和事务中抽身出来，回到了自己。惟有自己沉浸于古往今来的大师们的杰作之中时，才会有真正的心灵感悟"[1]。我喜欢独处，厌烦没话找话的闲聊，独处是一种上下与天地同游的美妙境界，人只有在独处的时候，才能够思想翱翔，思索社会，思考人生。

现在我们可以明白，石涛为什么说空得其形、不得大象的画法"不过一事之能，其小受小识也"（《《画语录·尊受章》），画一朵花，画一个人，只是小感受小识见，中华画家要画的是宇宙天地的生命气氛，是大象，是"一"。

真正能够画出宇宙意象的画家，比如石涛，用湿笔表现山川的氤氲气象，《山水册页》元气蒸腾；髡残，画山水粗服乱头，荒率自然又苍茫郁勃；傅抱石，画瀑布分不清哪是水哪是雾哪是山，你只感受到压顶而来的声响和运动，仿佛山摇地撼！还有何海霞、周绍华……海外的山水大家如：朱德群——法兰西院士、赵无极、刘国松、王无邪……他们都能够站在宇宙之上画山水，画的是无穷大。但是，海外画家的画里，中华文化的"象"变成了美的形式，海外华人再也没有了元人那种恍若天际冥鸿的人生境界和哲学境界。他们没有生长在中国这片土地上，或者很早就已经离开。水墨画为什么没有传入西方，走向世界？我认为有两个主要因素：一、西方文化强势侵入，中华文化弱势退让；二、西方没有中华这么高深玄妙的哲学，西方人缺少理解水墨画的哲学背景。他们画一头牛，画一棵树，都是指向再具体不过的东西。他们实在弄不明白：什么是惚兮恍兮的

---

① 转引自周国平《性格就是命运》，《读书》2005 年第 2 期，第 28 页。

"道"？什么又是若有若无的"象"？中华民族画这些似是而非的东西，是什么意思？文化的沟通往往需要穿越茫茫的历史长河。华人移居海外，语言的沟通可以一代人完成，而要达到文化的沟通，至少三代以上。

五、大象之美与艺术家蒙养

大象之美是一种大美，不是每一个艺术家都能够在作品中表现出大象之美的，要看艺术家的"蒙养"之功。"蒙养"和"修养"一字之差，有联系也有区别：它们都要用文火慢功去"养"，不像今天跨世纪人才，是用人工急火"打造"。"养"都有后天的成分，比如增长学问、丰富阅历、陶冶情感等等；"蒙养"主要指采气和养性，是道家的理论；"修养"则指向了儒家的修身。

什么是蒙？蒙是天性，"童蒙未开"的"蒙"就是指天性，艺术家要守住天性；从天地自然之中慢慢地集聚元气，这是"养"。艺术家要"养气"，陆游说"才得之于天，而气者我之所自养"。《周易》说"蒙以养正，圣功也"，"圣"指的就是天地。怎么样"蒙养"才能够达到"正"的水准呢？要借助天地之功。庄子以庖丁解牛、梓庆削木为镶做例子，"入山林，观天性"，也就是采集天地的元气；然后，"斋七日"，"未尝敢以耗气也"，也就是守住自己的真气。采气、守气是道家的理论，不是迷信，它对于艺术创作太重要了！石涛说他还没有濡墨的时候，就先想到要守住天性；拿起笔来，再问自己向天地自然学习得怎么样，画的画才能够不拘陈法①。也就是说，守住自己的元气，采集大自然的元气，自身的生命才能够与宇宙大生命融合为一，转化为艺术作品的大象。

孟子讲"我善养吾浩然之气……其为气也，至大至刚"，他所说的"养气"直指主体靠修养得来的浩然大气，而道家的蒙养更指向天性——包括天的"性"和自身的"性"，更重视采气和养性，重视到大自然里面去。俞伯牙学到了琴技，却仍然弹不好琴。他的老师成连就把俞伯牙带到东海蓬莱山下，假托有事，一去不回。俞伯牙看到波涛汹涌，山林杳冥，群鸟悲号，心中涌出了无限悲怆寂寞的情怀。他拿起琴来弹了一曲，忧愁幽思，感人至深（事见《琴经》卷九）。一个学艺术的人，不感受天地的

---

① 石涛原话是："未曾受墨，先思其蒙，既而操笔，复审其养。思其蒙而审其养，自能开蒙而全古，自能尽变而无法，自归于蒙养之道矣。"（石涛《大涤子题画诗跋》）

元气，不到大自然里去采气养性，关在小房子里，怎么能够感悟到大象之美？又怎么能够在艺术作品中表现大象之美？

六、大象之美的文化背景

中华民族是怎么会从这若有若无、混沌恍惚的"象"之中，看出大美来的呢？

（一）华夏先民的观象传统

"象"的概念源自天象。华夏民族十分重视观察天象。新石器时期齐家文化遗址中，就出土过观察天象的七星镜。华夏民族的观察天象，与西方人的观察天文有着本质的差异：前者指向哲学，而后者指向科学。"观象"在中国古代，是关系社会治乱的大事，"观乎天文以察时变，观乎人文以化成天下"（《易经·贲卦》），不仅指观察自然现象的变化以确保农耕的顺利，更涵盖了观察社会现象以确保社会的安定。《三国演义》写诸葛亮观星预测将要发生的事件，就指向了作为人文的哲学。

（二）华夏民族特定的思维方式

中华文化发端于内陆农耕文化。内陆看到的，常常是天地混沌，"氤氲"弥漫，人每日每年在山泽荒原里生息，接触到的是大自然的活泼生命，自然而然地感受到了天地的混沌和大自然的生命律动，长此以往，华夏民族养成了整体把握的思维特征和形象思维、直觉体悟的习惯。阴阳五行诞生以后，中华民族更把整个宇宙看成了一个互通互动的整体。整体，混沌，几乎成为中华一切文化的特征。比如说，中医认为人体是一个有机整体，局部的疾病是由全身的不协调引起的，局部的病变又必然影响到全身的协调，所以，中医反对"头疼医头，脚疼医脚"，而要通过望、闻、问、切，整体观察脉象，从全身入手进行调理。"脉象"就是不可形而可感的、确实存在着的"象"。《西游记》卷首有一首诗，"混沌未分天地乱，茫茫渺渺无人见。自从盘古破鸿蒙，开辟从兹清浊辨"，一开口就是"混沌"、"鸿蒙"；《封神演义》卷首也有一首诗，"混沌初分盘古先，太极两仪四象悬"，一开口又是"混沌"、"太极"；《红楼梦》开篇就站在宇宙之上，直追"女娲炼石补天之时"。整体，混沌，广大，神秘，几乎成为中华一切艺术的特征。所以，中华艺术不是像西方艺术那样指向具体的人体、具体的景框，而是归类化，指向广袤的天地，指向宇宙大生息的生命律动。

西方文化的源头在希腊。地中海湾的希腊，阳光灿烂，天空明净，海岸线曲折，一切在阳光之下，是那么明确，清晰，肯定。希腊人看到的世界有限而宁静，养成了希腊人开朗的性格。他们没有宇宙天地浑茫恐惧的感受，心目中缺少广大神秘。希腊雕塑和建筑，都是块面明确肯定，合乎比例。《圣经》写上帝从亚当身上取下一根肋骨做出了夏娃——西方在人刚刚诞生的阶段就用上了解剖，《太平御览》写"女娲抟黄土作人"，中华民族在人刚刚诞生的阶段就用上了捏合。西方人的思维定式是个体的、机械的，重分析、重演绎、重理性的思辨判断；中华民族的思维定式是整体的、辩证的、重和谐、重综合、重感性的直觉体悟，根子则通向天人合一。

（三）老庄哲学

中华传统艺术之所以重视"象"的审美，《周易》的哲学是主导性的，其次是老庄哲学。所以我把《周易》对"象"的论述单列一节并提到前面，这里再说老子和庄子是怎样说"象"的。

老子说，"道之为物，惟恍惟惚。惚兮恍兮，其中有象……"（《老子·二十一章》）。中华哲学的最高范畴——"道"，就藏在恍惚混沌的象里，藏在寓象于形的"器"里。中华传统艺术的大象之美、中华传统艺术对宇宙天地整体精神气氛的把握，老子哲学是重要源头之一。庄子讲过一个寓言，黄帝让"知"、"离朱"、"喫诟"三个人去寻找玄珠，都没有找到，最后让"象罔"去找，才找到了（《庄子·天地》）。这些人名都是庄子假托的，人名里面大有深意。吕惠卿注："象则非无，罔则非有"，"象罔"就是宇宙本体似有似无、非有非无的不确定状态，其实就是"象"。"玄珠"不是一颗夜明珠，庄子说它是"真明"，也就是"道"的核心。宗白华说，"玄珠的铄于象罔里"[①]，也就是说，"道"的核心蕴藏在"象罔"也就是混沌恍惚的"象"里。庄子的"象罔"说，发挥了老子"道"中有"象"的思想，也是中华传统艺术追求大象之美的重要理论依据。

---

① 宗白华《中国艺术意境之诞生》，见《美学散步》，上海人民出版社1981年版，第68页。

七、大象之美是大美

"象"，就是不可形而可见、可感的天地万物整体的生命力量和精神气氛，是宇宙大生命的律动。它可以寓于形，却绝不等于形。"尚象"使中华民族不必到宗教世界去寻找形而上，形而上就在包括人在内的宇宙大生息之中，就在人朝夕摩挲、耳濡目染的艺术当中；中国的古人在"尚象"的生存方式与生存环境之中，生活得饶有情致。中华传统艺术了不起，正在于艺术不拘于形似而着眼于大象，着眼于表现天、地、人也就是宇宙大生命的律动。如果说西方艺术长期走的是"唯理"、"唯形"的道路，强调透视、解剖等科学，着眼于小景小框，工业造物强调实用原则和合规律性，缺少人性的机械造型使人性异化，心灵枯窘。中华传统艺术的"尚象"则指向了表现天地万物的生命精神，指向了"形而上"，从功利境界上升到了审美境界和哲学境界。在中华传统艺术之中，主体心灵可以"上穷碧落下黄泉"，自由地驰骋想象，去表现一切不可形而可见可感的"象"。中华艺术的奥妙与伟大，正在于艺术着眼于"一"——天地与人合一的宇宙大生命。对大象之美的追求，表现了中华民族的早慧与大慧。西方艺术的背后是科学，中华传统艺术的神髓很难为西方人所把握，就因为中华传统艺术背后有非常深奥的哲学。我们要去除"尚象"之中夹杂的谶纬迷信，全面地理解中华文化的精华，使中华文化的精华、中华艺术的哲学精神代代相承。

新人本主义，中国当代艺术美学的主流趋向

邱正伦

  我们对艺术精神的淡忘、背离和肆意的蹂躏已有一些时日了，甚至我们早已变得非常适应和轻盈起来。抚摩我们赖以栖息的精神枝条，那种骨头的含义早已变得稀少，在词语和词语之间，充满生气与活力的肌肤早已被臃肿的脂肪所填充。如果说哲学家阿多诺当年在目睹法西斯集中营的恐怖情景之后，得出了在"奥斯维辛"之后从事艺术是野蛮的，那么我想说，在今天的艺术创作中，人文精神的失落则构成了一种新的野蛮。艺术的领地早已被物质的铁条分割完毕。用今天最流行的说法就是，艺术就是新闻，艺术就是市场，艺术就是金钱和一次成功的拍卖，这样的艺术观念和艺术思潮一时间泛滥成灾。由此，让人们深切地感受到，市场的逻辑、商业的逻辑、物质的逻辑正在显示无比强大的掠夺力量，而且这种掠夺的势头还在进一步加剧，似乎昭示人类精神文明最具有永恒性的一块领地——艺术将不复存在，人文精神赖以栖息的最后一棵树枝将由此被砍伐，或者由此将砍伐的树枝做成十字架，把曾一直救度人类精神的艺术耶稣重新推上去，然后被钉死在那里。一句话：艺术作为人文精神最核心的地位正在逐渐丧失。

  现在轮到我们面对和审视中国当代艺术美学的时候了。我们在这里不想过多地从中国当代艺术美学的初期创作开始追溯和盘问，只是对当下艺术的现状做一些清理，就足以看清其中的真实面目了。在艺术创作和人文精神之间，至少我们不会淡忘 20 世纪 80 年代的情景。

  首先在我看来，中国新时期以来的艺术创作是在努力寻找人文精神的历程中不断展开的。当然，这种展开绝不是艺术创作者一相情愿的个人行为所至。尽管 80 年代的艺术创作集群梦想按自己的方式为艺术的精神领

地找到自己的归属，为自己和普遍受到精神创伤的人们通过艺术的创作和阅读贴上一块止痛膏，建立起艺术上的精神避难所，但是，仅仅就在这十年的创作进程中，随着朦胧诗的迅速崛起和迅速落潮，第三代艺术以及相关的实验艺术流派的迅速潮起潮落，艺术人文精神的修复并没有在很大的程度上得以实现，更不要说有什么实质性的推进。在我看来，80 年代在艺术人文精神的追逐上，总体上应该是带着纯粹理想色彩进行的，因而客观上不可避免地带上了艺术质地上的人文宽泛性、抽象性和由此表现出来的表面性。

　　纵观 80 年代以来不足十年的艺术发展历史，我们会发现这样一种真实：艺术犹如旋转舞台，在诗界迅速地上演了"朦胧诗派"（或曰"今天诗派"、"前崛起诗派"）、"整体主义"、"非非主义"、"大学生诗派"、"莽汉主义"、"他们诗派"等多达数十种的流派；在美术界出现了"伤痕画派"、"星星画派"、"野草"、"新乡土主义"、"极地理性主义"，紧接着还出现了"玩世现实主义"、"政治波谱"、"女权主义"等艺术流派。而这一切都可划归在艺术创新的旗帜下。这种急于寻求出路和超越的艺术现象，给人的感受是十分复杂的，既让人为此兴奋不已，又让人为之躁动不安。我们知道，在短短的几年里，这些探索者差不多浏览了西方半个多世纪的文化成果和中国古典文化成果，各种观念和学说都涉及了一下，却并没有全盘消化，这就使得这些从事创作和理论建设的人们，非但不会沮丧反倒胆大妄为。因为他们知道并相信，在各种流派和思潮之间是可以互相诋毁的，似乎一种思想取代另一种思想就意味着"进步"。尤其是当一个在时间序列里不断演进的艺术发展过程，转变为一个混杂的空间平面，那么，人们就会很容易看到思想进步过程所映衬出来的各种学说的弱点，每一在后面的理论总是批判、压制在前面的学说，由此获得取而代之的权力。这样，当代中国的创作和理论，就只能是匆匆忙忙地浏览这个过程，选择最时髦的作为己用而不可能认真的一步一个脚印地前进。这就不可避免地促使当代的艺术创作和理论在急切的选择中陷入不可自制的浮躁之中。当然，话不能按一种方式说死，我同时又认为，中国当代艺术正是在各种流派选择和互相诋毁中，赢得一种发展的。如果没有这种由各自选择而带来的失衡，中国艺术界就会重新陷入一种停顿和贫困之中。那么，究竟应该选择一种怎样的方式来改变目前的艺术状态呢？我们认为，一方面应该允许艺术家各自的选择和彼此间的差异继续存在，另一方面应该鼓励理论家和对这一现状作冷静的分析，去追问艺术发展的必然趋势，这样做是十分重要的。也正是基于这一点，新人本主义才得以产生和得以存在与发展。

一、新人本主义，中国艺术的发展趋向

有人说观念艺术才真正找到了一块绝对的没有任何人染指过的新艺术天地，并认为这里才是艺术唯一的归宿，艺术只有永远盘踞在这里，才能赢得取之不尽用之不竭的艺术养分。我们认为，这正如曾经有一部分理论家棒杀"85 思潮"一样，会同样导致棒杀"观念艺术"。如同美国的批评家奥唐奈所指出的："当一个传统开始形式化而成为准则时，它马上开始丧失生命力了；当它完全形式化之后，它就丧失了生命——变成一种伪传统！"这就是第三代诗人同样要面临新的挑战和新的超越的根本原因。因为艺术是这么一种奇特的现象：它思考并表现永恒，但自身却只能从不断地自我否定和变构中获得新的活力。正如非非主义理论家周伦佑所言："随着时间的推移，今天站在前景上的，明天就会退为背景。艺术更是如此。"

1. "当代艺术美学"重新陷入困境

正如在前面所指出过的，"85 思潮"具有强烈的忧患意识，他们总是想通过自己的英雄行为，凭借对生活诗意化理性化的追寻，来缝合人们精神上的普遍分裂，拯救在危机中的艺术和危机中的人。但是，面对"85 思潮"的这一追求，"当代艺术家"却并不信任，因为他们认识和感受到了，只要强大的社会因袭力量还存在，艺术家自身的渺小与屦弱就不可避免。要想凭借艺术家的一点热情来拯救现实，是根本不可能的事。基于这种精神状态，他们就不可能相信世界有救世主，也不可能相信自己能成为英雄，更不相信艺术能拯救现实，普度众生，认为理性是虚幻的，要用理性来填充艺术的空白是根本不可能的事。因此，一切皆非非，都是"不是不是"。为此，他们很快就通过自己的作品，退缩到直觉世界中去了，即生存与死亡的神秘性，显得十分孤独和寂寞。

但是，我们必须指出："85 思潮"、"后 85 思潮"的许多艺术家都清晰地看到了人们普遍异化和分裂的现实，只不过前者是想通过自己的英雄行为，以艺术来拯救人们的厄运，而后者则是在生命体验过程中下功夫，

如何使艺术变得更深沉些更真切些，从而去揭开人类普遍分裂的本质。为此，整体主义开始把自己的目光移向中国直觉文化宝库，即《易经》和《庄子》哲学，希望在那里发现新大陆。寻求神秘主义和超验的艺术圣所。整体主义正是通过这种方式，把从道家文化中得到的艺术真谛推入极致，由此便心安理得地坐在艺术家的象牙塔里过着清高的生活。由于他们把现代的理性精神抛得老远，作品纯粹依赖阴阳、八封为救身圈，因而使读者阅读他们的作品，犹如隔岸观火，不能亲近和企及。而另一部分艺术家，似乎是过多地受世俗生活的侵蚀，不愿意以严肃庄重的身份在艺术界亮相，采取同整体主义相反的态度，把艺术从象牙塔里拉出来示众。这一部分人主要是非非主义、莽汉主义、大学生诗派、他们主义、玩世现实主义、政治波谱艺术。正是在他们主张艺术口语化、平面化的旗帜下，把艺术引到通俗艺术的阵营中来，喝几杯烈酒，划几套粗拳，凭着自己的智慧，创作一大堆不高不雅的艺术来，以示生命的发泄。

不过，这两部分艺术家都在同一处关键点不期而遇，即出于对现实的无奈。可以说，他们的创作动机是一致的。所不同的是人生态度，前者文质彬彬，后者不拘小节。说实在的，目前中国大陆艺术界的派别的确繁多，主张不明显，但严肃地审视起来，依然逃避不了我们上面所谈到的两种风格，现在看来。"当代艺术美学家"在艺术界的遭遇不算好，原因是多方面的。不过，最主要一点是接受东西方文化的态度：一、在接受现代西方文艺思潮影响时，忽略了西方整个的文化背景和文化历程，因而，在创作和理论中，大势宣扬反理性反文化反世界反人，片面追求艺术的纯直觉纯体验。这样一来，作品就是纯感觉碎片的堆积，在整体上失去了情绪联系，丧失了作品的生命力。二、他们在中国古典文化面前，表现出极大的热情，极大的兴趣，这本来是无可非议的，但是出现了简单化的做法，只重视道家文化，而忽视儒家文化。而且在创作上表现出极不严肃的态度，用作品去图解古典哲学，以示高深莫测。这样，就造成了作品与文化的精神与作者的心灵、与读者审美之间的隔阂。因此，"当代艺术美学家"又陷入了新的困境。艺术界必须寻找新的契机，才能摆脱目前的危机。

2. 新人本主义，中国艺术美学的主流趋向

中国艺术的前途究竟在哪里？无数的艺术家艺术理论家都在面壁思索。有的理论家认为中国艺术将在多元的无主派的现状中保持势头，也有人提出中国艺术界已经出现"客观化"潮流，并且将成为主流。而《诗

刊》则在 1987 年的第 11、12 两期中，连续摘登了两篇来自香港的文章。一篇是香港《世界中国诗刊》的社论；另一篇是介绍台湾当代艺术美学的发展和现状的文章，题为《回归传统的当代艺术美学》。两篇文章都在回顾了台湾当代艺术美学的发展历程之后，得出了要重新迈向新人本主义的结论。照周伦佐先生的话来说："新人本主义不是某个艺术家或艺术评家杜撰出来的，而是绝大多数艺术家在走过许多弯路之后，找到的一条路向。"我们以为这种说法很好很有道理。事实上，中国大陆的艺术要走向新人本主义，也不是凭空就能杜撰出来的，而是站在宏观的理论性层次上和"当代艺术美学家"提供的认识经验上的又一次超越。在我们看来，"第三代"、"整体主义"、"非非主义"、"大学生诗派"、"莽汉主义"、"极地理性主义"、"玩世现实主义"、"政治波谱"、"女权主义"、"新文人绘画"等流派的实践和探索，都为中国艺术的发展提供了广阔的前景和多种参照系。但是，他们在极端化的艺术行为和理论行为之中，又将中国当代艺术美学的发展引入了封闭的死角，因此超越势在必行，寻求艺术新的平衡势在必行。而"新人本主义"的确立，就是要在当代艺术美学"极端化"狂热之后，进行一番冷静、客观的梳理和调整，以求得当代艺术美学的必要的平衡和发展。

那么，"新人本主义艺术"的本质精神在哪里呢？简单地说来，就是回归到中国艺术的人文传统，走向现代人本主义。因此，怎样回归到中国艺术的人文传统，走向现代人本主义，就成了问题的关键。回归到中国艺术的人文传统，向中国古典文化寻根，绝不是我们现在才想到的。仅从中国大陆来看，"第三代"即"后 85 思潮"中，就有很大一部分艺术家，热心做过一番工作，问题是他们做得不彻底不全面。比如，他们对《易经》、对《庄子》、对《先天易田》倾注了极大的热情，但却对孔子、孟子，对儒文化表示了极端的冷漠。因而，他们的作品表现出或者玩世、或者逃避现实，寻求超验的、虚幻的生命境界。所以，在他们刚刚宣布自己取代了"85 思潮"为自己争得一席之地时，又过多、过早地陷入了新的困境。

殊不知，我国的古典文化十分博大深厚，儒家文化和道家文化同样重要，忽视哪一家文化都是片面的。儒道两家的出发点都是人，都非常重视和关心人的本质。所不同的是，儒家在人这个问题上采取的是正面的，积极的态度，即入世的态度。它主张运用"仁"、"义"、"礼"等道德规范来框正人们的言语行为。反映在文化艺术领域，就是主张文以载道，主张艺术要正视社会，正视人的现实生活。强调艺术家、艺术家要有强烈的社会责任感。而道家文化，则主要强调人的本质精神，主张回避痛苦的现实，去追寻人的理想文化世界，即超验的形而上世界，也就是强调人的出世的一面。总的说来，儒道都有自己片面的一面，正如都有自己优秀的一面一样。只有把二者结合起来，从而在人身上采取既入世又出世的强度才能做到既严肃又科学。反映到艺术中来，就应该让我们的艺术去正视现实世界、现实生活、现实人生，又不去等同现实世界、现实生活、现实人生，这就是我们回归到中国艺术的人文传统的态度和本来面目。也只有这样，我们才能使我们的作品，从单纯的个体经验中脱离出来，从狭隘的创作视角中脱离出来，在关心自身生命的同时，关心全人类的现实状态，关心他们的生存、生命、生活；从而，以儒家积极介入生活的态度，去追踪道家美好的人生境界。这就避免了纯粹的现实生活对人的困扰，也就避免了单纯地追求理想王国的困扰。从而，在我们的追求中，去表现中国传统文化的精神。

当然，这里需要说明，我们主张回归到中国艺术的人文传统，并不是在文化上复辟，我们毕竟是现代人。我们是在综合了现代人一切文化意识基础上，特别是在具备了现代人的理性精神基础上，去回归到中国艺术的人文传统，认识传统文化的。也就是说，新人本主义艺术，在回归到中国艺术的人文传统这一点上，有自己十分明确的态度，回归到中国艺术的人文传统，绝不是回到奴隶制、封建体制以及相应的社会传统、社会道德和社会礼仪中去，而是站在现代人的文化视角上，去严肃地审视传统文化，吸取传统文化的精华，洗清小农经济产生的保守、封闭、逃避等品格。即吸取传统文化中包涵的道德感，责任感（指：艺术家应具备的起码良心和超规范的人道主义）主张的干预和观照；以及艺术家对中国当代艺术美学这一崇高文化形式的热忱和真诚的事业心，以及理想精神、人的旷达品格；抛弃本域文化中尚存在的封建素质带来的劣性成分。因为我们知道，文化的本质比社会制度和传统的伦理道德的本质要深刻很多，广泛很多。因此，我们提倡回归到中国艺术的人文传统，继承传统文化，绝不是同时去继承传统的已经死亡的社会制度和传统的伦理道德。相反，我们正是在审视传统文化时，坚定了我们反对和抛弃传统伦理道德的信心和决心。我们说继承古典文化。不是说继承古典文化现象，而是古典的文化精神；我们说走向现代人本主义，也并不是说走向现代人本主义的某一方面，而是走向现代人本主义人的精神境界。为此，我们的新人本主义，绝不偏颇，绝不片面，而是以全新的感知方式和表达方式出现在我们的追求和创作之中；也只有这样，我们才会在回归到中国艺术的人文传统文化的过程中而不被传统文化左右；在接受外来文化影响时，而不被外来文化取代，我们正是想通过这种努力，使中国古典文化的精神同现代人的文化精神有机地整合在一起，从而形成崭新的中国文化和中国的本土美学，使中国艺术、中国文化带着自己的精神世界走向世界，并形成世界文化中最有影响最有地位的文化。

二、新人本主义艺术的美学原则和它的艺术立场

新人本主义艺术，作为一种艺术流派，它必须为自己确立有个性的美学原则，也必须为自己作出相应的界说，必须遵守相应的创作纪律，否则就容易在艺术界的混乱和人们的误解中丧失自己的品格。

1. 新人本主义艺术的美学原则

新人本主义艺术家群，在自己的艺术实践中，逐渐形成了自己的创作品格和自己独特的美学原则。归结起来，主要是：爱的原则；主客观合一原则；感性与理性合一原则；有限与无限相统一原则；静态审美方式与动态审美方式相结合原则；入世与出世合一原则；意境渲染与深沉的内涵相结合原则。

（1）爱的原则。我们把这一原则放在一切原则之首，绝不是出于迎合读者的需要，而是因为爱是一切艺术原则的前提，没有爱，就没有艺术。换一种方式讲，一切艺术都是爱的哲学。我们知道，人类永远无法回避的，就是现实与理想、主体与客体、精神与物质、感性与理性、有限与无限、知性与智性、有序与无序、失衡与和谐等对立所显示的普遍分裂。如何来克服这两极对立的状态，如何达到这两极对立的和谐，就成为人类的使命和宿命。问题的关键在于，人类能否克服这种对立、能否消解这一深刻的悖论，回答是肯定的。但是，人类对此不能从经验世界和现象世界去寻找答案，必须从超越性的角度出发，必须要从障碍重重的现象世界和经验世界中抽身而出，从容地进入本体世界。只有在这里，我们才能找到克服普遍分裂达到和谐的中介和桥梁。这一中介和桥梁就是超规范意义上的

爱。正是在"爱"这一基础上，才建立起了所有的艺术大厦。而艺术的王国，也正是爱的王国。

人们都说：艺术是情感、想象、幻想的结合，这种说法是对的，因为在情感、幻想的背后，都潜伏着更为深刻的东西，那就是爱。

其一，爱与情感体验。我们认为，人的全部生存如果只建立在纯粹的物质基础之上，那几乎是不可思议的。人的心灵——内在世界有着比理性及其要求更高的东西，这就是想象、自我感觉、兴奋的感受性。情感本身才是人的全部生存赖以建立的基础，人必须通过活生生的个体的灵性去感受世界，而不是通过理性逻辑去分析认知世界。艺术与情感体验结为姐妹，艺术不过是人心灵所具有的行为方式。没有情感，也就没有艺术。当然，我们并不是就此否定理性在艺术中的存在。理性只能依赖艺术的情感体验来显示自身。换句话说，理性只能先溶解于情感并被情感接受才能显示出自己的力量和光。否则理性就会被没有血性的逻辑海域吞食掉。事实上，在有的艺术人那里，工具理性已经把他的作品变成了散文，变成了功利主义的存在方式。因此，我们主张，艺术应该离开纯粹的理性世界，走向内心，以此来拯救处于功利时代中的人类。基于此，我们主张把情感体验作为现实与理想、有限与无限、感性与理性、知性与智性的对立趋达同一的中介。因为情感是直接的自我意识，它同时又不仅属于感性个体，在情感中蛰伏着神性的东西。即本体的东西。因为神性不过是对立物的尚未对立的统一，而情感作为直接的自我意识能够把一切对立物认之为基础的统一内在化。这就是说，是情感取消了现实与理想、认识与意志的对立，即情感是另一种方式的现实与理想的统一。比如，宗教就是一种人对绝对者的情感，有限的人类相信它是使有限的东西得以成立的无限的绝对。这种绝对的存在是理性无法证明的，因为它根本就不是一个认识论的问题，完全无需理性在此去做逻辑的推演。它应该是一个价值论上的信仰问题，信仰绝对，就是人自居有限之地而企望趋归无限的绝对的情感。

只有情感才是最真实可靠的，因此，我们反对那种不是发自内心的，装腔作势的学究化，那种道貌岸然的哲学和伦理学。我们认为，只有情感才能保证艺术的世界性的纯度，它是艺术的根本条件。如诺瓦利斯所说，艺术如同哲学一样，是人的心情的一种和谐的情绪，在那里，一切都美化了。施勒格尔称，造就艺术家的，不是作品，而是感觉、热忱和冲动。人们通常称为理性的东西，不过是理性的一个类别，一个浅薄而且乏味的类别。还有一种纯厚的火热的理性，正是它才赋予坚实的风格以弹性和电。理解不了世界，大多数根本不是由于缺乏理智，而是由于缺乏感觉；内在的美的根本生命力就是心情。而艺术的情感的本质就在于，人们自己就可以使自己激动，可以不因为任何事情就大动感情，可以没有缘由就想入非非。这就是艺术的情感体验，而这根本的情感体验就是爱。

其二，爱与想象的功能。我们说，想象是艺术的器官，是唯一本质的、有生命的东西。艺术的表征就是想象的游戏。而想象的本质功能就在于把无限的东西引入有限。我们认为，想象力是一种超自然的机能，它与理论哲学的实践机能是相对立的。它从来不涉足于实践，它只是在精神中、内心中的一种活动。但想象力必然在综合无限与有限时带来某种悖论。因为，有限的东西原则上不能在有限的形式中描述出来，有限的东西又无力去把握无限的内容，而想象力的本质功能恰好是把有限构想为无限。不仅如此，想象还具有先验性，能够进行无意识综合运算。因为想象的本源在无限之中，整个世界不过是创造性想象的产物，它的产品就是综合。而绝对只有借助于想象的中介来进行综合。反过来说，想象是人理解性的器官，所以，想象可以超越现象的重重障碍，呈现出普遍的形而上学价值。艺术的想象成了发现实在的唯一线索。

而爱，正是一种超越个体的，宇宙论意义上的东西，本身就是实体性的东西。想象源于爱的存在，离开了爱，想象就成了无源之水无本之木了。可见，想象作为艺术的翅膀，长在爱的本体上，想象成为爱的实现方式，这才是最真实的。因此，新人本主义把爱作为艺术的终极目的。我们之所以这样做，是因为：从目的论上讲，生成直接指向爱的实现。由此，我们把自然的、社会的经验领域作为客观化的爱来对待，作为一个艺术意化的、抒情的创造物来看待。因此，我们的真实意图，就是要竭力通过对爱的追寻来把那引起不透明的、沉抑的、散文化的客体变成为一种活的、充满灵性的、艺术意的主体性，使有限与无限、主体与客体、感性与理性在爱的同一原则中兑现。

其三，爱与感性个体的关系。有人提出这样一个疑问：既然爱是一种本源性的实体，一个超越个体的本体论意义上的根据，它何以又与感性个体的质素相关呢？我们以为，纯粹自我是原始的东西，是所有实在世界的最初的本原。但它要意识到自我的完满的主体性，就必须作用于一个对象，占用一个对象；反过来说，客体性的东西的生成过程，就是原我（纯粹自我）意识到自己的过程。要完成这一切，首先要原我自己动起来。可见，原我是依赖这一活动来认识自身的。而这种活动性的动力就是爱。而这种爱又必须在感性个体身上体现出来，必须通过个体的爱来实现自身。反过来说，个体的爱就应该是一种趋于神性的爱。我们认为，人的使命，人的感性存在的天命，就是要认识到以自己的感性血肉之躯来拯救充满神性的爱。而所有的人，都不过是绝对爱的力量外显，他们的唯一目标就是重建自由，返回最高的要素。正如艺术家哲学家施格勒尔所言："在世俗的存在物的序列中，人是最高的阶段，它的目的就是返回自由。"这自由就是爱的另一种表述。我们认为，在每一个人身上都包含着创造绝对价值的力量，人是自由的，当他创造了绝对价值，他也就随之而不朽了。因为每一个人的自我的本体论的根基就是绝对价值的自我，绝对价值的自我要意识到自我也必须在人身上，通过人来实现；那么，感性个体的自我一旦充分认识到自己，它们也就随之成为绝对价值的自我了。然而，这一切关键性的契机就在于爱的感情。感性个体的自我与神秘的自我相通的那个东西就是爱，绝对价值就是爱。感性个体的自我要认识到自己，也就是通过爱。既然感性个体的自我本身就是爱，那么，他也同样要通过爱他人，爱一个对象才能意识到自己的爱。只有爱，通过爱的意识，人才成其为人，艺术才成其为艺术，艺术才成其为艺术。所以，新人本主义艺术，在本质上属于爱的艺术。换句话说，艺术就是爱的哲学。

（2）主客观合一原则。自古以来，人类便为主体与客体之间的分裂而痛苦。因为正是这一普遍的分裂，给人类走向自然或自然走向人设置了层层障碍，使人类同自然同社会丧失了平衡与和谐。因而，如何克服这一普遍的分裂，就成了人类的使命。总概起来，存在着两种基本的观点：一种是主观论，另一种是客观论。持主观论的，就总是片面强调主体对客体的能动作用，认为人可以脱离自然和社会环境，甚至可以不顾一切地介入自然、介入社会、任意蹂躏和践踏自然与社会。他们说，世界是由人的活动构成的，世界就是人的存在活动。把世界仅仅作为人类认识实践的对象，甚至仅仅把世界作为自己的需要对象，作为手中的玩物任意摆布。这种观点反映到艺术中来，就形成了纯粹主观文艺学和主观艺术学。认为艺术和艺术可以脱离文化、脱离价值、脱离社会、脱离生活、脱离时间空间、脱离世界。甚至不仅仅是脱离，而且是自觉地背叛和破坏。很明显，这种忽视一切的做法，不仅无法克服主客体之间的普遍分裂，反而加剧了它。从而导致客体对主体的一次次无情的报复。

而客观论者却又站在与主观论相反的立场上，认为人类在自然和社会面前，始终是软弱的、无能的。人类只能被动地消极地适应自然适应社会。反映到艺术上来，就是纯粹的客体反映论。认为艺术只能被动地如实地描绘客体，描绘一座山的高大、描绘一棵树的形象、描绘一个人的脸色。而这样做的结果，更不能取消人与自然与社会之间的对立。相反，通过这种方式，只能把主体变成客体的附庸与奴隶，使人类变得与世界更加格格不入。人的生命丧失了活性，艺术偏离了爱的轨道，变得冷酷无情，从而把人类推向了不能自救，只能听天由命的深渊。

那么，克服主客体之间普遍分离的出路究竟在哪里呢？不言而喻，应该采取的唯一途径，就是二者的合一。因为只有这样，才能通过彼此之间相互作用而达成相对的平衡与和谐，才能填满由普遍分裂造成的万丈深渊。也只有这样，主体才能在现实的自然环境和社会环境中，赢得自身的生成前提，并以充分的能动选择来改变自己的生成现状，寻找到人生的意义和目的，建立起人类的价值范畴，对自己生成的现实环境，做出赞同或反对的响应。由此，才能揭示出人类对世界的整个认识和领会，以及对世界的精神超越的奥秘，才能揭示出人类对世界领会并同时展开自身的所有不同形式：从人与人间的交往到社会操作，从社会中的个体的亲身体验到个体与社会遭遇的方式，从宗教、艺术、法律、哲学等这样一些传统的思想构造方式到通过解放的反思去摆脱传统的革命意识。领会与解释并不仅是科学的要求，它们显然完全属于人的整个世界经验。我们认为，作为主客观相统一的世界，人所生活于其中的世界，是历史传统和自然生活秩序构成的统一体，也就是说，我们经验着的历史传统和我们生存的世界，相对我们的需要来说，我们与这个世界的统一体相互构成了一个真正的解释学天地，而不是神秘主义。在这个世界中，我们并非被封闭在不可跨越的疆界里，相反，由于我们人类同自然和社会是一个统一体，所以我们与世界达成了相互敞亮的关系。

把主客体相统一的观点转换到艺术学中来，我们就会发现艺术的解谜功能。我们知道，艺术是使生命的意义呈现出来的绝对中介，生命通过艺术的活动而达到自身的透明性。但这里的生命已不再是绝对的、盲目冲动的意志，而是具有自然的、历史的生命性质了。因此，人的生命绝不能仅仅只从生物性来规定。它应该是有限个体从生到死的体验的总和，它植根于人类（自然——历史——社会）的生命之中。生命表现为由情感去感受、去反思的体验，而体验又总是对生命自身置于其中的生活相关领域的体验。因此，在主客体的统一之中，生命即生活，生活即生命，其中心的关联是体验。人与物理世界打交道，因为人是生物；人评价事物，因为人有情感和目的；人领会历史，因为人自己是历史；人解释他人的表现，因为人自己在表现。处于特定的社会——历史之中的生命的复杂关联就形成了生活。因此，作为生命存在方式的艺术，就应该以毫不推脱的方式去介入生活、介入自然、介入历史、介入社会，从而去实现主客体合一的意义与价值。正如狄尔泰所言："最伟大的艺术家的艺术，在于它创造一种情节，正是在这种情节中，人类生活的内在关联及其意义才得以呈现出来。这样，艺术向我们揭示了人生之谜。"所以，新人本主义艺术，把主客观合一作为自己的艺术原则而贯彻在自己的艺术实践之中，以此来凸显新人本主义艺术的艺术风格和艺术特性。那么，新人本主义怎样来实现自己的艺术风格和艺术特性，这就成了问题的关键。我们认为艺术创造的对象不是普通对象，而是审美对象，在对这种对象的观照中，人才能进入审美境界。这就是说，艺术经它的创造能将主客体置于统一性和完整性之中，在这样的境界中，自然与精神和谐相处，水乳相交，精神亦是自然，自然也表现为精神。这就是艺术的魔力，它能解放物化的精神，重新给它注入生命，揭示出自然的真正本质。我们说，只有被艺术的神秘语言所转化了的自然才能替精神展现它珍贵的天性。不言而喻，在新人本主义那里，艺术家的观照方式与通常意义上的感知截然不同，我们所洞见到的是浸透了精神的自然，也就是凭借艺术，我们能深刻地把握主客体的和谐。能通过我们的艺术，从有限中见出无限，从自然中见出精神，从客体中见出主体。这才是一种真正艺术意性的观照，真正自然与精神的握手言欢，真正的艺术本质。

　　（3）感性与理性合一原则。感性与理性之间的矛盾和冲突，也是人自身固有的基本冲突。古今中外，人类的智者为了解决这一种冲突，使人性得到完美的统一与和谐，提出了各种各样的办法与途径。有人以理性为核心来统一感性，以理制情是一条在古代时期占统治地位的思想路线。比如，柏拉图著名的"理念论"就是以理性否定感性以达到人的完善的理论。这种理论又经近代的黑格尔推向了极端。而古希腊的智者学派则以感性为本位来统一人的生命，这种理论经过近代的文艺复兴和启蒙运动一直贯穿到现代西方的生命哲学及弗洛伊德等人的心理学。崇尚理性者，把理性视为人的本质，崇尚感性者，把情欲视为人的本质。为着人的本质，为着解决二者间的冲突，感性论者同理性论者交战了几千年，迄今仍没有定论。

按照理性论的原则，艺术和艺术转换成了科学，变成了认识论，甚至堕落成了工具。要求艺术家跟科学家一样，以逻辑的冷静态度去介入现实世界，去回答现实提出的各种问题。按照理性主义的观点，人的感知经验中包含着许多错觉，必须经过理智的分割、舍弃和抽象，才能上升为具有普通性的科学的文艺学原理。艺术家只要按这些既成的万能的文艺学原理创作就行了，艺术家只要按这些美学原理画画就行了。这样，艺术家不过就成了按既定的原理原则去求解的小学生。一切都被理性盘踞了，人的一切感性生命都成为理性盘剥的对象，既而转换为理性的工具，虽然，理性有时也会让出一块地盘，使得感性能够为理性的存在打下基础，但是，以获得客观真理为目的的理性必须以对情感的某种程度上的抑制和排除为代价。当然，艺术需要理性，这一点跟科学没有什么两样，但是艺术绝不能等同于理性推演出的几条文艺定理文艺原则，艺术也没有必要去满足这些原则的需要。

按照感性论的原则，艺术和艺术成了人情欲的发泄器官。艺术和艺术到发泄为止，一切深沉的内涵和应有的理性都被抛弃了。艺术不过是用语言发泄的一种方式，艺术也不过是用色彩发泄的一种方式。很明显，按照纯粹的感性论原则，依然无法克服感性与理性之间的普遍冲突和分裂。要克服这一基本的冲突和分裂，就必须寻求新的方式和新的出路。

新的出路是存在的，那就是理性和感性在艺术中的完美结合，而且只有这种结合，才能化解彼此之间的冲突和分裂。因为在我们看来，理性因素感性因素在艺术中体现出的是各自不同的审美价值。否定任何一方面，都会使艺术的审美特性受到伤害。唯一的选择，就是将二者结合起来，以和谐的方式出现在我们的艺术作品中。按照感性与理性合一的观点，我们的艺术作品就不应仅有一种灵感想象和韵律节奏的完美结合，而且也应该在其作品中浸透着一种力图艺术意地接近本体的精神血液。也就是要求艺术不仅要求艺术家在感性生命的基础上，培育一颗永不疲倦的心灵，让心灵永远燃烧着一团活火、一团生命之火，使艺术家处在一种永不安分，永不满足的境界之中，同时又要求艺术家带着一种哲学沉思进入生活进入创作，使自己的艺术既保持着感性生命的活性，又呈现出理性之光的深沉。如果不是这样，我们就只能看到这样的一种结果：感性由于失去了理性的光辉，就只能是：要么是吟花咏月，顾影自怜，要么是肆无忌惮地发泄，酿成感性生命的灾难，反则，理性由于缺少感性生命的滋润，从而变成从事逻辑演绎的思维机器，没有艺术的激情和灵性。简单地说，艺术如果不是感性与理性的融汇，上升一步就会成为哲学，堕落一步就会成为社会学，两种都是偏离艺术的轨迹的，都是丧失艺术品格的，因此必须在艺术中防止这种恶劣的偏离。艺术只有在感性和理性的统一中，才能既保持艺术的活性，又能呈现出作品的深度来，所以严格地说来，哲学家和艺术家是不可分离的，彼此往往是心灵相通，他们受同一种痛苦的驱逼，寻求着同一个谜的谜底。比如，我们可以从庄子、柏拉图、卢梭、尼采的哲学著作中感受到经久不散的艺术的光辉，也可以从屈原、李白、苏轼、但丁、莎士比亚、歌德的艺术篇中感受到千古不衰的哲学叹喟。因此，新人本主义主张感性和理性的统一，并以此作为自己创作实践的艺术原则。

（4）有限与无限相统一的原则。这一原则里隐含着全部文化史和艺术史的奥秘，即人类生成发展的奥秘。我们知道，作为每一个具体的人，都只不过是十分有限的时空存在物，而人面对的却是无限的东西。人正是在面对无限时感到了自己的有限、自己的渺小，感到了一种神秘恐惧和战栗。那么，按照这样的逻辑推演下去，人就会产生别无选择的结局。因为在人与自然之间，在人与社会之间，在身体与思想之间，我们会轻易地发现，自然界是十分强大的，而人却无力对抗自然和社会，但是，我们想做出这样的回答，问题还远不是如此简单。作为纯粹肉体的人，的确是十分有限和脆弱的，仅仅凭着他的身体在自然中的地位的确是微不足道，它只能属于自然界，甚至于不如自然界的许多物体，如日月星辰。然而，人是不会满足于他这样的地位的，因为他有思想，他的精神高过于自然，人可以凭着他精神的光辉照亮自己的前途和自己的命运。和人相比，自然界是无知的，而人却是有知的；自然界不知道自己对人有多大的优势，而人却知道，人甚至知道自己的死亡。顽石没有思想、禽兽没有思想，只有在人那里，思想与自然（身体）才结合为一。人并非因身体而伟大，相反，正是由于其身体，人是软弱的，只占有有限的时间和空间。然而由于其思想，人就是伟大的、无限的，甚至能囊括整个宇宙。因此，由于人是一个有限的存在物，因其思想，他却力求超越自己的局限而达于无限。人是世界上唯一由无限而造就的生命。

基于这样一个前提，人类才创造了自己的文化艺术。从文化艺术史的角度看，我们会得出人类是如何来实现自己对无限的追逐的。透过历史这一面镜子，我们已经不能看到历史人物现实的肉体了，但是，我们却能看到一座座峰峦起伏的精神大厦：哲学的、文化的、艺术的。那么这满目的精神大厦是如何建立起来的呢？我们认为，这些就是人类为了实现对无限的把握、对终极价值的追逐而产生的。可以这样说，人类对无限追逐的历史愈长，留下来的精神建筑的群落就越多就越丰富。然而，我们从哲学的角度声明，没有哪一种精神建筑能够进入无限从而取代无限，只能将人类所有的精神成果连起来，我们才能看见人类追逐无限存在的一条跑道，人们世世代代都必须从容不迫地接过前人的火炬，继续在跑道上向前奔走。为了说明这一原则，我们将举出几个典型事例来进行论证。其一，常识告诉我们，不能成立，也不能实现，因为它是数学上的虚数。它不能以这种方式参与到代数式中进行运算。但是，聪明的人类却把它用"i"来代换，它一旦以这种方式进入代数式，人类的运算便多了一只翅膀，代数式由不完善的实数运算，变成了由虚数"i"参与的完善性运算，然而，运算的结果，虚数却又消失了，这是十分奇怪的，但奥秘就在这里。因为虚数相对实数来说，是无限的，是终极存在的，而实数却是有限，是相对存在的。有限追踪无限，呈现为一种过程。这一过程进行得越彻底，人类便获得了更多更丰富的有限，但是人类永远都无法与无限重叠，正如在代数式中的运算一样，虚数在运算的过程中存在。而在结果中是不能存在的。因为人类追求本体的结果只能是现象，追求无限的结果，也只能是有限。但是正是在有限追踪的过程中，人类感受到了无限的存在，不仅感受到了自然界的无穷存在，也感受到了自身精神的存在。同时，也正是在人类追逐无限的过程中，呈现了一种真实，这种真实就是人类不断超越现有经验和现有存在的过程，也就是人类不断呈现自身价值的过程，不断完善自身的过程。其二，我们还可能从这支双曲线与坐标轴的关系来探讨这一奥秘。我们有理由设定，这是一支充满无限伸展欲望的抛物线，它无限伸展的过程，就是不断向横轴和纵轴逼近的过程，也是它自身不断完善和不断丰满的过程。但是，它不断向横轴和纵轴追踪的结果，只能是无限趋近，而永远无法与横轴和纵轴重叠，更不能相交。因为这里的横轴和纵轴是相对双曲线的本体和终极存在，是无限的代名词。由此，我们可以做出如下的类推，人类就是这支充满生成欲望的双曲线。它总是在充满神学气质的无限之外活动，而它只能在无限之外活动，它可以向着无限追逐，但不能将无限等同有限，将本体等同现实。但是，我们并不能因此否定人类追逐无限的价值和意义。因为正是终极存在，导致人类活动的历史，导致一切文化艺术的历史，从而导致人类自身生成的历史。换一种方式说，终极存在是人类从事文化建设的动力因，终极价值是人类自我肯定的前提，没有这种终极价值的存在，人类就会失去自我价值实现的条件，人类就会因此而消极失望，就会因为没有对终极的追逐而丧失其带来的纯粹和澄明，就会被杂乱的现实世界淹没和吞食。其三，让我们欣赏一台耍狮子的游戏吧，更确切地说，是欣赏狮子的舞蹈。我们看到的情境是这样的：耍狮子的演员，手拿着绣球（对狮子来说，它是神秘物，是本体），充满信心，去引诱那头狮子。我必须说明，这狮子是不好驯服的。但由于绣球的引诱，它变得十分虔诚，它开始去追踪这一神秘的东西了，它信心十足，走过了独木桥，钻过了圈子，跳起了十分精彩动人的舞蹈，而这一切都是那只绣球造成的。需要提醒大家，那只狮子没有在舞台上抓住那只绣球，剧幕便垂落下来了，从而遮蔽了观众的眼睛。事实必须是这样，狮子永远都不能抓住那只绣球，如果真的抓住了，那将是十分危险的，而不仅仅是滑稽。因为正是在狮子不断追逐那只绣球的过程中，实现了耍狮子的全部的相对性价值。如果没有那只神秘的绣球，我们相信，狮子是不会产生追踪意识的，也不会实现那澄明的纯粹的价值。而且它的那种兽性是谁也无法取消的，它甚至会从舞台上狂奔下来，伤害那些无辜的观众。好，耍狮子的节目完了，我们又回到正题上来。事实上，谜底已经暴露无遗。我们会转过头来，看到无数的哲学家、艺术家正从有限的时空中，成群地向着无限追逐而去，在这个过程中，他们已经为我们留下了许多有价值的阶梯，我们将继续踏上这一级一级的阶梯，向上攀登，去领受追逐无限和本体的幸福和充实，去实现我们的目标。也许我们的新人本主义作为一个流派而会被后来者超越，但我们为追逐无限而留下来的新古典精神，却无疑是永恒的。

（5）静态审美与动态审美相结合原则。这一原则是两种审美方式的有机构成，即东方的静态审美方式同西方动态审美方式通过创作实践和审美过程来进行整合。我们认为，两种审美方式的结合不是不可能，重要的是必须要对两种审美方式进行必要的了解，再进行过滤和选择，方能形成这一美学原则。

让我们先来看看东方静观的审美方式吧！我们知道，同西方古代艺术相比，中国古代艺术学十分注重艺术的表现功能，抒情艺术是中国艺术学的主流。在抒情文艺作品中，十分强调抒发性灵的功能，如"诗言志"、"画写意"、"书如情"、"乐象心"等等。而中国艺术和艺术学的深刻性在于，它虽然强调艺术和艺术的表现功能，但它表现的情感绝非一般的情感，而且必须经过净化和深化，有了情感又不能直接渲泄，必须通过其他途径曲折地加以表达，这就自然地把对艺术主体性的强调引入到了艺术的本体之中，思考通过艺术的独特方式表现那种不同于一般人的独特沉思。这就是中国大多数艺术家、艺术家都具备"形而上"品格的缘由。他们大都具有强烈的超越意识，他们往往不津津乐道于儿女之情、得失之叹，不固守眼前的物态人事。中国艺术家、艺术家大多都有一种"大人游宇宙"的文化心态，习惯于从宇宙入手来构建艺术和艺术的世界。大自然的万有形态撞击着主体心灵，主体便在这种观照中得到净化和深化，从而，艺术家便采取"澄怀"静虑的态度，从而使心灵光明莹洁，一无挂碍。向物我陶然相对，进入一种超然的境界。这就是东方式的审美态度和审美方式，即静态的审美方式。这一静态的审美方式是中国艺术寻求生命本体，进入形而上境界的根本途径。从有到无、以象悟道、"虚静"到"妙悟"，都是静态审美方式的具体表现。中国艺术学"以禅喻艺术"认为"惮道惟在妙语，艺术道亦在妙悟"（严羽），而禅之悟与艺术之悟都得于静，禅曰："坐禅"、"参禅"、艺术曰"虚静"。静的根本指归在于淡忘外界超越现象进入形而上境界，艺术家只有通过对外部世界的深刻淡忘，才能进入"顿门"，有所彻悟，进入一种全身心的凝神观照状态。正是这样一种状态，使审美者观照的对象呈现透明状，也同时使自己通体透明；这种状态才能使艺术家在创作过程中，逃脱纷杂的现象的干扰，进入一种纯静的审美和创作境界。

但是，这仅是问题的一个方面。这种静态的审美方式还必须同西方动态的审美方式相结合，才能既保持形而上的澄明性，又能显示出生命本体的力度。因为在审美的过程中，一旦离开了动态的观照方式，就发现不了生命与审美对象之间的冲突和矛盾，从而很难在审美过程中激活生命的悲患意识，作品的力度和分量也就会相应地减轻。当然，抛弃静态的审美方式，只以动态的审美方式来进入创作或欣赏作品，又会产生另一种偏差，那就是容易造成情感失控，艺术只能是不加选择地大吐大泻，所以主要以"迷狂式"动态审美方式为主的西方艺术，就缺少含蓄的美，也很少能超越现象进入纯粹的形而上境界。

因此，我们主张将静态的审美方式同动态的审美方式结合起来，既要在审美的观照过程中摒弃理性、超越现象、重构语言直抵宇宙、生命的形而上本质，又要以动态的审美观照方式去发现生命与审美对象之间的分裂和冲突，从而使生命体现出一种深刻的忧患意识。我们认为，只有将两种审美方式结合起来，才能使艺术产生更大的价值，也才能使艺术家投入全身心到创作中去从而尽可能地实现艺术的审美价值。

（6）入世与出世合一原则。我们认为，真正优秀的艺术是不会回避现实也不满足于现实的，它必然是在投入和参与现实并且又超出现实的过程中呈现出自己的价值和光芒的。所以，新人本主义主张，艺术是使命意识和生命意识的和谐，是参与意识与超越意识的统一，是入世态度与出世态度的合一。我们认为：离开入世意识，去阔谈艺术的出世意识，就会造成艺术与时代与社会与历史与现实与生活的隔阂，就会造成艺术生命的浅薄，艺术因此缺乏使命感和责任感，艺术成了纯粹游戏的魔方，任凭无聊者与平庸者摆布与玩弄。相反，避开艺术的出世意识，片面去强调它的入世意识，艺术要如何如何直面现实社会直面现实生活直面历史，如此云云，同样伤害了艺术的艺术生命和艺术品格。一不注意，艺术就成了现实生活的附庸，成了现实生活的婢女，这也是艺术所不允许的。

首先，我们说艺术家是无法回避现实的，因为艺术家真的要硬着头皮去回避现实生活，那么现实生活却总是向艺术家挑战，这就是矛盾。现实甚至可以追逼到艺术家的灵魂上来，让它无处可逃。比如金钱的压迫、习惯势力的猖獗，战争与死亡，人性的扭曲等等，每一件事都在你的周围甚至就在你身上发生。只要你的良知不变，你就得身领心受，从而触动你的内心，打破你的平静，使你不得不将你的使命和艺术家的责任投入进去，并通过艺术来完成你的使命。因为我们面临的现实生活是这样的真实：欢乐、悲哀、幸福、苦难、纯洁、堕落、梦想、失败等等，这一切都不能回避，也无法回避。事实上，正是这丰富而真实的生活，才构成我们创作的源泉和所有作品的光辉——那种神秘的、吸引人的光辉。历经数百年亦不消退的光辉全部源于此。艺术本身不是终极，不是活着的目标，它仅仅是呈现，仅仅是再现我们艰难的、污浊的、含有罪孽的、又充满善良的、美的、崇高的生存。这一切照耀和闪现着的光辉，就是艺术家神圣良知和责任，就是艺术家崇高的精神和肉体的冲动，它们在艺术作品中浑然一体地呈现，使我们看见生命的纯洁、深挚和高贵。说到底，这一切都不过是一种生存体验，而这种体验就是对现实生命而言的。离开了现实生活，我们就无法从生命的深处体验到自身和众人那种灵魂的阵痛。即使凭借一点才气，写出的作品也只能是装腔作势，缺乏艺术的真诚和艺术的灵魂。因此，现实要躲是躲不开的，要藏是藏不住的。一个艺术家必须面临着许多现实的冲击、刺激和压力。重要的当然不是硬着头皮回避，而是不能否认置身的现实之中给人们提供一种艺术的光芒。谈到这里，事实上也就触及到了艺术的出世意识。

艺术的出世意识和出世态度是由艺术的品格决定的。艺术的品格，就是它的先锋性，它那永不疲倦的理想主义精神。置身于现实生活之中，但又绝不满足于现实生活。它生活在艺术家的血液之中，永远都处于奔突和升华状态，又同艺术家的血液混合。正是艺术家的这种出世态度，把我们导向价值世界，让我们总是创造着生活的意义。驱使我们去追寻美的、善的、崇高的精神本性，去鞭挞丑的、恶的、卑下的东西。如果没有这种出世的品格。艺术到现实生活为止，到历史现象为止，那么艺术也就失去了它存在的前提。艺术就会被现实法则和现实的琐碎吞没，从而让人类失去理想的追寻而变得毫无意义和价值。

所以，新人本主义既主张艺术的入世品格，又主张艺术的出世精神，把二者和谐地统一起来，并以此作为自己的美学原则，而且，我想应该是一切艺术的艺术原则。

（7）意境渲染同深沉的内涵相结合原则。这是艺术创作实践中最为具体的原则。艺术界上有一种主张意象更新、渲染意境的观点，这本没有什么可以指责的。但是，随着这一看法的具体深入，便提出了艺术到意象为止、艺术到意境为止、艺术到语言为止的观点。这种过分强调语言、意象、意境净化机能的做法，使艺术的内涵受到了严重的伤害，从而艺术蜕变为意象、意境、语言的游戏。这是艺术的悲剧，也是艺术家的悲剧。事实上，"意境"是中国古典艺术学最有价值的，最值得标举的范畴之一，它本身就包含着一系列美学范畴，如"象"、"意象"、"意境"等。在"意境"纷纭复杂的意义中，有关艺术方面的主要有四种呈现方式：自然之象、意中之象、艺术之象、象外之象。这四种呈现方式构成了四个理论层面，这四种方式是不断趋向复杂的，这四个理论层面也是不断深化的。自然之象是艺术家、艺术家观照之对象，它既是具体个别的感性形态，又是一般的纯粹观照之客体，观照是审美活动的起点，它要完成具体之象到纯粹之象的超升。意中之象是在外在观照和内在忧虑中产生的意象，它是艺术体验所带来的兴到神会，并形成一种渴望表达的期待结构。艺术之象是意中之象的客观外化，它大致相当于时下文艺理论界所说的艺术形象，但它的意义又较艺术形象窄，它是一种具有强烈感性特征的艺术形象。象外之象是在艺术接受过程中所出现的心灵境界，它标志着艺术的效应的实现，是艺术客体内蕴层次的感性化释放，它是一种"虚象"。此四者贯穿于艺术制作和接受的整个过程，跨越了构思、表达、鉴赏三个阶段，包蕴了创作论，本体论，接受论三个理性板块，用古人的话说，即经过了"观物以取象"、"立象以见意"、"境生于象外"的动态过程。这一动态过程可以简化为这样的表达式，即：物——象——意——境，在创作和欣赏过程中，这四者之间是互相贯通的。由物生象、由象生意、由意入境。这里的境已经包含着物象和意象，是意与象的整合与融汇，即情景交融状态。由此可以看出，在中国古典艺术学中，意境是十分系统十分复杂十分深刻的范畴，这一范畴系统表现在创作过程中，就要求意与象的结合，要求意境渲染同深刻的内涵相结合。要求语言的净化机能和语言的指向机能相结合，弱化和否定任何一面，都会导致艺术的价值偏废。所以，我们反对那种艺术到语言为止、艺术到意象和意境为止的观点，主张艺术不仅要纯化语言、纯化意象、渲染环境，同时还要突破语言、意象的束缚，走向深刻的内涵同意境相融合的境界。而现实是，我们在一些片面强调和追求"意象"、"意境"渲染的作品中所看到的现实是把艺术等同为僵死的形式硬壳。作品在失去内涵和意义的生命之后，必然是单纯的意象堆积，语言和意境成为破碎的镜片，再不能以重圆的方式去显示艺术完美的图像，从而粉碎了艺术家的梦想。

2. 新人本主义的艺术立场

新人本主义艺术，作为一种艺术流派，它必须为自己做出相应的界说，必须遵守相应的创作原则和创作纪律，否则就容易在艺术界的混乱局面和人们的误解中丧失自己的品格。

第一，我们坚信新人本主义艺术，是在中国艺术界经历了无数次艰难的探索之后，寻找到的出路，它完全没有必要通过批判和否定其他艺术流派，从而为自己寻找地盘，也没有必要去追随其他自诩为好的艺术流派，通过附庸风雅的方式来为自己增色。新人本主义艺术是朴实的、宽容的，同时也是十分严肃的、艺术的。只有这样，我们才能同其他任何新的探索流派保持友好共存，同时也保持各自的艺术追求，保持新人本主义艺术在健康中成长壮大。

第二，目前，艺术界上有这样一种观点，以为新人本主义艺术和乡土艺术是一致的。我们首先声明：把二者等同起来，是一种错误。因为我们主张艺术的新人本主义，绝不是反对艺术的现代性，在本质上正好是主张现代性的。我们知道，乡土艺术的出现是从反对当代艺术美学开始的，这就注定了她的艺术主张是狭隘的、落后的、倒退的。如果说"第三代艺术家"是以殉道的方式把艺术推到了一种极端，从而失去读者理解的话；那么"乡土"艺术家则是靠投机、靠迎合传统和对抗现代为自己的艺术争得一席之地的。我们也曾期待乡土艺术的来临，但我们失望了，因为乡土艺术家们不仅没有自己的理论，更重要的是没有站得住脚的艺术作品。准确地讲，"乡土"艺术更多的是"土"性，而不是"乡"性和"艺术"性。如果以为在作品中出现了镰刀锄头、出现了大豆高粱，就认为出现了艺术，那只能是对艺术的一种俗解。当然，我们并不反对有乡土艺术存在（其实，乡土艺术从古至今都一直存在），相反我们对真正反映了乡土精神的艺术是非常赞美的。问题的关键是乡土艺术一直存在，但一直都不能成为艺术界主流，其原因就在于它太狭隘、太古典、太土气了。作为文化情景中的艺术，艺术是不允许自己这样做的。所以，"乡土"艺术不仅不能代表中国艺术的发展方向，相反，它只能是艺术界的怪音。为此，我们必须把新人本主义艺术同乡土艺术划清界限，必须防止自己堕落到乡土艺术的泥潭中去，所以，我们有必要在艺术的殿堂前，标上"危险"字样，以免神圣的艺术女神步入误区。

第三，有些艺术界朋友提醒我们，要注意一种区别，即中国新人本主义艺术同欧洲文艺复兴时期提倡的新古典主义艺术的区别。这的确是非常必要的。我们认为，在复兴艺术的人文传统这一相同点之外，区别是非常明显的。首先，欧洲文艺复兴时期的新古典主义，是当时一些资产阶级思想家，根据时代的社会需要，主张一切艺术都回归到古希腊古罗马的理性中去，以为一切艺术作品都要以理性为准绳，都只能从理性得到价值和光芒，尊崇理性，就是尊崇人性中普遍永恒的东西，即是说艺术创造了典型。而我们提倡的新人本主义则是在中国本土领域进行的，我们是想以现代人的精神姿态去继承和接受中国古典文化的精髓，从而寻找到中国艺术的根源和发展的前途。其次，欧洲出现的新古典主义，是依据理性去寻找艺术的美和真实的，同时又以为美和真实就是自然，从而要求艺术家以学者风度去研究自然和服从自然，主张艺术家去模仿自然，而我们的新人本主义，在不主张反对理性的同时，也不主张以纯粹理性去显示作品的生命，更不主张作品纯粹去照搬自然和模仿自然，而是站在中国人特有的审美视角上，即站在静观的创作视角上，去表现人的普遍情感、经验、思想等意识形态。让作品在整个叙事中得到升华和概括，使作品成为具有感性和理性的存在整体。

第四，新人本主义艺术必须要遵循自己的艺术原则，力求以务实的态度，在现代理性的基础上，完成对中国传统文化的继承与发展，站在"新人本主义"的立场上，就要求我们扬弃那种功利意识和极端突进的认识方式。我们认为：儒家文化道家文化以及佛教文化三大主流文化均有可资汲取的艺术精神。具体说来，儒家关注人与社会的对应关系，主张"入世"、"拯世"、"济世"，它所体现的是一种积极态度和责任感。道家和佛学则有另一种处世态度，提倡回归本心，扬弃尘世诸多规范，由此带来的禅悟和道悟的认识方式、感知方式都给予新人本主义极大的诱惑和启示。无须讳言，"新人本主义"是综合的产物，不过这种综合不是多种风格机械地相加，而是在宏观的把握之下，在纵向和横向方位上的能动观照。它是以主动的姿态回归到中国艺术的人文传统文化，寻求当代艺术美学的新发展的，这就完全有别于"第三代"被动地依附于陈旧的文化遗产，寻觅最终归宿的做法。

我们说，"新人本主义"的起点，仍然是现代观念。当然，必须承认这一观念的形成直接来自于对西方文化的吸收，对中国传统文化的理解和对"85思潮"的借鉴，同时也包含着"新人本主义"突出的个性成分。必须说明，"新人本主义"的总体观念不是形式意义上的全盘搬弄和本位主义的同化，而是以发展的目光审视中西文化形象，扬弃本域文化中尚存在的封建素质带来的劣性成分，站在新的理性和感性的高度，以锐利的攻击意识去寻求中国当代艺术美学的新出路。这种明确的进取意识在"新人本主义"的作品中则体现为深沉的道德感和责任感，即以参与生活、热爱人生、寻找理想前途为自己的艺术前提；同时，还体现为清洗了小农经济产生的保守、封闭、逃避品格，但又包含着中国传统文化素质的、总体开敞的感知方式和表达方式。

简而言之，"新人本主义"面对的不应该仅仅是我们个体的生存体验。它更多是要摆脱毫无意义的无病呻吟和个人情绪上无休止的纠缠，转而关注体现着民族文化精神的群体及其生存环境；以艺术独有的形式展示民族文化精神的历史生存和现实体现，发掘深沉厚重的美感力量。很容易看出，这自然不是对具体的传统文化内容的感性摹写，而是包孕了新的认识价值和新的审美价值的艺术创造。因此，"新人本主义"强调整体上的理性与感性并重的原则，强调宏观的理性认识与艺术形式的感性寻找并重原则。并且这二者在创作过程中有机地交融，任何机械的割裂或拼叠都不具有"新人本主义"的属性。

在做出以上这些界定与规范之后，我们便看见了成群结队的人们正在走向一条新的艺术大道，这便是新人本主义艺术家群所探寻的道路，为此，我们深信这条道路是艺术的大势所趋，也是中国艺术走向世界的希望所在。

三、新人本主义艺术家群与作品阵容

我们首先需要说明，新人本主义艺术家不是所谓的实验艺术家，其作品当然也不是所谓的实验作品。准确地说，新人本主义不是某些艺术家扼造的艺术是非，而是在许多海内外艺术家经历了艺术探寻的许多风风雨雨之后，找到的一种艺术出路。在我们看来，只有这条路才能把中国当代艺术美学家从困境中拯救出来，才能让中国当代艺术美学重新显示出自己的艺术生机和艺术魅力。

那么，在目前看来，活跃在新人本主义创作和理论的究竟有哪些艺术家及批评家呢？我们说，在创作方面的人数是相当可观的，理论尚差一些，但也已经有人在专门从事这方面的工作了。从创作方面看，形成了以大陆、台湾、香港为重心的新人本主义艺术家群。港台、海外方面的情况是：目前已形成了新人本主义艺术的创作梯队，如余光中、洛夫、秦松、蓝海文、文晓村、罗门、丁平、剑秋、傅天虹、梨青、徐刚、麦穗、吴岸、陈德锦、林仁超、张香华、曾远之、虞干之、云鹤、羊令野等老中青艺术家群。这些海外华文艺术家，大多都是在自己的创作实践中，不由自主地走入新人本主义艺术家园的。关于这点，读者也许会从文晓村的《桥》中，看出些什么。"如果历史是河流／河流是传统／我们生活的现代／就该是立在河上的一座桥／我们站在桥上／听河流哼着古老的歌／快快乐乐地通过／那歌声且能／浇灌我们的大地／滋润我们的心灵……"我们从艺术家的笔端下，感受到现代人生命的痛苦，在于同传统的断裂。如果离开了传统这条生生不息的河流，我们就会失去根源，生命就会异化就会萎缩。因此现代人只能将自己的时代视为一座桥（这是一座被现代理性和现代生活浸透的桥），并站在桥上倾听传统河流之歌，才能体验到那种生命与文化的悠远与宏深，也才能赢得生存的全部意义。我们还可以从美国华文艺术家秦松的艺术中，感受到一种深刻的家园意识，如："匆匆而过／三十年／还在地球的这一边／回首咖啡色的夜／咀嚼飘散的书香的余芳……时间从无例外从不偷懒／总是在催促人生／不想说／还是说了／再见！再见！……饮着纽约咖啡之夜／意味出匆匆而过的／东半球上正是清晨。"（《外乡人》）艺术家身居国外，在美国咖啡色的夜晚，想到的是他的家乡，是他的东半球的清晨。这种家园意识是谁都有的，也是谁都不可避免的。它是一种爱的哲学意绪在艺术中的显示。正如德国短命天才诺瓦斯所言，"哲学原就是怀着一种乡愁的冲动到处去寻找家园"，也正是在这种意义上，新人本主义反对艺术家装腔作势的时髦行为，主张艺术揳入人类的精神本体，并为人类从艺术上去探索可以使心灵和生命得到慰藉的精神家园。

我们说，海外华文艺术家不约而同地追寻新人本主义艺术路向，大多是他们的创作实践使然，而真正形成文体自觉的，却是大陆的新人本主义艺术群。因为大陆的艺术家群，大多都是在接受了"第三代"的探索成果（感觉还原，意识还原，语言还原，文化还原，文化重建等等）基础上，投奔新人本主义艺术阵地的，所以他们大多都具备了良好的艺术素质，都有一种自觉的文体意识。由华文艺术界和西南师范大学艺术协会主办的《中国 20 世纪艺术总集》，成为新人本主义艺术家从事创作和理论建设的主要阵地。在这块阵地上，出现了新人本主义艺术家和有实力的理论手笔。诸如国画家：姜宝林、史国良、王子武、何家英、霍春阳、王成喜、程大利、张立辰、王明明、马振声、朱理存、范扬、贾浩义、石齐、张桂铭、陈航、林塘、方骏、李孝萱、江文湛、吴山明、杨力舟、王迎春、王镛、陈永锵、周京新、贾又福、田黎明、刘庆和、李魁正、陈平、何水法、郭文涛、张复兴、何家林、王志学、方向、张捷、张道兴、唐勇力、华其敏、徐乐乐、方楚雄、江宏伟、刘赦、贾广健、杨春华、张志民、刘文西、杨晓阳、施大畏、卢坤峰、崔晓东、赵奇、王赞、徐勇民、王盛烈、范曾、孙志均、林海钟、张伟平、黄格胜、袁运甫、陶宏、刘巨德、卢禹舜、李勇；油画家：靳尚谊、詹建俊、朱乃正、杨飞云、尚扬、艾轩、何多苓、许江、韦尔申、朝戈、陈丹青、刘秉江、徐芒耀、马路、周长江、石冲、王沂东、陈文骥、焦小健、施本铭、苏天赐、夏俊娜、胡建成、戴士和、俞晓夫、刘虹、刘亚明、郭润文、范勃、宫立龙、刘小东、贾涤非、王宏剑、阎平、庞茂琨、钟飙、马一丹、刘曙光、周春芽、丁一林、陈淑霞、张建忠、曹力、夏小万、陈文骥、忻东旺、张钦若、郑艺、王怀庆、龙力游、宋惠民、全山石、毛焰、徐晓燕、段正渠、常宗贤、杨大鲁；版画家：彦涵、吴长江、戴政生；雕塑家：程允贤、隋建国、杨建平、钱绍武、邓乐、陈刚等等。这一大批艺术家，无论从哪方面讲，他们都摆脱了"第三代人"设置的纯感觉困扰，从容地进入了感性和理性相互融合的全新阶段，即意境渲染和深沉的思想内涵相结合的新人本阶段。

炫耀性消费对艺术品价格的影响

孙　薇

一、炫耀性消费概述

所谓的"炫耀性消费"，是指为财富和权力提供证明以获得并保持尊荣的消费活动。最早使用"炫耀性消费"一词的，是加拿大的经济和社会学家约翰·雷。他从虚荣心的角度解释了炫耀性商品的效用。其后的经济学家马歇尔和庇古都有类似的理论，如马歇尔的关于"欲望"的论证、庇古的以钻石为例论证的"拥有他人所没有的欲望"的理论。但他们的论证忽视了一个重要方面，即没有将消费者的影响考虑在内。炫耀性消费一个重要的驱动力就是"攀比"，即消费者之间的相互影响。直到 20 世纪中叶，才有两位经济学家将其考虑在内。这便是杜森贝里的"相对收入假说"和 Leibenstein 涉及消费外部效应的消费理论。

首次将"炫耀性消费"引入经济学的，是著名的经济学家、制度经济学的创始人之一凡勃伦。他的有关炫耀性消费的理论至今为止还有极大的实际意义。他在 1899 年出版的《有闲阶级论——关于制度的经济研究》中写道，"在任何高度组织起来的工业社会，荣誉最后依据的基础总是金钱力量；而表现金钱力量，从而获得或保持荣誉的手段是有闲和对财务的冒险浪费"[①]。"要获得尊荣并保持尊荣，仅仅保有财富或权力还是远远不够的，有了财富或权力还必须能够提供证明，因为尊荣只是通过这样的证明得来的"[②]。在该书中，他区别了炫耀性消费的两种动机，即歧视性对

---

① 凡勃伦著，蔡受百译《有闲阶级论——关于制度的研究》，商务印书馆 1964 年版。
② 同上。

比和金钱竞赛。前者指财富水平较高的阶层通过炫耀性消费来区别于财富水平较低的阶层；和以后的经济学家提出的"从众效应"相吻合。而后者则指财富水平较低的阶层力图通过炫耀性消费来效仿财富水平较高的阶层以期被认为是其中一员。即后来经济学家提出的"势力效应"。前者解决是"担心被认为是穷人"的问题，后者则是"希望被认为是富人"的问题。这就是"凡勃伦效应"由于该理论影响广泛，因此本文延续凡勃伦的理论方法。

二、艺术品价格概述

（一）艺术品

尽管艺术品市场日渐繁荣，但人们对艺术品的确切的概念的理解却一直处于争论当中。2003 年 6 月 18 日中华人民共和国文化部公布的《艺术品经营管理办法（征求意见稿)》中，将艺术品的界定具体为：绘画作品；书法、篆刻作品；雕塑、雕刻作品；艺术摄影作品；上述作品的有限复制品。

（二）艺术品定价

英国古典政治经济学家大卫·李嘉图说过："有些商品的价值仅仅是由它们的稀少性决定的。劳动不能增加它们的数量，所以它们的价值不能由于供应的增加而减低。属于这一类的物品，有罕见的雕塑和图画、稀有的书籍和古钱，……它们的价值与原来生产时所必需的劳动量全然无关，而只是随着希望得到它们的人们的不断变动的财富和嗜好而一起变动。"马克思在《资本论》中以物质商品为对象论及艺术品时也曾指出："必须牢牢记住，那些本身没有任何价值，即不是劳动产品的东西（如土地），或者至少不能由劳动再生产的东西（如古董、某些名家的艺术品等）的价格，可以由一系列非常偶然的情况来决定。"这些经济学大家们谈论的主要是在于艺术品的价值。并且客观上承认艺术品的价格背离其价值，甚至和其价值无关（或者没有价值)①。

---

① 这里的价值，指的是"物化的无差别的劳动"。和马克思劳动价值论中的"价值"的概念一致。

那么，什么决定了艺术品的价格呢？多种因素的影响。最基本的因素是供求关系。艺术品的供给一般稀少，其供给曲线可认为是一条直线。但需求受多方面的影响，除了一般商品的影响（如消费者的预期、价格、替代品的价格等），还受到一种追求"炫耀性"的满足感的影响，即本文上面所提到的"炫耀性消费"。以下将详细分析该种影响。

（三）艺术品价格的决定

艺术品作为一种商品，其价格的决定也必定适用一般的商品价格决定理论。著名的经济学家马歇尔认为，商品的价格是由供给和需求双方所达到的均衡决定的。一种商品的均衡价格，是该种商品的供给价格和需求价格相等时的价格，市场的力量促使这两种价格相等，从而实现供求平衡，进而决定其价格。

从艺术品的供给方面来讲，艺术品不同于普通的商品，他是艺术家们个性化、阶段化的产物，其市场供给有限。例如著名艺术大师梵高的绘画，其供给量就是梵高在世时的创作量，极其有限，这种状况，在经济学中被称为"固定的供给"，其供给曲线是一条平行于 Y 轴的直线。但也正是这种状况，为艺术品的投资提供了某种程度的保障。

再从需求方面来考虑这个问题。艺术品的炫耀性消费之所以存在，是因为这可以给艺术品的消费者带来"炫耀性的效用"，也即凡勃伦效应。经济学界的 Bagwell 和 Bernheim（1996）把将凡勃伦效应定义为"出于炫耀财富的需要，愿意为功能相同的商品支付更高的价格"，而炫耀财富则是为了赢得理想的社会地位。他们假定，炫耀性商品与一般商品的内在功能完全相同，所不同的只是它们被赋予了炫耀性色彩。价格是这种效用的一个信号。价格越高，购买这种艺术品的消费者就越少，艺术品的稀缺性体现得越明显，显然会提高持有者的"炫耀性效用"。正如凡勃伦本人所说的："这些消遣娱乐，对来自中产阶级的人，可以炫耀他们新晋的社会地位。"

结合凡勃伦效应中的歧视性对比和金钱竞赛，可以更深入的分析这个问题。前面已经谈过，歧视性对比也可解释为从众效应，而金钱竞赛可解释为势力效应。对于不同的艺术品消费者，这两种效用是不同的。某些消费者更关注从众效应，另一些则为势力效应。这些消费者追求艺术品的动机在于追求艺术品的信号价值。但信号价值对不同的消费者而言是不同的：若购买某种艺术品的人越多，那么该种商品对追求从众效应的消费者而言信号价值就越高，自然对追求势力效应的消费者就越低。反过来也成立，若某种艺术品的消费人数越少，对追求从众效应的消费者而言信号价值越低，对追求势力效应的消费者而言就越高。

一般认为，凡勃伦效应的存在使得艺术品的需求曲线向上倾斜，如图1所示：

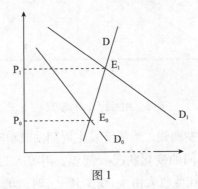

图1

当艺术品的价格从 P_0 上升到 P_1 时，炫耀性效用的存在，使得价格越高，越有更多的人想得到该种艺术品，因此，该种艺术品的需求上升，使得需求曲线由原来的 D_0 向右移动到 D_1，将均衡点 E_0 和 E_1 连接，就得到一条向上的需求曲线，这就是该艺术品的需求曲线。

该需求曲线产生的条件是针对一般市场而言的，没有考虑艺术品消费者的差异。以后的经济学家在研究该问题时，则给予了充分的考虑：首先，如果该艺术品的消费者是势利者，此时即使他对该种艺术品的市场需求曲线是向右下方倾斜的，仍然会出现凡勃伦效应。其产生机制是：当该种商品的价格上升时，消费者的数量减少，该商品对势利者的信号价值上升，进而促使他们增加购买。另外，当消费者是从众者时，也会出现凡勃伦效应。如果艺术品的信号价值随购买者人数的增加而提升，那么从众者需求曲线是向右上方倾斜的，即价格越高，需求量就越大。

凡勃伦效应的存在也部分的抵消了经济周期对艺术品的需求的影响。这可从杜森贝里的"相对收入理论"来解释。该理论认为消费者会受自己过去的消费习惯以及周围消费水准的影响来决定消费，从而消费是相对的决定的。

图2中，设横轴为收入，纵轴为对艺术品的消费。当收入逐步增加时，对艺术品的消费在收入中的比例较为固定，长期的消费函数表示为

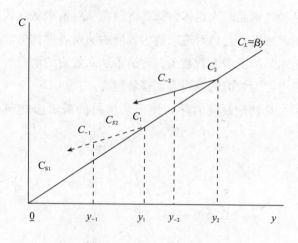

图 2　相对收入消费理论

$C_L = \beta_y$，C_L 是长期消费曲线。当经济发生周期性波动时，短期消费函数与长期消费函数具有不同的变化状况。例如，当收入为 y_1 时，消费为 C_1。当经济因衰退或萧条而使收入由 y_1 减少到 y_{-1} 时，消费不会沿着 C_L 曲线减少，而是循 C_{S1} 的路径减少，即消费不是沿 C_L 曲线向左下方移动，而是沿 C_{S1} 曲线向左下方移动——移动到 C_{-1} 的水平。显然，C_{S1} 曲线表现出的平均消费倾向大于 C_L 曲线表现出的平均消费倾向，即 $\dfrac{C_{-1}}{y_{-1}} = \dfrac{C_1}{y_1}$，这说明相对于收入的减少，消费减少得不是太多。如果经济逐步复苏，收入由 y_{-1} 恢复至原来的 y_1 水平，消费就由 C_{-1} 沿 C_{S1} 路径向右上方移至 C_1 的水平。经济由 y_1 再继续增长时，消费就沿着 C_L 曲线增加。如果经济在收入为 y_2 的水平上又发生衰退或萧条，收入由 y_2 减少时（比如减少到 y_{-2}），消费沿 C_{S2} 路径向左下方移动（比如移动到 C_{-2}），消费仍然表现出减少得不是太多（$\dfrac{C_{-2}}{y_{-2}} = \dfrac{C_2}{y_2}$）。如此反复的结果，实际上表现出两种不同的长期消费函数与短期消费函数。长期消费函数就是 $C_L = \beta_y$，短期消费函数可以表达为：

$$C_S = C_0 + \frac{G_{Dt}}{yt} \cdot y,$$

其中，C_S 为短期消费，C_0 为短期消费路径在纵轴的正截距，C_D 为短期消费与 C_0 的差额，t 表示时期，$t = 1$，2，……n。

短期消费函数的正截距的产生，是因为消费者决定当期消费特别是决定经济衰退或萧条时期的消费时，相当大程度上受到经济景气时期消费习惯（或者说是消费支出水平）以及当期收入的影响。

从以上叙述可以看到，运用该理论，可以得出，对艺术品的消费容易随着收入的增加而增加，但是，一旦经济出现衰退，即使消费者的收入减少，也不会大规模的减少对艺术品的消费。另外，"炫耀性效用"的存在，使得消费的"示范效应"表现明显。对艺术品的消费受到周围人们对其消费水平的影响，特别是收入者的攀比心理、提高社会相对地位的愿望。使得短期内对艺术品的消费增加。

三、结论

对于任何艺术品，如果将其价值分析到最后，就会发现该艺术品不可避免地存在金钱上的荣誉性。这种金钱上的荣誉性通过价格来体现。"炫耀性效用"的存在对艺术品价格的提升产生了很大的影响，由此，也解释了"天价"艺术品的出现。

参考文献：

[1] 凡勃伦《有闲阶级论——关于制度的研究》，凡勃伦著，蔡受百译，商务印书馆1964年版。

[2] 罗宾·科恩、保罗·肯尼迪《全球社会学》，社会科学文献出版社2001年版。

[3] 林日葵《艺术经济学》，社会科学文献出版社2006年版。

[4] 德博拉·布鲁斯特、何黎《艺术品投资：指数跟踪作用有限》，《艺术与投资》，2006年第10期。

[5] 詹姆斯·海伦布尔、查尔斯·M·格雷《艺术文化经济学》，詹正茂译，中国人民大学出版社2007年版。

是"意义"还是"意思"

——从解释学角度谈对现代艺术的解读

韦玲娜

由于自身的阅历、经历、期待视野乃至由此产生的价值取向的差异，当不同的审美者面对同一个现代艺术品时，会给出各种各样的审美评判结果。于是在现实生活中，人们往往把现代艺术在拍卖场上的"资本价格"，与其实际的"艺术价值"相混淆。所以非常有必要从哲学解释学角度来审视大众对现代艺术的解读，究竟是在解读其"意义"还是"意思"。

德国宗教哲学家施莱尔马赫首次建构起哲学解释学，在他看来，宗教的目的即是人达到与上帝相互融合的境界。为了弥合读者与作者之间由于时间间距而导致的"误解"，恢复文本产生时的历史情境以及还原作者心理，就需要：一、从文本所用的语法系统方面阐释；二、从文本产生时作者的心理构成方面阐释。所以他认为解释学的宗旨是"正确地理解他人言说的艺术"①。按照他的理解，"理解"的循环运动沿着文本来回移动，在文本被完满理解时才消失。后来狄尔泰进一步发展了"解释学循环"概念，认为解释学不应该是对文本消极注释的学问，而应当深入为对历史现实自身的探讨，从而恢复其所象征的原初意义。即，在施莱尔马赫和狄尔泰那里，"理解"是"理解者根据文本细节来理解其整体，又根据文本的整体来理解其细节"的循环过程。但到了海德格尔那里，解释学分析变为本体论研究，他提出由于人的任何理解和解释行为都必然以特定前理解为先决条件，所以任何理解和解释行为都是从已知存在推导出未知存在，故而对文本的纯粹还原是不可能的，完满的理解不是整体与部分之间循环的

---

① Schleiermacher, Hermeneutics and Criticism and Other Writings［M］. Cambridge: CambridgeUniversity Press，1998，p15.

消失，而是这种循环得到最充分实现。

作为海德格尔的学生，伽达默尔提出"效果历史"的概念，认为真正的历史对象不是客体，而是自身和他者的统一体，是一种关系，在这种关系中同时存在着历史的真实和历史理解的真实。一种正当的解释学必须在理解本身中显示历史的真实。①

伽达默尔进而把特定历史情境称为"视域"，提出"视域融合"的概念。他认为每一位作者在创作文本时，都有着自己独特感性经验和思维模式，这构成了文本的"视域"；而接受和解释的人也是带着自己的特定"视域"进入解读活动中的，所以存在着两个"视域"，而"理解"即是读者把他自己置入文本当时的历史视域之中，"通过我们把自己置入他的处境中，他人的质性，亦即他人的不可消解性才被意识到"②，文本的视域与理解者的视域融合为一。但这种视域的融合不是封闭的，并非如同施莱尔马赫和狄尔泰所认为的理解者的当下视域在进入文本的历史视域之后就被消解掉，文本的原初视域才是真正应该到达的终极视域。恰恰相反，伽达默尔认为理解者不应当也不可能抛开自己的当下视域，完全进入原初视域，因为他不可能站在历史之外来解读文本，而且伽达默尔认为无法回到原初视域不是一种遗憾，而是文本生产性的源泉；因为文本的视域与理解者的视域都是开放性的，当两者融合为一时，就能在生产性的理解中不断拓宽自己的视野，于是这样一种自身置入，"既不是一个个性移入另一个个性中，也不是使另一个人受制于我们自己的标准，而总是意味着向一个更高的普遍性的提升，这种普遍性不仅克服了我们自己的个别性，而且也克服了那个他人的个别性"③，即，理解者和理解对象都超越了自身原先视域的局限，升华到更加广阔的视域中。

伽达默尔对解释学的创新，在理论界产生了很大的影响，在人们思考哲理时具有极大的启发意义，但是他所认为的"文本的意义具有无限开放性"的观点，却有着强烈的主观相对主义的思维倾向。对此，美国文论家赫施（Hirsch, E. D.）在其著《解释的有效性》里，对伽达默尔的观点进行了深入的批判。赫施着重区分了在伽达默尔那里被混淆了的两个词：

---

① Schleiermacher, Hermeneutics and Criticism and Other Writings [M]. Cambridge: Cambridge-University Press, 1998, p39.

② 伽达默尔著，王才勇译《真理与方法》，辽宁人民出版社 1987 年版，第 391 页。

③ 同上。

意义（meaning）和意思（significance）。他认为，意义（meaning）是被作者给定了的文本之固有意义，即确定不变的作者意图。读者的理解和阐述不可能是对文本意义的一种补充、扩展或填空，而只是对意思（significance）的改造，因为意思（significance）是指固定的意义（meaning）在与特定的历史情境、特殊的解释者发生关系之后的产物，这才是相对可变、无限开放的。而无论意思（significance）如何随着时代、解释者视域的变化而变化，意义（meaning）由客观符号构成，作为存在于文本结构中的固定之物是稳定不变的。① 而伽达默尔恰恰把意义（meaning）和意思（significance）混同为一了，即把文本的原意等同于后来解释者的理解，从而误以为文本的意义处于不断的历史生成的过程中，提出了"效应历史"的主观主义谬论。

如果按照伽达默尔的理论，西班牙著名画家毕加索的作品《椅子上的女人》作为文本的"意义"便有了无限的开放性，但或许这幅画其实不过是毕加索随手乱画的劣等作品，根本不包含艺术品应有的"可传达性"、"独创性"以及"卓越性"，即创作者由于自身能力的欠缺（毕加索的抓形能力很糟糕，绘画时基本把握不了对象外形，所以他才喜欢画立体主义之类歪歪扭扭的绘画。一则逸闻说他家进了贼，警察要求画出贼的画像，他的女仆画出来了，他却画出一个三角脑袋的怪物。另一则逸闻则是他曾经替史坦茵画像，当史坦茵终于看到她盼了许久且墨汁未干的画像时，她的心一下荡到了谷底，悲伤地说："亲爱的毕加索，我看起来不像那样吧！"毕加索回说："你会的。"虽然这些传闻无法证实真伪，但它们的存在和流传本身，就很能够说明问题），无法赋予艺术作品以相对明确、可感的形式，使蕴藏于艺术作品之中的内涵、意义能够有规律、有指向，易于把握地传达出来。观赏者也无法从这一艺术作品上的，感受到创作者对艺术创作的独具匠心的把握。此外创作该艺术作品也不需要艰苦顽强地摸索和日积月累地实践，由初级到高级地、由稚嫩到成熟地渐次提升自己的审美创作能力，以获得能从多角度、深层次把握构造美的对象的主体力量，最终完成对对象的认识，取得对对象世界的自由，使作品达到了一般大众难以企及的艺术高度。

但是《椅子上的女人》本身意义（meaning）的缺乏，却并不妨碍许

---

① Hirsch. Validity in Interpretation [M]. Yale: Yale University Press, 1967, p8.

多人在毕加索"绘画大师、艺术权威"的光环照耀下，诚惶诚恐地臆想出了这幅画的意思（significance）。事实上自从这幅画完成之后，不同时代的人由于带着自身独特的感性经验和思维模式，在参与对该画的审美活动时都会赋予它以新的意义：具有差异性的各个理解者的视域与文本的视域融合为一，在这一融合、循环的过程中，不断扩展和丰富《椅子上的女人》的意义。因为一般人是不大容易分清意义和意思的区别的。正是由于观赏者的参与，《椅子上的女人》由文本变为了作品，从而不再是一个给定的、僵死的存在物，而是一个脱离了原初意义（如果有的话），开始具有历史性、个体性和情境性的流变之物，在特定环境下，作为"作品"而不是"文本"的《椅子上的女人》，对于特定审美者就会生成特定意义。也就是说，审美者脑海里（即"意向性结构"）的艺术品，不是文本本身，而是"作品"，所以呈现在大众审美意识中的美感，是渗透着读者主观感情的"意思"，但大众却误以为那是呈现在艺术品身上的客观可感的"意义"。即伽达默尔所谓"对一个文本或一部艺术作品里的意义的汲舀是永无止境的，它实际上是无限的过程。这不仅是指新的错误源泉不断被消除，以至真正的意义从一切混杂的东西中被过滤出来，而且也指新的理解源泉不断产生，使得意想不到的意义关系展现出来。促成这种过滤过程的时间距离，本身并没有一种封闭的界限，而是在一种不断运动和扩展的过程中被把握"。

因此在这里，有必要厘清一对概念："文本/作品"。应当明确梳理出"文本＋理解者＝作品"这个公式。须知，"文本"一旦被创作出来，就是固定不变的，无论经学家看见《易》，道学家看见淫，才子看见缠绵，革命家看见排满，流言家看见宫闱秘事，又或是毛主席看见阶级斗争，《红楼梦》就是《红楼梦》，文本是给定的。但是作品则不一样，"文本/作品"的关系，就是"既成性/生成性"的关系，也同样产生了"意义"（meaning）和"意思"（significance）的区分。理解，就要对"文本"重新阐释，于是在新的"作品"中渗透进了读者的主观意识。

具体到中国的现实，这种"意思"与"意义"的混淆，就为中国当代绘画的价格的严重高估创造了条件。比如1981年生的范久鹏的那幅描绘一肥一瘦情侣的无厘头绘画《绿衫情侣》（2007年作，油彩PC）起拍价为人民币12万元；周春芽那幅粗犷涂抹，近乎涂鸦的《桃花》（2005年作，布面油画），起拍价则高达人民币125万；在价格上与之争风的是毛焰的《托马斯肖像 2004 NO.5》（2004 年作，布面油画），起拍价人民币 120 万，描绘一张仿佛福尔马林泡过的人脸；尹朝阳的《赵棒》（2003年作，布面油画）起拍价为人民币 180 万，但实在不知画里描绘的那个赤裸上身、正在抽烟的胖男人展现出了什么深刻的审美意味，以及这幅画在美术史上产生了什么里程碑式的历史作用，竟然如此值钱。如果说前面这几幅画至少还是画的话，张永旭的《猎（两联）》（2008 年作，布面油画）之粗糙，便与初学绘画就急于创作的高中生习作无异，但起拍价可有人民币 75 万；更强悍的是谷文达的涂鸦《疯狂的门神（五联）》（1985 年作，宣纸，墨，白梗绢装裱镜片），这个缺乏艺术意蕴的作品起拍价腾飞到了人民币 280 万。

与之相比，徐悲鸿等人本已金贵的作品都仿佛便宜了：徐悲鸿《双喜图》（1941 年作，立轴设色纸本）25 万元，李可染《春牛图》（1979年作，立轴设色纸本）60 万元，齐白石《公鸡牵牛花》（无年代，立轴设色纸本）80 万元，更便宜的是，英国 19 世纪绘画。如 THOMAS ROSE MI-LES 的那幅震撼人心、呼之欲出的《风雨将至的海峡》（油彩木板本），起拍价却只有人民币 5.5 万元。

如果说这些画界前辈的作品是经过时代淘洗的，那么中国当代绘画则有待学界长时间的观察，就如我们不可能给刚出生的婴儿颁发博士学位、刚入库的葡萄酒价格不应远高于库中的旧酿品一样，关于这一点，无论是从艺术学还是投资学来说，都是基本常识。但是，这种"资本价格"与实际"艺术价值"相混淆现象时常与我们不期而遇，这就导致当下购入中国当代绘画根本可堪小儿玩火，是冒着极大的风险，在价格远远高于安全边际的状态下进行这种"投资"的。正如学者田川流所言，"市场从来都是一柄双刃剑，它一面驱使着文化艺术以前所未有的速度繁衍和裂变，一面又毫不怜惜地将一些富有价值的文化艺术品类斩落下马。任凭此剑挥舞，文化艺术市场出现的只是泡沫式的繁荣"。[①] 只有慎重审视中外现代艺术的"意义"或"意思"问题，以及当下"艺术价值"被等同于"资本价格"的失误，才能真正穿越艺术品市场中的层层迷雾，窥见其实质。

---

① 田川流《艺术管理与产业研究》，山东艺术学院艺文系编《艺术学论文集》，中国文史出版社 2002 年版，第 327 页。

参考文献:

[1] Schleiermacher, Hermeneutics and Criticism and Other Writings [M]. Cambridge: CambridgeUniversity Press, 1998.

[2] 伽达默尔著,王才勇译《真理与方法》,辽宁人民出版社 1987 年版。

[3] Hirsch. Validity in Interpretation [M]. Yale: Yale University Press, 1967.

[4] 田川流《艺术管理与产业研究》,山东艺术学院艺文系编《艺术学论文集》,中国文史出版社 2002 年版。

门类艺术研究

精神守望中的艺术现象学

—— 韦尔申绘画中的精神境遇主义

宋一苇 张 伟

作为 20 世纪 80 年代中国新时期美术新潮的中坚人物，韦尔申的艺术探寻始终内蕴着先锋实验的诉求与冲动。然而，与大多数先锋实验者过度外显的另类张扬不同，韦尔申的作品始终锋芒不露，透显出一种内敛凝重的精神气质，其先锋实验性似乎已经内化为一种艺术生命的诉求。正是这种内在诉求使韦尔申的实验性艺术探索呈现出与众不同的品格：前卫而又持重、新潮而又守成、彰显而又内敛、标新而不趋于时、立异而不另其类。毫无疑问，这种特有的艺术品格的型塑，积淀着跨世纪 30 年的漫长心路历程，记述着中国新时期美术风动潮涌的历史轨迹。

一

秉承着先锋实验的艺术探寻精神，韦尔申在油画创作道路上不断创新求变。从 20 世纪 80 年代以《吉祥蒙古》为代表的"蒙古时期"到 90 年代以"知识分子绘画"为代表的"守望者时期"，韦尔申的画风似乎经历了重大的转型，以至于我们很难在他两个不同时期的绘画作品中，找寻到形式上相同相似的关联。这里的问题是，在韦尔申看似重大转型的创作中，是否存在着某种一以贯之的内在关联性？如果存在着某种内在关联，那么，这种关联对于韦尔申或当代中国绘画究竟意味着什么？

标举创新无疑是艺术家创造生命力的独特表现，为此，人们更为关注和感兴趣的往往是其突破创新的华丽变身。但是，如果过于关注一个艺术家的新变，或仅仅执著于新变的外表，不但无助于理解创作历程，反而会遮蔽其内在的精神旨趣。因为，过于关注新变往往会导致一种极端的创新主义，这种极端创新主义也时常会将艺术的理解引入误区。应该指出的是，在极端创新主义观念的驱使下，人们热衷于或习惯于关注变化，久而久之，对恒常却漠然盲视，从而忽略了艺术家气质中某些恒久不变的东西。或许，要想真正地理解一个艺术家，与其过多地关注其创新嬗变的历程，不如探寻其恒久如一的执守。至少，对于理解韦尔申来说是如此。在此，需要强调的是，理解韦尔申的困难或关键，也许并不在于如何去描述他的转型新变，反而应该探寻其艺术嬗变过程中究竟有哪些东西始终依然如初、未曾改变。韦尔申在谈及从"蒙古时期"向"守望者时期"的转型时，曾强调这种变化转型的延续性，他说："我想这种变化是一种延续，它不是一种根本的转变或者改变。其实我现在画的这个题材的作品，也没有完全和我以前画的蒙古题材的作品，有一个截然的不同。它们之间还是有一种内心的联系。那么我今后可能还会变化，那变化之后的样式和我今天的样式也会有些相应的关联，我觉得这样才能形成一个链条，这个链条会看到你整个艺术发展的轨迹。"① 或许，只有在某种依然如初、恒常执守的东西里，我们才可能找寻到韦尔申艺术精神的内在原型。那么，在看似重大转型的艺术风格嬗变过程中，韦尔申始终持守如一、未曾改变的究竟是哪些东西呢？

回望韦尔申的艺术道路，可以肯定地说，精神性追寻是其绘画中始终未曾改变的顽固执念。绘画的精神性表达成为韦尔申始终追寻艺术母题。无论是"蒙古时期"永恒崇高感与宗教情怀的图式化表达，还是"守望者时期"精神迷惘与守望的符号化语言探索，韦尔申一直在尝试寻找某种精神空间的绘画性呈现，试图通过某种虚构的空间，某种不完全真实的场景，某种非典型化的语言图式，寻找某种精神性空间的营造，寻求绘画的精神性表达。在他的早期作品中，如果说《我的冬天》尚未突破写实主义的视域，其理想精神表达依然依赖于真实场景的典型瞬间凝固来营造一种情趣、意趣或意境的话，那么，从《吉祥蒙古》开始的蒙古系列作品，则已经明确地凸显出精神性绘画表达的自觉价值取向，其中对具象的线条化、抽象化、平面化、简约化、象征化以及去场景化、去情节化、去风情化等绘画理念和语言尝试，均意在探寻和传达出某种厚重古朴、廓远苍劲

① 《油画人物志·韦尔申：艺术的忠实守望者》，www.cctv.com.

的民族精神底蕴。如果说"蒙古时期"的韦尔申在绘画语言图式的探索中已经弥漫出追求永恒崇高的准宗教情怀与氛围，与早期西方宗教绘画精神息息相通，那么，到"守望者时期"这种准宗教的精神关怀不但没有因当下语境的转型而消散，反而表现得更为鲜明和直接。精神守望者怀抱稻草人十字架以及张开双臂的悬浮体态，与基督被钉在十字架的苦难象征形象有着异质同构的视觉逻辑关联；而某些突出线条勾勒出的瘦骨嶙峋肖像，在精神质气上更透显出古老的圣像学图式意味，传达出某种准宗教性的精神意涵。显然，韦尔申绘画中的准宗教性精神表达与传统绘画的宗教精神表达不同，因为它是一种当代语境下的精神性求索。在精神匮乏的当下，韦尔申借助于宗教绘画的精神性语汇，探寻精神价值的永恒性，在艺术价值与精神价值之间寻求终极意义的关怀。

何为绘画的精神性追寻？大致上说，所谓绘画的精神性追寻是一种既古典又当代的绘画理念，这种理念专注于绘画表达的精神性内涵，试图通过绘画来表征时代的精神状况，探究人类精神的内在意蕴，并藉此彰显某种精神的价值取向。显然，绘画的精神性追寻有别于客观写实的再现性传统，它致力于突破具象的实体性限制，试图穿透具象实体的沉重外观，使之蔓延流溢出某种难以把捉的精神意蕴，在看与心、看与意、看与想、看与念、看与思之间营造融通出某种弥漫性的精神境遇。

从古典的意义上说，这种绘画的精神性表达源自于西方宗教绘画传统，尤其是中世纪宗教绘画的传统。中世纪绘画的旨归是传达一种苦难而神圣的宗教精神，因而将绘画的精神性表达提升到前所未有的高度。宗教绘画的精神性表达建基在基督教神学的哲学基础之上，因而表现为重精神而轻感官，重幻象而轻实相，重象征而轻形象，重心灵而轻肉身，重彼岸而轻现世。追溯历史，绘画的精神性表达绝非是一个简单的自明性问题。因为，从绝对的基督教义出发，神学与绘画从本源的意义上非但难以融通，且多有抵牾冲突。绘画作为一种视觉图像艺术，重具象再现，重感官经验，重现世表象，难以名状缥缈幽深的宗教精神境界。为此，早期基督教甚至曾经出现弃绝圣像、捣毁偶像的宗教戒律和运动。在早期基督徒看来，视觉图像利用充满诱惑的感官形象再现，迷惑住人的精神灵魂，使人沉迷于上帝的影像，而远离了上帝的精神。因为，"我们只有在灵魂深处才与上帝相似，而且没有图像能再现上帝。这就是为什么那些极力再现上帝本质的人都是疯子的原因。其实，即便是普通人价值甚微的精神灵魂也不可能得到再现。"① 然而，正如基督需要降临到人世间一样，宗教精神无论怎样缥缈幽深，毕竟也要降临到现世的此岸世界。最后，作为视像、图像的绘画艺术并没有被驱逐出神圣的精神世界，中世纪宗教绘画反而成为基督教精神的一种文化写照。虽然，中世纪神学的历史最后趋于终结，而绘画或图像的历史方兴未艾，但是，这段历史却遗留下一个耐人寻味的艺术问题：从绝对的本源的意义上看，绘画与精神性表达是一个既可以相互融通又充满抵牾冲突的艺术难题。

从当代的意义上说，这种绘画的精神性追寻来自于西方现代主义艺术运动。众所周知，伴随文艺复兴运动的兴起，西方世界从彼岸天国回归到此岸现世，从超验精神回归到经验感官，在理性化、世俗化的进程中，现代性完成了宗教神学的祛魅。从艺术的角度看，中世纪宗教神学的终结，同时也标志着绘画的精神性表达的终结，至少可以说它标志着绘画与某种精神性深度表达的终结。至此，理性精神取代了宗教精神，经验感官取代了超验灵魂，具象写实取代了寓意象征。科学理性主义精神成就了客观写实再现的艺术风格，这是科学对宗教的胜利，现世对彼岸的胜利，感官对灵魂的胜利，图像对心灵的胜利，同时也是绘画对精神的胜利。绘画似乎也因此回归到自身的本源，视觉的再现、客观的写实、场景的展示、具象的描摹、情节的记述等等现实主义艺术法则成为经典并确立起来。视觉、肉身与精神，这些在宗教神学世界中被视为不同等级、不同位格的元素，同样可以置于理性透视的法则之下进行解剖分析，精神性的表达只能附着于写实再现的视像之上，或寄生于感官欲望的心理宣泄之中，承受着一种灵魂附体的无奈。从此意义上说，从理性化、世俗化的文艺复兴运动开始，绘画与精神性表达的问题被逐渐的放逐与遗忘。绘画与精神性表达的难题，在客观科学的理性主义之光的照耀之下，似乎已经随着中世纪的终结而迎刃而解。然而，科学理性、工具理性、技术理性的全面胜利并未解决时代的精神危机。为此，现代主义文化艺术运动高举起反理性主义的大旗，探寻时代的精神症候，绘画的精神性表达再一次成为当代艺术的难题。纵观当代艺术历史，现代主义绘画的精神性表达，是以颠覆写实再现传统为突破口的：印象派率先回归感官经验，将外在客观性视觉还原为内在的主观印象；野兽派回归原始生命力，让冰冷的客观世界跃动起生命野

---

① 阿莱斯·艾尔雅维茨《图像时代》，吉林人民出版社 2003 年版，第 21 页。

性；表现主义回归情感体验，展示主观体验的情绪世界；超现实主义回归幻觉想象，揭示潜意识的隐秘欲望；象征主义回归主观意象，寻找梦幻家园；抽象主义回归视觉的符号意义，寻找某种抽象观念的符号传达；而立体主义和达达主义似乎只想义无反顾地瓦解破坏写实再现传统，恣意纵横，无所皈依。毋庸置疑，现代主义艺术运动的生猛崛起，彻底颠覆瓦解了写实再现的现实主义艺术传统，然而，由于上述诸种流派的艺术突围，过于执著于对外在客观再现的反动，因而将所有的努力都转向了内在心理世界，因此，我们大致可以将其概括为心理主义的艺术潮流。但是，心理主义并不等于精神主义，转向内在心理世界并不意味着就是一种精神性的追求，最多只能算是一种对于精神性表达的渴望或切近。如果从中世纪本源意义上的精神性表达内涵来看，心理世界的经验、感觉、体验、情绪、情感、欲望、幻想、想象、潜意识等，不仅难以归属为精神性表达的领域，甚至与超验的精神意蕴相互抵牾冲突。当所有的经验感受、幻想欲望等内在心理感觉蜂拥而至、尽情狂欢之时，精神却陷入了谵妄与疯狂。最后，现代主义艺术的心理主义式的精神求索走入歧途，成为一种精神病理学，精神在感觉欲望的诱惑下迷乱奔突，被放逐在图像泛滥的旷野上，绘画与精神性表达的难题依然悬而未决。

韦尔申似乎对现代主义的精神病理学有所体察和警觉，至少，他没有随波逐流地加入到疯狂游行的队伍之中，虽然，他也充满着颠覆写实再现传统的冲动，同时也渴望艺术回归到内在的主观精神世界。如此说来，韦尔申始终保持着一种可贵的冷静与清醒。也许，正是这种冷静与清醒，让他接近了绘画与精神性表达的母题。韦尔申创作发轫之初，正值改革开放，禁忌大开，当大多数人再度迷恋于文艺复兴以来的西方古典绘画传统时，韦尔申却将目光投入到更为古老悠久的传统。在这里，他不仅发现并使用了古老的油画材料蛋胶和坦培拉技法，更重要的是，在前文艺复兴时代的绘画传统之中，他重新发现了尘封在历史遗迹中久被遗忘的艺术问题——绘画与精神性表达。对此，有人将韦尔申的绘画称之为新古典主义，意在表明其承继的古典传统与精神。粗放地看，这一命名大致不错，但需要明确的是，韦尔申所承继的古典传统与精神，并不是或主要不是文艺复兴以来的绘画传统，而是更为久远更为古典的前文艺复兴时代或中世纪宗教绘画中的古典传统。从此，绘画的精神性表达成为他心向往之且不懈追求的艺术梦想。从"绘画与精神性表达"的主题上看，我们更倾向于将韦尔申的艺术创作理解为一种精神境遇主义的追寻。

二

何谓精神境遇主义追寻？在精神充满危机的当今时代，我们应该在何种意义上理解精神性的内涵？进而通过绘画将其呈现出来？这些问题不仅是绘画必须面对和解决的艺术难题，更是时代无法回避的哲学难题。由此，韦尔申对绘画的精神性追问，进入到精神现象学的视域。在此一视域中，韦尔申与当代西方现象学哲学运动不期而遇，构成了一种互文对话的关系。从某种意义上说，现象学哲学所面对和解决的是西方文化的精神危机问题。为此，胡塞尔在《欧洲科学的危机与超越论的现象学》中提出"如何刻画欧洲的精神性形象"的哲学命题，试图运用现象学哲学方法诊断西方的精神症候，挽救时代的精神危机，追寻精神的本源性意义。透过精神的现象学还原，胡塞尔指认欧洲的精神危机源于西方哲学主客二分的两元对立：或将精神蜕变为客观外在世界的表象；或将精神蜕变为主观心理世界的感觉。前者以科学理性主义僭越精神的价值性内涵，后者以非理性主义替代深层的精神性意蕴，精神因此被放逐在荒野。值得一提的是，塞尚的现代绘画探索与胡塞尔的现象学哲学具有内在的相通性。"就像胡塞尔对传统心理主义与怀疑主义的批评以及对作为客观主义的古典——自然科学方法的清算一样，塞尚对 17 世纪以来影响绘画艺术的理性主义（古典的结构形式）与经验主义（印象派的瞬间感觉）进行了综合。这种综合所起到的作用与现象学的效应是一致的，那就是对西方传统主客二元分裂观念的克服。"[①] 其后，海德格尔将时代的危机进一步指认为精神被贬黜、被弃绝。精神被贬黜为理性、智力、意识形态、心理感觉，世界因此陷入晦暗沉沦之中："这一世界沉沦的本质性表现就是：诸神的逃遁，地球的毁灭，人类的大众化，平庸之辈的优越地位。在我们说世界的沉沦时，'世界'指的是什么？世界总是精神的世界。……世界的沉沦就是对精神的力量的一种剥夺，就是精神的消散、衰竭，就是排除和误解精神。"[②] 海德格尔认为精神不是知性的或理性的抽象分析，精神是本源性

---

① 兰友利《塞尚绘画中的现象学精神》，《中国现象学与哲学评论》，第 6 辑，上海译文出版社 2004 年版，第 85 页。

② 海德格尔《形而上学导论》，商务印书馆 1996 年版，第 45 页。

的生存境遇，精神境遇的追寻亦即生存境遇的回归。"精神在哪里主宰着，存在者本身在哪里随时总是存在得更深刻。因此，对存在者整体本身的追问，对存在问题的追问，就是唤醒精神的本质性的基本条件之一，因而也是历史性的此在的源初世界得以成立，因而也是防止导致世界沉沦的危险，因而也是承担处于西方中心的我们这个民族的历史使命的本质性的基本条件之一。"① 现象学似乎想表达的是，精神既不是一种主观意识理念，也不是一种主体的内心感觉，更不是一种客观表象的投射，它是一种生存状态，一种原初的生存境遇显现。正如我们在日常生活中形容一个人"没精神"是指其无精打采的生活状态一样，精神是一种原初呈现的整体生存状态或生存境遇。因此，精神性的追寻或表达只能源于现象直观的原初性呈现之中。它既是精神，又不是精神；既是抽象，又不是抽象；既是现象，又不是现象；既是具象，又不是具象，因此，它既是具象的（绘画的），又是抽象的（精神的）。这确是一种悖论，绘画与精神性的表达正是在这一充满悖论的情境中艰难地展开。

韦尔申如此执迷绘画的精神性表达的具体因缘，我们无从可知，但毫无疑问，他经由绘画抵达了现象学哲学精神性之思的形而上境界，形成了独具特色的精神境遇主义绘画风格。他刻意抹平人物肖像的个性化描写，反复展示一种或几种类型化的面孔，试图描摹某种具有普遍性意蕴的精神肖像，以呈现某种本源性的整体生存境遇。从精神性表达的角度看，韦尔申的知识分子绘画并不是某类职业群体题材的选择。在访谈中韦尔申强调说，他所创造的"知识分子"形象"不是一种典型的知识分子的样子，他是一个很富有个性的，但是又具有象征意义的这么一个人物。他不可以做表率，也不可以做样本，他不是知识分子的样板。我赋予他一种幽默、滑稽、很质朴也很认真的这么一个性格特征。"韦尔申试图通过这一形象揭示出作为知识分子所应该恪守的精神家园。② 在这里，"知识分子"只不过是一种挪用或借代。那么，他为什么要挪用或借代"知识分子"称谓？因为，"知识分子"这一称谓更有助于体现时代的精神状态，但韦尔申所要呈现的是整个时代的精神状貌，而绝不是某类职业群体的精神状态。在"知识分子系列"中，人物肖像有意追求祛职业化特征，一改知识分子羸弱清高、儒雅睿智的传统形象，处处透显出漠然呆滞、粗俗混沌的

---

① 海德格尔《形而上学导论》，商务印书馆 1996 年版，第 49 - 50 页。
② 《油画人物志·韦尔申：艺术的忠实守望者》，www. cctv. com.

面目表情。在服饰处理上，人物往往穿着老式的中山装，以致有人认为韦尔申刻画的是文革时代的知识分子形象。显然，这种理解被所谓职业化、时代化特征的"知识分子"题材所误导，依然受制于某种人物特征写实再现的影响。在祛职业化、祛时代化的肖像语言中，"知识分子"形象不但没有清晰的呈现，其身份反而越发模糊起来。对此，当代著名美术评论家范迪安认为："他不再画蒙古人的系列，他画了都市人的系列，特别是都市中的一种现代知识分子的处境，这个转折非常有意思。画的不是知识分子的形象，而是知识分子的状态，这个状态也包括了姿态，造型的动态，和他们的表情，所以他的作品你会觉得这些画中的人物和我们所能感受的现实人物是有相似性的，但是他又有点陌生化，又有点让你觉得他画的不是知识分子的日常生活，是知识分子的心理活动，他的作品中的人物是在一个悬浮状态下生存的，或者悬浮在麦田里，或者悬浮在空气之中，他和这种现代的都市有一种距离，他不得不回到他们所希望的理性之乡，但是在那里也有很多感慨，也有很多不能让人平静的遭遇，所以我们看他的画有很多的故事，这个故事不是关于一个人的故事，而是关于这个群落的，集体的故事。"[1] 正是为了在新的绘画语言中表达当代中国的精神状况，韦尔申不断地复制着我们时代精神的遗传密码，提炼出麦田、麦穗、草垛、草叉、稻草人、眼镜、望远镜等符号化极强的象征意象，将农民意识、市民意识、文革意识与当代意识浓缩在"知识分子"形象之中，呈现出一种复杂难辨的精神样态。其中，既有农民的愚钝麻木，又有农民式的对大地麦田的质朴固执守望；既有市民的油滑狡计，又有市民式的淡然从容；既有文革时期的愚昧盲从，又有贫乏时代的理想主义余绪；既有消费主义的耽迷，又有积极进取的当代追寻。时代精神的歧义性、多样性、复杂性拥挤叠加在似具象又非具象、似可见又不可见的画面中，精神如幽灵般蔓延溢出，漂浮游荡，苦苦地寻找安身立命的栖息之所。在精神日益技术理性化、物态表象化、感觉心理化的文化语境里，韦尔申以其特有的艺术精神现象学探索，摆脱了客观外在世界的写实再现，摆脱了内在主观世界的感觉欲望，摆脱了理性逻辑世界的抽象概念，回归本源的精神境遇的呈现或表达。显然，这种精神境遇的呈现或表达，同时也是一种生存境遇的呈现或表达。为此，我们将韦尔申的绘画理解为现象学哲学意义上的精

---

① 《油画人物志·韦尔申：艺术的忠实守望者》，www.cctv.com.

神境遇主义追寻。

在韦尔申转型新变的作品中，我们看到了一种奇异艺术现象：先锋性的实验探索与早期基督教绘画语言共同融汇于"绘画的精神性表达"的主题之中。韦尔申的先锋实验性不是义无反顾地奔向未来，反而回溯到更为古老久远的中世纪文化传统之中，因而，不理解韦尔申的精神境遇主义追寻，便很难理解其绘画语汇的真实内涵。其实，在精神境遇的视线里面对韦尔申的转型变化，我们无须眼花缭乱、为之迷惑。从一直执守精神性表达的意义上说，韦尔申并未改变，而改变的是我们时代的精神境况。

如何刻画时代的精神性形象？我们置身其中的时代究竟是一个怎样的精神境况？为什么在这样的时代去刻画精神性形象会变得如此紧迫和重要？回到海德格尔的时代判断，我们依然处于精神被僭越、被废黜、被放逐的时代。这是一个精神漂浮的无根时代，韦尔申因此成为无根时代的精神守望者。在无根的时代去守望，这无疑是一个充满悖论的选择，因此，"无望"与"守望"的悖论性表达构成了"精神守望者"的荒诞内涵。虽然，在"精神守望者"时期的开始，韦尔申依然还承继着"蒙古时期"的准宗教性精神，但是其意象表达已经越来越"堂吉诃德化"，深陷于精神性守望的无奈境地。《守望者二号》和《麦地的守望者2002》等作品，在非真实的荒诞时空里塑造了一个"现代版的堂吉诃德"形象，人物身骑稻草驴，或手拿望远镜，或手执稻草叉，其金属化、皮革化、胶塑化的服装肌理处理方式，让人联想起骑士的盔甲。韦尔申似乎想表达的是，当代的精神守望者一如与巨大风车作战的堂吉诃德，正在为某种精神，为某种梦想而远征，滑稽而又崇高，荒诞而又神圣。之后，"无望"逐渐取代了那种堂吉诃德式的守望，在后来的"精神守望者"系列作品中，韦尔申笔下的人物仿佛行走在太空，失去重心，悬浮飘移于背景画面之上；人物造型或者机械地张开双臂，承受着不能承受的生命之轻；或者倒挂悬空，体味一种自我颠倒的游戏状态；或者无端地甩掉一只鞋子，翘首蹬足，张望虚幻的"云上的日子"。这不是超现实主义式的幻想，也不是艺术家想象力的展示性炫耀，其意在表达时代精神的无根状态。正如精神无根状态必然导致时代的危机一样，精神的漂浮是生命中的不能承受之轻。它漂浮但不轻盈，漫游但不逍遥，人物因此被置入一种既立体又平滑的胶塑化状态，用特有的现象学直观式的绘画语言呈现出当代精神境遇的无根状态。韦尔申在谈创作时曾说，绘画的最佳状态是进入一种"灵魂出窍"的境界，从精神现象学的意义上看，这种灵魂出窍并不应简单地理解为灵感来临的心理状态，而是一种面向精神世界的现象学直观。换言之，与其说韦尔申的超现实主义式的绘画语汇是一种形式上的先锋探索，不如说是一种绘画精神性表达的内在诉求所使然。

海德格尔认为精神性追问乃思之虔诚，在思之虔诚中，精神境遇与生存境遇汇合融通，存在进入去蔽澄明之境。韦尔申专注于绘画表达的精神性内涵，试图通过绘画来表征时代精神状况，探究人类精神的内在意蕴，追寻文化的终极关怀价值，在精神与绘画之间进行虔诚的追思。我们祈望韦尔申在思之虔诚的精神境遇守望中，追寻到安身立命的诗意栖居之所。

张宗祥论书的美学思想及
对中国书法的审美评价

王学海

张宗祥先生论书的美学思想，主要见于《论书绝句》和《张宗祥书学论丛》、《铁如意馆碎录》等，其在近代中国书坛的重大贡献和在浙江书法界的领军地位与巨大影响，已为业内人所熟知。然其论印的阐述，更见其精华，却又鲜为人知。

1963 年 11 月 4 日，《人民日报》刊发了西泠印社庆祝建社 60 周年，张宗祥当选为社长的报道。对于张宗祥担任此一重要职务的缘由，当代许多学者甚至印人都以为，张宗祥只是凭借他当时在文史界的威望和他热心出面，积极为恢复西泠印社多方联络奔走，才被授予此冠的。殊不料张宗祥生平对金石笃爱有加，并亲自刻过印①。他对印的认识，更丰蕴着极其精彩的美学思想。《手抄六千卷楼读书随笔》卷之三有云："予昔为刘次尧兄先人所刻《印谱》题一律诗，首四句云：'龙泓开浙系，金蜓任心裁。海上泥封盛，人间玉石灾'。盖印刻自文三桥、何雪渔以降，徽式成矣；至丁氏始力追秦汉，一变积习。浙派八家惟撝叔间用石如之法，其他皆确守丁氏规模，不敢稍失。近在海上吴昌硕辈，以苍古相号召。苍古之后继之剥蚀，剥蚀之后继之断烂。追摹数千年前破烂模糊之刀法，以相炫耀，庸讵知古印当年之不如是耶！以石仿金，已非旧制。更仿断烂，复何所取？昌硕中年尚有极佳之作。其依附末光者，无昌硕之学力，而学其貌似，其实非汉印，大类泥封耳！浙派由是衰矣。此种印刻与陶心云、李梅

庵之书，正同可慨也！"① 先生首先以四句诗点明浙派经典印作的肇始：龙泓山人丁敬，在经营酒业中攻学金石与诗文，以钝拙并学朱简的碎刀法，在中国印章艺术处于低谷之时，冲破群相仿效汉印之俗气，以独树一帜的探索精神，开创浙派篆刻之新河。因徽派早于浙派二百年而成，所以丁氏始力追秦汉而聚成浙派之功，在于继徽派后又在中国印章史上开始了一个新的气象。足见先生的审美观念，旨在时代与风气的不断求新之中。针对苍古—剥蚀—断烂的形式现象与之变化的物理现象，先生又大胆严肃地提出："追摹数千年前破烂模糊之刀笔，以相炫耀"是一种盲目可笑的追求，无艺术审美价值可言。

事实若用科学观念去审之，则使然。这里还为我们提出了一个与当下印坛亦十分有关联的敏感话题。因为历代为我等留下的碑刻字帖，皆因时间之磨损、搬运之磕碰、四时之侵蚀，皆阵模糊断烂之状，而后学者不识其历史毁损之真因，以为模仿此模糊断烂，即为苍古幽远之味，岂不是外行凑热闹的一种非艺术的滑稽之举，其与中华文化传承之美，则相去甚远矣。为此，先生以为你不知古印之本来面目，硬以其已遭毁损之残曲为真为本，有什么价值呢？这里的价值，当指审美的与艺术的。而后，先生毫不留情，直指浙派衰败之因，在于后学者一味追随当时已成名家领军人物之印形字貌，终因又无其大家的功力，到最后只能是徒得其貌，未逮其神。对于浙派开创又一印学之新风，及其缘何走向衰落的根本，张宗祥正是以其行家里手的印学审美观念，给予了学术性极强的阐释与总结，由此亦可见，担当西泠印社社长之职，并非先生之文史权威或书画超群之艺，实乃其站于中国印章学术之高峰，才名至实归的。西泠印社至 1951 年 11 月 2 日，将印社的社产和文物全部移交政府，便已完全停止了活动。1956 年 5 月 26 日，张宗祥在省人代会提案恢复西泠印社，并提出恢复印社中的篆刻印泥，并售书画及西湖上碑帖之类，可作对外文化交流，之后便有了杭州书画社。印社在 1963 年恢复后，张宗祥又建议每月召开一次社员聚会，讨论学术问题。这前后的许多高见与举措，更可为其担任印社社长，作更好的佐证。

张宗祥先生论书之美学思想，亦自从小就学书习文始起累积锤炼而成。据张宗祥纪念馆馆藏资料介绍，张宗祥因自幼患有足疾，不便行走，

---

① 郑绍昌、徐洁《国学巨匠——张宗祥传》，浙江人民出版社 2007 年 8 月第 1 版，第 179 - 181 页。

又几医不治，家中老人担心将来长大成人后难以糊口，遂决定让其学书画或医学以求谋生之道。又因其行走不便，恰好客观上施了一颗安静之心，其学便亦事半功倍。先生先由外祖父沈韵楼指授习颜体，以《多宝塔》为主。又改习李北海的《云麾将军碑》与《麓山寺碑》。而后，习《龙门二十品》、《张猛龙碑》及汉碑，最后习二王及晋唐以来诸法帖。郑少梅（绍昌）先生曾有一说颇为简括，"2004 年上海人民美术出版社的《张宗祥墨迹》① 是迄今收集张宗祥先生作品较多的一种。从中可见他书法的渊源、变化和所臻之境界。其中第 13 页之'汾阳、庐陵'一联，显然是颜字的功架。应是他的早期作品。第 11 页'翩翻缟袂新寒薄'四张一堂屏，作于 1912 年，是开始求变的作品。其间多掺用《龙门二十品》中'杨大眼'、'魏灵藏'和'始平公'一路的笔意。第 13、14、15 页作于 1914 年和 1916 年的'游仙诗'扇面和'皇元画家如林'一堂屏，则渐显李北海面目。但内蕴北魏张猛龙刚厚而又清俊、严整而富变化的笔韵。至于第 75 页题《画梅》诗轴，1958 年作，则已出神入化，自成面目，清俊遒美。至若 88 页，1961 年作的'天门中断'李白绝句，中堂，乃硬笔、硬笺（清宫中用之乾隆纸，纸上五福云纹系手绘而非印制也）作行草书；以扛鼎之笔力，作遒丽之书，笔笔中实，转折处皆断而后起，通篇活泼流动，真所谓法度森严而又变化怪奇，见者莫不叹为观止，真书中之极品，而其时，先生已八十高龄矣"②。正因有此大家之笔，先生之墨宝为国学泰斗章太炎先生之激赏，太炎先生为人作寿序，点名要张宗祥作书。而书界亦有董其昌书法传承不过唐代，而张宗祥之书出入晋唐一说。也正由此深厚的书法功底与实践经验，张宗祥论书法之美学思想，不失为中国书学史上的珍贵遗产。

张宗祥论书的美学思想，关键词是"笔力"、"忌俗"、"气满"。

笔力者，以书者全身之力送之毫端，"笔贵有力，力贵有势"③，何以见得，即书者"作书须胆大"④，笔在手，便起盘旋飞舞之势，上穷下落，灵动其中。力随势走，势借力张，这样，一幅作品便饱蕴其生命力了。用现代话语来解释，即书写功力中蕴涵贯通古今的现代诠释之意，线条及其

---

① 王学海章耀主编《张宗祥墨迹》，上海人民美术出版社 2004 年 1 月第 1 版。

② 郑绍昌、徐洁《国学巨匠——张宗祥传》，浙江人民出版社 2007 年 8 月第 1 版，第179 – 181 页。

③ 《张宗祥论书诗墨迹》，浙江人民美术出版社 1956 年 6 月第 1 版，第 161 – 162 页。

④ 同上。

走势，既要合符古今，又要有发其新意，方有蓄发美的张力。

忌俗者，书画同理也。所谓俗，先生云，"一是甜俗之气，二是恶俗之气"①。甜俗者，修养平庸所起。恶俗之恶，在此当作丑解。面对高雅，故意以丑相撷，欲以另类形态相以压，亦含作秀之根。凡俗者，皆集尘俗陋习之锢，坐断朝流，欲彰风流。然其小家低下之气，终不可盛，自然亦为雅者所唾弃。

气满者，以书法作品整幅之境界而论。气势加神韵，合成为气象，常称积健为雄者，气满是也。气满者，又当理解为整幅作品给审美者首先有大气之势的美感，所以张宗祥教导其学生说："唐宋以来，论书者过多侧重点画结构，过分地讲究一个字的写法。一个字的写法，固然应当研究，但整幅字的气势、神韵，尤应着重考虑，着重研究。这一点，千万不能忽视。"② 所以先生在《傅青主》一诗中赞曰："笔如风雨气如虹，积健为雄见此翁。"并在诗下自注："青主先生以真气作书，雄浑实其馀事。"③宣大庆先生解释道：这是说"傅青主字之所以引人入胜，就在于它具有那种令人振奋的豪宕气势"④。须加注意的是，张宗祥先生在这里指的"真气"，从美学意义上去理解，并非单纯的书者作书时的真诚（全身心投入）之气，而是书写过程中，弥散于整幅书法作品的渗杂流动的艺术美的自然涌出之气及而成势。再细一点予以阐释，那便是才气、灵气、豪气加笔力之气的创造之气。要求得此四气者，张宗祥先生又说，在于读万卷书，行万里路，并说，"书画都重书卷气"⑤。因为"与胸襟并重者，其惟学问乎？胸襟者，天分也；学问者，人力也。天分高而人力不至，其失野；人力至而天分不高，其失陋。然二者必不能无所偏倚。……由此观之，学问者，变化人之性情也。性情既变化，字自随之变矣"⑥。在这里，张宗祥先生为我们进一步明点了四气何以能够综合一身之更深层次的审美真谛，它即在于书者自身之审美修养。换句话说，审美修养的综合提高，"四气"便自然会涌集其身，见出其品的。

张宗祥论书的美学思想，还可从他的题画诗、论画语录中见出。其中突出的一个显例是他对黄宾虹老的画所作的题画诗及品赏中的评价。张宗

---

① 《张宗祥论书诗墨迹》，浙江人民美术出版社 1956 年 6 月第 1 版，第 161 – 162 页。
②③ 同上。
④ 同上，第 96 页。
⑤ 张宗祥《书学源流论》，转引自《国学巨匠——张宗祥传》，第 163 页。
⑥ 同上。

祥指宾虹老"能生能熟更能奇"的缘由，在于"纵毫泼墨规唐宋"①。而后又着重指出，"宾虹画山水突出唐宋，故其布局，与近人绝异，且亦喜作满幅，少留空白，虽在病目时所作满纸皆浓墨，细视亦有光线掩映之处。又线条皆用中锋，无一偏笔，树枝石皴均然，偶于山隙山后，忽以淡墨涂抹，类若摄影，真是创作"②。这里赞誉黄宾虹老，实是张宗祥美学思想的借题阐发，他认为黄宾虹画作看似满且墨黑，但依然有气可透，而这气之透，又非纯粹平时一般画作中的留白之透，而是浓墨中施以淡墨让其在映比之下见出明透，是浓与淡较互比映中自然现出的明透。这样，这透就自然非常艺术的了。"类若摄影"也即指宾虹老这几笔细小的淡墨的神来之妙之美学价值的类比。再深入理解，就是张宗祥认为即使像黄宾虹这样规矩唐宋的传统手法，其个性极强地倾向于作品满幅且又喜浓墨绘之，但只要你能心中自有审美主张，那么，即令是小小几条淡线，亦自会境界即出。这样的画，虽笔法自唐宋，并甚规矩，但是创新，亦如张宗祥所言"是创作"③。顺着宾虹老的画，张宗祥还谈到了用笔之法中的线条与墨色。张宗祥认为，"画就是用笔画成线条"④，但线条又是"无一种相同的线条，或生动，或呆板，或柔和，或犷悍，或沉着，或飘浮，或多少不能增减，或恰恰相反杂乱不堪，或起讫分明，得失之间，明白告人，或出笔结笔，模糊不清，务求掩饰，或断处如连，神气贯通，或笔本连贯，意反索然"⑤。这就是说，线条之美丑的规律，并非刻板一统，全在于自主的审美性掌握。而在这其中，用笔的方圆之分就须得十分讲究。他批评"从近代画家来看，却有些方不成方，圆不成圆，一味取巧。它的毛病，就在于不用中锋，偏师取胜，一不对头，全军尽墨"⑥。而要用好笔法，"根本在于老老实实用中锋，不取巧，用之既久，灵巧自生"⑦。中锋用笔，其实既是基础用笔，又是技巧与艺术的再运用，若你取巧（当然此巧并非美学意义上的巧），则就避实而就虚，根本上就立不起来了。对于墨法的运用，张宗祥又举了二个人的例子。一是海宁大书家陈奕禧之师董玄宰，二是黄宾虹老。董玄宰之用笔，应为天下讲究之最，何以见得，且看张宗祥所记录的："董氏作画，砚必宿墨洗净，墨必佳制新磨，水必清泉初汲，研成之后，用笔尖吸取砚池中心表面之墨，调匀着纸，故流传数百

---

① 张宗祥《铁如意馆碎录》，西泠印社出版社 2000 年 6 月第 1 版，第 67 页。
②③④⑤⑥⑦ 同上。

年之久。他所画的墨色，无论浓淡，皆光华焕发，没带晦滞之色。"① 而黄宾虹老则恰恰与之相反，"宾老平时砚中宿墨累累然，盂中水色浑浑然，用时秃笔橐橐然，醮水舔墨，皆极随便之至，着在纸上，祇觉浓墨厚重，前所未见。到了病目的时候，在添笔时，有笔着墨块之上的，有距墨尚差半寸以上的，从未见他洗砚、净墨，好好研磨过一次，但是他的用墨，却能与董氏各有千秋"②。一个干净，一个邋遢，一个讲究，一个随便。但所取得的效果，均各具极高的美学价值，可谓殊途同归。张宗祥举此例，便再一次凸显了他的美学思想：美的追求，不在于环境与条件作唯一的依托，就画家与书家（甚至也包括作家）而论，也不在于工具器皿的高下，而在于各自胸中文化素养的积累以及对自己审美主体性积极地把握发挥之中的自然生成，而驾驭其中的，便是审美主体的审美精神与审美眼光（情趣）了。为此，在众多名家与收藏家热捧虹宾老山水佳作时，我们听到之前张宗祥对宾虹老画作的审美评介是"我最喜我老友（指黄宾虹老，引者注）的花卉。讲到花卉一门，工丽，人皆知为恽清于，古拙，人皆知为金寿门；秀雅，人皆知为方兰坻；放纵，人皆知为李复堂；俊逸，人皆知为华新罗；豪迈，人皆知为赵撝叔；爽辣，人皆知为虚谷；横悍，人皆知为吴缶翁。无论再往前推，若南田、望庵诸家的花卉，皆可以各自名家，垂誉后世了。宾老专写是山水，花卉乃是他陶情适性之作，但是请看他所画的花卉，那一种笔法，那一种设色，甚至那一种布局，有没有和以上诸家相同之点？可以肯定完全是另辟了一个世界，看起来觉得淡静古雅，使人胸襟舒适，却又无须要宋人那样'认桃无绿叶，辨杏有青枝'的句子来刻画出红梅来，一见就知他画的是那一种花了。我在四十余年前，见友人处藏有金冬心画梅小幅，用赭石点花，当时曾有梅树上从来无此花，笔底下不能无此梅，何以故，这才是雪满山中的高士，不是月明林下的美人，而且可以不被孤山的林老头儿霸占去做妻室的一段议论。诸后闻之皆大笑，然其言。今在宾虹老花卉画中，时时发现此种奇趣。"③ 在这里，张宗祥褒扬宾虹老花卉画时，着重指出的关键词是"另辟了一个世界"、"奇趣"。这也正是张宗祥造诣甚高的审美观念，他之所以认为黄宾虹的花卉比他的山水更佳，是因为黄的山水毕竟还是规矩唐宋，而他的花卉却是无

---

① 张宗祥《铁如意馆碎录》，西泠印社出版社 2000 年 6 月第 1 版，第 67 页。

② 同上，第 148 页。

③ 同上，第 149 页。

迹可寻，完全是新辟了一个天地，并由此引出审美价值极高的"奇趣"来。此种美学意义上的突破与创新，张宗祥先生称之为"创造"①，对于创造，张宗祥下的结论是"各种事物的创造，必须沿着各种事物历史性的演变，然后加以陶熔，加以改变，方能成功。如果不找到这一条历史路线，凭空创造，是没有基础，容易失败的，宾老若不是七十岁前临摹古画，又诚心诚意终身醉于艺术，那里空中会掉下这许多创造作品来呢?②"这就是张宗祥的"美的历史路线说"，它对于中国书法的回顾与发展，同样有着积极的审美意义，于中国书法史，也无疑增加了重要的新说。

正由于张宗祥先生具有广泛的爱好，广博的知识，以深厚的国学功底对诗书画印的多年学习实践、探究并产生高雅明远的美学思想，所以，他对中国书坛的审美评介，远远胜过一个著名的书家或画家，且在中国书学史下，为我们留下了长于分析、敢于批判的审美精神。

《论书绝句》③是这方面的代表作。对徐文长书法，先生认为"俊逸有余，沉着不足"。而其学生郑板桥虽号为"青藤门下走狗"，然"书法尽中锋"，有"乱石铺阶之喻"，逊色于师。对康熙书法的评介，先生以历史的眼光审视，由其书法及其延衍，看其朝代之衰落，因唐代历传王法，清室便以董字传为家学。"然自乾隆即力弱肉重"，"嘉庆之后，有肉无骨"，可资"盛衰"。对赵子昂之书法，先生一言指其瑕疵："独酬应过多，时有烂熳之笔"。对大名家董玄宰（董其昌），先生也毫不留情地指出，"然香光胸襟难清旷，仅至唐人，故凋疏之弊，在所难免"。对海宁查伊璜（查继佐）书法，先生赞其力排家风之学，自胜众群。对六朝人写经，先生认为是"南北谈碑混刀笔，可怜误尽后来人"，明确指出了劝人学写碑时，自己不明白刻碑之人用刀时各有误笔之过，致使以讹传讹，"其中流弊实不胜言"，此也是给当代学碑帖者敲了一记警钟，提了一个醒。而对金寿门（金农）之评介，更富现实教育意义。他赞誉金寿门"一生书画皆求解放，不受束缚者"，明显凸显着先生自一贯求创新的美学思想，并以金寿门之弟华秋岳学后又有创新"自我家数"一例，毫不讲情地指责吴昌硕门徒只求与老师形似，不求神似并具超越精神的"印则乱凿，画则乱涂，书则乱写"，嚣嚣然鸣于人曰：'此法师也'。"以美（金

---

① 张宗祥《铁如意馆碎录》，西泠印社出版社 2000 年 6 月第 1 版，第 150 页。
② 同上，第 151 页。
③ 《论书绝句》，转引自《铁如意馆碎录》，第 206 – 237 页，下同。

弟子）证丑（吴弟子），警示后学。对赵之谦书法，先生亦指其缺陷为"转折起讫之处，因毫柔难尽其力（赵平生专喜柔毫），未能十分斩绝"。但赵毕竟是聪明之人，知其不足而予补足之，便"点则未取硬挑，横则收笔下垂，竖则末端略用侧锋，此皆就柔毫之弊而思所以救之者也"。此评语不可为不精到，也只有张宗祥先生这样的大才之人才能慧眼识真。对近代篆书大家吴清卿的书法，先生也指出其篆书的不足在于"太重形体，且结构多方整"。其行书的不足是"有排比之病"。在评介桂未谷书法时，先生针对其"巧不伤雅"的主张，又为我们指出，认识碑刻要点在于"大碑皆名流所刻，与寻常汉碑不同也"。最为惊诧的是，先生在评介史道邻（阁部）书法时，指出世人以其书法之美来论其爱国人品，只是偶合，不能作为定论。这种参照评议法，即令当代也非常盛行，即人品即艺品之说，可每每见诸报刊并成一理论。先生严肃又英明地指出，"人品自人品，艺术自艺术"，并举严嵩等人为例加以明证（"严嵩书厚重恣肆，大类其文章，不能因人废之也"[1]）。尽管曾国藩名声极大，写字从不潦草。其书法市场上历来也甚看好，但先生以为"就艺术言，究非精品。大字尤拙"。对蜚声海内外的康有为的书法，先生更批之尖利："其平生所书，杂糅各体，意或欲兼综各法，核其归，实一法不精"。原因所在，是"一字之中，起笔为行，转笔或变为篆、隶，此真一盘杂碎，无法评论"。对翁松禅（翁同和）的书法的评介是"恣肆苍劲"，但"一生用笔，毫不能直，锋不能挺，时有浮烟涨墨之病"。

一篇《论书绝句》，审美评介遍及唐宋元明清诸代大家名士百余人之多，可谓壮观至极，宏论高远。如此纵横捭阖议论者，中国书法史上恐亦鲜见。然先生并非徒其胆大而为之，实系自小学帖习碑，打下深厚的书学功底，少年与青年又广汲国学，强其筋骨，于京师图书馆任职期间，又博览稀世珍宝，并都以见入心，细加琢磨而有所得。早几年上海博物馆曾化巨资从海外购回《淳化阁帖》拓本，然张宗祥先生"向有肃府明拓本《淳化阁帖》十卷，自少年起珍藏身边习达五十余年。"先生在校《淳化阁帖》时，还有其惊人的发现：一是"帖后所云上石，实则非石而为枣木"[2]，民间《淳化阁帖》的拓本，也是由木制成雕板而以"偶拓"流传

---

① 郑绍昌、徐洁《国学巨匠——张宗祥传》，浙江人民出版社2007年8月第1版，第179－181页。

② 张宗祥《铁如意馆碎录》，西泠印社出版社2000年6月第1版，第126页。

的。二是"元佑中，板裂，乃以银锭镶联裂处，贾氏所刻，即据此初裂之本。后为明顾从义庋藏，世称顾本。今第一卷唐太宗《两度帖》六七两行之间，第二卷《皇象书顽暗帖》六七两行之间，皆有锭痕，此其证"①。并指出"淳化自绍兴十一年始摹勒上石，石置国子监"②。是的，也只有见过大世面的识宝之人，才会写出《论书绝句》这样的深蕴心理的、历史的、学养的、个性的、人文环境的等各个学科综合的审美大著。《论书绝句》百首，初发表在抗战期间重庆成立的中国书学会的刊物《书学》上，由于先生只以审美作评定，丝毫不讳忌名人与情面等，所以虽为一家之言，但其审美之见公正、客观且毫无个人情感之私，故在书坛产生了较大的影响。所以，张宗祥之《论书绝句》，也是对当时中国书坛进行的一个全方位的美学审视，是对中国近现代书法美学建设的积极介入，是对中国书法史具有特殊贡献的极具价值的历史文献，也是对当今中国书坛为何公正审视作品的好坏，留下了一个至今仍为书界积极有益的审美参照。

作为国学巨匠的张宗祥，他的美学思想与美学追求，正是国学博大的知识，书学的艺术形式在其发展中的不断创新，并在其审美构建中引入人的灵魂的融合，才将其哺育、扶植和引导至一个绝顶之峰去一览众山，并通过自身的艰苦实践与无畏探索，建构起顺应社会与艺术发展的一个更新更高的审美法则，让自己及其后人在其中同时亦得到审美的愉悦与审美的享受。这也正如马尔库塞所言，是一种"艺术对幸福与解放的承诺"，是"召唤人的生命的实践地投入"③。

我们在研究和疏理张宗祥论书的美学思想时，也不难发现二个特点，一是他的美学思想完全抛弃了杂有政治的道统，是对纯艺术的一种自觉。二是他的论书美学标准，始终标杆着晋人书法，实为崇尚清朗高远、丽质脱尘、神韵意趣的魏晋书法之美。而由此去逮真，那便是张宗祥先生一以贯之的自由精神与创新思想，这既是他后来何以清华、北大数次礼聘而不肯任教的真实缘因（以前在研究张宗祥生平业绩时，为何他自北京返回后便从此不再任教，曾一直困扰我十多年），更是推进他美学思想的真正发动之源。

---

① 张宗祥《铁如意馆碎录》，西泠印社出版社 2000 年 6 月第 1 版，第 126 页。
② 同上。
③ 黄克剑主编《问道》第 1 辑，福建教育出版社 2007 年 7 月第 1 版，第 153 页。

　　张宗祥论书的美学思想，显露着他本人对中国书法之理论与实践中逐悟的一个"书道"，这也将是我们今后研究张宗祥思想学术的一个重大的课题。

主体意识的个性化生成与扩张

——现代派绘画艺术的主体思考

蔡 元

现代艺术与传统艺术的根本不同就在于它完成了艺术创作从客体原则向主体原则的转换，并彻底地改变了人类自身评价艺术的标准和原则，那么，引领和充当这种转换和改变的正是以西方印象派绘画艺术为前奏，进而导致了整个西方艺术的一场革命。可以说，印象派艺术出现之前，西方绘画艺术极其强调还原性，它把艺术的意义放在客观的事物上，而精神主体的作用仅仅在于运用技巧准确地表现客体。印象派改变了这种艺术观念，"它引入人的主观感觉来审视客体。出现在艺术中的物体之所以有意义，那是因为它们被人们感知到了。印象派的这一观念开创了现代主义艺术将个人主体精神的形式当作艺术内容的倾向。在第二次世界大战前的种种前卫艺术中，人的主观精神状态，包括直觉、情绪、观念等等，成了艺术家们借助于形体或色彩加以表现的艺术主题。无物象绘画、消除绘画的叙述性等概念，清楚地表明了现代主义艺术家们对外部世界已失去兴趣，他们着迷于自己内心的种种心理经验"① 在以印象派为首的主体意识生成之后，一个真正"色彩纷呈"的世界逐渐展开，主体的个性化，或者说个性化的主体才开始进入人们的视野，主体的个性化体现了主体意识的深化。印象派之后的现代派绘画，从以色彩为中心的个性化主体的自我表现，到主体视角多角度转变的立体化构图，到完全进入绘画方式思考和主体内心表现抽象形式的直接展示，无一不呈现着真正的不同，"色彩纷呈"在这里不只是一个比喻式的说法，而是对这一现象真实的描述。我们说主

---

① 冯黎明《技术文明语境中的现代主义艺术》，中国社会科学出版社 2003 年 8 月版，第198 页。

体意识的扩张是主体个性化的表现，它也意味着主体对自身思考的深度和由此向世界延伸的广度，是人格化的主体，是每个独立的人组成的这个世界。个性化是个性与个性之间看上去唯一的交流方式，在实践上以极为开放的交流方式形成了现代艺术的丰富性以及认识的多元化。当然我们这里所说的现代派，也不可能是现代派艺术的全部，这里我们仅从三个流派来管窥现代派艺术当中的主体思考。

一、野兽派——以色彩为中心的个性化张扬

野兽派的主体是个性化的，而这个个性化的主体的特点是不再追求外在的共性。表面上看来这似乎是对世界的"放弃"，因为主体只关注对自身的表现根本不对它自身之外的所谓外在主体的标准，我只对艺术表现主体的本身进行思考，具体就绘画而言，我只追寻构图、色彩等等一切就够了，你说我是"野兽"无非就是在指责我的表现方法，而在主体而言，表现方法和主体内在的一切都是主体本身，他们无法分割。用马蒂斯的话说"我所追求的，最重要的就是表现……我无法区别我对生活具有的感情和我表现感情的方法……表现，在我看来，并不是由人的面部表情，也不是通过一个强烈的动态所反映的激情组成。表现存在于我的画面的整个安排之中：人像或物体所占据的位置，他们四周的空白以及其比例，这一切都起着作用。所谓构图就是一种以富有装饰意义的手法，将画家想要用来表现自己情感的各种因素加以安排的艺术"[1]。如果说在印象派那里，主体对自我的关注还需要借助对自然或其对象主体化的过程，那么到了野兽派主体再不需要以这样方式来将它自身的一切都融入外在于他的对象，他有了一种返回，即返回到他自身之内，然而这种返回并不是简单化的一个过程，换句话说返回并不是一种个性化的单一行为，个性化并不等于简单，因为世界早就"在"我之中，个性化主体意识可以简单地被理解成两个方面，按着萨特的说法"'意识的存在是这样一种存在，对他来讲，他是在其存在中与其存在有关的存在。'这就意味着意识的存在与他自身并不完

---

[1] 李黎阳编著《西方现代之术流派书系——野兽派》，人民美术出版社 2000 年 8 月第 1 版，第 6 页。

全一致。"① 有与主体"有关"的存在，自然还有与主体意识在通常的意识状态中无关的存在，那自然就是这个世界。也许用蒙田的话最能直观地解释个性化的世界早就"在"我之中，因为"我是人，人类的一切都与我血脉相连。"在这种大的前提下个性化的单一行为，即他转向自己就有了新的意义，即对自我深度的认识。与通常意义上被称为古典主义的最大区别是主体意识朝向主体的返回就不会再求得他自身之外的理解，这只求得能够与个性化主体"志趣相投"的理解。

"正如马蒂斯所说，他不打算因观众缺乏理解力而责难他们。一个画家从来不曾为一些中等水平的观众所彻底理解过，更不用提大多数的观众了。甚至也不能肯定地说，他为他的同行们所理解。无论是诗人，还是作曲家、雕塑家和画家，都只有付出最大的劳动才能得到好评。而包含在作品中的艺术思想却不易被察觉地、慚慚地在给观众以影响，这种潜藏的影响，也迫使广大的观众最后终于理解大胆的革新的真正意义。"② 正如我们无法期待每个人都去理解黑格尔、尼采、萨特等等大哲学家一样，我们有什么理由去期待每个人都能理解马蒂斯、毕加索以及康定斯基呢？就因为他们是画家？那么哪一条古老的法则，哪一条戒律的石碑上刻有只有哲学可以去寻求理性而绘画不可以去思考呢？当绘画以他自己的形式去追寻主体意识并将其努力扩张的时候，理性所给予它的除了狭隘就再也拿不出什么了。好在个性的主体意识并不祈求什么，他只走他自己的路，任别人说他只走向自身死胡同，称他为野兽或其他什么，他只用色彩或其他形式思考他自己，因为这是他扩张的唯一形式，他知道他与世界同在就足够了。

在野兽派个性主体自身的寻求当中，色彩和构图已经无法再如传统意义上那样区分了，因为个性的主体不去区分他，只要他能为主体服务，没有什么打不破的。在马蒂斯看来"一切，甚至色彩，都是创作。在描绘客体以前，我先描述自己的感觉。一切（无论是客体或色彩）都需要重新创作。……色彩所固有的特性，不是把世界作为一种物体的现象来表达，而

---

① ［法］萨特《现代西方学术文库：存在与虚无》，生活·读书·新知三联书店出版发行，1987 年 3 月第 1 版，第 114 页。

② ［法］亨利·马蒂斯《画家笔记——马蒂斯论创作》，广西师范大学出版社 2002 年 10 月第 1 版，第 51 页。

是作为一个现实中惟一存在着的世界——画家脑海中的世界来表达。"①
在这里我们看到，色彩从绘画意义上的"固有色"、"条件色"到了哲学
意义上的"主体色"，而且是"个性的主体色"。"主体色"是"先"有
主体意识而"后"有色彩，虽然这种"先""后"只是个比喻，它实际想
说明的是，色彩跟着主体走，个性的主体让他怎样表达色彩就怎样表达。
马蒂斯说"色彩是铺张和广告。使最平凡的题材变得珍贵和高尚——这难
道不是画家的特权吗？当我着绿色时，这还不意味着青草，当我着淡青色
时，这也还不意味着天空"②。因为我作为个性的主体没去表达这一切，
只有我去表达这一切的时候，它们才存在。

野兽派主动"创意"，创造一种主体的意向，它的外在表现是感觉主
义的，那仅仅是表现而已，因为在个体主体的"创意"过程中，先有主体
而后去感觉的，这样外在的感觉主义实际上是经过整理，通过画布的秩序
调整，通过色彩夸张与浓缩，让秩序与激情，狂热与精确结合。个性的主
体在进入自身之后有一个反思的阶段，它的存在形式包涵了个体的主体自
身和主体的内在性，这就是通常所表现的自我，而自我，如萨特所说"自
我代表着主体内在性对自身的一种理想距离，代表着一种不是其固有的重
合、在把主体设立为统一的过程中逃避同一性的方式，简言之，就是一种
要在作为绝对一致的、毫无多样性的痕迹的同一性与作为多样性综合的统
一性之间不断保持平衡的方式"。③ 主体自己自然强调作为绝对一致的、
毫无多样性的一面，它大致可以反映到秩序的层面，而主体的内在性却是
一个统合的多样性的统一，它将世界内化并要求表现内心的激情。把思考
注入结构，结构与色彩又统一，野兽派试图表现的他们个性的主体的内在
思维方式与存在主义的思考大致吻合。只不过他们用的是绘画，而不是语
言加逻辑。正如马蒂斯所说"我首先追求的是表现力。有时，人们认为我
具备真正的技术可是同时又宣称，我的要求是狭隘的，我只满足于能产生
画的外表的那种视觉印象。但是，在思想的表达手段之外，是不可能探讨
画家的思想的，思想本身越深刻，思想的表达手段也应当愈完善（'愈完
善'并不意味着'愈复杂'）。我不能把自己对生活的认识与表达这种认

① ［法］亨利·马蒂斯《画家笔记——马蒂斯论创作》，广西师范大学出版社 2002 年 10 月
第 1 版，第 104 页。
② 同上，第 110 页。
③ ［法］萨特《现代西方学术文库：存在与虚无》，生活·读书·新知三联书店出版 1987
年 3 月第 1 版，第 116 页。

识的手法分开来。"① 我们可以仔细品味一个画家和哲学表述所具有的异曲同工之妙，也可以领会艺术思考的妙处所在。

二、立体派——多视角转换的个性化展示

野兽派持续的时间并不长，这或许意味着主体向内的思考过程和展示方式终究要外化，当人们还来不及考虑它深刻的内涵之时，就被另一个名声大噪的流派迅速地挤到一边去了。立体派是通常意义上现代艺术的一个标签。无论从标志着文化素养上来看这个标签的意义有多大，但这个标签在我们的考察中至少代表着三层含义：

1. 他代表着个性主体以色彩为中心所进行主体内在返回的过程已经终结。

2. 一种新思考方式，他的影响力不仅仅在绘画上。

3. 无论人们是否能够读懂《亚威农少女》，他也必须承认，或者说不得不承认毕加索以及他的立体派。至少不是印象派，或者知道自己可能不为人理解的野兽派，使人认识、了解或者说赞同现代派，毕加索不但创立了立体派，还很大程度上让人尊重现代派，当然事情也可能完全相反，但不会是在当今社会了。

可以说马蒂斯把运用色彩去对个性主体的审视发挥到了极致，以至于使得通过色彩来追寻主体几乎没有可能。经历了蓝色时期玫瑰红时期，从色调的精细中重新发现形体上的大略简洁笔法似乎已经为走出色彩做了一些准备。直到黑人时期，毕加索才真正在他的《亚威农少女》身上找到个性主体向外探寻的道路。

个性的主体从来不是通过到外部世界去寻求他们要找到东西，也不对发现本身有任何意愿，他只是想把内在的一切拿出来表现，用毕加索的说法是"当我们发现'立体派'时，我们没有企图去发现。我们只想表现我们内心的东西。我们中间没有人定下现成计划，而我们的朋友，使人们，用注意追随着我们的努力，但他们没有给我们立下清规。人们称我是一名寻找者。我不寻找，我见到。我们大家知道，艺术不就是真理。艺术

① ［法］亨利·马蒂斯《画家笔记——马蒂斯论创作》，广西师范大学出版社 2002 年 10 月第 1 版，第 6 页。

是一种谎言，它教导我们去理解真理，至少那些我们作为人能够理解的真理。"① 艺术是艺术家最为善良的谎言，它是主体努力去"编织"。

立体派将透视视为主体的透视，个性主体的目光看到哪儿，透视就跟随到哪儿，个性主体的目光想到哪儿，透视就在哪儿表现。构图成了立体派绘画的中心，然而构图是主体"任意"地去构图，个性主体按照内在思考的本意去构造思想的图画。按照这种方式画面构图自然而然地支离破碎，一匹正在呼喊的马，一头牛，一个从窗口探出身来的女人，手里端着一盏灯，灯光照在他们突然陷入的灾难上，断翅的脚和臂膀、死孩子、火焰中的房子，刺伤的身体，痛苦的歇斯底里的呼叫，惊慌的表情。1937年4月25日，德国轰炸机在西班牙法西斯分子的帮助下，对巴斯克市近郊的小埔格尔尼卡实施了狂轰乱炸，造成大量平民不幸身亡。据说当时的一名德国军官看到毕加索的《格尔尼卡》时曾赞叹说："毕加索先生，这真是您的一部杰作。"毕加索回答说"不，那是你们的杰作"。从现在来看这个故事是杜撰出来的，虽然毕加索的所有愤怒的确构成了一个支离破碎的画面，然而毕加索本人却拒绝承认这是对战争的直接描绘："我没有画战争，因为我不是那种像摄影师一样出去找东西的画家，但我不怀疑我的画里有战争，以后也许历史学家会说，我的画风受到战争影响已发生了变化。但就我而言，我自己不知道。"② 在画家看来，他作为创作的主体他只面对了画本身，个性的主体只对形式进行理解并赋予它生命，主体把自然的内在外化，但不再用让视觉去感受色彩，而是通过零零碎碎的构图，直接把它的所思有时是形象的、有时是破坏形象的展现出来。

主体对其内在的展示并不是一种超越而是就在其所在之中，换句话说它就在现在，既不是过去，更不是未来。"立体派仍然是一种现实主义的流派，不仅因为它的出发点……是取自画家眼前的环境，而且因为对它的欣赏依赖于被分解成碎片的形象中剩下的一点现实性和结构图案之间的相互作用。"③ 乍一看这样的评价会让人十分费解。难道现实当中会有从一个人的侧面，能看到一个人另一面的事情吗？或者说有把脸长成一个平面的人吗？正如我们在前面说的那样"现实"，包含着对象与主体以及各种

---

① 云雪梅编著《20世纪外国大师论艺书系：毕加索论艺》，人民美术出版社2002年3月第1版，第79页。

② 同上，第91页。

③ ［英］莫瓦特《新编剑桥世界近代史第十二卷世界力量对比的变化：1898—1945》，中国社会科学出版社1999年1月第1版，第878页。

场所的"现实"是最为含糊的一个概念了。"其实人们不可能临摹现实，也不可能模仿现实……多年来，立体派艺术只有一个目的，那就是，为绘画而绘画。我们抛弃任何不属于基本现实中的东西。"① 所以，当说立体派是一种现实主义的时候，除了说它依赖对现实物象的还原，其实更为明确的是，立体派"做"出了一个"现实"，但个性主体不知道，因为在它看来它就是在勾勒通常意义上的现实，其实它的确是在勾勒通常意义上的现实，只不过个性的主体内在将其个性化了的同时又将其外化，在主体看来这两个现实是同一的。在毕加索看来"立体派一直把自己置于绘画的范畴之内，从未自称要超越它。素描、设计和色彩在立体派的精神和风格中像在其他画派中一样被理解和实践。我们的主题可能有所不同，因为我们在绘画中引入了向来为人忽略的物象和形式，我们关注我们的周围环境和我们的心灵。"② 绘画就是绘画本身，它是个性主体所识别的现实，也是它"做"或称为想要表现的现实，也是在它看来通常意义上的现实，用霍劳顿的话说"人人都在谈论立体派艺术中究竟有多少观实，可能他们对此并不理解。这并不是你能看得见摸得着的现实，它就像香气一样笼罩着你。香气到处都是，但你都不知它来自何方。"③

对于立体派而言他们认为，我自身作为主体所见的现实再真实不过了，只有这样的主体（无论作为个性化的主体还是其他），才能确立自己，这种确立的意义在于它能让我们认识真理。其实这一过程和皮亚杰所描述的结构语言如出一辙。在皮亚杰看来"早在知觉领域中，主体就已经不是单纯的这样一个剧院：它的舞台上上演着不受主体影响的各种自动的物理平衡作用规律事先调节好了的各种戏剧：主体乃是演员，甚至时常还是这些造结构过程的作者，他随着这些造结构过程的逐渐展开，用由反对外界干扰的补偿作用所组成的积极平衡作用——因而也就是用一个连续不断的自身调节作用，来调整这些造结构过程"。④ 这还仅仅是主体最初进行识别的阶段，而对个性化主体而言，造结构过程将成为它一个最为主要的环

---

① ［美］阿丽娅娜·斯塔希诺普勒·霍劳顿《毕加索传——创造者与毁灭者》，上海文艺出版社1991年4月版，第82页。

② 云雪梅编著《20世纪外国大师论艺书系：毕加索论艺》，人民美术出版社2002年3月第1版，第83－84页。

③ ［美］阿丽娅娜·斯塔希诺普勒·霍劳顿《毕加索传——创造者与毁灭者》，上海文艺出版社1991年4月版，第90页。

④ ［瑞］皮亚杰《结构主义》，商务印书馆1984年11月第1版，第41页。

节，其他的只能以这个环节作为主导。把这个历程叫通常意义上的创作表现出来的创作也好，叫做艺术家的心路历程也罢，都不如称为主体的结构，这种多视角以造为主的结构的必然结果自然会产生上述意义上的现实。现在，这个现实已经是普遍意义上的个性化主体展示的舞台了。

三、抽象派——绘画思考与内心冲动的个性化主张

"1984 年，伦教的一家电视台播放了一个讽刺抽象绘画的节目，真人真事，实况录相。这个节目是由前后两个部分组成，第一部分由摄制组到大街上，随便找了几个正在扫地的清洁工人，请他们用自己手里的扫帚，在一张准备好的画布上任意涂抹，整个过程统统录相。第二部分，邀请一批美术理论家和评论家，约他们到某个画廊来，鉴定一幅新近问世的抽象画，……清洁工涂抹的作品，就一本正经地悬挂在大厅中央……[1]

这个小故事至少想说明一个问题，抽象派绘画确实难以理解，尽管是很多美术理论家和评论家，也仍然会看走眼，甚至就连是否抽象派作品都搞错。以此来证明抽象派的意义，或者更明确地说证明它没有意义的例子俯拾即是。从野兽派开始的绝大多数流派，不仅仅是抽象派，似乎都遇到了同样的问题，他们不停地被追问，这幅画是什么意思？它要表达什么？它画的什么？为什么没有一个形象而只是点和线的痕迹？对此毕加索在回答人们对立体派的疑惑时作了回答并且提出另一个疑问，毕加索说，"立体派与任何画派没有不同。共同的规律和因素是普遍相通的。长期以来立体派艺术不为人所理解，甚至现在还有人从其中看不出任何名堂，但这一事实没有任何意义。我不懂英语，英语书对我毫无用处，这不意味英语不存在。如果我不能理解自己一无所知的东西，我为什么要抱怨别人而不是自己呢？"[2] 这样我们面对上面的故事就会提出新问题，为什么上面的例子一定是会用来质疑抽象派绘画而不是说明所谓美术理论家和评论家的水平呢？我们面对现代派绘画所提出的问题是正确吗？我们没有弄懂或者怀疑包括抽象派在内的所有现代派的根据是什么？这个根据本身是否靠得住？我们不能要求每一个观者都去作哲学的反思，然而哲学对此却不能不

---

① 戴士和《走向未来丛书　画布上的创造》，四川人民出版社 1986 年 4 月第 1 版，第 4 页。
② 云雪梅编著《20 世纪外国大师论艺书系：毕加索论艺》，人民美术出版社 2002 年 3 月第 1 版，第 82 页。

反思，在面对抽象派绘画时，我们是否可以不去提出对通常意义上我们所掌握的对绘画提出的问题？

之后的问题是，如果绘画以思考或仅表现人的情绪为出发点，它怎样落笔呢？本文无意提供一种绘画欣赏的方式，一方面是因为对于抽象派这样的绘画流派而言绝不会有一定的哲学方式；二是因为这里从来就没有想要讨论一种通常意义上的美学问题。我们的目光集中在主体身上，尽管如此我们也绕不过上述问题，为了让我们的问题继续下去，我们必须要问的是，如果说在立体派那里个性的主体已经开始走出它的内在并在多角度地展示自己，那么到了抽象派主体又在说什么呢？它是不是走得太远了？这在某种意义上，至少表面地又还原到了上述某些质疑。

首先必须说明的是，质疑是再自然不过的事情了。康定斯基本人清楚地意识到这一点，在他看来"观众太习惯于从每幅图画中寻找出一个'意思'来，就是说他们太习惯于从复杂的因素中找出一些外表上的联系。"① 真正的个性化的主体进入抽象的阶段则完全要摒弃"意思"等诸多的因素，在个性化的主体经历了立体派的多角度透视走向抽象之后，主体在对自己的展现进行每个观望之后，它开始追求它认为它——个性化主体最终的目标，这个目标就是自由，只不过这个"自由"在它那里不是用概念的形式通过语言的能指和所指去表述，而是通过色彩来释放，这种释放让激情与思考同在。"抽象的精神是一种力量，使人类精神一往无前，永远攀升。当然，抽象的精神必然发出呼唤，而呼唤必须要有回应。"② 康定斯基所发出的抽象精神的呼唤就是对自由的呼唤。个性化的主体所发出的抽象精神的呼唤无须再去寻找任何形式，因为它把色彩注入点、线、面之中，直接表现它的内在就够了，色彩的点与线在画布上追寻与召唤难道不是个性化主体最为直接的预言，难道不是在表示它冲破任何羁绊吗？不但如此，它还告诉我们要追求自由，色彩的点、线、面是它的形式，同时也是它的内容，因为"精神的呼唤是形式的灵魂。呼唤使形式获得了生命，且由内向外地发生作用。所谓形式，乃内在内容的外在表现。"③ 当个性化的主体去思考它的最高形式同时也是它要追求的本质内容时，它所表现

---

① 裔萼编著《20世纪外国大师论艺书系：康定斯基论艺》，人民美术出版社2002年1月第1版，第109页。

② ［俄］康定斯基《俄罗斯思想文库艺术中的精神》，云南人民出版社1999年3月第1版，第93页。

③ 同上，第94页。

出来的和它希望表现出来的和它能表现出来的就是它已经表现出来的内容和形式的全部。有什么不好理解的吗？我们一定要把黑格尔的"绝对精神"画成罗丹的思想者才能去理解它吗？即便是黑格尔同意，罗丹也会拒绝，因为罗丹的思想者表现了更为广泛的内容。而抽象的精神即个性化主体所追求的自由所展示出来的点、线、面决不比罗丹的思想者所展示含义更为狭窄，相反它更为宽泛，因为首先它在形式上就拒绝任何物象的表达，其次是它的内容，也是它形式本身已经表达了一种同意反复。"在现实生活中，没有人会犯如下错误，明明要去柏林，却在雷根斯堡下车。但在精神生活中，人们却常常会在雷根斯堡下车。有时是司机不想走了，全部乘客都在雷根斯堡下车。人们祈求上帝，但是成千上万的信徒仅仅满足于叩拜神像！人们追求艺术，但是无数人只是面对艺术家的一种形式虚度光阴！"① 我们太容易被物象东西所羁绊，或者说我们已经被桎梏在物象当中还一无所知。我们看到画布上漂亮的维纳斯人体，看到山川河流，看到精美的果品静物，我们赞叹着美，在所有这些有形的物象跟前膜拜。我们不知道还有另一个世界，那个世界色彩的点、线、面在流动，它们自由地寻找的方式，就是我们追求的自由本身。红色是点，蓝色是面，橙黄色是流动的线，还有几抹暗黄，几条淡绿，这一切就足够了。再作一个类比，画布上方是灰的，画布下方是灰的，画布表面的斜线是灰的，在一片灰色当中有两个不规则的点隐约突出出来，一个鲜红，一个淡绿。这幅画本身还不够吗？是不是一定要还原成顾城那首诗才能表达它要表达的呢：天是灰色的/路是灰色的/楼是灰色的/雨是灰色的/在一片死灰之中/走过两个孩子/一个鲜红/一个淡绿。② 效果可能恰恰相反，顾城的诗恐怕远远没有那个色彩组成的世界给人以更广阔的空间，让人更深刻地思考，使人更自由地去想象。

米兰·昆德拉有篇演讲叫做"人类一思索，上帝就发笑"，"为什么人们一思索，上帝就发笑呢？因为人们愈思索，真理离他愈远。人们愈思索，人与人之间的思想距离就愈远"。③ 昆德拉让人放弃的思索，决不是

① ［俄］康定斯基《俄罗斯思想文库艺术中的精神》，云南人民出版社 1999 年 3 月第 1 版，第 96 页。

② 顾工编《顾城诗全编》，《生活·读书·新知》，上海三联书店 1995 年 6 月第 1 版，第 171－172 页。

③ ［捷］米兰·昆德拉《生命中不能承受之轻》，作家出版社 1991 年 3 月第 1 版，第 338－339 页。

对人本身的思考，而是要人放弃一种理性思考的樊篱。那种自以为对绝对真理把握的自负。那些没有听过上帝笑声的人，"自认掌握绝对真理，根正苗壮，又认为人人都得'统一思想'。然而，'个人'之所以有别于'人人'，正因为他窥破了'绝对真理'和'千人一面'的神话。"① 个性化的主体虽然脆弱，但它真实，它真正地追求它内在最高目标。我们可以套用昆德拉的话，在绘画领域，人们一旦追求那种对具体物象的思索，康定斯基就笑了，不过那是一个作为真实的主体的笑声，也是一个自由的笑声。

主体作为艺术家的思考和其自身的艺术行为，这种思考又独立出来，成为对人认识的一部分。伽达默尔说"理论是实践的反义词"，这为我们理解艺术的创造性以及主体在现代艺术当中的扩张提供了基础。美学家鲁道夫·阿恩海姆在比较传统艺术和现代派艺术时说："古代的艺术大师们所希望的是能够把主体对物质的坚固性和清晰可辨性感受突出出来，而现代派艺术却希望尽量减小事物的物质性和尽量把事物的主体性减小到最小限度。我们从现代艺术见到的形象，并不是再现物理现实的形象，而是人的想象力臆造出来的形象。"② 可以看出随着现代绘画的主体生成，也同时带来了新的艺术观念，那种传统观念对艺术的认识遭到彻底的质疑，艺术家对艺术的理解和把握是连同艺术作品共同产生的，艺术家不再受自身以外的任何陈规戒律所束缚，他只需听从自己内心的召唤，人为自己立法，人为艺术立法。"现代主义产生之前，关于艺术是什么的观念并不由艺术家自身制定的，它或者来自传统的范式，或是来自神学、哲学的他律性规定。"③ 现代西方绘画艺术已经彻底地摆脱和超越了传统的对象性的写实描述，走上了一条主体扩张之路。从对视觉真实的忠诚走向了对观念和理论的忠诚，从外部世界走向了个人的内心世界。这一转变使艺术彻底摆脱了几百年来艺术的实用功能、教育和提供视觉文献资料的功能。从而变成一种与智力相关的发展。这样，一方面艺术家的观念成为决定艺术形式的必要前提，另一方面，由于这种观念的个性化也使此后的现代艺术成为与大众相脱离的个人行为——这是现代艺术遭到许多人反对的重要原因。

---

① ［捷］米兰·昆德拉《生命中不能承受之轻》，作家出版社 1991 年 3 月第 1 版，第 339 页。

② 鲁·阿恩海姆《艺术心理学新论》，商务印书馆 1994 年 5 月，第 186 页。

③ 冯黎明《技术文明语境中的现代主义艺术》，中国社会科学出版社 2003 年 8 月版，第 12 页。

文艺复兴绘画的怪才

——探究包西艺术之谜

宋玉成

　　尽管意大利文艺复兴艺术的主题、形式和技法传播得既迅速又广泛，但在北欧各地却是逐渐被接受的，即便接受也常常是融合了本地域的特征，甚至在一些艺术家作品中所反映出来的地域个性风格更为独特。扬·凡·埃克统摄下的尼德兰绘画传统兴盛于 16 世纪的 20、30 年代。然而，当时最有独特风格的画家却是包西（又译博斯），他给艺术史留下许多难解之谜。

　　包西的出生年代至今仍无确切记载。大约 1450 年出生在偏远城市赫托根博斯的绘画世家。祖父、父亲、叔父都是从事艺术的。作为艺术家，作品制作年代同他的诞生一样仍旧是个谜。不过他的卒年是有确切记载的，即 1516 年 8 月 9 日，这是举行葬礼的日期。

　　包西艺术活动的早期是 1480—1481 年。大约在 1478 年，他的经济状况极为良好，也正是在此时与一位庄园主的女儿结了婚。这段时间所作的作品多是寓言故事内容。他还曾参加过一个宗教团体圣母玛利亚兄弟会。从这个"兄弟会"签名簿中可以查到包括包西在内的当时许多著名人士的名字。包西的《加纳家的宴会》作品中就画了"兄弟会"的标志性图像白鸟。包西对宗教的热心成为研究他的重要线索。他的艺术活动的后期，主要反映了宗教的堕落、战争的恐怖、魔女的泛滥等社会现实问题。这段时间也是其艺术创作的顶峰期。

　　包西虽然没有给后人留下著作和信件，但在他 30 岁期间，曾经出版过对我们了解包西有帮助的读物，其中主要的是《魔女的槌子》（1478年），编书人是德意志帝国宗教裁判所委托的神学名人。书中所写的许多情节在包西的绘画中几乎都出现过。看一下宗教裁判所的记载会使我们恍然大悟，得知包西后期绘画内容的主要来源。

> 这个世界存在着肮脏的恶魔，魔女们把人类变成了动物，一切欲望、情欲都是由恶魔而引发。这些恶魔是人类的敌人，它使人类谋财害命，以种种阴谋进行诈骗。这些恶魔腐蚀了人类的良心，减弱了人类的意志，使人间与地狱相连，并用魔法剥夺人类对神的信仰。他们是用魔法支配着正直的人间，诱惑着人类走向堕落。以三种特殊的罪恶行为支配着那些邪恶的女人，即：不相信一切、填不满的欲望、淫乱。①

书中还有更详尽的描述，如剥夺生殖能力、把人类情欲混同野兽、破坏女人的生育能力、堕胎等等。这些内容便构成了包西后期艺术的主要表现对象。如《七种罪恶》（此画本来是餐桌绘画，后被挂到了菲利普二世的寝室中）所表达的正是人类的七大罪状。包西使用了极其特殊的处理方法，画中是把宗教说教内容以活生生的现实生活的景象展现出的。此画的构图别具一格，中间是较大的圆形，圆形中间是耶稣像。耶稣像的圆周发射出 128 根光线。再向外是七组梯形的画面，即：妒忌、激怒、虚荣、邪恶、懒惰、贪食。桌子四个角上画有四个圆形画面。画中把人类罪恶的情景十分生动地表现出来，形成包西艺术典型特征之一。如，在"贪食"一画中表现的是大人与已经完全肥胖的孩子一起争食的情景。

包西一生画了多件三联式作品，其中最著名的就是其代表作《快乐之园》。那种宗教裁判所记载的情景切切实实的被物化在艺术家的作品中。关于这件作品的议论也是最多的。不过，这件作品作为包西全部作品内容的精华——"道德说教"这点上是不容置疑的。左联为《创造天地》，即伊甸园、夏娃的创造。巨大的中间画幅主要是表达肉欲的罪恶。右联是《音乐地狱》，魔物和乐器互相支撑，人群受着折磨骚动着。整个画面中，设置了两处寓意性的"泉"的造型。一是左翼的中间部分，是伊甸园中象征生命的"泉"。二是中间画幅中有奸淫含义的"泉"，是用巨大的青灰色的球体做底部，顶端是奇异的尖塔耸立着。其材料类似某种矿物质。宗教裁判所记载的景象已经是相当丰富了，然而，艺术家发挥的想象仍然让观者大为吃惊。

天国与地狱，在包西绘画中是用最为异常的方式表现的。如，"向天

---

① 引自《魔鬼的槌子》36 页，丢朗茨。

空升腾"这一局部，利用一个大圆筒造型，将祈祷者的灵魂带向天国，圆筒内发射出奇特的光，一层层闪烁。使人联想起但丁的《天国》中的诗句。地狱的表现，包西利用燃烧的火焰给人以强烈的恐惧感，《音乐地狱》中就是以喷射火焰来表现地狱的残酷，在背景中有无数个喷火点，无情的灼烤着罪人们……

"魔女们把人类变成了动物"这句话的外延含义，在包西作品中经常出现的则是一些常人所想象不到的也无法称呼的动植物形象，这些在他的大部分作品中都可以轻易发现。在《圣安东尼的诱惑》作品中，造型与构图虽然类似于《快乐之园》，但又比其更令人难以理解。为此产生了对包西奇异想象力来源的种种猜测。以下将从包西想象力、性格以及精神等角度予以揭示。

包西具有从想象王国里诞生的非凡的创造力。包西是孤独高傲的艺术家，在艺术中他是将写实主义与象征手法巧妙结合在一起的。某种角度讲应属于中世纪末期的艺术思维类型。他的艺术反映了对中世纪末的战争、鼠疫、魔女的恐怖心理状态，对血腥味悲剧的讽刺与嘲弄。他所处的是个充满恶魔与魔女信仰环境，这种信仰是深刻的痛苦的根源。历史学家曾全面的描述过中世纪末期社会状况。当时的尼德兰社会并不像其他各国那样文艺复兴来得迅速，只是处在迎接文艺复兴曙光到来的前夜。生活的繁荣也只限于宫廷内部，在这样的气氛中，包西生活和工作着。"15 世纪的法兰西和尼德兰本质上仍属于中世纪的。生活的根基并未改变，经院思想，象征主义和强大的形式主义，关于世界和生活完全二重分裂等概念仍居支配地位。"[1] 一位荷兰的历史学家指出：由于生活在很粗暴、很动荡而且多变的时代，人们同时地嗅着血腥味和蔷薇花香味，又尝着地狱般的苦闷，在没有怜悯的冷酷的世间飘泊着……正是这样，包西既描绘了硫黄和激流，又描绘了烟雾所造成的黑暗。世俗的不道德与恐怖混合，加上神秘剧也大肆公演，教会的堕落，掀起了新的神秘主义的风潮。艺术家也正是把握了这些事实，他懂得如何用艺术的最普通的语言来表达一切，并做到淋漓尽致。

包西的自画像也成为我们研究其想象力源泉的有力因素之一。与同时代的画家不同，包西的自画像不是独幅的，而是在《快乐之园》祭坛画中隐藏着。《快乐之园》右翼《音乐地狱》的上部，它把自己的身体做成树

---

① 约翰·赫伊津哈著，刘军等译《中世纪的衰落》，第 356 页。

干、靴子和两只船的形状，上面有奇异的生物在冒烟的蒸馏器一样东西上徘徊。但他自己的头像在画面中显出了极度个性化，以非常写实的方法表现，其表情也难以确定，是判断？训诫？嘲讽？或轻蔑？同时又有一种同情的意味。这件独特的自画像与另一幅版画《包西肖像》成为研究包西之谜的最有价值的资料之一。根据近代精神分析学研究成果，包西之谜似乎可以找到一点揭示答案。从"心理肖像"角度得出一些有帮助的解释。这幅版画作品展示了一位年老的形象，嘴唇很薄，锐利的眼光散发着忧郁的光彩。从瘦弱的呈三角形的脸形上，研究者们认为是属于"无力型"或"细长型"，也就是说，细瘦的胸部，很小的头部，长而尖的鼻子等特征的人，被分类定为细瘦骨骼的体形，这种体形与精神分裂症的气质常常被联系在一起，被视为具有独特性格类型的人。是内心中蕴藏着既激动而又容易绝望的两种情绪的人。具备这种性格的人，如果长期生活在良好的环境中，若能够得到生活的欢乐的话，则会很平静。但是，如果突然遭受混乱袭击，立即会陷入深深的悲伤境地，就可能导致忧郁症的产生。因此，包西的作品如果用这种"精神分裂的气质"来做某种解释或许是适合的。

把他的绘画作品作为对象加以精神分析，结果可以发现，画面成了艺术家意识下的投影，以此作为解开包西艺术之谜的线索。也有的学者认为"性癖"在画家的心理构成上有着重要的作用。弗洛伊德则认为包西是"强迫性神经症"的典型。持这种观点的人把包西所画的"男性的阉割、四肢解体、切断肠子、贪食、肉体的破裂"等形象描绘都看成是"强迫性神经症"绘画情景。有的学者特别对《快乐之园》中间密集的裸体形象指出，是一种官能的享受，即是说是潜在于画家内心的色情的真实表露。

对包西何以具有难以置信的想象力，有人提出了种种假说。"想象力总是奋力传达那不可言状之物，要富于其形状、形象，但是却屡屡失效；人们总是为了呼唤'全一'而寄希望于空间无限延展性术语，却又屡次失望"[1] 当时尼德兰许多艺术家，包括勃鲁盖尔在内，都对想象力的发掘大动干戈，奋力发掘，也历经了失败的过程。然而，最终获得成功的仅有包西。包西属于前卫艺术家？或者是个艺术上的变异者？他通过绘画反映了社会的堕落、战争的恐怖、教会的叛逆。当时许多文献记载了他是伟大的艺术家，但是除了他高超的艺术技巧之外，也不得不使人们从多方面进行

---

① 约翰·赫伊津哈著，刘军等译《中世纪的衰落》，第230页。

考察、探究。诸如，从更广泛意义上的象征主义、文学上的有关魔鬼方面的描述，尤其是包西超人的想象力的来源等等。最突出的是：包西是否麻醉药的服用者？以精神分析学角度来看，说明了带有地狱的画面内容表现是其艺术的主要特征。某大学教授对于这个问题做了有趣的试验。依据16世纪神秘论者的论文做了精密的处方，教授亲自服用过之后，竟然"再现"了魔女的药方所引起的景象。同样，兴奋剂的混合物使用者的其他作家也有过类似的体验。许多有兴趣的被试验者，在20小时睡眠之后，由于药物的作用，把种种幻觉细致地描写下来。这种实验所带来的幻觉症状，竟然连试验者本人也感到吃惊，所有的试验者们都描述了在空中悬浮遨游的感觉和被魔鬼一样的生物袭击的可怕场面。看来，这种药物有着产生奇妙幻觉的功效。那么，包西的作品是在特定的精神状态下画出来的，这样说是否妥当呢？画家有时为了刺激创作欲望而依赖药物是可能的！

当然，如果对包西的研究仅限于"恶魔"性的范围，包西的艺术作用及普遍意义有可能丧失，也必然要受到制约。作为绘画历史来讲，包西的艺术更加丰富了"精神源泉"。包西在"恶魔世界"的表现上都是以独立的领域存在的。即是说，在他所表现的世界中，天与地是对应的，是按创世主的原理、构造、固有的美的法则绘制的。

包西去世后几个世纪，甚至到今天，他的人格、才气和作品也仍然是个谜。尽管艺术家在16世纪曾经被人称赞过，作品也一度被制作成挂毯，但后来却奇迹般地被遗忘了。对包西艺术的再度评价是19世纪末期。那时包西的艺术几乎成了永久性的新的无穷意味的宝库。由于包西荣誉之高，1929年在市中央广场建立了包西纪念碑。19世纪末，人们对包西有了进一步的了解，认为包西在美术史上的地位是无人能够替代的。尤其受到现代超现实主义画派的顶礼膜拜。他与众不同的匠心在于视觉欢悦的多变和色彩语言的革新。他表现对象所运用的是非客观形象，不受任何束缚，创造了非动物、非人物、非植物的混合物，这本身就是非凡的独创。从他的技法而言，完全可以与同时代的艺术巨匠相匹敌。他还是近代风景画的创始人之一。他是以特有的手法把握文艺复兴空间表达技巧的艺术家。作为巨匠，包西具备了所有的特征，担当了那个时代艺术上新的课题。他所涉猎的范畴是多方面的。但其中最主要的是：比绘画语言更重要的是观念。即，建立了把美的现实以象征手法表达的绘画新观念。这也正是包西艺术给予我们的最有价值的启示。

韩拙《山水纯全集》绘画美学
思想中的"理"论

谢兴伟

　　韩拙，字纯全，号琴堂，南阳（今河南）人，其生卒年不详，约为北宋徽宗时画院中人。韩拙有画论《山水纯全集》一书传世，其持论多主规矩，传承和吸收了很多前人有关山水画的创作经验。韩拙绘画美学思想中的"规矩"主要体现为主张绘画、笔墨、观画都要合乎"理"，"品四时之景物，务要明乎物理度乎人事"①，笔墨"切要循乎规矩格法，本乎自然气韵"，"观画之理，非融心神善缣素精通博览者，不能达是理也"。韩拙绘画美学思想中的"理"论显然是受到了北宋理学思想的影响，重"气"讲"理"是韩拙画论思想的一大特色，这不仅与韩拙"家世儒业"有关，也与宋代画院山水画求理的创作倾向有关。本文将从绘画之理、笔墨之理、观画之理三个方面论述韩拙《山水纯全集》绘画美学思想中的"理"论，初步探讨一下在韩拙那里山水画要合乎的规矩。

一、绘画之理："明乎物理，度乎人事"

　　在绘画创作中，韩拙主张要"明乎物理，度乎人事"，在论山、论水、论林木、论石、论云霞烟雾霭岚光风雨雪、论人物桥彴关城寺观山居舟车中，都贯穿着其"明乎物理，度乎人事"的思想。

　　1. "明乎物理"
　　画山水，要明乎山水之物理，在"论山"开篇中，韩拙便指出："凡

---

　　① 韩拙《山水纯全集·论人物桥彴关城寺观山居舟车四时之景》，本文所引《山水纯全集》均见俞剑华《中国古代画论类编》（下），人民美术出版社 1998 年版。

画山言丈尺分寸者，王右丞之法则也。山有主客尊卑之序，阴阳逆顺之仪。其山各有形，体亦各有名。习山水之士，好学之流知也"①。可见，在韩拙看来，知山水景物之物理乃习山水之士必备之识，是进行山水画创作的基础条件。在借鉴前人思想的基础上，韩拙详细阐释了山之大小远近、水之缓急浅深的物理之性。对山水物理体貌的细致界定，皆源于韩拙山水画创作中"明乎物理"的要求。

韩拙绘画美学中"明乎物理"的思想主要表现在他思想中明晰的空间意识和时间意识。在空间上，他辨析了四方景物的不同，指出："山亦有四方体貌，景物各异。东山敦厚而广博，景质而木多。西山川峡而峭拔，高耸而险峻。南山低小而水多，江湖景秀而华丽。北山阔墁而多阜，林木气重而水窄。"② 可见，四方之山的物理特性和包孕的品格是各不相同的，在绘画创作中要注意到这种不同，"东山宜画村落耕锄，旅店山居，宦官行客之类。西山宜画关城、栈道、骡纲、高阁观宇之类。北山宜画盘车、骆驼、樵人背负之类。南山宜画江村渔市、水村山郭之类"③。在绘画创作中，要注意四方景物之不同，因为南北之风土不同，所以要依其物理而分别对待。除了要注意四方景物空间分布的不同之外，韩拙还在郭熙"三远"之论的基础上提出了自己的"三远"观。他说："郭氏云：山有三远。自山下而仰山上，背有淡山者，谓之高远。自前山而窥后山者，谓之深远。自近山至远山谓之平远。愚又论三远者：有山根边举水波亘望而遥，谓之阔远。有野霞暝漠，野水隔而仿佛不见者，谓之迷远。景物至绝而微茫缥缈者，谓之幽远"④。韩拙的"三远"观显然是对郭熙所提"三远"中"平远"的进一步发挥和细化，阔远、迷远、幽远渐行渐远，渐达目之极，以物理为基，又渐趋物理之外。

在时间上，韩拙则着重辨析了四时之景的不同，指出"山有四时之色：春山艳冶，夏山苍翠，秋山明净，冬山惨淡"⑤、"水有四时之色，随四时之气。春水微碧，夏水微绿，秋水微清，冬水微惨"⑥，此外，林木、云霞烟雾霭岚光风雨雪、人物桥约关城寺观山居舟车皆有四时不同之景，绘画创作中要因时而异，遵循景物四时的物理气象。韩拙认为，"若能知

---

① 韩拙《山水纯全集·论山》。
②③④⑤ 同上。
⑥ 韩拙《山水纯全集·论水》。

此以随时制景任其才思，则山水中装饰无不备矣"①。至此可见，在山水画创作中，韩拙十分强调对所画山水物理之性的探寻，"品四时景物，务要明乎物理度乎人事"，物理既明，还要参度人事，这是韩拙所论及的绘画之理的另一维度。

2. "度乎人事"

韩拙论及的绘画之理除要"明乎物理"之外，还要"度乎人事"，山水林木之类既要循乎其自身物之理而成画，又要兼及人事之理而布局表现，山水林木非死物也，要现生气，当以人事之理度之。所以，韩拙在论山时指出："山有主客尊卑之序，阴阳逆顺之仪。"② 就是说，山与山之间的关系也如人世间一样，其布局也是要讲究尊卑的，山也像人一样，在不同的条件状态下会有不同的仪容。"主者，乃众山中高而大者是也。有雄气而敦厚，旁有辅峰聚围者岳也。大者尊也，小者卑也。大小冈阜朝揖于主者，顺也。不如此者，逆也"③。这里，韩拙将山的主客尊卑关系讲的十分清晰明了，与人世间的主客尊卑关系并无二致，显然是遵循了"度乎人事"的观念，这种主客尊卑观念很明显是儒家之理，这也与韩拙"家世儒业"的背景是相关的。

孔子在《论语·雍也》中讲道："知者乐水，仁者乐山。"可以说，这是"比德"思想的肇始，后经战国及汉代思想家的阐发逐渐形成了后世的"比德"理论。按照"比德"理论，人之所以欣赏喜爱山水林石等自然景物，是因为人们在这些自然物的特性中发现了与人的品格气质相关的一些特性，由人而及物，又以物之性而彰人之性。所以，后世中经常以梅兰竹菊等这些高洁孤傲之物入画，以物比德，彰显画家所推崇的品格。"家世儒业"的韩拙绘画要"度乎人事"观念，自然也少不了受到由物之品性而及人之品性的"比德"思想的影响。韩拙在论林木时，讲道："松者，若公侯也。为众木之长，亭亭气概，高上盘于空，势逼霄汉，枝迸而覆挂，下接凡木，以贵待贱，如君子之德，周而不比"④。这里，韩拙讲到画松时要体现出松作为众木之长的气概，要表现出松"周而不比"的君子品格，这个思想显然是吸收了孔子"君子周而不比，小人比而不周"⑤

---

① 韩拙《山水纯全集·论人物桥彴关城寺观山居舟车四时之景》。
② 韩拙《山水纯全集·论山》。
③ 同上。
④ 韩拙《山水纯全集·论林木》。
⑤ 孔子《论语·为政》。

的思想，强调在画松时要画出松所蕴涵的君子的"周而不比"的高尚品格。另外，在论及画石时，韩拙也指出"夫画石者，贵要磊落雄壮"①，这显然也是要以石之品性显人之品格。

由以上论述可见，韩拙绘画美学思想中所论及的"绘画之理"主要就是要做到"明乎物理度乎人事"，绘画要"顺其物理"、"随时制景"，还要参度人事，呈现出所画之物的生气和品性。

二、笔墨之理："循乎规矩格法，本乎自然气韵"

韩拙论画亦十分强调要遵循笔墨之理，讲究"循乎规矩格法，本乎自然气韵"②。山水画的创造要十分注重笔墨的运用，要做到以心运笔，"笔以立其形质，墨以分其阴阳。山水悉从笔墨而成"③。笔墨运用不当，便会绘画之病丛生。所以，韩拙在谈及笔墨之理时，便分别从"规矩格法"与"自然气韵"两个角度进行了探讨。

1. "循乎规矩格法"

作画是要讲究技法的，笔墨的合理运用便是作画的最大技法。在韩拙看来，笔墨运用不当便会使画作呈现出一种病态，韩拙总结了前人提出运笔的"版"、"刻"、"结"三病，自己又提出了一病即"礭病"。"版病者，腕弱笔痴，取与全亏，物状平扁，不能圆浑者版也。刻病者，笔迹显露，用笔中凝，勾画之际，妄生圭角者刻也。结病者，欲行不行，当散不散，似物留凝，不得流畅者结也。愚又有一论谓之礭病。笔路谨细而痴拘，全无变通，笔墨虽行，类同死物，状如雕印之迹者礭也"④。这是运笔的四种病态，韩拙逐一给予了描述。在用墨上，韩拙指出："墨用太多则失其真体，损其笔而且浊。用墨太微即气法而弱也。过与不及皆为病耳"⑤。从韩拙的论述中我们可以见到，运笔不遵循一定的规矩格法，则会出现版、刻、结、礭四病，用墨不循乎规矩格法则会出现失其真体、气法弱之病。所以，韩拙主张山水画的创作在笔墨的运用上必须要"循乎规矩格法"，否则便会病态百出。

在韩拙看来，运笔用墨虽然要"循乎规矩格法"，但是并非仅仅如此，

---

① 韩拙《山水纯全集·论石》。
② 韩拙《山水纯全集·论用笔墨格法气韵之病》。
③④⑤ 同上。

除此之外，笔墨的运用之理更要讲究"本乎自然气韵"。

2."本乎自然气韵"

山水画创作中，"规矩格法"只是笔墨运用要遵循的基本法度，而笔墨的根本精神还是要"本乎自然气韵"。所以，韩拙讲："凡未操笔间，当先凝神着思，预想目前，所以意在笔先，用意于内然后用格法以挥之，可谓得之于心应之于手也"①。也就是说，"规矩格法"只是传达笔墨精神的基础技巧而已，笔墨技巧运用不当虽会产生诸多病状，然最大之病乃是"俗病"。他说："作画之病者众也，惟俗病最大。出于浅陋循卑，昧乎格法之士，动作无规，乱挥取逸。强务古淡而枯燥，苟图巧密而缠缚。诈伪老笔，本非自然"②。由此可见，笔墨运用中不循乎规矩格法是病，不本乎自然气韵更是病，是"俗病"，这二者都是韩拙要讨论的"笔墨格法气韵之病"。

韩拙关于笔墨运用要"本乎自然气韵"的观点坚持和传承了中国山水画创作的一贯主张，将"自然气韵"标举为山水画创作要呈现的基本精神。"凡用笔先求气韵，次采体要，然后精思"。也就是说，运笔要以呈现气韵为旨归，然后再思考传达的技巧问题，不可颠倒主次。"若形势未备，便用巧密精思，必失其气韵也。大概以气韵求其画，则形似自得于其间也"③。韩拙这里其实是简单阐述了形神之关系，神能统形，气韵既出则形体自似。在讲明了"用笔当先求气韵"的基础上，韩拙又进一步从"实"与"华"的关系阐述了"画山水之理"。他说："实为质干也，华为华藻也。质干本乎自然，华藻出于人事。实为本也，华为末也。自然体也，人事用也。岂可失其本而逐其末，忘其体而执其用乎？是犹画者惟务华媚而体法污，惟务柔细而神气泯，真俗病耳！焉知守实去华之理哉"④。实为质干，质干本乎自然，守实即为要本乎自然。华为华藻，华藻出于人事，去华即为要不媚俗。"守实去华之理"其讲的就是"本乎自然气韵"的道理。

韩拙在《山水纯全集》中多次提及荆浩，他关于"实"与"华"问题的论述显然是吸收了荆浩"度物象而取其真"的思想。荆浩曾言："画者，画也，度物象而取其真。物之华，取其华，物之实，取其实，不可执

---

① 韩拙《山水纯全集·论用笔墨格法气韵之病》。
②③④ 同上。

华为实。若不知术，苟似，可也。图真，不可及也"①。荆浩这里讲到要"度物象而取其真"；"不可执华为实"，仅取其"华"，只能做到"似"，而无法图其"真"，"似者，得其形，遗其气。真者，气质俱盛"②。荆浩讲的"真"其实就是要做到山水自然气韵的真实显现。由此可见，韩拙讲的"守实去华"、"本乎自然气韵"的思想显然是对荆浩"不可执华去实"、"度物象而取其真"思想的吸收和借鉴。

韩拙论及的"笔墨之理"其实是辩证地阐释了笔墨技法的使用与笔墨精神的传达二者之间的关系，技法的使用是为了精神的传达，精神的传达要依赖技法的使用，但又不能拘泥于技法。

三、观画之理："融心神善缣素精通博览"

在韩拙的绘画美学思想中，绘画创作要合乎理，笔墨运用要合乎理，观画赏画也要有其理。欣赏者不知观画之理便无法品评画之格调高低。所以，韩拙讲"观画之理，非融心神，善缣素，精通博览者，不能达是理也"③。这里，韩拙指出要观"画之理"，须要做到"融心神"、"善缣素"、"精通博览"，不具备这些条件，便无法赏析"画之理"。而这三个条件，正是韩拙的观画之理。

韩拙论画思想受北宋理学特别是张载哲学思想的影响，凡事皆讲其理。张载在《正蒙·太和篇》中曾言："天地之气，虽聚散、攻取百途，然其为理也顺也顺而不妄。"④ 就是说，天地之间的气虽然时聚时散，时而排斥时而吸引，千变万化，但是这种变化都是遵循一定的"理"而不混乱。韩拙显然受到过这种思想的影响，他在"论观画别识"时讲："穷天文者然后证丘陵。天地之间，虽事之多，有条则不紊；物之众，有绪则不杂。盖各有理之所寓耳"⑤。正是由于韩拙的这种对天地万物的认识，他才提出"观画之理，非融心神，善缣素，精通博览者，不能达是理也"。

---

① 荆浩《笔法记》，见《中国美学名著导读》，朱良志编著，北京大学出版社 2004 年 8 月第 1 版。

② 同上。

③ 韩拙《山水纯全集·论观画别识》。

④ 方克立、李兰芝编著《中国哲学名著选读》，南开大学出版社 1996 年 10 月第 1 版，第 330 页。

⑤ 韩拙《山水纯全集·论观画别石》。

观画之理要求要能"融心神",不融心会神,便无以观"画之理"。观画要"融心神"其实涉及了审美心胸的问题,审美心胸的思想萌芽于老子的"涤除玄鉴",后庄子又论及"心斋"、"坐忘"的问题,至画学乃有南朝宗炳始论及"澄怀味象",他说:"圣人含道映物,贤者澄怀味象。"①北宋郭熙在其《林泉高致》中提及的"林泉之心"亦涉及审美心胸的问题。韩拙吸纳了前人的思想,认为观画之理要做到"融心神"。山水画作乃"隐造化之情实,论古今之蹟奥,发挥天地之形容,蕴藉圣贤之艺业"②,贱隶俗人是不能窥其端倪的。山水画作乃"有不测之神思,难名之妙意,寓于其间"③,不以神会神,以心融心,是难窥其堂奥的。所以,对于山水画作的观赏,观赏者是要以己之"心神"融于自然之山水,去体悟山水画作中饱含的气韵,达到"与道同化"的境界。

心神既融于山水,再阅诸画,便能合乎"前贤家法规矩用度",做到"先看风势气韵,次究格法高低"。"格法高低"虽要"次究之",然观画者亦不可不究,因为"古今山水之格皆画也",唯"通画法者"能"得神全之气",所以,观画还须"善缣素"。观画者若能自身"善缣素",精于画山水之道,自然能于山水画的赏析中有更深刻的理解和体悟。除此之外,对于山水画"精通博览"亦尤为重要。韩拙指出:"近世画者,多执好一家之学,不通诸名流之迹者众也。虽博究诸家之能,精于一家者寡矣。"④在韩拙看来,当时的画家有很多都是"执好一家之学",但是"不通诸名流之迹",没有做到"博览"。即使有"博究诸家之能"者,但是又不能做到"精于一家",没有做到"精通"。这样的画家所作的画作往往"杂乎神思,乱乎规格,难识而难别"。所以,只有"节明其诸家画法,乃为精通之士,论其别白之理也"。在韩拙看来,只有"精通博览"者才能真正地识别"画之理"。

韩拙《山水纯全集》绘画美学思想中始终是贯穿着"理"的思想,无论是在绘画创作中,笔墨运用上,还是在赏析画作上,都遵循着他思想中的"理"论。具体来讲就是,绘画创作要"明乎物理,度乎人事",笔墨运用要"循乎规矩格法,本乎自然气韵",绘画赏析要"融心神善缣素

---

① 宗炳《画山水序》,见《中国美学名著导读》,朱良志编著,北京大学出版社 2004 年 8 月第 1 版。

② 韩拙《山水纯全集·论观画别识》。

③④ 同上。

精通博览"。

参考文献：

［1］《中国古代画论类编》（下），俞剑华编著，人民美术出版社 1998 年版。

［2］《中国美学名著导读》，朱良志编著，北京大学出版社 2004 年 8 月第 1 版。

［3］《中国艺术精神》，徐复观著，华东师范大学出版社 2002 年 12 月第 1 版。

［4］《中国美学史大纲》，叶朗著，上海人民出版社 1985 年 11 月第 1 版。

［5］《中国哲学名著选读》，方克立、李兰芝编著，南开大学出版社 1996 年 10 月第 1 版。

［6］《韩拙〈山水纯全集〉中"气"的思想》，丁玲著，载《安徽师范大学学报》（人文社会科学版）1999 年 11 月第 4 期。

汉画像乐舞图中的狂欢世界

顾 颖

一、乐舞中的狂欢世界

全民性

早在公元 4 世纪中期，在经济条件比较优越的大城市，像齐国的临淄，据说人人都会奏乐器。《战国策·齐一》：苏秦对齐宣王说："临淄甚富而实，其民无不吹竽、鼓瑟、击筑、弹琴。"秦始皇统一六国之后，吸收了包括音乐在内的六国文化成果。《史记·秦始皇本纪》载："秦每破诸侯，写放其宫室，作之咸阳北阪上，……所得诸侯美人钟鼓，以充入之。"汉承秦制，汉代民间音乐在汉代统治阶级中间，受到广泛欢迎。汉代上层统治者有一种作歌抒怀的风气，无论战争、祭祀、欢乐、悲愤常常写歌颂之，有的甚至亲自奏乐，手舞足蹈。[①] 随着中外文化交流的频繁和密切，一些西方的幻术、马术、杂技也传到汉朝，可以说汉代音乐是古代中国音乐的又一大高峰。汉代礼乐紧密相连，各种祭祀、礼仪，诸如祭神、求雨、驱疫、筵宴、射仪、各国使节往来，无不伴以乐舞。《盐铁论·散不足》谈到民间的娱乐活动时说："今俗因人之丧以求酒肉，幸而小坐而鬼扮歌舞，俳优连笑伎戏。"《盐铁论·崇礼》篇说："夫家人有客，尚可倡优奇变之乐。"从出土的汉画像中能够看到主人在宴请宾客时必有歌舞助兴。如 1974 年 3 月在竹瓦铺砖室墓出土的宴饮画像中可以看

---

① 刘再生《中国古代音乐史简述》，人民音乐出版社 1991 年版，第 111 – 119 页。

到上层坐着戴着高冠、身着华丽长袍的宾主，下层则有艺人表演盘舞、龙舞等丰富多彩的乐舞百戏。（图1）

图1　四川郫县宴乐画像
（采自《中国画像石全集》第2卷图四七）

可见乐舞已经深入汉代人们的日常生活的方方面面，能歌善弹是相当普遍的情况。在四川二磴岩东汉晚期的5号、6号崖墓中都发现"集体舞蹈图"画像。（图2、图3）画面上都是7个人，其中一个人盘腿吹奏，一个人领舞，另外五人均为体态婀娜的长裙女性，手拉手形成连臂舞队。在马家窑陶盆中也可以看到类似的五人舞蹈。（图4）崇尚五是秦汉时期巴人地区的习俗，以五为伍，五人并不仅仅指五人，而是指众人，代表人数无限多的集体。据说在该地区还发现有多达九人的类似画像，图中人物穿着各异，男女老少都有，位置错落有致，动作姿态各有不同，情绪显得兴奋激烈，好似在举行盛大的狂欢节日。这种集体性的全民舞蹈在我国阿坝、凉山、攀枝花等地仍可以看到。如羌族的"哟粗布"、川西北藏族的"达尔嘎"仍然是领舞者带着大家齐舞的模式。

图2　二磴岩5号墓集体舞画像
（采自四川省音乐舞蹈研究所编《巴蜀舞蹈史》图27）

图 3　二磴岩 6 号墓集体舞画像

（采自四川省音乐舞蹈研究所编《巴蜀舞蹈史》图 28）

图 4　马家窑陶盆舞蹈画像

（采自冯双白、王宁宁、刘晓真《图说中国舞蹈史》导言）

　　汉代尚无专职化剧场的出现，大型乐舞演出的场地多是在殿堂、庭院、广场等。广场是底层平民大众的象征、全民性的象征，在真正的狂欢节型庆典中，广场是具有无上约束力的即定范围，是人们放纵自身，自由挥洒的特殊天地。这里没有演员和观众之分，甚至没有舞台，没有演出和观看的截然区分，人们不是袖手旁观，而是生活在其中，而且是所有的人都生活在其中。汉代就有一种叫做"观"的表演场地，可以表演《驰骋百马》这样的大型节目，其中"平乐观"最有名。① 在举行大规模的活动时，皇帝、大臣、使节、方圆三四百里的百姓都聚集在一起，人山人海，共庆节日。《汉书·武帝纪》：

　　　　三年春，作角抵戏，三百里内皆（来）观。（卷六，第 194 页）
　　　　夏，京师民观角抵于上林平乐观。（卷六，页 198）

――――――――――

① 傅起凤、傅腾龙《中国杂技》，天津科学技术出版社 1983 年版，第 1–40 页。

　　可证当时的大型表演全民参与的特点。在沂南汉墓中室东壁横额（图5）和安丘汉墓中室室顶北坡西段的乐舞图中，（图6）就展现了这种广场性的全民狂欢。"在狂欢节的广场上，在暂时取消了人们之间的一切等级差别和隔阂，取消了日常生活，即非狂欢节生活中的某些规范和禁令的条件下，形成了在平时生活中不可能有的一种特殊的既理想又现实的人与人之间的交往。这是人们之间没有任何距离，不拘形迹地在广场上的自由接触。"① 起源于汉代的元宵节是中华民族典型的"狂欢节"。封建社会不允许年轻女性抛头露面，但是在元宵节却可以在灯火下载歌载舞。"总之，在狂欢节上是生活本身在表演，而表演又暂时变了生活本身。狂欢节的特殊本性，其特殊的存在性质就在于成此。"②

图5　沂南汉墓中室东壁横额画像

（采自《中国画像石全集》第1卷图二〇三）

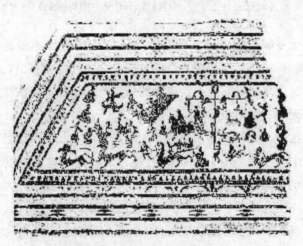

图6　安丘汉墓广场乐舞画像

（采自《中国画像石全集》第1卷图一〇五）

---

　　① ［前苏联］巴赫金《拉伯雷的创作与中世纪和文艺复兴时期的民间文化》，见《巴赫金全集》第六卷，河北教育出版社1998年版，第19页。

　　② 同上，第9页。

节庆性

节庆的时间是一种对立于日常时间的时间概念，日常时间是线性的、瞬时性的单向结构，是不可重复的单向运动过程。而节庆时间重复性与永恒性。巴赫金认为节庆活动（任何节庆活动）都是人类文化极其重要的第一性形式，它具有深刻的内涵。他多次指出狂欢节与时间的本质联系，有一种特殊的"节日气候"。[①] 他说："节庆活动永远与时间有着本质性的关系，一定的和具体的自然（宇宙）时间、生物时间和历史时间观念永远是它的基础。同时，节庆活动在其历史发展的所有阶段上，都是与自然、社会和人生的危机、转折关头相联系的。死亡和再生、交替和更新的因素永远是节庆世界感受的主导因素。正是这些因素通过一定节日的具体形式，形成了节日特有的节庆性。"[②]

中国传统节日如过年、元旦、元宵节等节日皆起源于汉代。[③] 在这样的节日里，宫廷一般要举行"百戏"表演。《汉官仪》记载："每岁首正月，为大朝贺……百官受赐宴享，大作乐。"（《东汉会要·礼》）另蔡质《汉仪》云："正月旦，天子幸德阳殿，临轩……宗室诸刘亲会，万人以上，立西面。位既定，上寿……作九宾散乐。"（《东汉会要·礼》）这里的"大作乐"和"九宾散乐"就是指"百戏"表演。但是这种官方的节日庆典存在很多的等级、特权和禁忌，庆典活动死板、程序化。"任何组织和完善社会劳动过程的'练习'、任何'劳动游戏'、任何休息或劳动间歇本身都永远不能成为节日。要使它们成为节日，必须把另一种存在领域里即精神和意识形态领域里的某种东西加入进去。它们不应该从手段和必要条件方面获得认可，而应该从人类生存的最高目的，即从理想方面得到认可。离开这一点，就不可能有任何节庆性。"[④] 而在民间，同样的传统节日则是全民共享、自由平等的第二种生活方式。比如元宵节的"闹花灯"。正月十五放灯火之俗始于汉武帝祀太一神，每到正月十五夜，城乡

---

① ［前苏联］巴赫金《〈弗朗索瓦·拉伯雷的创作与中世纪和文艺复兴时代的民间文化〉导言》，载佟景韩译《巴赫金文论选》，中国社会科学出版社1996年版，第250页。

② 同上，第10页。

③ 韩养民、郭兴文《中国古代节日风俗》，陕西人民出版社2002年版，第43－54页，第113页。

④ ［前苏联］巴赫金《拉伯雷的创作与中世纪和文艺复兴时期的民间文化》，见《巴赫金全集》第六卷，河北教育出版社1998年版，第10页。

灯火辉煌，昼夜通明，士族庶民，一律挂灯。《事物纪原》记载：汉代西都长安城有执金吾负责宵禁"晓暝传呼，以禁夜行"，唯有正月十五日夜晚，皇帝特许执金吾弛禁，前后各一日，允许士民踏月观灯。元宵节讲究的就是走出家门普天同乐，是各民俗节日中唯一以"闹"为核心内容的。同样在《事物纪原》中记录了清明节的一些娱乐活动，比如流传至今的打秋千，打秋千原为汉武帝的后庭之戏，本为"千秋"，是祝寿之词，后世传为"秋千"。[①] 每到寒食清明节来临，民间的姑娘们都穿着彩色的衣裙，荡着秋千，上下凌空，彩带飘飘，犹如仙女下凡而来。同时在清明之节进行的娱乐活动还有"蹴鞠"等等。（图7）张衡《南都赋》记载了汉代"祓褉"的情景。每年三月上巳日，官民人众都要到河里洗濯，除灾求福，然后穿上漂亮的衣服载歌载舞，这是真正的民间的节日。"与官方节日相对立，狂欢节仿佛暂时摆脱占统治地位的真理和现有的制度，庆贺暂时取消一切等级关系、特权、规范和禁令。这是真正的时间节日，不断生成、交替和更新的节日。它与一切永存、完成和终结相敌对。它面向未完成的将来。"[②]

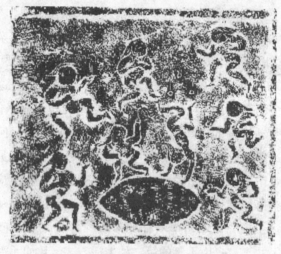

图7 蹴鞠画像
（采自《中国画像石全集》第2卷图一〇）

各种民间节日形式瞻望的是未来，并表演着这个未来，即"黄金时

① 韩养民、郭兴文《中国古代节日风俗》，陕西人民出版社2002年版，第43－54页，第113页。
② ［前苏联］巴赫金《拉伯雷的创作与中世纪和文艺复兴时期的民间文化》，见《巴赫金全集》第六卷，河北教育出版社1998年版，第1－12页。

代"对过去的胜利：这是物质幸福、自由、平等、博爱之全民丰裕的胜利。未来的这种胜利是由人民的不朽所保证的。正像旧事物的灭亡是必然的、不可避免的一样；新的、大的、更好的事物的诞生。[①]

诙谐戏谑性

狂欢节中最不可缺少的就是笑声，而这些笑声就是通过插科打诨来实现的。汉代的乐舞百戏表演很多带有诙谐戏谑型，"谐"，刘勰认为"谐之言皆也，辞浅会俗，皆悦笑。"（《文心雕龙》）就是用俚俗言辞，取悦他人，获得笑的效果。"谑"，许慎云："谑，戏也。"（《说文解字》）戏，本身就有戏弄、调侃、逗趣之意。诙谐戏谑在《诗经》时代就已经是"谐浪笑傲"（《邶风·终风》），到了汉代更是形成风气，《汉书·徐乐传》云："俳优侏儒之笑，不乏于前。"俳优在古代是以乐舞戏谑为业的艺人。俳为杂戏、滑稽戏之古名，优即演员、艺人之古称。（《表演词典》）。《韩非子·难三》："俳优侏儒，固人主之所与燕也。"《汉书·霍光传》："俳优。"俳优的演出是以滑稽的形象、幽默而诙谐的言词和动作、流利而多辩的口才为特征。如颜师古注："俳优，谐戏也。"其艺术活动包括歌、舞、乐、优四项，以诙谐嘲弄为特色。又如《左传·襄公六年》记："宋华弱与乐辔，少相狎，长相优。"杜注："优，调戏也。"在《说苑·急就篇》中更是点明此特色。云："倡优俳笑观倚庭。"注："倡，乐人也；俳，谓优之亵狎者也；笑，谓动作，云为皆可笑也。"这些文献中的描述几乎在汉画像中都有生动的体现。（图8、图9）汉画中俳优的表演充满了滑稽、讽刺、调谑的狂欢节特征。

图8　南阳沙岗店俳优画像

（采自《中国画像石全集》第6卷图一一四）

---

① ［前苏联］巴赫金《拉伯雷的创作与中世纪和文艺复兴时期的民间文化》，见《巴赫金全集》第六卷，河北教育出版社1998年版，第296页。

图 9　东汉彩绘陶仓楼俳优画像
（采自刘伯恩《中国舞蹈文物图典》第 129 页图二）

从出土的汉代文物看，那时俳优已经大量存在，不仅皇室蓄养俳优来为自己提供娱乐，富商巨贾也纷纷效仿贵族排场，大兴俳娟之乐。甚至有贵族亲自学习俳娟之伎为乐趣者。[1] 俳优善于模仿，有些借助时事，进行滑稽表演，《辞海》"滑稽"条目云："在嘲笑和插科打诨之中，揭露自相矛盾的地方，从而达到批评和讽刺的目的。"[2] "嘲笑"是言语滑稽；"插科打诨"则是在言语滑稽之外穿插引人发笑的滑稽动作。比如《滑稽列传》记载"优孟衣冠"的故事。优孟是楚国名优，他的好友孙叔敖临死时，嘱咐自己的儿子说：我死之后，就去找优孟，他会帮助你。孙叔敖死了不久，儿子穷困不堪，于是只好去求助优孟。优孟花了一年的时间模仿、练习孙叔敖的举止言谈。一年后优孟穿着孙叔敖衣冠，模仿孙叔敖言谈举止来到楚庄王面前，庄王居然以为是孙叔敖再生，急忙邀请他当宰相。优孟借机讽谏，终于感动了庄王，庄王给孙叔敖之子"四百户"的封地，以奉孙叔敖之祀。

狂欢节少不了笑声，汉画像中的俳优通过表情、肢体、言语的滑稽表演取悦观者，具有诙谐戏谑性。这种诙谐戏谑性不仅带来了一片欢声笑语，同时也营造了一个非官方非严肃的世界，是人们能够从清规戒律走出来，尽情而深刻地体会强大的生命力量，愉快地憧憬未来。

---

① 崔华、牛耕《略论汉代出土文物中的滑稽形象及其表演艺术》，载《南都学坛》，1998
年第 5 期。

② 《辞海》（缩印本），上海辞书出版社 1997 年版，第 977 页。

二、怪诞现实主义审美品格的狂欢化世界感受

"怪诞现实主义"理论是巴赫金通过对拉伯雷和中世纪民间诙谐文化的研究而提出的一个原创术语。巴赫金充分注意到在拉伯雷的作品中，生活的物质—肉体的因素，如身体、饮食、排泄和性生活的形象占了压倒优势的地位，而且这些形象又是以极度夸张的方式出现的。因此，他把拉伯雷创作中的这种现实主义称之为怪诞现实主义。巴赫金认为怪诞是一种源于古代民间狂欢节传统的怪诞现实主义美学形态，在各个历史时期虽然存在变异，但是永葆青春的是怪诞的狂欢化精神和生命活力。

怪诞最初是一种用来描述当时发掘出来的一种装饰风格的词。在那些装饰画中，画着怪模怪样的叶子和涡形物，从根上开出来的花，花顶上无缘无故地画着不和谐的山花茎支撑着人头或兽头的半身雕像。17、18 世纪，中国的大批古玩、瓷器、漆器、绘画、文学传到了欧洲，各国都以收藏中国古代艺术品作为一种荣权。① 于是，怪诞一词的意思因被用于描绘某些中国古玩而得到扩展。在当时西方人的眼中，中国古玩上的装饰，把不同领域的东西融合在一起、各组成部分具有怪异的品质，秩序和比例被颠倒了。席米德林宣称："中国人走得如此之远，画中的房屋和风景可以在空中飞翔或者从树上长出来。"默尔泽在 1761 年写的《丑角哈乐昆》中声称："即使中国人的怪诞的盆景也使庭院生辉……"② 可见在西方人的眼中，中国的古玩（特别是青铜纹饰）及瓷器等物上的装饰，是怪诞的。巴赫金不是从"怪诞"术语诞生开始考察怪诞风格的，他认为怪诞是一种古老的形象观念类型，起源于原始社会的神话和民间传说。③ 汉代艺术中的涂抹鬼神、张皇灵异，目的都是表现一个超现实世界与现实世界的联系，为死者或者生者祈福。15 世纪在意大利用"怪诞"所描述的那种装饰风格在汉画中（后汉王延寿的《介灵光殿赋》描述当时的建筑雕塑彩绘时说："奔虎攫弩"、"虫龙腾骤"、"朱鸟舒翼"、"白鹿子蚁"、"五龙

---

① 沈福伟《中西文化交流史》，第十章《18 世纪的西欧和中国文化》，上海人民出版社 1985 年版。

② ［西德］沃尔夫冈·凯泽尔《美人和野兽——文学艺术中的怪兽》，华岳文艺出版社 1987 年版，第 20 页。

③ ［前苏联］巴赫金《拉伯雷的创作与中世纪和文艺复兴时期的民间文化》，见《巴赫金全集》第六卷，河北教育出版社 1998 年版，第 36 页。

比翼，人皇九头，伏羲鳞身，女蜗蛇躯"。"图画天地，品类群生，杂物奇怪，山神海灵。）也能见到。在汉画像中的乐舞图中更能表现这种怪诞风格。巴赫金指出："在伟大转折时代，在对真理重新评价和更替的时代，整个生活在一定意义上都具有了狂欢性：官方世界的边界在缩小，它自己失去严厉和信心，而广场的边界却得以扩展，广场的气氛开始四处弥漫。"① 欧洲 14—16 世纪的文艺复兴时代就是欧洲历史上一个伟大的转折的时代。也正是这种伟大转折时代的生活所具有的狂欢性，造成了拉伯雷小说的狂欢世界和怪诞现实主义的特征。

"倒立"图像表现生命的交替与变更

怪诞现实主义的主要特点是降格。即把一切高级的、精神性的、理想的和抽象的东西转移到整个不可分别的物质—肉体层面、大地和身体的层面。汉代乐舞图中出现最多的是倒立的画像，倒立在汉代被称为"倒植"。② 从汉画中我们可以看到，表演者在表演倒立时，身体下部（生殖器官、腹部和臀部）向上，而脸（头）部却朝下。（图 10、图 11）从地形学意义来说，"上"代表"天"，而"下"代表"地"，汉代人按照自己的自我意识和自我肉身来想象世界和理解世界，认为天人异质同构，即人体和宇宙具有相同的秩序和模式。头部作为血脉汇集的地方，最能彰显人内在的生命精神，最能使人的美、人的道德、人的生命得到灿烂的表现。③ 所以，头部应和"天"一样是崇高的。而在倒立表演中，头倒置，下体向上竖立的"倒植"模式实际上就是一种降格或贬低。而这种"倒植"实际上是一种"回归"，"始终是以这种或那种形式，以这种或那种手段表演着向农神黄金时代的大地的回归，表演着这种回归的活生生的可能。"④ 大地是吞纳的因素（坟墓、肚子）和生育、再生的因素（母亲的怀抱）。而倒立就是靠拢作为吸纳因素而同时又是生育因素的大地。人在出生时，就是头部先从母腹出来，那么回归也要先从头部开始回归。"倒立"正是按照生的顺序回归到母腹（大地）。因此它不仅具有毁灭、否定

---

① ［前苏联］巴赫金《拉伯雷的创作与中世纪和文艺复兴时期的民间文化》，见《巴赫金全集》第六卷，河北教育出版社 1998 年版，第 588 页。
② 傅起凤、傅腾龙：《中国杂技》，天津：天津科学技术出版社 1983 年版，第 28 页。
③ 刘成纪《形而下的不朽——汉代身体美学考论》，人民出版社 2007 年版，第 65 页。
④ ［前苏联］巴赫金《拉伯雷的创作与中世纪和文艺复兴时期的民间文化》，见《巴赫金全集》第六卷，河北教育出版社 1998 年版，第 57 页。

的意义，而且也具有肯定的、再生的意义：它是双重性的，它同时既否定又肯定。……怪诞现实主义别无其他下部，下部——就是孕育生命的大地和人体的怀抱，下部永远是生命的起点。①

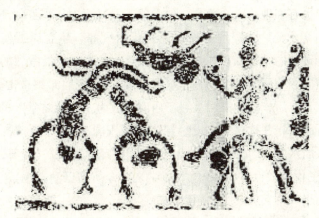

图 10　山东汉画中的倒立画像

（采自《中国画像石全集》第 2 卷图四七）

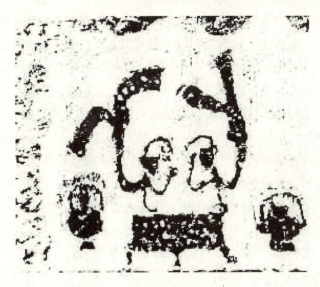

图 11　河南汉画中的倒立画像

（采自《中国画像石全集》第 6 卷图一六七）

---

① ［前苏联］巴赫金《拉伯雷的创作与中世纪和文艺复兴时期的民间文化》，见《巴赫金全集》第六卷，河北教育出版社 1998 年版，第 25－26 页。

"角抵"与"武舞"体现生命的摧毁与更新

狂欢节上的主要仪式，是笑谑地给国王加冕脱冕，而这一仪式在汉代的巴渝舞中也有表现。巴渝舞是一种武舞，武舞至少从周王朝开始就已经出现了。如《乐记》中提到的表现武王伐纣灭商、建立周王朝的史诗性的、英雄传奇性的大型战斗乐舞《大武》。《大武》中最激烈的一段是分别有人扮演周、商两队的王和将，双方击刺，"商王"最终被击毙的情景。汉高祖定三秦以后，这种舞蹈被习于乐府，成为"大雅之堂"的乐舞，为统治阶级所欣赏，并称之为"巴渝舞"。《华阳国志·巴志》载："阆中有渝水，民多居水左右，天性劲勇，初为汉前锋陷阵，锐气喜舞，帝善之，曰：'此武王伐纣歌也。'乃令乐人习学之，今所谓巴渝舞也。"同时，巴渝舞也被用于日常交际之中，用以招待客人。《汉书·西域传》记当时朝廷为了招待'四夷之客'而"作巴渝、都卢、海中杨极、漫衍鱼龙、角瓢之戏以观之。"也有人认为巴渝舞和"大武"舞并没有联系，只是刘邦自比周武，因而咬定巴渝舞为武王伐纣之舞而已。[①] 不管怎样，巴渝舞作为一种歌功颂德、炫耀胜利的武舞是肯定的。和"大武"舞一样巴渝舞在舞蹈中表现"成为王、败为寇"的情节，那必定也会有表演者被装扮成敌军的"王"，在巴渝舞里，敌方的"王"是全民选举出来的，他代表最高权力，代表整个旧的世界。在他的统治期之后，他沦为俘虏，受到全民的嘲弄、辱骂和殴打，这就是典型的狂欢化的"加冕"和"脱冕"。我国西南地区大量出土的铜鼓可以说是巴渝人的文化遗产。这些铜鼓的鼓面、鼓体上都刻有古巴渝人生活习俗的图案，共同特点是这些图案中的舞人头上都饰羽。如云南开化铜鼓，广南铜鼓，还有云南晋宁石寨山铜鼓，鼓上皆有舞人戴羽冠、执兵器群舞的图案。如云南晋宁石寨山出土的西汉铜鼓鼓腰上有6组集体武舞，（图12）画面上的舞人头饰长羽，腰系前短后长的羽饰长裙，有的一手持斧一手执盾，有的一手持矛一手执盾起舞，可以看出这具有巴渝舞"执杖而舞"的特征。《尚书·牧誓》中所云：称尔戈，比尔干，立尔矛，矛其誓"，目前出土的汉以前古巴人的武器中，主要兵器无非戈、矛、干（盾）、钺及长剑、短匕而已。[②] 这些铜鼓上的舞蹈画像不仅可以为巴渝舞的历史演变提供物证，也进一步证明了西南地区出土

---

① 邓廷良《巴渝舞考》，载《东南文化》，1992年第6期。

② 同上。

的铜鼓是殷周时代巴渝文化的文化遗存。

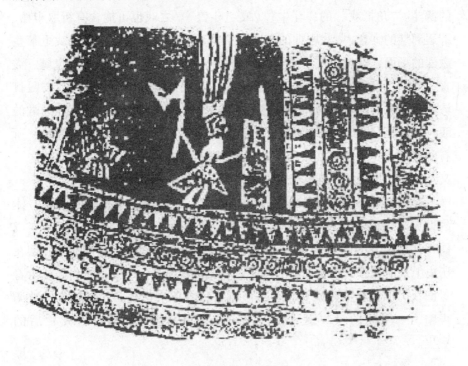

图12　云南晋宁石寨山西汉铜鼓画像
（采自刘伯恩《中国舞蹈文物图典》第57页图二四）

　　斗兽和角抵在百戏乐舞图也是非常普遍的。角抵戏原是一种供观赏的象人与兽、人与兽、象人与象人之间的搏斗与厮杀的表演，兽都是象人装成的动物。① 象人在宴乐百戏中，以戴面具为特征的一种表演形式，通常是表演虫、兽类或神话传说中的角色。如（图13）中就是戴着面具的象人和两个伪装成兽的象人在表演斗兽，唐河针织厂的一幅搏击图就是两个戴着面具的象人在搏击的情景。（图14）新津崖墓的《戏猿》图（图15）中一个化装成猿猴的象人，正做向后跌倒躲避刺杀的样子，右边有一人跨步向前做出刺杀猿猴的动作，跟在他后面的是一个一手举棍、一手提筐的人，准备将猎物捉入筐中，是一个带有故事情节的角抵表演。我们将在后文提到的东海黄公就是"驯虎"和"玩蛇"的艺人，在那时人的心目中，黄公因为能够伏虎而被认为是一位法力无边的人。而《东海黄公》则是当

---

　　① 孙世文《汉代角抵戏初探——对汉画像石中的角抵戏的考察》，载东北师大学报（哲学社会科学版），1984年第4期。

时常常表演的一个角抵戏。在汉代，角抵都是一些戏剧表演，而不是真正的搏斗。"角抵戏"的"斗牛"（或"斗兽"）之戏也可能含有祈取丰穰、辟逐邪魅的寓意。① 戏剧性的游戏、祭赛、竞技或者戏剧、傀儡戏里某些激烈的场面，甚至仅仅是"假人"的相搏，都可能起到惊吓镇厌鬼魔、灾害、邪魅、瘟疫的作用。② 用巴赫金的狂欢化诗学分析，这种搏斗与殴打渗透着放纵的狂欢化的和狂热的气氛。在整个表演过程中并不存在通常的殴打，并不存在纯粹日常生活的、在狭隘实际意义上的殴打。在这里，所有的殴打都具有广义象征和双重意义：殴打同时既是杀害的（极而言之），又是赠与新生命的；既是结束旧事物的，又是开始新事物的。③

这些被戏耍的形象，代表了整个世界——旧的、生育者的二位一体的世界。殴打和辱骂"就是死亡，就是逝去的青春走向衰老，就是变成僵尸却还活着的肉体"。④ 巴赫金把辱骂看成是"摆在旧生活面前、摆在历史上理应死去的事物面前的一面'喜剧的镜子'"。⑤ 脱冕的武舞意味着对旧权力旧世界的告别和埋葬。伴随胜利的狂欢化舞蹈，在激烈的鼓调声中，一个新的世界诞生了，人们开始重新生活，是一种死亡后的重生。

图13　斗兽画像　作者藏拓片

---

① 萧兵《傩蜡之风——长江流域宗教戏剧文化》，江苏人民出版社1992年版，第242页。
② 同上，第241页。
③ ［前苏联］巴赫金《拉伯雷的创作与中世纪和文艺复兴时期的民间文化》，见《巴赫金全集》第六卷，河北教育出版社1998年版，第235页。
④ 同上，第226页。
⑤ 同上。

图 14　象人搏击画像

（采自《中国画像石全集》第 6 卷图十八）

图 15　新津崖墓石函戏猿画像

（采自高文编《四川汉代石棺画像集》图一八六）

"宴乐歌舞"图像体现人对自然界的胜利

汉画中的乐舞往往与宴饮以及庖厨图共处于同一个画面。（图 16）这种与饮食结合在一起的乐舞图就表现了一种典型的狂欢化特征。人与客观世界的接触最早是发生在能啃吃、磨碎、咀嚼的嘴上。人在这里体验世界、品尝世界的滋味，并把它吸收到自己的身体内，使它变成自己身体的一部分。人这种觉醒了的意识，不可能不集中在这一点上，不可能不从中吸取一系列最重要的，决定着人与世界相互关系的形象上。这种人与世界在食物中的相逢，是令人高兴和欢愉的。① 所以人跳起欢快的舞蹈，用舞蹈表达欢愉的感觉，这种感觉是胜利的感觉。"这里是人战胜了世界，吞食着世界，而不是被世界所吞食。人与自然界限的消除，对人来说具有

---

① ［前苏联］巴赫金《拉伯雷的创作与中世纪和文艺复兴时期的民间文化》，见《巴赫金全集》第六卷，河北教育出版社 1998 年版，第 325 页。

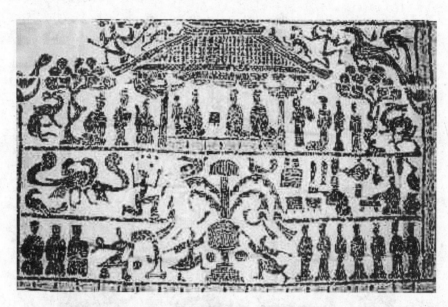

图 16 乐舞、庖厨画像 作者藏拓片

非常积极的意义。"① 这种积极意义就在于，人类所吞吃的东西都是来自于大自然，把大自然的东西吞进肚子里，就代表与大自然合为一体，同时也代表了人体对大自然的胜利。"肉体战胜了自然界，战胜了对方，庆贺对它的胜利，并依靠它而成长。这个胜利庆典的时刻必然属于所有的筵席形象。"② 庆祝胜利的固定模式都是筵席，胜利了的肉体把被征服了的自然界的食物吸收到自己身上，从而获得新生，所以通过狂欢的歌舞将自己的心情表达出来。庖厨同时又是准备献祭的食物，天地的沟通，人鬼的交流，自然与人文的结合，通过祭祀的仪式行为而得以实现。③ 在祭祀时人们跳起娱神的舞蹈，将自身作为祭品献给神灵，通过神灵的吞食而与世界再次合而为一。这种筵席的形象，在人、世界和神的复杂的统一体中与死亡和诞生（生命的更新）的形象结合起来。而这种结合就是借迷狂的舞蹈来达到的。这种结合是一种未完成性，他需要不停地吞咽、吮吸、折磨着世界，把世界上的东西吸纳到自己身上，并且依靠它使自己充实起来，长大成人。不断地继续发展、更新，并以新的细微的内涵丰富起来。"它们

① ［前苏联］巴赫金《拉伯雷的创作与中世纪和文艺复兴时期的民间文化》，见《巴赫金全集》第六卷，河北教育出版社 1998 年版，第 325 页。

② 同上，第 327 页。

③ 朱存明《汉画像的象征世界》，人民文学出版社 2005 年版，第 155 页。

继续与新出现的现象建立新的联系。它们与创造它们的人民一道成长起来，并得到更新。① 死是恐惧神秘的，在这里借助子孙的血食祭祀、阴阳两界的沟通而得以疏泄，幻想中的死亡幻境是审美的极乐世界，其可怕的悲剧性转化为一种驱魔的崇高，人类把自己灵魂深处的恐惧外化为一种凶神恶煞，并用丑怪的形象加以驱邪。② 于是在汉画中就出现大量形体怪异畸形，表情夸张的丑陋的具有怪诞人体形象的舞者。

"俳优"形象体现生命具有永恒的连续性和未完成性

先秦时期的俳优基本上是以侏儒为主体的。"古之优人，其始皆以侏儒为之。"③ 从出土的汉画像石、砖以及陶俑中可以看出这些俳优外形上的共同特点为：多为男性，上身赤裸，下身穿低腰长裤，大多短胖袒裸，畸形丑陋。如河南偃师宴乐壁画墓中一幅舞乐百戏画像中的一个俳优，一手举起，一手前伸，腹凸臀伸，单腿跪地，长舌吐出，情态怪诞可笑。（图17）还有河南新野樊集出土的一块汉砖上也是一个光着上身，腆着大肚，嘴巴大张，极尽身体扭曲怪异之能事。（图18）可以想见，俳优在表演时总要刻意做一些夸张的、滑稽可笑的动作神态，如缩颈歪头、呲牙咧嘴的、扭曲肢体，甚至在表演中直接采用一些身体有残疾的和发育畸形的人，目的只为博得观众一笑，这种人体形象被巴赫金称之为"怪诞的人体形象"。怪诞人体形象的基本倾向之一就在于，要在一个人身上表现两个身体：一个是生育和萎死的身体，另一个是受孕、成胎、待生的身体……④ 在一个人体上总是以这种或那种形式和程度突出另一个新的人体。在沂南百戏图中就有"白象行孕"和"狮子生儿"的节目。在怀孕的狮子及白象身体上没有任何完成的、稳定的、安定的东西。这是濒于老朽、已将变形的身体与一个已经受孕而尚未长成的新生命的结合。在这里，生命在其双重性的、内在矛盾的过程中得以表现。这里没有任何现成的东西，这是未完成本身，怪诞的人体观念正是如此。在汉代，总有一些身体

---

① ［前苏联］巴赫金《拉伯雷的创作与中世纪和文艺复兴时期的民间文化》，见《巴赫金全集》第六卷，河北教育出版社1998年版，第326页。
② 朱存明《汉画像的象征世界》，人民文学出版社2005年版，第155页。
③ 王国维《宋元戏曲史》，选自《王国维文集》（卷一），中国文史出版社1997年版，第310页。
④ ［前苏联］巴赫金《拉伯雷的创作与中世纪和文艺复兴时期的民间文化》，见《巴赫金全集》第六卷，河北教育出版社1998年版，第31页。

有残疾的人被当做取笑逗乐的玩物，这些人表演滑稽动作，进行狂欢节式
的戏仿。这种狂欢节式的戏仿在否定的同时还有再生和更新。一般说来，
赤裸裸的否定是与民间文化完全格格不入的。

图 17　壁画中的俳优画像

（采自刘伯恩《中国舞蹈文物图典》第 169 页图六十一（局部））

图 18　画像砖中的俳优画像

（采自刘伯恩《中国舞蹈文物图典》第 156 页图三十五）

图 19　南阳石桥出土俳优画像
（采自《中国画像石全集》第 6 卷图一二四）

图 20　南阳七孔桥出土俳优画像
（采自《中国画像石全集》第 6 卷图一二七）

　　到了两汉社会，随着文化娱乐生活需求增加、表演综合性增强，这种有身体缺陷的侏儒仅被帝王贵族享用，一般情况下都换作正常人，但是在表演时多借助面具，或装扮成面目狰狞的怪兽，或装扮成滑稽丑陋的可笑嘴脸，〔南阳县石桥出土的《乐舞百戏》，一俳优戴假面举旗做戏，做各种滑稽表演。（图 19）南阳市七孔桥出土的《乐舞百戏》，中部刻三人，一俳优单腿跪地呈弓步，叉腰扬臂作戏。（图 20）〕总之，汉时的的俳优是动作滑稽，装扮怪异的怪诞形象。实际上早在周代社会就已经开始使用大量的身体有缺陷的人作为乐舞表演者了。周代有选用先天性盲人担任乐官的制度，这种先天性盲人被称为"瞽"。据《周礼·春官·序官》记载，其中的演奏人员有"瞽矇，上瞽四十人，中瞽百人，下瞽百有六十人"，计三百人；另有"眡瞭三百人"，贾公彦疏说"眡瞭，目明者，以其扶工"，即是在乐队中配备视力正常的人做盲人乐师的助手。可见，当时王室乐队的"瞽"的规模相当庞大。《周颂·有瞽》描写的正是王室乐队演奏的壮观场面：

　　　　有瞽有瞽，
　　　　在周之庭。

> 设业设虡、
> 崇牙树羽、
> 应田悬鼓、
> 鞉磬柷圉。
> 既备乃奏。
> 箫管各举。
> 喤喤厥声、
> 肃弗和鸣、
> 先祖是听。
> 我客戾止、
> 永观厥成。

前两句开宗明义地道出了全是颂扬的对象是西周庙廷中扮演重礼的盲乐师们，它极为突出地表明了以听觉为接收器官的音乐信息如何构成祭祖大礼的基础，成为沟通仲人的主要传播手段。① 在汉代，盲人乐师仍占据一定的数量，比如汉景帝于公元前 141 年"著令：年八十以上，八岁以下，及孕者未乳、师、朱儒，当鞠系者，颂系之"（《汉书》卷二十三《刑法志》）。这里的"师"就是指盲人乐师。由此我们有理由推测汉画像中的一些乐器表演者、演唱者甚至建鼓舞表演者以及出土的俳优俑中很可能有一部分是盲人。可见汉代有身体残疾和缺陷的人在汉代乐舞表演中有举足轻重的作用。而这种怪诞的人体形象的原初体验是民间广场式的狂欢化的世界感受，充溢着"交替与变更的精神，死亡与新生的精神。"②

作为百戏的主要表演者，俳优表演的终极目的是乐人，借助于夸张变形的面具把日常世界和游戏世界区别开来。在夸张背后，我们还可以看出狂欢化生存的明显迹象。在脱离现实生活的形象中存活更加现实的生活，这就是巴赫金强调的"第二种生活"，是对现世生活的对抗和戏谑。在等级制度森严的封建社会，俳优通过杂耍百戏、滑稽表演把日常世界的等级、秩序忘掉，而营造了一个尽情狂欢的极乐世界。

---

① 叶舒宪《诗经的文化阐释——中国诗歌的发生研究》，湖北人民出版社 1996 年版，第 248－249 页。

② ［前苏联］巴赫金《拉伯雷的创作与中世纪和文艺复兴时期的民间文化》，见《巴赫金全集》第六卷，河北教育出版社 1998 年版，第 163 页。

三、狂欢化生存

汉画像反映了汉代人对人死后世界的看法。死是恐惧的，人们载歌载舞，将其可怕的悲剧性转化为一种狂欢的崇高体验。"死亡对所有人都是公正的，从掌握权力的帝王将相，到身外无物的一介草民，死亡是一条活人永远无法涉入的河流。进入仙境的路也不是通过'权力'、'金钱'与'贿赂'可以达到的。创造幸福的路还是要自己去寻找"。① 人们在迷狂的歌舞中忘记死亡的恐惧，达到另一种神秘境界。"狂喜动作的自我陶醉使得皈依者至少有一会儿的时间进入神秘主义所追求的境界：在忘我的状态与非自我的状态中相结合。"②

狂欢精神是一种快乐哲学。它能发现矛盾并用玩笑的态度将它排除（哪怕是暂时的），从而获得一种精神超越和心理满足。它是人类精神的一个重要方面，它不仅仅只存在于狂欢节中，它的狂欢化的文学，甚至在整个的人类文化中，都是普遍存在的。就心理机能而言，它具有"释放"的功能。它是"一种自由意识的突然放纵"，"心理的一种解脱，一种心灵的松弛，一种压迫被移除的快感。"他是民众能量释放的一条途径。它具有理想化和乌托邦的意义。狂欢世界是暂时的、相对的、象征性的，但乌托邦的意义并不因此丧失，它的意义正在于它与现实的距离，它对现实的批判和超越。它体现了人类追求至善至美的精神力量。③

沉重的和可怕的事物、严肃的和重要的事物转变到欢乐的和轻盈的音区，从小调变成大调。一切都有欢乐的、轻盈的结尾。世界及未来时代的神秘和奥秘，原来并不是阴森可怕的，而是轻松欢快的，当然，这并不是一种哲学观念，这是该时代的艺术—意识形态的思维倾向，努力用新音区去倾听世界，不是把世界看作阴沉的神秘，而是把它看作欢乐的羊人剧。

---

① 朱存明《汉画像的象征世界》，人民文学出版社 2005 年版，第 156 页。
② [德] 哈弗洛克·葛理斯《生命之舞》，三联书店 1989 年版，第 34 页。
③ 夏忠宪《巴赫金狂欢化诗学理论》，载北京师范大学学报（社会科学版），1994 年第 5 期。

文学道德意蕴及其行为系统

高　楠

　　文学的道德意蕴与文学共生共在，但它不是道德说教。文学道德意蕴是文学创作主体的道德感经由形象行为系统的传达。这里有三个问题需要论证：一、何为文学创作主体的道德感；二、为何文学道德意蕴与文学共生共在；三、为什么形象行为系统是文学道德意蕴的传达。以下对这三个问题展开论证。

一、文学创作主体的道德感

　　多年来，西方学者对道德感问题的探索在三个问题上形成关注点，即首先，道德感是一种普遍的主体活动。它进行着随时发生的道德判断，进行赞成或反对、投入或逃脱的选择；其次，道德感面对事实或情境进行的道德判断，是不经过意识操作的直截了当的判断、选择，情感状况及行为在这样的判断中完成；其三，道德感的生成，有其先验性也有其经验性，但更主要的在于经验性。对此，斯宾塞的说法很有代表性："我可能同意直觉论的伦理学家认为存在一种道德感的观点，但不同意他们对道德感根源的看法。……虽然存在着所谓道德感，但它们的根源不可能是超自然的，而只能是自然的。人们的道德感情依靠社会内外活动的训练而成长，它们不是对所有的人都一样的，而是多多少少因各个地方的社会活动的不同而不同。"①

　　出于本文论述需要，这里对道德感，尤其是其生成、同化、调节机

---

　　① 斯宾塞《伦理学的材料》，引自弗兰克·梯利《伦理学导论》，第45－46页。

制，做进一步阐释。

道德感不是道德观念或道德信条，也不是具体的道德经验、道德行为，而是道德的主体结构，是主体不断见于外又活跃于内的道德习性，是规定并组织主体实践的道德"场"。道德感是一种"场"效应。道德感的主体性是主体社会性生存、实践性生存的生存体验与生存获得，它是主体的内在生存形态。

在现实生活中，人们每时每刻都要进行做什么与如何做的选择，并且实施所做的选择。这样的选择表面看是情境性的，随机性的，其实，这里有一种先在规定性，即先于现时选择而在的主体的习性，这从道德角度说就是道德感。换句话说，不是现时情境进行选择，而是既有习性在情境中选择。而选择又总是关系的选择或指向某种关系的选择，这是因为人不可能非关系地生存，因此他也不可能非关系主体地生存亦即不可能脱离道德规定地生存——道德，简要地说，即一定的关系规定。

见于习性的道德感是历史与既往生活史的主体化。它的现实形态是它的现实判断与选择的具体操作，而掌握与运用着操作权的则是它得以形成的历史与生活史。道德感活跃于现时情境的激活，而且，后者之所以成为道德感的现时情境，这又是道德感的情境选择。道德感预先地进入足以使自身激活的情境，又在现时的情境激活中使自身活跃为可以感知的道德感。因此，道德感与现时情境发生着前激活的选择与选择的激活这样的交流。交流在预期中展开，主体在选择发生前对将进行的选择总是有所预期。预期首先发生于相信预期情境会作为事实存在者而呈现，这是一种面对事实的预期。胡塞尔曾称此为不受怀疑或拒绝干扰的"一般设定"，他说，"这个一般设定当然不是存在于一个特殊行为中，不是存在于清楚的关于存在的判断中"①。"一般设定"基于"在那儿"，"在身边"的事实特征，即一种与已相关之关系的发现。而与已相关之关系的发现或"一般设定"，其中就有道德感的前选择的可能性活跃起来。这相当于梅洛庞蒂说的"知觉投向"。而这种可能性，便是相关于道德的事实可能性。未进入道德判断与选择又实施了道德可能性的判断与选择，这是道德感对现时情境的预期。

道德感通过历史及个人生活史形成的习性，实现着现实情境的投入并

---

① 胡塞尔《纯粹现象学通论》，商务印书馆1996年版，第94页。

调控着投入活动。这是历史及个人生活经验生存沉积的产物。布迪厄用结构化的内在法则谈论这个问题，认为习性是既往经验的结构化，"这些既往经验以感知、思维和行为图式的形式储存于每个人身上，与各种形式规则和明确的规范相比，能更加可靠地保证实践活动的一致性和它们历时而不变的特性"①。因此，以习性为根据的道德感，当它不露经验与观念痕迹地进行道德的情境性投入时，习性所由生成的历史与个人生活经验是以其整体性方式参与其中的。这是历史与个人生活经验经由现时情境的激活，也是其道德现实化。

由此说，道德感具有超越现时情境与实践活动的稳定性。任何一次具体的道德实践活动，都是在道德感中与历史与生活经验整体性的相遇，前者面对的是后者的历史性。这种稳定性以布迪厄所说的感知、思维与行为图式的方式投入到现实情境的实践活动中，对之进行感知、思维及行为的组织、加工、处理，这是一个同化过程。这里，同化主体相对于同化对象必须足够地强大与稳定。由于道德感是历史与生活史的结构性积沉，因此它比起一般投入到它之中的现时之物自然要强大与稳定得多，使后者在选择与进一步的判断中合于它的规定性，这是道德感总能在现时关系活动中不断地确认自己的根据。布迪厄把自行调控的这类道德感的活动机制称为习性的"潜在行为倾向系统"，认为"潜在行为倾向系统是继存于现时，并能在按其原则结构化的实践活动中现时化而延续于将来的过去，是外在必然性（不可归结为情势的直接约束）法则借此持续实施的内在法则，因此该系统是主观主义赋予社会实践活动但又无法加以解释的连续性和规则性的根源，也是机械论社会学主义的外来和即时决定因素，以及自发主义主观论的纯内在但也是即时的限定所无法解释的规则性变化的原由"。②作为习性的"潜在行为系统"，它以直接方式非意识地处理的各种实践问题，实际上都是历史与人生经验的合于规则的延续，同时也都是它们合于规则的实现。道德感基于预期进行应该的现时规划与调控，而实施规划与调控的，则是历史与人生经验。

道德感是历史与人生经验的既有稳定性的守持，但这并不是不同情境的历史与人生经验的同构复制，它在对情境进行同化的同时，又根据情境情况随时也进行调整。显然，任何情境都是个别的，差异性时刻存在于此

---

① 布迪厄《实践感》，译林出版社 2003 年版，第 83 页。
② 同上。

情境向彼情境的转换中；而道德感就现时性而言总是情境的道德感，它呈现于情境并在情境中发挥作用，情境的差异性必然作用于呈现在情境中的道德感，使后者的呈现也具有差异性。呈现的差异性不仅是呈现的，也是呈现本身，即呈现的道德感本身。在这个过程中，构成道德感的结构在差异性作用下发生程度不同的调整。在差异性不突出的情境中，调整是细微的，在没有情境压力的情况下，调整微乎其微，惯性在延续中起主导作用；在差异性突出的情境中，情境又具有很强的无可回避的压力，这时，道德感便陷入不同程度的无可适从状况，这是习性受阻，习性受阻道德的意识活动便活跃起来，这时，相关道德观念与经验参与到情境活动中来，应如何选择、为什么如此选择的思考随之发生，这时的道德活动不再是道德感的直觉活动而是意识的经验或逻辑运作。此后，这一情境性的道德意识活动便作为经验得以积累并沉入道德感结构，引起道德感的结构性调整。而当类似情境再度出现时，得以调整的道德感便可以以道德感的方式而不是意识活动的方式参与情境的道德活动。

应予强调的是，艺术的道德感形式，是说道德感在艺术中是被形式地运用着，但就实质而言，艺术创作过程既是道德感的活动过程，又是道德感的意识运作过程。

在这里主体是双重身份，一方面，他是道德感的主体，他在自主营造的情境中进行道德感体验，包括直觉的道德判断与表象的选择、组织及展开想象，并因此而营造情境，即是说，他道德感地营造情境又道德感地在所营造的情境中进行道德判断与选择。如鲁迅在《孔子己》中进行孔乙己的行为与命运安排，这是一个生存过程的选择性安排，在这样的安排中读者看到孔乙己的如何说如何做如何与周围环境相互作用。作为创作主体，鲁迅对孔乙己生存过程的选择性安排就是道德感的运作，也就是说，当创作主体安排人物如何说如何做及如何与周围环境相互作用时，前者不是接受来自观念、概念及具体道德经验的指令，而是在道德感中直觉地进行这类安排。由于道德感活动总是要合于和体观某种道德的，因此，对创作主体的道德感创作，读者可以进行道德评价，也可以进行道德接受，人们说在《孔乙己》中鲁迅表达了对那一代没落知识分子的悲哀、同情与无奈，这便是道德评价。另一方面，在艺术创作中创作主体又是道德感的意识运作者，他的这个意识运作便主要是道德感的形式运作，即按照道德感的形式进行理性的运作，包括理性地或意识地选择安排人物的活动情境，设置人物性格及情感活动情况，以及将之赋于行为，并在这个过程中根据道德感形式组织与处理人物及人物与环境间的道德关系。这又有两种情况，一是创作主体对于自己见于创作的道德感，在创作的一些重点和难点上，他需要从道德感的直觉中脱身出来，借助于具体经验进行比较与思考，寻求解决方案。当然，这个过程也一般不是深度的逻辑思维，而是如奥尔德里奇所说的"领悟"活动——"领悟也可以说是一种'印象主义'的观看方式，但它仍然是一种知觉方式，它所具有的印象给被领悟的物质性事物客观地贯注了活动"① 它一般也是在知觉层面进行，但这是从道德感脱离出来的对于道德感直觉运作中的问题进行"领悟"的或知觉的求解。另一种情况便是他的"领悟"或知觉活动不是从道德感中脱身进而解决道德感中的问题，而是进行道德感本身的判断与营造，这是在进行道德感的形式虚拟，是在营造虚拟人物的道德感，如孔乙己不是鲁迅，鲁迅投入创作的自己的道德感不是孔乙己的道德感，但孔乙己又必须道德感地活跃起来，去说去做去经历命运。为此，鲁迅必须为孔乙己营造孔乙己的道德感。这种营造就是道德感的形式虚拟，在形式虚拟中创作主体必然综合考虑虚拟人物的种种规定，如性格规定、环境规定、虚拟情境中的现时状况规定等等，这些综合考虑又必须将其痕迹消融在所营造的道德感形式中，使其看上去不是综合考虑的结果而是浑然天成的道德感。所以，这样所营造的道德感便只是形式的道德感。在形式的道德感或道德感形式中，道德感是主体所面对所考虑的对象，创作主体需不断地潜入其中，进行直觉尝试及进行道德感的自行活跃——屠格涅夫忘却自己，情不自禁地按照他创造的虚拟人物巴扎洛夫的方式去思考与体验，就是这种情况——唯有如此，创作主体才能营造形式的道德感。同时，他又必须抽身面对与思考他所虚拟的道德感，考虑它的各种规定性，再将之圆和为道德感，以此保证道德感的形式。同样需强调的是，这个过程并不是深度意识活动，创作主体是凭其敏锐的知觉与迅疾的"领悟"从而抵达意识的深度。不是深度的意识活动却可以获得意识深度，这固然也离不开直觉，这靠的是艺术家的天赋与修养。正如阿诺·理德所说："艺术家的机体生来就对于感官印象有极强烈的感受力，并对这些印象有高度的辨别力，而且他的心灵能迅速地去理解这些材料中所具备的那些对他的想象力特别有价值的意义。"② 阿诺·理

---

① 奥尔德里奇《艺术哲学》，中国社会科学出版社 1986 年版，第 31 页。
② 阿诺·里德《艺术作品》，《美学译文》(1)，中国社会科学出版社 1984 年版，第 91 页。

德的这种说法也适于文学艺术创作主体的道德感运作及道德感的形式运作。

二、文学道德意蕴与文学共在

文学道德意蕴与文学的共在关系，不仅是说文学道德意蕴须见于文学这一常识，尽管这种常识性理解也还有一些需要进一步厘清的问题，如在这个常识性判断中暗含一个重要前题，即文学道德意蕴怎样才是文学的。既然是文学道德意蕴，它自然有别于生活道德规范或生活道德意蕴，那么它们有别于何处？进一步追问，这种有别，就道德功能而言，前者与后者有何不同？再进一步追问，文学道德意蕴与文学共在，这种共在关系是内在的还是外在的，或者，是一体性的还是形式的？正是这一常识问题的有待厘清，致使文学的道德批评经常在现有道德规范层面展开，常浅止于日常生活式的道德判断。如前几年对于文学中性意识、性表现的道德批评，对"70后"身体写作的道德批评等。而一些文学创作也常满足于观念性或经验性道德预设，再用文学形象的形式实现这一预设，从而获得一次道德实现的愉悦。如某些女性写作的女性伦理尺度的强调性运用，简单强调的程度"观念"得令人吃惊。这类常识性问题在创作与批评中的浅止，离不开对文学的道德属性这一常识性问题尚待进一步追问这个现实情况，这进一步追问便是文学的道德意蕴以何种方式与文学共在。

前面曾经提到，道德感是结构效应或场效应，当它活跃起来并发挥作用时，它的结构或场构造只是一种自行发挥作用的内部构成，它不在外部效应中显露，也不以任何可感样式构入外部效应。这如同电视机，电视机的音像效应，是电视机内部结构所为，但电视机内部结构却绝不在它的音像效应中显现。这里的关键是自行发生的整体运作过程。

不同民族，不同地域，包括不同群体及不同家庭，都为后来的具体生存者进行了道德生存的先定或预决。对此，具体生存者无可选择。道德规定的历史延续和代际传播在这样的先定或预决中施行。这既是同一历史中道德传统的由来，也是不同历史中道德差异性的由来，具体生存者无由选择他所投入的传统，却可以选择传统中的道德差异性，或者，对于传统进行道德差异性选择——虽然历史倾向呈差异性整合，但当历史具体化时它又总是差异性留存。中国古代的儒道墨法佛等诸家，都有自己的道德差异性，面对道德差异性的历史，古代的具体生存者便进行差异性道德选择，形成差异性道德感。而具体生存者所历史承受并现时接受的，又不仅是族谱性历史，同时还有前在的异族历史以及现时的种种差异性生活。对于前在的异族历史，当它不是作为传统而是作为知识或观念作用于具体生存者，后者不是投入历史的命定而是投入知识或观念的差异性选择。但这种选择只能在传统命定之后进行，起码，这种选择也要受传统命定的影响。当具体生存者有能力进行知识或观念的差异性选择时，他的选择能力已经发生性地被传统命定规定。由此说，具体生存者对道德史的差异性选择，乃是传统命定的历史选择。对此，哈贝马斯在论述西方理性主义的普遍意义和有效性时，引用韦伯《新教伦理》的话来说明生活得于历史的差异合理性，其中包括道德选择的合理性依据："从某一观点来看是'合理'的东西，换一种观点来看完全有可能是'不合理的'。因而，各式各样的合理化早已存在于不同文化的各个生活领域当中；要想从文化历史的角度说明它们的不同，就必须搞清楚，它们的哪些部门被合理化了，以及是朝着哪个方向合理化的。"① 这一看法的重要性在于它揭示了现实生活的各种合理性，在其现实性中都隐含着一个历史结构，因此是受历史规定或影响的合理性。这个问题就道德感的差异性选择及差异性形成而言，或者说，就道德感的直觉差异性而言，便必是历史传统规定或影响的差异性。离开历史传统的规定或影响，差异性无所着落，这便是道德感的历史命定。

道德感得以形成的人生经验，是在心灵中接受生存整合的经验。认知经验在其中不可或缺，道德判断本身就是价值判断、意义判断，它的预期与预决都是相关价值与意义的预期与预决。虽然在道德感的具体运作中，直觉是运作的基本特征，这直觉也是价值或意义的直觉。价值或意义，既离不开主体的自我认知，也离不开主体对于价值或意义对象的认知。至于意志，在道德感中构成行为直接发动的动力，对此，康德称为"自由意志"，"自由是这个道德律的存在理由"，"我能够因为我必须"②；格林对这种自由意志则解释说："由人加于自身——这本是道德义务的本质。"③ 意志瞬间便激发道德行为，不假思索，见孺子落井而施救，便是道德意志行为。在道德感活跃中，认知、体验、意志判断及意志行为，共时性地瞬

---

① 韦伯《新教伦理》导言，引自哈贝马斯精粹，南京大学出版社 2004 年版，第 29 页。
② 柯享《康德的伦理学原理》，引自弗兰克·梯利《伦理学导论》，第 41 页。
③ 弗兰克·梯利《伦理学导论》，第 41 页。

间发生，它们整体性地构成道德感，并整体性地处理道德感对象。而由这种整体性的道德感活跃，道德感主体所选择性接受的道德传统及其道德经验的选择状况，便在这无暇思索之间整体性地表现出来。因此，道德感是以心灵整体性形态完成并显露的道德心灵整体性。在道德感所显露的道德心灵整体性中，道德感主体的历史选择及人生经验的道德状况便在不经意间无可保留地诉诸他者。

在文学创作中，无论是道德感的直觉运作，还是道德感形式的意识运作，都是创作主体道德感的历史状况与人生经验状况的艺术呈现。在道德感的历史状况与人生状况中，历史状况是预先规定，它不仅规定道德感主体现实道德感活跃的历史性，而且规定着道德感形成过程中生活经验的积沉。当然，在道德感中，历史性对于现实生活经验的规定是初始性规定，相对于历史的初始规定，生活经验规定是习得性规定。后者以其现实紧迫性及活跃性可以对前者施压，造成前者的现实迷途，但现实迷途的前者仍然是前者，它可能在施压中顺应后者，接受后者的引导，像笛卡尔所说的林中迷途者那样，被动地接受后者的现实选择。不过，前者一经看到经验辨析物的蛛丝马迹，它很快就会从后者的引导中摆脱出来，并带着后者前行。对这种情况，涂尔干阐释说："我们每一个人身上不同程度地都有一个过去的人，只是程度不同而已；出于必然，这个过去的人在我们身上占主导地位，因为同这一塑造和产生我们的漫长过去相比，现时委实微不足道。只是我们并不感觉这个过去的人，因为年深日久，此人已扎根于我们；他是我们身上的无意识部分。……相反，对于文明的最新成果，我们都有一种强烈的感觉，这是因为这些成果是最新的，所以还来不及在无意识中生根。"① 涂尔干所说这个来于漫长过去的无意识的自我，也包含着更为漫长的历史的过去。艺术创作主体道德感中这种历史与现时生活经验的关系，与日常生活中人们的道德感并无二致，只是当前者进行道德感及道德感形式的艺术运作时，他的意识活动更要承担起对历史与现时人生经验二者关系的监护责任，它尤其需要冷静处理那些看起来新奇，可能使道德感陷入历史性迷途，而实际上是缺乏历史及人生经验根基的因素。即是说，创作主体应该使创作中道德感反思的意识活动即道德感形式的意识活动，成为道德感历史与人生经验的守护人。

---

① 涂尔干《法国的教育演变》，巴黎，阿尔康出版社。引自布迪厄《实践感》，译林出版社 2003 年版，第 86 页。

据此而论，就有了一套文学创作及文学创作中道德意识与道德表现的批评标准。首先，即创作主体及其文学作品所坚持与实现的道德活动是否是道德感活动及道德感形式活动，倘若不是这类活动，创作主体及其文学作品便出离了作为文学特征的道德活动，常见的道德说教及道德图解便是犯了这类毛病。其次，创作主体及其文学作品通过道德感及道德感形式所进行和实现的道德感活动，是否有道德感的历史选择性与人生经验选择性的根据，一些标新立异的东西，如女性写作中泊来的女性意识，是否在道德感的历史与人生经验选择中经过选择。倘若未经过选择或未找到如是选择的根据，则如是的道德表现或道德内容，无论它怎样有离经叛道的慷慨和大胆突进的勇气，那都是一种道德虚假或伪善。其三，在现时与历史之间，现实的新奇须在道德感的历史与人生经验中有所实落，这是道德的历史深度。倘只表现一种没有根基的道德义愤，或者，只是出于同情或吹捧所进行的缺乏道德感历史与人生经验根基的道德赞赏与标榜，同样是道德伪善。

这样说，倒不是要建立一个退回去的文学道德批评标准，这只是强调，文学的道德表现与道德批评，应在文学道德意蕴与文学的共在关系中，确立有历史深度的文学的道德标准。

此外，共在关系是一种必然性关系，即是说，文学历史地与现时地与其道德意蕴共生共在，具体文学作品也是如此，它们分享着共在关系共同地构成共在关系。这一必然性由来于文学创作主体作为生存者必然关系的生存，因此也必然合于某种关系规定的生存。在众多关系规定中，如政治关系、经济关系、家庭关系、同仁关系、同学关系等，都蕴含着道德关系，并以道德关系为关系存在的基础。道德规定不是和其他关系规定相并列的规定，如家庭关系与同仁关系，而是各种关系规定的基础性规定。道德规定从生存关系实践中形成，内在地规定着生存实践的展开，同时，它又外化为生存实践的历史形式，使后来的生存者开始其生存便落入这样的历史形式中从而合于道德规定地生存。合于道德规定地生存，是道德的历史形式或历史规定性的内化，它内化为生存者的道德感，又通过道德感实现着实践展开的道德规定。因此，生存实践（关系实践）——道德规定——道德感——生存实践，这是一个递进生成，循环往复的过程，它在往复循环中有所变化，又在有所变化中往复循环。每个生存者都置身于这个过程，为道德而生存并道德地生存，他在这个过程中使动物的他成为人的他，使个体的他成为类的他，又使现实的他成为历史的他，或者说，他因此成为生存者。对此，高兆明有一段话说得很精当："道德是关于人的生活方式与生活态度合理性的稳定的共享性社会精神。这种社会精神在世代社会生活中通过反思形成，它潜藏于人们的内心深处，流化为日常生活习惯，固化为日常生活行为规范，并成为人们存在意义与行为选择的价值根据。"①

道德的这种无可或缺的生存性质，不仅使它必然与文学创作主体共在，构成他创作生存的规定，而且也必然在他的生存创作中成为创作的规定，毫无疑问，任何创作主体的文学创作都是相关于人的生存创作，无论他以何种方式、形式创作这生存的人，无论这被创作的生存的人怎样展开其生存，这被创作的人都只能在有着某种道德规定的关系中生存，因此也都只能是有着某种道德意蕴、道德价值地生存。这种情况作用于接受者，接受者在文学接受中生存，接受者用其道德生存接受作品中被创作的人的道德生存，再据此与文学创作者的道德生存形成道德对话，文学的道德意蕴便在创作主体、被创主体与接受主体的文学实践中实现为文学的共在。

三、文学道德意蕴的行为系统

道德感的直觉性使道德与身体知觉或知觉身体得以一体化。即是说，经由道德感，道德成为身体行为的道德，身体行为成为道德的身体行为。见于生存或实践关系的道德是在身体行为的规定中实现为道德，道德归根结蒂要落实到身体行为的规定中。道德经验的积累，道德习惯的养成，道德观念的确定，道德理解的求得，道德批评的进行，道德教育的实施，这一切倘若不能在身体行为规定中奏效，便都无所谓真正意义的道德。身体行为占据道德的两个端点，即道德发生的端点与道德落实的端点。对此，国外伦理学家，如赛瑟、斯宾塞、缪尔赫德、马提诺等均有共识性见解，即"道德判断的对象是人的行为（Conduct），即人有意识有目的的行动（Action）"②。而康德式的追问，诸如"我是什么"，"我能做什么"，"我应做什么"，更成为西方伦理学"研究的焦点与旨趣所在"③。至于中国伦

---

① 高兆明《伦理学理论与方法》，人民出版社 2005 年版，第 26 页。
② 弗兰克·梯利《伦理学导论》，人民出版社 2005 年版，第 7 页。
③ 高兆明《伦理学理论与方法》，人民出版社 2005 年版，第 119 页。

理传统，一向把行放在第一位，一切伦理规定都更直接地见之以行，验之以行。孔子把行为的伦理反思列为"吾日三省吾身"的全部内容，朱熹、王阳明则强调知即是行、行即是知。

身体行为是道德规定的实现，这不仅是从理想意义上说，而且这也是每时每刻的行为实质。行为与道德规范达到一体化程度，是人类文明史的成就，亦即马克思所说"自然人化"。漫长的关系性生存，充分地模塑着生存者的身体自然，使身体自然的任何枝梢末节都为人类文明所开发，都获得合于生存关系的道德属性。这里也有一个进化论原理，在不断的道德演进中，道德规范不断地在身体行为中结晶，那些未被道德规范结晶的身体行为便因为不合于道德规范而为关系生存所纠正或者制止，在行为谱系中自行出局。因此，关系生存对于生存者充分到什么程度，身体行为与道德规定的一体化也便达到什么程度。远在古希腊时代，苏格拉底就认识到即便独处的行为也有一个如何才合于文明的问题。他提出"关怀自身"的原则，并将之置于"认识你自己"原则之上。

这里有一个问题须稍加展开，即"自身"与关系生存的关系。"自身"，身体的自我，是无可取代的个别，自己去吃、自己去喝、自己去睡，当患病或垂死时，无论周围的亲人如何关心、焦虑与痛苦，都只能置于旁观者的位置。身体具有封闭性，虽然它每时每刻都通过知觉而向外部敞开，并不断与外界进行能量交换，但这种敞开与交换都是在一种无可取代的机体空间的封闭中进行。萨特认为身体对于身体者而言是一种偶然性获得，这种偶然性本身又是必然的，因此他把身体定义为"我的偶然性的必然性所获得的偶然形式"[①]。他强调人的"自由选择"，把它作为"存在先于本质"之后的存在主义的第二原则，由于这样的"自由选择"建立在身体这一最根本的偶然性之上，因此，每个身体者都在偶然性中"自由选择"，选择的也都是附属于个人偶然性的世界偶然性。由此他提出存在主义的第三个原则，即"世界是荒谬的，人生是痛苦的"。萨特的第三原则体现着他的伦理焦虑，而他的伦理焦虑则来于他对于身体的自身性与关系生存伦理规定性的历史必然性的疏于把握。

身体的无可取代的自身性在其关系生存中获得关系的道德规定性，这规定性既是历史的又是人生经验的，这是人类的生存定性以时代的、民族

① 萨特《存在与虚无》，生活·读书·新知三联书店出版社 1987 年版，第 404 页。

的、地域的或社会群体的、家庭的方式，对身体行为进行规定与模塑，这一身体行为的规定与模塑又经由经验的意识活动积沉为道德感，被积沉的道德感是生存的关系规定的内化，它内外为身体行为的发生机制，各种各样的道德观念不过是内化为身体行为发生机制的理性概括。

在内化的关系规定性中，历史与人生经验是永久的在场，由生存关系构成的世界也随之在场，每一个自由选择的他者都规定着此者的自由选择，每一个自由选择的此者又规定着他者的自由选择，他者是生存自由的地狱同时又是自由生存的天堂。身体的自身性与关系生存的道德性，在自身性中统一并因此演奏生存乐章。

见于身体行为的生存关系的道德规定性在道德感中引发身体行为，而道德感中身体行为的引发以直觉达成的判断与选择为前提，判断与选择是对象性的或情境性的，情境是泛化的对象或对象群。在任何一次道德感活动中，都有关系对象的投入，因此是对象性活动。即便是独处的自身活动，道德行为化的充分性也使之成为潜在的关系活动，有关系的道德规定性在其中。行为的关系规定性建立在关系各方的相互作用的基础上，并实现于关系各方的相互作用中。相互作用的表层原因或直接原因是现时的、当下的，但它所产生的行为选择又合于相互作用各方的习性，或者说，由此引发的作用各方的行为选择必是合于习性的。这样，相互作用的直接原因就有了一个相互作用之外的前在规定，而且就是这前在规定规定着现时的相互作用，无论是对于相互作用预设，还是对相互作用的预决，都有习性的前在规定调控于其中。习性的前在规定既是历史又是习性主体的人生经验。它以其前在的无限性规定着即时作用的有限。这种情况如怀特海所说："任何有限的东西的认识总是包含了对于无限性的一种关联。"① 由此说，道德感对于相互作用的即时行为反应，乃是此前在无限性中引发的习性的即时反应。在这类反应中，关系生存的道德规定发挥作用。

因为道德感的行为选择具有道德的必然性，身体行为才称得上是道德规定的实现。

身体行为实现着道德规定这种情况见于文学，则文学的形象行为或人物行为便是体现着道德规定的行为。创作主体在为文学创作进行的道德感反思中，尽管他笔下的人物行为不同于现实生活中在直觉中受道德感调控

---

① 怀特海《思维方式》，商务印书馆2004年版，第41页。

的现实行为，但创作主体的道德感投入，道德感形式的坚持，使他的道德反思也须合于在道德感中发生的行为的道德规定性，从而使行为成为一定的道德实现。

创作主体根据道德感唤起相应的行为表象，当这类行为表象被唤起时，它们只是直觉地唤起，主体未必形成道德意识，即未必对唤起的表象进行有意识的道德运作，从而使之成为承载道德意蕴的表象或想象。但尽管如此，行为表象自身的道德性质却因为是创作主体的道德感运作而自然获得一定的道德属性。如前所述，创作主体对于道德感运作的反思，无论是反思于他投入创作的自身道德感，还是反思于他所设定的人物的道德感，他都必须合于道德感地反思。这一方面在于道德感的生存性决定着创作主体对其创作生存及生存创作进行的反思，必然是合于道德感的反思；另一方面，他的反思必须合于道德感对于行为的习性运作，尤其是当这道德感是设定的人物道德感时，他必须经验地思考人物习性，并在人物的表象行为选择中实现其习性，习性在其他地方也被称为性格或性格规定。而无论是创作主体在创作中对自身道德感所生行为的反思，还是他对于所设定的人物道德感所生行为的反思，其实都是他的即有道德意识的运作，也都是他既有道德意识的实现。这从接受角度说，接受者经由作品中的人物行为的设定已便可以获知创作主体设置人物行为时的道德状况。

还有一个问题需要说明，即文学创作除道德感的直觉运作及随之而来的反思，他还须将之赋诸文学表述与表达。这时，文学的规定性便成为他设置人物行为的规定性，如文体规定性，小说、散文、戏剧、诗歌，各自的文体规定不同，对创作主体设置行为的规定也不同。再有就是创作风格对于行为设置的规定，不同创作主体因为有不同的风格追求，因此，在修辞手法上、语言运用上及创作技巧的运用上也各有不同，它们见于文学创作的表象设置，也形成规定性。这类规定性虽然也相关关系生存，却是关系生存的工具性或技术性的规定，这是道德规定之外的规定。

最后要说的是行为系统性。在日常生活中行为的道德规定主要是体现为行为系统的规定，行为主体的习性及各种行为的目的性，都不是偶然的，而是一个具有稳定性的延续过程，这就是系统性。虽然在道德充分化的状况下，单一行为也有深层的习性根据，但现实生活的时间延续性使单一行为难以在现实生活中获得意义，也很难见到目的性单一行为。所以，这里说的日常生活行为，主要是就行为系统而言。在文学中又有另外的情况，这使得行为的系统性强调在文学中有特殊意义。这种另外的情况在于，文学并不遵循现实生活的时间延续性。现实生活时间在文学中是碎片性的，这些碎片性的时间是创作主体根据创作需要所进行的剪接处理，这些碎片性时间，由从延续性行为系统中进行的表象剪接予以承担。这样，每一个片断时间都分承着一个片断性行为，延续性行为系统化为片断时间中的片断行为或单一行为，如行为细节。而当创作主体对这些片断行为进行组合时，上面所说技术或技巧的工具性考虑又发挥作用，如行为的反衬、对比、虚实等。这种情况下，行为的道德意蕴便见于创作主体对于片断行为赋予的系统性。行为系统性的安排或设计，则是主体有意识的道德运作。

"口语"的革命动力学

——略论瞿秋白的"文艺大众化"思想

杨　慧（厦门）

"一九三一至一九三二年的讨论，是文艺大众化运动多次讨论中规模最大、历时最久、涉及问题最多的一次。"[1]而瞿秋白正是这一次文艺大众化讨论的发起人和最重要的参与者之一，①即便是其批评者也不得不承认"他的理论最有条理，有最大的影响。"[2]

综观瞿秋白的"文艺大众化"思想，"口语"问题是其关注焦点。以广义的"文艺大众化"概念视之，"文学革命的运动，无论古今中外，大概都是从'文的形式'一方面下手，大概都是先要求语言文字文体等方面的大解放。"[3]自晚清的兴小说、倡白话到"五四"的"国语文学"，再到20世纪30年代的"拉丁化"、"大众语"，中国近代以降的历次文学改革运动都离不开对语言文字问题的重新思考。但值得注意的是，第一，瞿秋白的"文字革命"以口语为根本标准，游离于中国近代以降主题性存在的以汉字为模范的"言文一致"潮流之外；再者，在瞿秋白论述"文艺大众化"之际，②已有的文学改革思想大都将文字视作文学普及的手段。而瞿秋白的独特性在于，"用读出来可以懂得的话来写"不仅被视为文学普

---

① 据当时的"左联""大众化工作委员会"负责人吴奚如回忆，"［左联］大众化工作委员会的理论指导和指导思想，是瞿秋白提出来的。"（参见吴奚如《吴奚如回忆"左联"大众化工作委员会的活动》，见文振庭编《文艺大众化问题讨论资料》，上海文艺出版社1987年版，第401页）茅盾也在回忆录中指出，"一九三二年的讨论是瞿秋白引起的"。（参见茅盾《我走过的道路》（中），人民文学出版社1984年版，第148页）。

② 强调这一时间的意义在于，瞿秋白此时对语言文字问题的关注是非常独特的，而集中讨论"大众文学"的语言文字问题的"大众语"要在其后的两年，即1934年才兴起，且明显受到了瞿秋白的影响。

及所"必然是会首先接触到的""形式的中心",[4] 也不仅是"普洛大众文艺的一切问题的先决问题",[5]"口语"是整体"文艺大众化"思想的根本原则和最终目标。在比喻的意义上说,瞿秋白的"文艺大众化"就是"口语"的"文艺大众化"。大众要"说话",大众亦要"听话",两者间的张力结构隐藏着解读瞿秋白"文艺大众化"思想的全部密码。

一、"哑巴文学"与"文腔革命"

在瞿秋白的"文艺大众化"思想中,口语化是检验大众文艺乃至整个文学的根本标准。众所周知,瞿秋白对"五四"新文学有一个著名的评价:"骡子文学"。其"骡子"品性正体现在语言文字问题上的"'非驴非马'——既然不是对于旧文学宣战,又已经不敢对于旧文学讲和;既然不是完全讲人话,又已经不会真正讲'鬼话',既然创造不出现代普通话的'新中国文',又已经不能够运用汉字的'旧中国文'"。这种"'不战不和,不人不鬼,不今不古——非驴非马'的骡子文学",[6] 其实是"只听不看,只看不懂"的"哑巴文学"。[7] 按照瞿秋白的分析,之所以存在"哑巴文学","就因为是封建余孽作祟",[8] 因为从"古代的字义来讲,所谓中国文——只是用笔画出来的花样,而不是用舌头说出来的话。……所以可以说中国人是没有舌头的!"[9]

"文腔革命"① 是瞿秋白为"哑巴文学"开出的良方,也是其"文艺大众化"思想在语言文字问题上的集中体现。瞿秋白把"文腔革命"视为拯救文学的"第三次的文学革命运动",[10] 认为"20 世纪的中国里面,要施行文艺革命,就不能不实行所谓'文腔革命'——就是用现代人说话的腔调,来推翻古代鬼'说话'的腔调,不用文言文做文章,专用白话做文章"。[11]

值得注意的是,瞿秋白此处所言的"白话",是指"现代普通人嘴里讲的话",[12] 而不是胡适《白话文学史》中的"白话"。瞿秋白特别强调,

---

① 需要指出的,瞿秋白的"文腔革命"概念连同"鬼话"、"人话"、"鬼门关"等说法都借用自刘大白,并非如有的学者所言为瞿秋白首创(如刘小中就认为"'文腔革命'概念来自于瞿秋白。1931 年 5 月,瞿秋白在《鬼门关以外的战争》一文中,第一次提出'文腔革命'口号"。参见刘小中《瞿秋白与"文腔革命"》,《学术交流》,2002 年第 6 期)。刘大白早在 1929 年就在《白屋文话》一书中详细论述了上述问题(参见刘大白《白屋文话》,上海世界书局 1929 年版)。

"白话文学运动发展以后，一般'新文学界'往往以为《水浒》、《红楼》的白话，就是所谓的'活的言语'。其实，这是错误的见解"，它们反映着白话的变迁，"的确是活过的言语"，但是现已成了"'死的言语'——鬼话"。[13]

"文腔革命"是建设"国语文学"的重要手段。瞿秋白指出，"文学革命的意义"恰在于，"决不止于创造出一些新式的诗歌小说和戏剧，他应当替中国建立现代的普通话的文腔。……这样，方才能够有所谓'文学的国语'；亦只有这样办法，才能建立和生产所谓'国语的文学'。"[14] 瞿秋白指认中国新诗的最大弊病在于"大半不能够读，就是没有把一般人说话腔调之中的节奏组织起来"，而诗歌读出来的节奏恰恰是和腔调相关的，它"可以帮助一般读者纯熟的练习这种新的言语"。在瞿秋白看来，新诗"可读性"——"节奏"的缺失客观上消解了建设"国语文学"的可能性，因为以先进的西欧文学现代性经验检视，"西欧各国文学革命建立现代言语的时候，差不多都有伟大的诗人，运用当时一般社会的普通白话，创造优美的真正文学的国语，意大利的但丁，法国的腊新，德国的歌德，俄国的普希金，都是这样。"[15]

"文腔革命"体现了"文艺大众化"的必然要求。在瞿秋白看来，"文腔"不仅仅是一种说话的腔调，更是标定身份、展演权力的文化符号。其实"腔调"一词除了指"说话的声音和语气"外，还指"词曲的声律"，[16] 特别是指戏曲中的"唱腔"。不消说"唱腔"是多年人为修炼的结果，即便是人"说话的声音和语气"也有极强的人为性与表演性，所谓"打官腔"、"装腔作势"、"拿腔作调"等。在此意义上，"文腔"就是布尔迪厄所言的"个人语型"（idolect），它是"区分"（distinction）"语言交换"中的"象征性权力的关系"的重要"符码"（cipher）。[17] 瞿秋白认为，"文腔"问题归根结底是权力问题，即文学为谁服务，谁有资格制定"文腔"以及"文腔"说给谁听的问题，所谓"道士念咒给鬼听，和尚念经亦是给鬼听——是用玉皇和菩萨的文腔吓鬼；秀才念文章给小百姓听——是用'先王'的文腔吓小百姓"。[18] 瞿秋白进而指出，"文腔"变化的真正动力在于"社会关系的巨大变动"，更为关键的是，"这个文腔的改变，有极深刻的社会意义。……就是在于使用那种'新的'文腔的人，在社会上的地位抬高了，他们在社会上成了不能忽视的力量了。"[19] 在瞿秋白看来，工人阶级的崛起是近三十年来"中国社会生活的剧烈的变动"[20]的突出表现，这些"新兴阶级"要以自己的腔调开口说话，这是"文腔革命"背后不可遏制的革命要求，也只有实现"文腔革命"，"文艺大众化"的目的才能最终实现。因此，正当的文学语言就应当是根据以"新兴阶级"为代表的"现代普通人嘴里讲的话，加以有系统的整理，调节和组织，而成为现代普通话的新中国文"。[21]

"听得懂"是检验"文腔革命"的根本标准。"新文学界必须发起一种朗诵运动。朗诵之中能够听得懂的方才是通顺的作品"[22]，在瞿秋白看来，只有"通顺"才能告别"骡子文学"，其标准在于朗诵起来"听得懂"。因此，瞿秋白把"普洛大众文艺"视为"文腔革命"的实现，"事情其实很简单，只要把自己嘴里的话写出来"，这种用"更浅近的普通俗语"写作的大众文艺的"标准是：当读给工人听的时候，他们可以懂得"。[23]

"总之，现代普通话的新中国文应当有一个总的原则，就是：适应从象形文字转变到拼音文字的过程，简单些说，就是只能够看得懂还不算，一定要听得懂"[24]。以此为根本标准，瞿秋白论证了实现"文腔革命"的具体手段，即"现代普通话的新中国文"四原则：言文一致、现代化、正确方法实现欧化、罗马化。具体而言，就是从老百姓真实的口语习惯，即"多音节的有语尾的中国话"出发来组织字法、句法和章法，"使纸上字的言语，能够读出来而听得懂，就是能够'朗诵'"。[25]值得注意的是，瞿秋白的"文腔革命"不仅仅是"文字革命"，更是整体文学形式的革命。他在论述"应当用正确的方法实现欧洲化"时特别提及文学"章法"问题，认为新文学不能照搬欧洲文学的倒叙手法，为了大众能看懂、听懂，应当为他们"特别写一种简明的章法，也可以用所谓'欧化的'章法而在每一段说明前后实事的联系，——这样去领导中国读者到更复杂的章法方面去"。[26]

二、"日常生活"的"口语"之匙

瞿秋白为何如此强调"口语化"原则呢？

要回答这一问题，我们首先要从"日常生活"谈起。"日常生活"一词在瞿秋白文本中出现频率很高，是把握其"文艺大众化"思想的关键词之一。在瞿秋白看来，"日常生活"就是大众的本真存在方式，文艺只有反映、深入、把握大众的日常生活，才能实现"文化革命"。瞿秋白在最俗常的意义上使用"日常生活"这一概念，即指"现代的日常社会生活"，它是区别于"社会生活"、"学术生活"、"政治生活"的最为平常的大众生活，[27]但却赋予其重要的"文化革命"内涵。在他看来，日常生活不仅仅是一种生活常态，更是实现个体再生产的唯一场域，它塑造了大众思想，不合理的社会关系也只有在日常生活中才得以复制。"社会里的'庸众'——阶级、身份、职业或地位相像的人，他们的日常生活及行为，往往很相同；稍有出入，必定大家因为怪异。这是经济生活的结果，可亦是维系当有的秩序，以利当时社会中生产分配方法的进行之手段——是一种惰性的表现"，[28]瞿秋白指认，"治者阶级造作种种风俗，以为防范，一切周旋礼貌，揖让，仪式，处处牵制受治阶级的手足。……所以受治阶级如果渐成社会势力，必然破除旧习俗而另创新习俗；而且应当在日常琐屑的生活里也自觉地解放自己的行动，——这亦是阶级斗争的一方面"。[29]

我们知道，在关注社会历史进程之总体性的"哲学转向"视域下，列菲伏尔、赫勒等广义"西马"思想家都展开了对当代世界"日常生活"（Everyday Life）的批判。赫勒"把'日常生活'界定为那些同时使社会再生产成为可能的个体再生产要素的集合"[30]，现代人"终生的日常存在是同世界的锐利的'锋刃'所进行的搏斗"[31]。列斐伏尔也认为"日常生活是一切活动的汇聚处、纽带和共同根基。"[32]在早期的列斐伏尔看来，对"日常生活"的批判和重建，就是对人的被资本主义社会整体宰制下的异化状态的拯救，"当日常生活成为一种批判，成为对这些高级活动（和它们所制造的东西：意识形态）的批判时，白日的曙光就出现了"。[33]

不过，因为社会语境迥异，"西马"要批判和重建的是已被资本主义"文化工业"的"社会水泥"（阿多诺语）浇筑过的"日常生活"本身，探索在日常生活层面进行"微观革命"的可能性，而瞿秋白的批判锋芒则指向反动阶级对大众"日常生活"的玷污，指认其通过"反动大众文艺"驯化和毒化大众思想。

瞿秋白"文艺大众化"具体指向的地理空间是上海这一"五方杂处"的大都市，其笔下的"大众"也正是身在上海这一激烈社会变革旋涡中的"无产阶级和劳动群众：手工工人，城市贫民和农民群众。"[34]打量这些大众的文化消费市场，真正占据主流的是鲁迅母亲所喜读的张恨水式的章回小说，① 以及旧的"大众文艺"（"通俗文艺"②）——"说书，演义，小唱，西洋镜，连环图画，草台班的'野蛮戏'和'文明戏'"。[35] "至一般普罗作家，原先患幼稚病者甚多，公式化之作品，久已为人所讥"。[36] 这些"革命的浪漫谛克"[37]的虚浮之作，脱离大众，艺术粗糙，因此遭致辛辣嘲讽，③ 抹黑了普洛文学。

在瞿秋白看来，反动阶级正是通过上述"反动大众文艺"驯化和毒化大众思想，进而控制了大众的日常生活。他指认，"中国的绅商阶级"之所以能够"实行他们的奴隶教育"，原因恰在于"这些恶劣的大众文艺，不论是书面的，口头的，都有几百年的根底，不知不觉的深入到群众里去，和群众的日常生活联系着"，[38]培养着大众的"趣味"，养成他们的"人生观"。[39]因此，瞿秋白特别强调普洛大众文学的任务就是于"看清群众的日常生活常常的受着什么样的反动意识的束缚，而去揭穿这些一切种种的假面具"。[40]瞿秋白引用其在《中国革命和共产党》（中共"六大"政治报告）中的论断，认为"文艺问题里面，同样要'由无产阶级反对着资产阶级而执行资产民权革命的任务，为着社会主义而斗争。'为着执行这个任务起见，普罗大众文艺应当在思想上意识上情绪上一般文化问题上，去武装无产阶级和劳动群众：手工工人，城市贫民和农民群众。这是艰苦的伟大的长期的战斗！"[41]

追溯起来，瞿秋白在大众日常生活层面开展"文化革命"的思路受到了"拉普"影响。"拉普"领导人阿维尔巴赫在1927年提出一个雄心勃勃的文化五年计划，它包括"列宁主义意义上的文化革命链条中的一切环

---

① 1934年，鲁迅在上海时写给母亲的信中说："母亲大人膝下敬禀者，……三日前曾买《金粉世家》一部十二本，又《美人恩》一部三本，皆张恨水作，分二包，由世界书局寄上，想已到，但男自己未曾看过，不知内容如何也。……"（参见鲁迅《致母亲》340516号信，《鲁迅全集》第13卷，人民文学出版社2005年版，第102—103页）

② "大众文艺"的称呼借用自日本的市民文学，在当时《北斗》的讨论中用来指称在大众中间广为流行的旧式"通俗文艺"。参见何大白《文学的大众化与大众文学》，《北斗》第2卷第3、4合期，1932年7月20日。

③ 1933年，在署名"所非"的《革命文学捷径》一文中，作者辛辣地讽刺"革命文学之神妙，在乎'三忌七多'间也"，三忌者何？曰：忌短句，忌正语，忌直叙；七多者何？曰：一、多用空调含混字样，二、多用外国文法，"例如普通的写法是'你吃了饭没有？'若在革命文学，则却非'饭吃了你没有'不办了"，三、多用副词连接词，四、多用译音，五、多用形容词，"形容词的神妙无穷，尤为革命文学所不容或忽"，六、多用惊叹号和激烈语气，"革命的手段是'暴动'，'恐怖'，'斗争'，而这三件事的首要条件，则为感情的冲动和精神的兴奋。"七、多多加重，多多堆砌。（参见所非《革命文学捷径》，《大中国周刊》第3卷第9期，1933年8月28日）本文虽有强烈的政治倾向，批评也有夸大之处，但的确揭示了"革命文学"的幼稚和困顿。

节，从初级文化到控制像艺术这样的意识形态的上层建筑"。[42]这一计划设想在全苏联进行一场根本性的全民思想改造，"阿维尔巴赫强烈认为，列宁关于文化革命的概念不局限于艺术科学和一般文化，它也包括日常生活的各个方面——所有人的习惯、思想和感情。列宁主义的文化革命应该既影响社会心理也影响社会思想。"[43]

如此说来，"文艺大众化"乃至"文化革命"的关键就是要进入乃至改造大众的日常生活，而这又何以可能？

瞿秋白愤怒地控诉，"豪绅资产阶级的'大众文艺'，正在供给他们［大众］以各种各式的毒药，迷魂汤"，[44]那么"大众文艺"到底靠什么流行？它如何做到让"大众"畅饮"毒药"？正如胡适所言，"新文学家若不能使用寻常日用的自然语言，决不能打倒上海滩上的无聊文人。这班人不是谩骂能打倒的，不是'文丐''文倡'一类绰号能打倒的。新文学家能运用老百姓的话语时，他们自然不战而败了"。[45]"口语"是"大众文艺"的法宝。瞿秋白以"口语"为突破口，从两方面更为细致地破解了"大众文艺"的流行性。

首先是"能懂"。瞿秋白认为"旧式的大众文艺在形式上有两个优点：一是他和口头文学的联系，二是他是用的浅近的叙述方法。"[46]其实，"说书化"的"浅近的叙述方法"也是对大众口语环境的模仿，因此这两个优点都可以归纳为"口语化"，它保证了"大众文艺"在艺术形式上与大众"口语"的对接。

更为重要的则是"爱看（听）"。"大众文艺"在叙事上的模式化迎合了日常生活的庸常性。费孝通先生在描述"乡土中国"的庸常生活时举例说，在自己小时候每日冥思苦想写出的日记上通常只有两个字——"同上"。[47]的确，正是这种庸常的日常生活塑造了大众"最高最完美的理想"：

只是天上要有青天大老爷，地上也要有清天大老爷，于是乎小百姓有冤有处诉，有仇有处报，父父子子夫夫妇妇……安分守己的过活耕田经商做工，挣得一点家财，生个好儿子，中状元，做大官，或者天上报应大发洋财，可以荒淫纵欲大享艳福；……如果这些福气享不到，那么就来一些劫富济贫的空谈，请强盗来当青天大老爷。[48]

瞿秋白指出，旧的大众文艺正是"利用几百万人的惰性，能够广泛的散布财神菩萨的迷魂汤"[49]，通过对"武侠"、"清官"、"民族"的神化，

"大众文艺"瓦解了大众的革命冲动，使"他们等待着英雄，都各自坐着，垂下了一双手".[50]阳翰笙则归纳了"大众文艺"的五种"反动思想"（从叙事学上讲，这五种主义也就是五种叙事模式），即"打富济贫的武侠主义"，"恶有恶报善有善报的果报主义"，"劳资妥协主义"，"媚外的洋奴主义"和"男女问题上的惩淫主义"，认为正是"这些乌烟瘴气的反动思想，是在牢牢的把大众束缚着，麻醉着，欺骗着，使大众永远过着奴隶的生活，不使他们与半点儿思想的光明接近"！[51]

那么，为何"口语化"的大众文艺能够精准表达大众庸常的日常生活呢？大众又缘何会乐于接受"口语化"的大众文艺呢？这显然不仅是一个文学媒介的普及性问题，秘密其实藏在口语与日常生活的深层同构性中。

在赫勒看来，日常生活中的"日常思维结构的变化极其缓慢，它包含着完全停滞的方面。它的内涵的变化相对迅速。但是，如果我们把日常思维同科学思维作一比较，甚至日常思维的内容也倾向于保守和具有惰性。"[52]她认为"日常思维"最重要的特征在于"人本主义性（anthropologicalness）"和"拟人性（anthropomorphy）"，前者是指对日常经验的依赖，后者是指"激励我们把整个世界视作我们日常生活的类推"。[53]赫勒进而指出，"日常思维"在"日常生活"中展开为如下"行为知识的一般图式"：实用主义，可能性［依靠常识］，模仿、类比、过分一般化［简化原则］、单一性事例的粗略处理［大致性或模糊性］。[54]需要保持谨慎的是，口语化与日常生活之间有着复杂关系，这一点在日常生活呈现审美化和消费化的晚期现代社会中尤为突出。赫勒的分析在"理想型"的意义上具有被限定的真理性，那就是"口语"是日常生活的鲜活喻体，即这不是讲理性、讲制度、超时空的"书面"社会，而是讲感性、讲习惯、地域性的"口语"社会。

革命家瞿秋白虽然没能细致地在理论上剖析口语与日常生活的关系，但他显然敏锐地意识到，口语是大众的"母语"，只有进入口语才能进入具有同构性的日常生活，才能改造大众的思想世界。口语蕴藏着实现"文化革命"的无穷动力，得口语者得大众，得大众者得天下。这才是瞿秋白坚持"文艺大众化""口语"原则的真正原因。

三、"听话"与革命

我们知道，瞿秋白"文字革命"的基本原则就是坚持以大众日常生活中的口语为模范，用表音的拉丁字母创造出"新中国文"。瞿秋白承认书面语与口语之间存在着天然区别，但他认为这种分别"只是比较紧凑和散漫罢了"，[55]他强调"真正的用俗话写一切文章"是文学革命组织必须率先担负起来的"一般文化革命的任务"，[56]普洛大众文艺"所要写的是题材朴素的东西——和口头文学离得很近的作品"。[57]因此，我们说瞿秋白追求的是最大程度地逼近"口语"，逼近"日常生活"的文学。那么，进入"口语"后的瞿秋白又意欲何为？

在瞿秋白对汉字的批评中，外国人是"读报"而中国人是"看报"也成为汉字的罪状。[58]这看似笑谈的"读报""看报"之辩背后，是瞿秋白对普洛大众文学口语化的期待。瞿秋白所追求的"口语"原则其实是对"文学"传播方式的挑战。所谓韦编三绝，所谓掩卷长叹，传统意义上文学是静观默察的有距离感的阅读，是一种思想深处的"观看之道"。而瞿秋白则追求活生生的现场感，这就把"写—看"的文学传播过程变成了"说—听"的关系，文学变成了听觉的艺术。在瞿秋白这一论点在当时就激起强烈反响。沈起予就对瞿秋白"一切写的东西都应当拿'读出来听得懂''作标准'的这句话，除了其中所含的大众应当尽量地大众化这个意思而外"觉得不能全部赞同。"第一因为艺术的各部门，各有其适当的感觉来感受；音乐自然是必须用听觉，但文学（'所写的东西'）则大部分是以视觉为基础来感受，所谓听觉者，不过仅占其小部分。第二，如说以'读出来可以听得懂'为标准，则这'听得懂'的义务，一半自然是在写的人所用的字句，但另一半则不得不归诸听的人的文化水准。"[59]在沈起予看来，"看"是文学能称其为文学的关键所在，"看"确保了文学性所必需的深度模式，如瞿秋白那般变"看"为"听"，无异于取消文学。[60]

加拿大传播学家麦克卢汉认为，媒介即信息，媒介本身所提供的"新的尺度"比其所要传达的内容更为重要。[61]那么，瞿秋白为何要把文学变"看"为"听"呢？

瞿秋白将普洛大众文艺与非普洛大众文艺都看作实现"文化革命"的不同策略，认为两者的区别仅在于："因为读者对象的不同，所以'非大众的文艺'大半是要捣乱敌人后防的，而'大众的'大半是要组织自己的队伍的。这是文艺，所以这尤其要在情绪上去统一团结阶级斗争的队伍，在意识上在思想上，在所谓人生观上去武装群众。"[62]因此，大众的普洛文艺必须是表达大众日常生活的"口语"，而非大众的普洛文艺不妨为"通顺"的与敌人辩难的"书面语"。

瞿秋白此处对普洛大众文艺"口语"原则的强调明显受到了列宁在《怎么办?》中对政治揭露工作的两种类型——"宣传"和"鼓动"的划分。[63]"宣传员的活动主要是文字的,鼓动员的活动则主要是口头的"。[64]瞿秋白对列宁这一著名划分非常熟悉,并被写进其主持召开的中国"六大"的《宣传工作决议案》中。[65]如果把列宁此处所言的"口头"作广义理解,这一划分给我们提供了认识瞿秋白"口语"原则的新角度。我们知道,瞿秋白之所以要发动"俗话文学革命",就是要改变"革命的智识分子和民众没有共同的言语"[66]的局面。在他看来,"现代普通话的新中国文建设问题——不仅是文学范围里的问题",而是要解决知识分子"和民众生活之中产生'新的语言'的过程隔膜起来"的严重问题。[67]一定要进入大众的"口语",进入大众的日常生活,这是瞿秋白"文化革命"的根本要求。只有进入"口语",革命者才能够真正"代表"大众,才能够真正"在场",才能够真正实现革命动员任务——让大众"听话"。

法国哲学家德里达在《论文字学》中深刻分析了西方文化的"语音中心主义"及其背后的权力话语。在他看来,西方语言概念因为"与语言、声音、语调、气息、说话建立了一般联系",所以它"仿佛成了原始文字的伪装或矫饰:它比发生这种转变之前被称为简单的'言语替补'(卢梭)的东西更为基本"。[68]这种文字是"具有完整语言的充分呈现(自我呈现,向它的所指呈现,向一般现有主题的条件呈现)的笔译者,是服务于语言的技巧,而不作解释地传达原话的代言人,口译者"。[69]因此,好的文字就是能够真实记录声音的"口语",它是"内心和灵魂深处的神圣铭文",它强迫我们将其放在"永恒的在场中加以思考"。[70]

德里达进一步分析了这一追求"永恒在场"的文字秩序背后的政治秩序。在卢梭所开启的"法国大革命"时代,革命者都蔑视文字而赞扬声音。这种声音的政治追求一种超越"代表"的"代表"——他们声言自己就是群众,而不仅仅是"代表"群众。卢梭是"代表"观念的激烈抨击者,指认"代表的观念是近代的产物;它起源于封建政府,起源于那种使人类屈辱并使'人'这个名称丧失尊严的,既罪恶又荒谬的政府制度"。[71]按照德里达的分析,就像语音中心主义把自身"伪装或矫饰"成本源一样,革命者把"代表"变成自身的永恒在场:"在城市中,在语言中(言语与文字)和艺术中,合法的例子莫过于亲自出场的代表:合法性的源泉和神圣的根源。堕落恰恰在于将代表或能指神圣化。统治权是在场和在场的快乐。"[72] "作为腐败的原则，代表不是被代表者，而只是被代表者的代理人，它不同于自身。"[73] 如果"代表者"被"被代表者"发现，他不只过是"代表"，而并不属于"被代表者"群体本身，这将是"代表者"的灾难——就像被李逵揪住了的李鬼。革命伦理的全部正当性就在于，革命者"永恒在场"，革命者就是大众，代表者就是被代表者。而代表者要"变脸"为被代表者，首先和重要的一点就是要操着被代表者的语言，这是代表者在场的重要证据，也是代表资格的合法性来源。

在政治实践中，"群体一旦被征服，那么它就更易接受语言，语言成为魅力的主要工具。"[74] 任何群众运动的领袖都要把语言看成是威力的强大工具。更为关键的是，"这些语言能有多大的效果，取决于语言所唤起形象的精确性和迫切性"，[75] 即他们必须是大众的"口语"。霍布斯鲍姆指出，英国复辟时期（1815—1830）的革命方式与此前的"功利主义中产阶级激进主义"的唯一不同正在于："劳工激进分子已经更愿意听取他们的语言所进行的宣传……而不是中产阶级的语言。"[76] 拉法格认为，法国大革命当中的"语言是一种摧毁性的武器"，他引用梅希叶的话说："为了更好地推翻事物，人们先推翻了语言"。[77] 他的研究表明，革命者并不追求 18 世纪式的精美语言，"他们想要一种充满形象，有表达力和富于词汇的语言。"[78] 因此，听还是看？文学传播方式改变背后，是强烈的革命诉求。通过拉丁化的表音文字和最大程度地逼近"口语"的文学，瞿秋白追求登高一呼，响者云集的革命场景，这就需要文学语言必须具有高度可读性，以此确保强烈现场感和鼓动性。而"看"则是一种理性静观的个人化行为，它不具有革命所必须的公共性和煽动力。瞿秋白追求的"说与听"的文学构成了火热的"广场式"革命画面："大众"通过接近透明的文字媒介（表音文字）"听"到了革命者的召唤，"听"懂了革命者的"话"——革命道理，并且真心"听话"——投身革命，革命者和大众团结如一，共赴战场。

四、结语：文学"乌托邦"与被遮蔽了的大众"说话"难题

在瞿秋白的"文艺大众化"思想中，对"口语"战法的娴熟掌握是实现党的"文化革命"战略任务的关键所在。大众要"听话"，这种对文

艺的革命动力学的发掘和强调是作为"革命家"的瞿秋白的职责所在。不过，在同时作为"文学家"的瞿秋白那里，"文艺大众化"的"口语"原则却旗帜鲜明地提出了另一个关系普洛文艺合法性的根本问题：大众要"说话"。大众能够自由、充分、诗意地表达自己，能够享受优雅高尚的文化生活，这才是瞿秋白的文学乌托邦。在这一乌托邦中，首先，大众将真正获得思想的自由，革命的大众文艺不是用一种新麻痹代替旧麻痹，做革命的"牧羊人"，而是要"表现真正的生活，分化，转变，团结的过程"，给予大众"布尔塞维克的教育"，[79]帮助他们成为独立的思考者；其次，大众文化不是朴素的《信天游》式的民歌小调，而是那写出了"历史的真实"和"艺术的真实"的《铁流》式的国际主义作品；[80]再次，大众文化真正的创作主体也不是工农大众，仍是躬身为民的知识精英。瞿秋白坚信，"真正为群众服务的作家，他在煽动工作中更能够锻炼出自己的艺术的力量。艺术和煽动并不是不能并存的"，[81]革命与文学看似不可调和的矛盾在无产阶级无上的先进性和科学性光照之下得以完美和谐共生。不过，两者的张力显然比瞿秋白想象的更为复杂和强烈，并且构成了瞿秋白"文艺大众化"思想深处最深刻的文化矛盾乃至个人思想危机。而这显然已延伸至瞿秋白研究中更加深刻的有关其自我认同的重要议题，笔者也将尝试另文专论。

参考文献：

[1] 唐弢主编《中国现代文学史》（第2册），人民文学出版社1979年版，第55页。

[2] 李长夏《关于大众文艺问题》，《文学月报》第1卷第5、6号，1932年12月15日。

[3] 胡适《谈新诗》，《胡适文存》（一），上海亚东图书馆1921年版，第227页。

[4] 参见王瑶《中国新文学史稿》（修订本），上海文艺出版社1982年版，第205页。

[5]、[8]、[23]、[34]、[40]、[44]、[48]、[55]、[56]、[57]、[62]、[66]、[79] 瞿秋白《普洛大众文艺的现实问题》，《瞿秋白文集》（二），人民文学出版社1953年版，第861页，第857页，第861页，第856页，第856页，第866页，第867页，第857页，第857页，第863页，第864页，第857页，第870—871页。

[6] 参见瞿秋白《学阀万岁》，《瞿秋白文集》（二），第596页，第866页，第857页，第857页，第863页。

［7］、［22］董龙（瞿秋白）《哑巴文学》，《北斗》第 1 卷第 1 期，1931 年 9 月 20 日。

［9］参见瞿秋白《中国文和中国话的关系》，《瞿秋白文集》文学编第 3 卷，第 262－263 页。

［10］、［11］、［12］、［13］、［14］、［15］［、［18］、［19］、［20］、［21］、［24］、［25］、［26］、［27］、［67］、瞿秋白《鬼门关以外的战争》，《瞿秋白文集》（二），第 645 页，第 619－620 页，第 643 页，第 642－643 页，第 620－621 页，第 630－631 页，第 639 页，第 622 页，第 621 页，第 643－644 页，第 646 页，第 645－650 页，第 649 页，第 622 页，第 642 页，第 635 页。

［16］参见广东、广西、湖南、河南辞源修订组、商务印书馆编辑部编《辞源》（合订本），商务印书馆 1995 年版，第 1392 页。

［17］参见［法］皮埃尔·布尔迪厄《言语意味着什么——语言交换的经济》，褚思真、刘晖译，商务印书馆 2005 年版，第 6－9 页。

［28］、［29］瞿秋白《社会科学概论》，《瞿秋白论文集》，第 933 页。

［30］、［31］［匈］阿格尼丝·赫勒《日常生活》，衣俊卿译，重庆出版社 1990 年版，第 3 页，第 5 页。

［32］、［33］［法］Henri Lefebvre，Critique of everyday Life，volume I，London and New York：Verso，1991，p. 97. 转引自吴宁《日常生活批判——列斐伏尔哲学思想研究》，人民出版社 2007 年版，第 165－166 页，第 168 页。

［35］、［38］、［40］、［38］、［46］宋阳（瞿秋白）《大众文艺的问题》，《文学月报》，第 1 卷第 1 号，1932 年 6 月 10 日。

［36］李克长《瞿秋白访问记》，《国闻周报》第 20 卷第 25 期，1935 年 7 月 8 日。

［37］参见易嘉《革命的浪漫谛克——〈地泉〉序》，见华汉（阳翰笙）《地泉》，上海湖风书局 1932 年版，"序言"第 2－3 页。

［39］参见和史铁儿（瞿秋白）《大众文艺和反对帝国主义的斗争》，《前哨·文学导报》第 1 卷第 5 期，1931 年 9 月 28 日。

［42］《为文化革命五年计划而斗争》，编辑部文章，见《在文学岗位上》，1927 年 10 月，第 19 第 2 页，转引自［美］赫尔曼·叶尔莫拉耶夫《"拉普——丛兴起到解散"》，见张秋华、彭克巽、雷光选编《"拉普"资料汇编》（上），中国社会科学出版社 1981 年版，第 365 页。

［43］［美］赫尔曼·叶尔莫拉耶夫《"拉普——丛兴起到解散"》，见张秋华、彭克巽、雷光选编《"拉普"资料汇编》（上），中国社会科学出版社 1981 年版，第 367 页。

［45］胡适《通信·致顾颉刚》，《小说月报》第 14 卷第 4 期，1923 年 4 月 10 日。

［47］费孝通《乡土中国》，上海人民出版社 2006 年版，第 18 页。

［49］瞿秋白《乱弹·财神还是反财神》，《瞿秋白文集》（一），人民文学出版社

1953 年版，第 308－309 页。

　　［50］笑峰（瞿秋白）《唐吉珂德的时代》，《北斗》第 1 卷第 2 期，1931 年 10 月 20 日。

　　［51］参见寒生（阳翰生）《文艺大众化与大众文艺》，《北斗》第 2 卷第 3、4 合期，1932 年 7 月 20 日。

　　［53］、［53］、［54］［匈］阿格尼丝·赫勒《日常生活》，第 53－54 页，第 55－56 页，第 177－196 页。

　　［59］、［60］沈起予《文学大众化问题征文》，《北斗》第 2 卷第 3、4 合期，1932 年 7 月 20 日

　　［61］［加］参见马歇尔·麦克卢汉《理解媒介——论人的延伸》，何道宽译，商务印书馆 2000 年版，第 33 页。

　　［63］、［64］参见［苏］列宁《怎么办?》，《列宁选集》第 1 卷，人民出版社 1960 年版，第 281－282 页。

　　［65］参见《宣传工作决议案》，见中央档案馆编《中国共产党第二次至第六次全国代表大会文件汇编》，人民出版社 1981 年版，第 297－303 页。

　　［68］、［69］、［70］、［72］、［73］参见［法］雅克·德里达《论文字学》，汪家堂译，上海译文出版社 2005 年版，第 8－9 页，第 9－10 页，第 23－24 页，第 431 页，第 432 页

　　［71］［法］卢梭《社会契约论》，何兆武译，商务印书馆 1980 年版，第 125 页。

　　［74］、［75］［法］赛奇·莫斯科维奇《群氓的时代》，第 188 页，第 188－189 页。

　　［76］［英］艾瑞克·霍布斯鲍姆《革命的年代》，王章辉等译，江苏人民出版社 1999 年版，第 150 页。

　　［77］、［78］［法］保尔·拉法格《法国革命前后的语言》，罗大冈译，商务印书馆 1964 年版，第 54 页，第 47 页，第 870－871 页。

　　［80］参见［前苏联］G. 涅拉陀夫《铁流·序言》，瞿秋白译，见［前苏联］绥拉菲摩维支《铁流》，曹靖华译，人民文学出版社 1953 年版，第 25－26 页。

　　［81］参见易嘉（瞿秋白）《文艺的自由和文学家的不自由》，见苏汶编《文艺自由论辩集》，上海现代书局 1933 年版，第 94－95 页。

何以发问："文学是什么？"

——论"审美生活"概念与文艺学的"建构主义"

刘彦顺

一、从支宇论陶东风说起

在近年来"本质主义"、"反本质主义"、"建构主义"的探讨中，陶东风在其主编的《文学理论基本问题·前言》中的学术观点是一个关键的纠结点。尽管同时还有另外两本文学理论教材①引发学界共同的关注，而且在论述中也往往把这三本教材放在一起相提并论，并进行比较②，但是我认为，陶东风的"反本质主义"的主张最鲜明："在本体上，它不是假定事物具有一定的、可以变化的'本质'，而是假定事物具有超历史的、永恒不变的普遍性/绝对本质。表现在文艺学上，就是认为中外古今的文学都具有万古不变的'本质'。这种本质在分析具体的文学现象以前已经先验设定，否定文艺活动的特点与本质是历史的变化、因地方的不同而不同。在认识论上，本质主义坚信人只要掌握了科学、理性的分析方法，就可以获得绝对正确的对于本质的认识，否定知识（包括文艺学知识）的历史性与地方性。"③ 其针对的目标——"意识形态文论"与"审美意识形态文论"也最为明确，自然，其"反本质主义"之后的建构设想也最为具体，所引发的争议自然也就最多，这是本文开头所以拿这个说事的

---

① 王一川《文学理论》，四川人民出版社 2003 年版。南帆主编《文学理论（新读本）》，浙江文艺出版社 2002 年版。
② 张法《走向前卫的文学理论的时空位置》，《文艺争鸣》，2007 年 11 期。
③ 陶东风《日常生活审美化与文化研究的兴起》，《浙江社会科学》，2002 年第 1 期。

原因。

在对陶东风观点的讨论中，支宇论陶东风颇引起我的关注，其中有二：一方面是该文认为文学理论应该回答"文学是什么"，应该提供对于文学的"看法"、"观念"和"规律"，期冀"哪怕这一'本质'仅仅是某一具体历史语境中、有条件或前提的、可以变动或更改的意见、看法或观念"，还是属于"本质主义"的。一方面是对于陶东风该书的评价用语："《文学理论基本问题》终其一书都未能提出一个关于文学的看法和意见"、"损害了文艺学的理论尊严"、"'反本质主义'文艺学却不幸成为一种虚无的文艺学、瘫痪的文艺学"、"《文学理论基本问题》所倡导的绝对的'反本质主义'必然给文艺学知识生产带来一个致命的后果——'理论的瘫痪'"、"臃肿不堪"、"知识空洞化"、"肥胖臃肿"，而且还说：

"《文学理论基本问题》对一切'本质主义'思维方式的反感和拒斥使得它充分认识到'本质'的具体性、特殊性和虚假性：既然一切'本质'都不过是从某一特殊角度和特定时空而得出的特殊结论，既然普遍必然的'本质'和'规律'根据不可能存在，那么文艺学还有什么必要去获取一个理论立场、建构一套文学话语、得出一个文学结论呢？这样，在坚决告别'本质主义'之后，《文学理论基本问题》只能走一条彻底解构、拒不建构的理论之路。"①

由此可见，"反本质主义"所带来的学科焦虑——如果没有了文艺学学者在著述中提供"真理"和"本质"，那还做什么学问呀!？"文学是什么"这个提问句，就在于学者以一种权威的态度来对民众和大学中文系的学生们解惑，他们尽管在生活中已经有了鲜活得无以复加的文学体验，但是，他们不知道"文学是什么"，专家说了，噢！他们才知道。

正如学界很多专家所论，陶东风主编的《文学理论基本问题》在整体上是多人所著，内容与思想有很多不统一之处，但是其在《前言》里的观点还是不失其重大的学术价值，在整体观点上，我是很认同的，而且我认为，这一观点早就应该提出来了，尤其是作为大学教材的著述，它的影响力不仅仅是在中文系，更为重要的是对中国千千万万个甚至亿万个中小学生如何学习语文、学习文学的极重大的影响，从知识谱系的地图来看，大学尤其使师范大学所培养的教师，还有那些编写教材、制定语文教学大纲

---

① 支宇《"反本质主义"文艺学是否可能———评一种新锐的文艺学话语》，《文艺理论研究》，2006 年第 6 期。

以及考试题的人们是在大学里接受的知识，进而会授之与我们的花朵。

我之所以认同陶东风的观点，是因为，我认为，"本质主义文论"采取的是一种"越界"的方法，也就是把在科学中的、更准确地说是在自然科学中所采用的方法运用在根本不是科学的领域——审美领域或者文学领域。不管"本质主义文论"如何通过语言的拼接游戏等等方法对自己修修补补，看起来好看些，但是其根本的弊端却如何也克服不了。这一方法就是把现象作为工具，把现象作为不可信赖的堆积物，通过主观或者主体的努力，最终达到一个纯粹的客观结果，达到对于外部世界的真实反映，以"真伪"作为衡量的尺度，以"真"作为最高的标准；而且，这个从现象里升华出来的、抽象出来的"本质"——即"真"可以避免任何主观的差异，可以获得任何个体与主观性的认同。但是，这只适合于科学领域。

童庆炳主编《文学理论新编》里的"审美意识形态"这个概念尽管他自己解释说不是简单的"审美"加上"意识形态"，即使是这样，暂且不提文学的本质这个提法合法与否，还有一个问题就是——"审美是什么"还没有解决呢，暂且把这个问题悬置起来不说，文学活动本来就是审美活动的其中一种，这不就等于说"青菜"是"食物"，"红烧肉"也是"食物"，错是没有错的，但是又有什么意义呀？整体来看，"审美意识形态说"仅仅从字面上来看，也不是什么创新，而且其内涵还是主客二分的，这根本不能适合描述与解释文学活动。

维护"本质主义"的还有王元骧先生，他说："文学相对于政治、道德、实在的特殊本质是什么呢？我认为它是'审美'的，它不像政治、道德那样以理论思维形式，也不像宗教那样以交感思维的形式，而是以审美情感、审美体验和审美评价的形式来反映生活的。"① 在这一陈述中，"审美情感"、"审美体验"和"审美评价"只是"形式"，是用来"反映""生活"的，它们本身并不是"生活"。这里的"审美"就是一个完全把主体对于客体的"快乐"体验抽空的"客观物"，最终"审美"变成了"审物"。经由"主客二分"并最终剩下客观、排除主观，对于人类的生活与存在来说，当然必须的，但是其界限与条件在哪里？最典型的形态就是"自然科学"，自然科学研究所追求的是最终的、抽象的、冷冰冰的命题、原理、规律，虽经主体的努力，但是其结果却容不得半点主观的好

---

① 王元骧《文艺理论：工具性的还是反思性的？》，《社会科学战线》，2008 年第 4 期。

恶；在"自然科学"之外的"人生"就当然不能简单地以"唯物"还是"唯心"来做简单、武断的判断了。如同梁启超所说："总而言之，西方人讲他的形而上学，我们承认有他的独到之处。换一方面，讲客观的科学，也非我人所能及。不过最奇怪的是，他们讲人生也用这种方法。结果真弄到个莫名其妙。"① 按照"意识形态文论"和"审美意识形态文论"这种"本质主义"写就的文学理论著述就是没有"文学"的"文学理论"，写就的美学著述就是没有"审美体验"的、面目可憎的"美学"，写就的文学史就是没有"鉴赏力"的"文学史"。

在此仅举一例。无限精彩的一部《红楼梦》，按照我国当代文学理论"本质主义论"的最典型形态——"意识形态"文论与"审美意识形态文论"的观念来接受，就会产生如下惯常的思维方式：生活遭遇让曹雪芹有了创作的冲动，然后他开始创作，经过很多很多的虚构、变形（而且是审美变形），然后就把《红楼梦》写出来了，曹雪芹通过《红楼梦》真实地"反映"了社会和现实生活，然后，读者进行接受，最终也得到了对于社会和现实的真实"反映"（通常说是"审美反映"）。

据此，我们可以把《红楼梦》简化为：

一个男人，爱上，一个女人，后来，由于外界阻力，女的死了，男的跑了；主题就是反封建，第二主题就是爱情自由。……

甚至可以简化为——"ABCDEFG"的艺术：

A爱上B，由于阻力C，导致结局D和E。主题就是F和G。

请问，世界上有谁是出于这个"真实反映了历史、现实"的目的去"读"《红楼梦》呢？一般的读者的阅读恐怕应该都是为了获得在"读"中的"快乐"才去做这一决定的吧？而且，"快乐"这一感觉是实现于"读"的"过程"的。按照"意识形态论"和"审美意识形态论"的"文学本质主义观"来读《红楼梦》，"快感"、"过程"甚至"读"都仅仅是达到"结果"的"手段"、"工具"而已，"结果"就是"反映得正确"，只剩下正确的、唯一的"客观结果"，这样就把文学作品当作"史书"读了，可是世界上应该没有历史学家在做历史的研究时拿文学作品作史料的。最终，"本质主义"取消了"具体"的文学，取消了"美感"在存在形态上的"时间性"，得到了"抟之不得"的、"幻影"一般的"文

---

① 梁启超《饮冰室文集点校》，吴松等点校，云南教育出版社2001年版，第3344页。

学"。

因而，如同《文学理论基本问题·前言》里所说的，"本质主义思维方式"（意识形态文论）严重"束缚了文艺学研究的自我反思能力与知识创新能力，使之无法随着文艺活动的具体时空语境的变化来更新自己"，"一般规律"、"本质特点"或"客观真理"就自然要放弃了。

因而，由陶东风等在近年来所提出的"反本质主义"文论就是在放弃一个错误，放弃一个错误的、由"本质主义"支撑的"建构"，这本身就是文艺学作为一种知识的进步，尽快还仅仅处在觉醒的阶段。再"实在"、"系统"、"坚实"的"错误"也只能是个"错误"。当我读《红楼梦》的时候，我不再为了仅仅要知道一个"正确的反映"才去阅读，我下班了，累了，回到家里，读起这个作品好开心，这一点都不"空洞"，也不"虚无"，也跟"臃肿"没什么干系，我的感觉很"爽"很"实在"。

二、何以发问："文学是什么?"

首先，要对最经常采用的——"文学是什么?"提问本身进行探讨，"提问本身"是"具体"的，从"具体"中才可以发现构成这个提问的具体要素。陶东风等所提出的"反本质主义"、"非本质主义"文论之所以落人口实，我认为，就在于还没有触及这个根本。

从表面上来看，"文学是什么"只是"一个"问题，其实是"两个"问题，也就是我们已经知道了"这"是"文学"，文学在我们面前，然后追问它的本质是什么。但是实际上，我们不知道在我们面前的是什么。对于这个问题的提出，我们应该追问的先不应该是这个突兀的问题，而是应该提出，我们何以提出这个问题，在何时提出这个问题，也就是说，应该这个问题的合法性提出质疑和反省。以本人的实际生活遭际来说，当我说《多情剑客无情剑》是"文学"的时候，其实这并不是一个逻辑判断，而是说，我喜欢《多情剑客无情剑》，或者说《多情剑客无情剑》让我喜欢，我认定这部作品是"文学"。除了《多情剑客无情剑》之外，我还把《红楼梦》、《金瓶梅》、《动物凶猛》、《高老头》、《关雎》、《离骚》、《木兰辞》，还有手机上的荤段子，称作"文学"，其实也还是意味着它们让我"快乐"过，我在阅读它们的时候，是在过我自己的"生活"，是在过我自己的"审美生活"。

　　"什么是文学？"，这个问题不是问题，而是应该去追问——什么是文学活动，而且从更为准确而且更易于被接受的角度，应该去追问什么是"文学生活"。"什么是文学"，这一问题要么针对的是孤立的作品，也就是作为纸张、文字，摆在我们面前的这样一个东西，要么就把"文学"归结为"精神"或者"精神活动"，就类似于柏拉图在数千年前进行的"美本身"探讨了。文艺学的研究对象应该是"文学生活"，而且只能是"文学生活"。没有抽象的"美本身"，而只有具体的审美生活；没有"文学是什么"提问里的"文学"，而只有"文学生活"。

　　"文学生活"是什么？很简单，我在阅读古龙的《多情剑客无情剑》的时候，从一开始就被小说所吸引，我花了整整1天半的时间去阅读，连睡眠都省下了。这就是我的生活，这就是我一生中的一个事件，或者说是一个极为重要的历史事件，因为，我作为一个人，在生活中追求着越来越多的幸福，而幸福的生活在我阅读《多情剑客无情剑》的时候获得了。在我没有阅读这部小说的时候，我的幸福生活当然是存在的，但是，只有我在阅读这部小说的时候，我才获得了特定的快乐；在我阅读过程结束之后，这种特定的快乐消失了；我知道，我快乐过，在阅读的时候快乐过。在这个时候，我说"我知道"，是说幸福生活存在于"回忆"之中了。我的这个文学生活就是我作为一个文艺学学者应该研究的对象，而且是唯一的对象。同理，"审美生活"概念是对人类在审美时所发生现象的自然描述，也是对于主客不分的自然描述。当我说"只有在……的时候"这句话的时候，"文学生活"就应该像"审美生活"一样，自然而然地包含了三个基本的要素："主体"、"客体"以及"时间性"。

　　当然，我们可以单独就主体、客体或者时间性的问题进行研究，但是，一个基本的前提是在一个业已完成的审美生活中的，而且在三者之间要遵从这一基本逻辑：主体与客体到底是一种什么关系。在一个业已完成的审美生活或者事件之中，审美主体与审美客体的融合关系要得到更加准确的说明和描述，必须使用"时间"或者说更确切地以审美活动的"时间性"为基点。

　　其次，我们就可以探讨"本质主义"文论与"反本质主义"文论在如何对待"审美生活"中"主体"与"客体"关系上的"时间性"问题了。

　　平心而论，"时间"问题是极为复杂精微的，我对这个问题的思考至今仍处在焦灼的困惑之中，但是我还是有一个基本的、稳定的观念，也就是物理学、数学意义上的"绝对时间"观在审美生活之中尽管当然存在，但是"主观时间"与人生的关系才是最根本的，也就是个体主观感觉所体现出的"时间性"。

"意识形态文论"、"审美意识形态文论"与"反本质主义"文论的最为本质的区别就是对于"主体"与"客体"、"主观"与"客观"或者说"心"与"物"关系的完全不同的回答。如前所述，"意识形态文论"、"审美意识形态文论"的基本观念是"主客二分"，而且只适合于"科学活动"，尤其是科学结果，因为科学研究的过程与活动是具有时间性的，而科学结论里是没有"时间性的"。既然只是把审美（包括文学阅读）作为对"生活"的"反映"，就只能是只求得真实的"结果"，就会把"感觉"更准确地说是把"感觉"的"过程"、"过程性"也就是"时间性"的何以"发生"、何以"绵延"、何以保持"快乐"的"注意力"等等统统消弭于"抟之不得"了。可以说，"本质主义"文论一如柏拉图式的追寻"美本身"的美学，在"主观与客观"、"主体和客体"之间的"时间性"观念上是非常清晰的。当然，在众多"本质主义"文论的陈述里，与"时间性"相关的词汇、话语是稀薄的，原因就在于既然取消了"时间性"，那么这样的词汇与话语就当然是阙如的。"阙如"，恰恰是清晰的体现。

但是，反观"非本质主义"和"反本质主义"文论，却在理应大张旗鼓、阔步前进的地方停下了，没有提出"审美生活"中的"主体与客体"、"主观与客观"到底是怎样的一种结构清晰的构成状态问题，我认为，这是"本质主义"文论结束之后所要做的。从我们惯常看到的表述来看，"非本质主义"者们往往会使用诸如"主客融合"、"主客统一"、"主客不分"等等，这样的字眼说明不了任何问题，而且太模糊空泛了，太比喻化了。

审美的世界在"活生生"的生活世界之中，审美生活是众多生活形态的一种。对于"人生"或"生活"或"生活世界"的追问，必然会在主体与客体、主观与客观、主体与主体之间的构成关系上展开，舍此别无他途。审美生活要能够得以清晰地浮现，就必须在这里首先解决以上这些基本要素在审美生活中的构成形态何以不同于科学以及道德活动的本质特性。

在主体与客体、主观与客观之间的关系上，若在客体、客观一维着重发挥，则科学发达，但是其弊在于对情感世界与人生的忽视，以此来分析人生与情感就会割裂、干枯，把生命现象导致为沉寂的无机界；若在主体、主观一维着重发挥，则灵魂之说发达，但是其弊端在于把人生与情感世界导向远离人世的天国、天堂，也会在根本上取消人生。具体分析两个纬度如下：

在第一个纬度，"主客二分"并最终剩下客观、排除主观，对于人类的生活与存在来说，当然必须的，但是其界限与条件在哪里？梁启超说的很清楚，那就是"自然科学"，自然科学研究所追求的是最终的、抽象的、冷冰冰的命题、原理、规律，虽经主体的努力，但是其结果却容不得半点主观的好恶；在"自然科学"之外的"人生"就当然不能简单地以"唯物"还是"唯心"来做简单、武断的判断了。也就是说，"主客二分"虽然必须，却又必须划定自己的疆域，不可逾越其方寸。

在第二个纬度，过于执著于主观与主体，不但不能匡救科学之弊端，反而会走向无"现在性时间"根基的"未来"。

在"活生生"的现象世界、生活世界或人生之中，某一具体的感受或印象取决于主体与客体之间的"意向性"，在此要追问的再也不是第一性、第二性的问题，而是如何才能更好地获得美好人生的问题。即使是对于同一个客体对象，由于主体的主观态度的差异，所得到的是完全不同的"体验"，而这一"体验"本身才是人生所要面对的，才是人生的本貌。所以，"审美生活"既不是偏于主观的，也不是偏于客观的，而是在"两者之间"。而连接审美主体与审美客体的要素就是"时间"，或者更准确地说是"时间性"，因为在"主客之间"所产生的情感、感觉在存在的状态上就是最为原始的"时间性"的绵延过程，因而，从而必然产生审美时间性问题，也必然决定了审美生活包括这三个核心要素：审美主体、审美客体与审美时间。

阐释学美学家伽达默尔在对审美生活诸关键概念进行了深刻的阐述，并且教化相连接，他认为人类的教化一般本质就是使自身成为一个普遍的精神存在。谁沉缅于个别性，谁就是未受到教化的，而"教化作为向普遍性的提升，乃是人类的一项使命"①，那么在教化、存在与审美之间是一

---

① ［德］伽达默尔《真理与方法》，洪汉鼎译，上海译文出版社 1999 年第 1 版，第 15 页。

种交融的关系①，而且认为："教化不是一个程序或态度的问题，而是一个既成存在的问题"②，可以说教化成为他理解艺术与审美的逻辑起点。在展开的论述中，伽达默尔以游戏概念作为理解审美的入门概念，他认为游戏是："艺术作品本身的存在方式"、"把审美意识看成是面对某个对象，这并不符合实际情况"③，也就是说在审美活动之中，主体与客体、主观与客观之间、个体与对象之间是不存在对立与分别的，"游戏的存在方式不允许游戏者像对待一个对象那样去对待游戏"④；之所以是不可分离的，就是因为在审美活动之中的审美意识"具有共时性特征"⑤，而且他认为审美教化意识也是同样具有"共时性"的，这是一个"特有的外在的存在"⑥。他在著作中一再强调的同时、共识、共时性概念是对于审美生活特征的划时代的描述与概括，因为在对审美生活或审美存在的分析中，如果不引入时间概念，就无法说明其存在的状态。他认为："共时性是属于艺术作品的存在。同时性构成同在的本质。同时性不是审美意识的同现，因为这种同现是指不同审美体验在某个意识中的同时存在和同样有效。……这里，同时性是指，某个向我们呈现的单一事物，即使它的起源是如此遥远，但在其表现中却赢得了完全的现在性。"按照我们的理解，他所说的在游戏中存在的各种"中介"即审美活动中的一切因素，在游戏的过程中都被"扬弃于彻底的现在性中"⑦，这就是审美生活的达成。

美学研究的对象也就应该确立为"审美生活"，否则的话，偏于主观与主体，就会导致以"审美经验"作为美学对象，导致"心理主义"；偏于客体与客观，就会导致"反映论"的美学，导致"科学主义"。如果出于美学研究对象的不同侧重，可能会针对主体或者客体进行研究，但是，这也只能在"审美生活"的疆域之内。

再次，在区分了"非本质主义"与"本质主义"文论的根本差异之后，就应该针对文艺学学科、文学理论学科乃至于美学学科的治学态度与治学方法做出清晰的回答了。

---

① ［德］伽达默尔《真理与方法》，洪汉鼎译，上海译文出版社 1999 年第 1 版，第 20 页。
② 同上。
③ 同上，第 130 页。
④ 同上，第 131 页。
⑤ 同上，第 110 页。
⑥ 同上，第 111 页。
⑦ 同上，第 165 页。

"文学生活"既是我们的研究对象，也是所有文艺学概念、范畴、命题、问题的反思之基础。无论任何概念、陈述、命题，我们都要反问自己的体验，在自己的"文学生活"中到底发生了什么？人，学者尤其如此，只能说自己知道的东西，只能研究自己体验过的东西；文艺学学者就更是如此，当我们说"文学"的时候，并不是指世界上所有的文学作品，而只能是指"我所阅读过的文学作品"，只能是"我所体验过的文学作品给我带来的快乐"，结合"时间性"，更具体地说，"体验"是处在"回忆"之中的种种遭际。在"现在"，我在进行美学研究，只是，我研究的是"现在"出现的"回忆"。一切以此为限，是谓"铁门槛"。

我们或者说"我"并不特殊，而且在很多情况下要把自己还原成普通读者，并不因为我们或者"我"是"专家"，是"老师"，是"大学老师"，是科研机构的"带头人"和"领导"就认为自己"高"于普通读者，高于其他学者。原因在于：我们作为学者的工作与生活可能占据了人生时光的大部分，我们常常做的是从概念到概念，从命题到命题，从抽象到抽象，而没有把大部分精力用在"阅读"上。我们所说的"审美对象"在很多情况下是空的，甚至我们依据的是"他人"的"体验"，如果"他人"的"体验"再来自"他他人"呢？

关于审美对象，传统美学总是把它界定为一种客观的实体，或是自然物，或是艺术作品等等，而且特别地强调了审美对象具有不以人的意志为转移的美的客观性。但是以现象学为方法的当代存在论美学观却完全否定了审美对象作为物质或精神的实体性，而是把审美对象作为意向性过程中的一种意识现象（存在），通过现象学还原，在主观构成性中显现。胡塞尔在1913年所作《纯粹现象学通论》中通过对杜勒铜板画《骑士、死和魔鬼》的分析，阐述自己对审美对象的理解。他认为审美对象既不是存在的，又不是非存在的。这就是说，审美对象不是物质实体对象，须借助主体的知觉和想象显现，因此"不是存在的"。同时，审美对象又不是纯粹理念的精神实体，要以感觉材料为基础，通过意识活动赋予其意义，因此，"又不是非存在的"。对于胡塞尔的阐述，杜夫海纳说了一句更为明确的话："美的对象就是在感性的高峰实现感性与意义的完全一致，并因此引起感性与理解力的自由协调的对象"①。也就是说，审美对象是意向性

---

① ［法］杜夫海纳《美学与哲学》，中国社会科学出版社1985年5月版，第25页。

活动中凭借主体的感性能力对存在意义的充分揭示，从而达到两者的"完全一致"。在这里，起关键作用的还是主体的感性能力、审美的知觉，无论对象本身的情况如何，只要主体的感性能力、审美的知觉没有对其感知，那就不能构成审美对象。杜夫海纳指出："艺术作品则不然，它只激起知觉。如果作品有效果，那么刺激就强烈。这是否说没有'现象的存在'呢？是否说博物馆的最后一位参观者走出之后大门一关，画就不再存在了呢？不是。它的存在并没有被感知。这对任何对象都是如此。我们只能说：那时它再也不作为审美对象而存在，只作为东西而存在。如果人们愿意的话，也可以说它作为作品，就是说仅仅作为可能的审美对象而存在。"①

这应该是"非本质主义文论"、"反本质主义"文论所应采取治学门径，只有这样，文艺学与美学才会真正实现它们所特有的"体验性"。对于科学而言，我们享用的是最终的结果和产品，我们无从体验科学家的辛劳和快乐；对于道德活动而言，我们会根据伦理规范去进行判断，而自己却不一定要经历过；但是对于美学和文学理论而言，当我们在进行科研的过程中，对象与材料是而且只能是自己大脑里的曾经的"体验"。

三、"非本质主义"只解构不建构吗？

——回望中国古典美学

在论及陶东风主编的《文学理论基本问题》时，不认同者认为基本认为只解构不建构，比如支宇认为："在坚决告别'本质主义'之后，《文学理论基本问题》只能走一条彻底解构、拒不建构的理论之路。"② 杨春时也认为："可能导致绝对的历史主义甚至虚无主义"。③ 王元骧先生则认为这代表了一种排斥理论的倾向，会"导致文学理论日趋零散化、技术化、实用化、肤浅化"④。认同者却也同陶东风等一样，没有找到"本质主义文论"的"阿喀琉斯之踵"，也就不可能从对立面提出清晰的见解，本文在第二节已有详论。另外，对"非本质主义文论"能否有建构的可能

---

① ［法］杜夫海纳《美学与哲学》，中国社会科学出版社 1985 年 5 月版，第 55 页。
② 支宇《"反本质主义"文艺学是否可能——评一种新锐的文艺学话语》，《文艺理论研究》，2006 年第 6 期。
③ 杨春时《后现代主义与文学本质言说之可能》，《文艺理论研究》，2007 年第 1 期。
④ 王元骧《文艺理论：工具性的还是反思性的?》，《社会科学战线》，2008 年第 4 期。

性信心不足，学术史素养欠缺，使得这一讨论显得"特立独行"，对于理论资源的借鉴也一如很多学者所指出的——基本来自后现代主义。本节之所以拿"中国古典美学"为副标题，用意只是在于还原一个美学史的真相，更重要的是在于重温一下美学话语的汉语表达。

王元骧先生尽管力主"审美意识形态"的"本质主义文论"，我不赞同，但是在这场讨论里，他能够表现出少有的功底扎实、素养良好、思维清晰，比如，王先生对"非本质主义"文论的"渊源"就一语道破："我国自古以来就缺少理论思维传统，在思维方式上偏重于实用理性。"① 当然，我与王先生的看法是不一样的，对中国传统哲学与美学在思维上的态度，我认同的是梁启超的思想，他虽已不属古人，但他对中国古典哲学与西方哲学的比较，尤其是与近代之前西方哲学的比较，我们就不难发现："本质主义文论"源自于哪里，为何"非本质主义文论"多向后现代乞灵。

梁启超在反思西方哲学过于执著于主体或客体的基础上，提出"人生"存在于"主客之间"，并主要借助佛教哲学之精义，对由"主客之间"而产生的"时间性"构成做了精微分析，并在此基础上展开审美生活中"时间性"问题之思，涉及审美意识的时间性构成、阅读过程分析以及国民情感生活的重建与教育等关键问题。

审美生活是众多生活形态的一种，这是梁启超审美时间思想的基点。他认为："'美'是人类生活一要素——或者还是各种要素中之最要者，倘若在生活全内容中，把"美"的成分抽出，恐怕便活得不自在，甚至活不成。……但据多数人见解，总以为美术是一种奢侈品，从不肯和布帛菽粟一样看待，认为生活必需品之一。我觉得中国人生活之不能向上，大半由此。"②

从梁启超著作中涉及的西方哲学家以及哲学思想来看，上至古希腊哲学的柏拉图、亚里士多德，下至西方现代哲学的柏格森、詹姆士等等，主要是在唯物主义与唯心主义之间展开的哲学史。梁启超认为西方哲学要么过于偏向主观，要么过于偏向客观，在形而上学的角度当然取得了伟大的成就，为中国哲学所不及，但是与中国传统哲学关于"人生"的阐发相比，在主体、客体之间的"兼容"、"同在"与"互融"方面却大逊其色。

---

① 王元骧《文艺理论：工具性的还是反思性的？》，《社会科学战线》，2008 年第 4 期。
② 梁启超《饮冰室文集点校》，吴松等点校，云南教育出版社 2001 年版，第 3327 页。

梁启超曾著《非唯》一文，就对"唯"字大为不满："近来学界最时髦的话头是'唯……主义'、'唯……主义'等。这种话头。……最近欧学输入，名目越发多了。最著者如'唯物史观'、'唯心哲学'，乃至'唯用'、'唯感'，'唯美'、'唯实'、'唯乐'……等等，标名新颖，立说精奇，很替学界增许多光焰。"① 其好处在于："可以免思想笼统的毛病"、"令思想归边，专从这一边研究"、"一天一天的鞭辟入里，有许多新发明"、"旗帜鲜明，于传播学说最利便，而且有力"②，"除却自然科学不计外，专就人生的学问讲——我以为，人生是最复杂的，最矛盾的，真理即在复杂矛盾的中间。换句话说，真理是不能用'唯'字表现的，凡讲'唯什么'的，都不是真理。"也就是说，对"活生生"的"人生"的把握非"唯物"、"唯心"这种"非此即彼"的思维方式所能胜任。

而且，梁启超更是风趣地指出，"审美"与"谈恋爱"一样，属于情感范围，无法用科学来解决："人类生活……极重要一部分——或者可以说是生活的原动力，就是'情感'。情感表出来的方向很多，内中最少有两件的的确确带有神秘性的，就是'爱'和'美'。'科学帝国'的版图和威权无论扩大到什么程度，这位'爱先生'和那位'美先生'依然永远保持他们那种'上不臣天子，下不友诸侯'的身份。请你科学家把'美'来分析研究罢，什么线，什么光，什么韵，什么调……任凭你说得如何文理密察，可有一点儿搔着痒处吗？至于'爱'那更'玄之又玄'了。假令有两位青年男女相约为'科学的恋爱'，岂不令人喷饭？又何止两性之爱呢？"③

对于西方自古希腊以来的哲学，梁启超如此总结——"空洞"、"幼稚"乃至于"望尘莫及"："欧西则自希腊以来，即研究他们所谓的形而上学，一天到晚，只在那里高谈宇宙原理，凭空冥索，终少归宿到人生这一点。苏格拉底号称西方的孔子，很想从人生这一方面做工夫。但所得也十分幼稚。他的弟子柏拉图，更不晓得循着这条路去发挥。至全弃其师传，而复研究其所谓天之道。亚里士多德出，于是又反趋于科学。后人有谓道源于亚里士多德的话，其实他也不过仅于科学方面有所创发，离人生毕竟还远得很。迨后斯端鲫一派，大概可与中国的墨子相当，对于儒家，

---

① 梁启超《饮冰室文集点校》，吴松等点校，云南教育出版社 2001 年版，第 3327 页。
②③ 同上。

仍是望尘莫及。"①

梁启超对过于偏于主观的西方哲学如此总结："一到中世纪，欧洲全部统成了宗教化。残酷的罗马与日耳曼人，悉受了宗教的感化，而渐进于透信。宗教方面，本来主情意的居多，但是纯以客观的上帝来解决人生，终竟离题尚远。"②

而且，西方文化发展中尤为严重的弊端还在于——始终摇摆在主体与客体、主观与客观的偏执之间：

"盖中世纪时，人心还能依赖着宗教过活，及乎今日，科学昌明，赖以醉麻人生的宗教，完全失去了根据。人类本从下等动物蜕化而来，那里有什么上帝创造？宇宙一切现象，不过是物质和他的运动，还有什么灵魂？来世的天堂，既不可凭，眼前的利害，复日相肉搏，怀疑失望，都由之而起，真正是他们所谓的世纪末了。"③

而且，"后来再一个大反动，便是'文艺复兴'，遂一变主情主意之宗教，而代以理智。近代康德之讲范畴，范围更过于严谨。好像我们的临'九宫格'一般。所以，他们这些，都可说是没有走到人生的大道上去。直至詹姆士、柏格森、谣铿等出，才感觉到非改走别的路不可，很努力的从体验人生止做去，也算是把从前机械的唯物的人生观，拨开几重云雾。但是真果拿来与我们儒家相比，我可以说仍然幼稚"④。

因而，梁启超对西方哲学史发出这样的哀叹乃至哀怜决非偶然——"枯燥"、"可怜"、"疲敝"："以上我等看西洋人何等可怜！肉搏于这种机械唯物的枯燥生活当中，真可说是始终未闻大道。我们不应当导他们于我们祖宗这一条路上去吗？以下便略讲我们祖宗的精神所在。我们看看是否可以终身受用不尽，并可以教他们西人物质生活之疲敝？"⑤

而且，他认为，要匡救这一弊端，必须向中国传统哲学求助。他认为，中国传统的儒道墨三家与中国佛教哲学堪为理想的资源，而且他把佛教哲学作为最理想的选择，原因就在于佛教哲学在主体与客体之间所持的"并在一体"的精微要义可以解决"唯"的武断与弊端。

在佛典中，对于主客之间的关系采取的是心物融合、并存的看法，这样一种看法尤其适合于对"人生"的解释与描述。

---

① 梁启超《饮冰室文集点校》，吴松等点校，云南教育出版社 2001 年版，第 3327 页。
②③④⑤ 同上。

比如佛经中说："坚法尚无，况假名地。若泥团是坚，泥团即为软，故知无定坚相。又以少因缘故生坚心，若微尘疏合名为软，密合为坚，是故无定。"① 梁启超解释说："坚和软，不过主观的评价，若离却主观的状态，说是客观性有坚软的独立存在。是不合理的。"②

梁启超在论及"境"时认为，它既不是偏于主观的，也不是偏于客观的，而是在"两者之间"：

"'月上柳梢头，人约黄昏后'，与'杜宇声声不忍闻，欲黄昏，雨打梨花深闭门'，同一黄昏也，而一为欢戚，一为愁惨，其境绝异。'桃花流水杳然去，别有天地非人间'，与'人面不知何处去，桃花依旧笑春风'，同一桃花也，而一为清净，一为爱恋，其境绝异。'舳舻千里，旌旗蔽空，酾酒临江，横槊赋诗'，与'浔阳江头夜送客，枫叶荻花秋瑟瑟。主人下马客在船，举酒欲饮无管弦'，同一江也，同一舟也，同一酒也，而一为雄壮，一为冷落，其境绝异。然则天下岂有物境哉，但有心境而已！戴绿眼镜者，所见物一切皆绿；戴黄眼镜者，所见物一切皆黄；口含黄连者，所食物一切皆苦；口含蜜饴者，所食物一切皆甜。一切物果绿耶？果黄耶？果苦耶？果甜耶？一切物非绿、非黄、非苦、非甜，一切物亦绿、亦黄、亦苦、亦甜，一切物即绿、即黄、即苦、即甜。然则绿也、黄也、苦也、甜也，其分别不在物而在我，故曰三界惟心。"③

尤其是在上述文字之中，梁启超所征引的众多诗句极为雄辩地表明了审美生活属于典型的、"主客之间"的人生形态之一。其思想价值对于美学而言就不在于具体而微，而是攸关弘纲要旨的，而且是美学学科的第一个问题，即美学的对象；既然如此，美学研究的对象也就应该确立为"审美生活"。

最后，我认为，"非本质主义文论"在中国是一个历史悠久、积淀丰厚的遗产，从《周易》"咸"卦里主张男女性爱生活的最高境界在于获得"同时性"的高潮，从而为"感兴诗学"之"感"奠定"主客融合"、"主体间性"的美妙哲理，到王国维在"意境"美学里对"时间性"与"流畅体验"的精彩分析④，再到梁启超（笔者已写就《论梁启超美学思

① 梁启超《饮冰室文集点校》，吴松等点校，云南教育出版社 2001 年版，第 3327 页。
②③ 同上。
④ 参见刘彦顺《论王国维美学思想中的时间概念》，《社会科学辑刊》，2008 年第 3 期。

想中的"时间性"问题》，尚未刊发）、李泽厚①、张道一、叶秀山、叶朗等先生的大力开拓（参见本人所著《走向现代形态美育学的建构》第 23 到 27 页，山东文艺出版社 2008 年版），"建构"实是大有可观。就西方文艺学史而言，自现象学以来，"非本质主义文论"已是洋洋大观，尤其是现象学美学巨子英加登据胡塞尔之精义提出的多层次构成说，其中的核心就是"时间性"卓见，但是在童庆炳《文学理论新编》中却不假思索地把这一观念植入"审美意识形态"的"本质主义文论"中，胡越若肝胆，令人费解。我认为，此堪解支宇论陶东风"非本质主义文论"时所言"解构而不建构"之惑。

---

① 参见刘彦顺《论李泽厚美育思想的三个关键词——时间性、新感性、教化》，《文艺理论研究》，2008 年第 1 期。

伦理：中国文学女性主义批评应重视的题域

王纯菲

对文学的女性主义批评是当下世界性的话语批评形态，自上世纪末以来，西方女权主义批评话语在中国文学批评界始终热度不减。女性文学批评旨在颠覆在文学创作和文学批评中根深蒂固的男权中心主义的存在，从女性主义研究视角给予既往文学重新诠释与衡定。其意义在于摈弃既往文学中的性别文化歧视，开拓既往文学的文化内涵，给予女性创作、女性意识张扬、女性阅读以应有的地位。20 世纪末女性主义批评为国内学者所接受，取得了一定研究成果。目前，中国文学界已意识到，在世界文学批评话语背景下对民族文学及其思想的研究是中国文学取得世界话语批评权的根本保证，对女性文学的研究也必将向注重本土化研究转向。

一

中西方由于古代社会生存环境的差异以及由此形成的社会结构形态的差异和文化思想的差异，导致了不同的女性文化表现。虽然总体上说无论西方女性还是中国女性，在男权社会中都处于"第二性"位置，但在不同社会形态的男权社会中，对女性的文化规约、社会歧视以及由此带来的女性社会、家庭位置及女性现实生存体验各不相同，这反映在文学作品中便形成不同的女性形象特色。而须注意的是，当下国内渐成规模的女性文学批评中，不时表现出套用西方女性文学批评方法、标准的倾向，而对中国女性文学的文化特殊性重视不够。

20 世纪西方的女权主义运动是英美等地妇女为争取政治投票权与基本公民权而兴起的政治运动，这些觉醒了女性意识的女性先锋们，将自己的性别群体视为受压迫的群体，与共同在场的压迫者男性群体分庭抗礼，要取回女性本来应有的却被男权历史文化剥夺了的政治权力。尽管后来的女权主义者意识到"男人女人都一样"的政治诉求有无视甚至消解女性性别特征的局限性，并做了这样和那样的张扬女性性别特征的努力，但西方女权主义者们始终坚持解构男权中心社会、改变妇女处境、争得男女平等权利的政治目的。"在女权主义批评理论中——不管以什么风貌呈现——政治的有效性始终是一个终极关怀的目标。"① 西方女权主义运动呈现这样的表现特征自然源于西方社会的"菲勒斯逻格斯中心主义"。从历史文化视角考察，西方"菲勒斯逻格斯中心主义"的形成有其不同于中国的文化渊源。西方文化是建立在人与社会、人与自然对立的二元论哲学思维基础上，在"菲勒斯逻格斯中心主义"形成及不断强化的过程中，男人与女人在二元对立的思维模式中淡化了其相依相融的本质属性，强化了差异、对立的一面。西方民族又是极为重视主体的人的价值实现的民族，强调人在改造自然改造社会的过程中主体精神的胜利，因而其政治体系、社会制度的建立始终以强调与维护人的利益而进行，而扬阳抑阴、男尊女卑价值体系下的西方社会，"人"当然主要指男性群体，女性在社会政治生活中处于被排斥与遗忘的地位。女性社会政治地位及权利的丧失，也导致了家庭主体地位向男性一方的倾斜，作为生活反映的西方文学，女性形象的压抑自然多表现为社会政治的被遗忘和家庭生活充当配角的压抑。西方女权主义运动为改变女性处境首先指向政治是顺理成章的事情。

与西方不同，中国女性少有作为男性对立面而自觉进行的张扬女性主体意识的政治活动，中国不乏女性在历史上创造的令男性汗颜的辉煌，但却缺少女性政治意识整体性的觉醒与抗争。固然，中国女性社会政治地位的有所改变离不开男性领导的社会政治制度变革，但中国文学历史上表现的女性的呐喊与抗争，则多为家庭婚姻以及恋爱上的需求。这样的表现自然也与中国的传统文化有关。中国传统文化的一个特点是重视人伦关系，重视人。但中国传统文化对人的肯定，不是像西方人文主义那样去肯定人的个体生命价值，而是将人放在社会伦理秩序中去考虑，重视人与他人、人与社会的相互关系。中国传统文化又是建立在"天人合一"的哲学思维基础上，"天道"即为"人道"，同时强调"家国同构"，家族始终是中国

---

① 宋素凤《多重主体策略的自我命名：女性主义文学理论研究》，山东大学出版社 2002 年版，第 28 页。

社会的基石。这样，维护男权社会秩序的大量的伦理规约就必然是为处于家庭位置的女性所制定，为女性所制定的"人道"又自然成为治国的"天道"。违背家庭伦理就是违背社会伦理，全社会都可以声讨。因此，在中国历史文化中，政治与伦理是一体化的，伦理总是以日常规约的方式行政治之职。伦理制度的政治威力，社会与家庭伦理的人身依附性，使中国女性不得不接受男权政治加之于身上的伦理规范。这些伦理规范在漫长的历史文化进程中，在男权政治的强力推行下，渐渐内化为中国女性自身的心理结构、精神本质，它是削弱中国女性主体意识觉醒的需求及推翻男权压迫的政治热情的根本所在。

因此，中国传统文化，尤其是体现于女性及女性文学形象上的传统文化，是以伦理道德为核心加以表现的。从主导倾向上来看，如果说西方女性的"他者"地位主要在于男性政治上的排"她"并导致"菲勒斯（Phallus）中心主义"确定的话，那么，以儒家文化精神为主导的父权制男性中心话语制定的伦理道德，则是中国女性历史上主体位置缺席的元凶。即是说，前者的压抑实质是政治的，后者的压抑实质则是伦理的。中国文学中女性形象的非本质性表现、女性创作的被否定、女性主体意识、欲望的受限制，根源于强大的维系男权社会的伦理道德的制定及代代因袭的伦理道德观念的精神压迫，建立在体验基础上的中国传统文化的主要体现者——儒家伦理，使这种压抑变得合情合理。

二

伦理，人伦道德之理。从词源学的角度分析，伦理的"伦"有"条理"、"顺序"之义。《逸周书·宝典》曰："悌乃知序，序乃伦；伦不腾上，上乃不崩;"《周书·洪范》中有"彝伦攸叙"一说，"彝伦"即为常伦，常秩，"伦叙"就是"伦序，即为伦理秩序。"理"的最初之义是治玉、雕琢。《战国策》记载："郑人谓玉未理者璞"，"玉虽至坚，治之得其鳃理以成器，不难谓之理"，以后引申有条理、精微、道德等含义。伦理二字合起来使用，最早见于《礼记·乐记》："乐者，通伦理者也"，这虽讲音乐之道，但伦理二字合用却为后人所沿用。在中国古代，表达人与人社会关系秩序状态、阐述做人的原则与道理时使用"伦理"一词，其含义大致与道德相同，两词常被互换使用。所以，今人定义"伦理"一般为：社会制定的人们在处理相互关系时所应遵循的道德准则。伦理与道德两字虽然可以相互置换，但也有些微差别。道德常与个体联系，指个体道德；伦理常用于国家社会道德规范的指认。所以中国古代儒家伦理学说体系就由两部分构成，即个体道德与社会伦理。这两部分是相辅相成的，个体道德的确立与评判依据于社会伦理，社会伦理又由社会个体成员的道德取向加以体现。每个社会都有每个社会的伦理之规，它彰显着这个社会的文明程度，反映着这个社会"善恶"的价值取向，指导和约束着这个社会人们的生活实践。

中国伦理建构的文化依据是人伦本体性，即是把人与人之间的关系置于文化体系的核心位置。从人伦本体性出发，儒家经典《中庸》将社会各种人际关系概括为"五伦"："天下之达道五，所以行之者三。曰：君臣也，父子也，夫妇也，昆弟也，朋友之交也。五者天下之达道也。知仁勇三者，天下之达德也。所以行之者一也。"孟子将伦理价值判断引进五伦，将五伦阐释为"父子有亲，君子有义、夫妇有别、长幼有序，朋友有信"①。此后历代封建统治者均以"五伦"为治国之要。五伦中规定的君臣、父子、夫妻、长幼、朋友关系中，夫妻关系是人伦之始。在儒家另一传统典籍《周易》中有如是说法："有天地然后有万物，有万物然后有男女，有男女然后有夫妇，有夫妇然后有父子，有父子然后有君臣，有君臣然后有上下，有上下然后礼义有所错。"因之，儒家基于天人合一宇宙观确定的男女之间的人伦秩序，就不仅是在讲两性间的问题，也是在讲整个国家的文化秩序问题、国家政治秩序问题。

"五伦"强调融合，这见之于性别，就与西方强调性别二元论有明显不同，"五伦"的性别强调无论男性还是女性都被置于男人与女人的相互关系中，男人与女人都在这相互关系中获得性别定性。由此形成的性别理解，即是没有离开女人的男人，也没有离开男人的女人。所谓男性伦理与女性伦理，也都是相对女性与男性而言的伦理。这一点至关重要，在中国社会文化史中，无论形成怎样的男性专制或女性权谋、男性功业或女性贞德，男女双方都自觉对方的无可或缺，也都在这无可或缺中形成各自性别的理解、认识、规约、限定，乃至实践。《易·家人》已把男女两性的对应关系讲得非常清楚："女正位乎内，男正位乎外。"这主要讲的是家庭分

---

① 《孟子·滕文公上》。

工，内外之别，家庭就是男女相依而在的关系体。《盐铁论》讲"夫男更女绩，天下之大业也"，这即是讲家庭经济分工，也是讲社会经济分工，各有所举，各行其道，但又必须相生相依。

就中国传统文化强调的男女相生相依的两性关系意识，及体现并实现这一关系意识的性别伦理而言，较之于西方二元论更合于生存的自然历史规定。不过，在中国传统文化伦理秩序中，构成男女相生相依的关系体的性别双方并非平等对峙，而是主从有别，这就是男尊女卑。在持续的伦理实践中，这种男尊女卑的伦理观念越来越被强化。由男女有别而男尊女卑，相依相生的合于自然的伦理关系体便走向否定自然方面，女性在自然否定中沦为伦理牺牲品。"夫天也，妻地也；夫日也，妻月也；夫阳也，妻阴也。天尊而处上，地卑而处下。"① 天尊地卑、君尊臣卑、父尊子卑、男尊女卑，女人在儒家人伦之序中整体地被置于"卑下"、"从属"的境地。为了保证男性的绝对优势，使女性永远处于"臣服"地位，历代体现封建统治者利益的儒家学说又为女人制定了一系列伦理道德规范。"三从四德"是其最本质、最核心的内容。"未嫁从父，既嫁从夫、夫死从子"，② 女性的"从属"位置由"三从"伦理规范的确立而确定。强调妇德、妇言、妇容、妇功的"四德"，则使女子的言谈举止、思想操行受到严格的规定和限制。在三从四德的基础上，儒家学说又派生出许多具体的对女性道德的规约。其中，最严厉、最残酷的当属贞操规约。贞节观及贞节崇拜兴起于秦代，鼎盛于宋代，至元明清时代发展到极端。贞节观要求"一女不更二夫"，更夫即失贞，失贞即失德，失德便不可为人。唐代诗人孟郊《列女传》概括了这一现象："梧桐相待老，鸳鸯会双死。贞妇贵殉夫，舍生亦如此。波澜誓不起，妾心古井水。"为保贞节，很多妇女在遭遇男子调戏之后，知"耻"而自尽。男子丧妻可以大张旗鼓地续妻，男子有妻又可以堂而皇之地纳妾，女子只能从一而终，男女之间地位的巨大差异、男女性爱极度的不平等以及女性性命的卑贱由此可见一斑。为进一步强化女性伦理、束缚女性行为，各朝各代还出版了大量规范女性行为的著作，如《闺范》、《闺训千字文》、《闺阁箴》、《温氏母训》、《女诫》、《列女传》、《家范》等，这些针对女人的著作，终成为捆绑在女性身上的粗大绳索，将女性源于自然的生命能量、生命激情扼杀，将女人牢牢地定位

---

① 司马光《家范·妻上》。
② 《仪礼·丧服》。

在男性的"仆从"位置上。

男尊女卑的诸种伦理规约千百年来在不断"创新"中纳入国家文化秩序，构成中国古代社会伦理的重要内容。它规定、制约着中国女性性别道德的形成，成为中国女性性别道德形成的价值取向，并逐渐内化为中国女性的道德意识，形成强大的无所不在的女性自我约束的力量。无数女性在这样的价值尺度下实践着从自然女性向道德女人的"完成"。

由此看来，如果说西方女性在性别二元论哲学思想指导下的"菲勒斯中心主义"建构中处于被排斥与遗忘的地位话，中国女性则在男女相依相生、男尊女卑的伦理秩序创建中成为传统文化的参与者与潜在参与者。中国女性不是以被遗忘而是以被牺牲的角色参与到传统文化的建构中来。

<h2 style="text-align:center">三</h2>

中国女性伦理宿命被深深地镌刻在中国文学作品中，形成中国女性命运的的艺术见证，也是这一命运的艺术说教。

从我国第一部诗歌总集《诗经》中，可以看到女性由社会进入家庭并逐渐接受"礼"化的过程。《周南·桃夭》是一首祝贺新娘出嫁的诗："桃之夭夭，灼灼其华。之子于归，宜其室家。桃之夭夭，有蕡其实。之子于归，宜其家室。桃之夭夭，其叶蓁蓁。之子于归，宜其家人。""宜其室家"、"宜其家人"有着明显的伦理倾向，强调着女性的家庭职能，见出社会对女性的角色期待。在神话中创世造人、征服自然的女性，在《诗经》中沦入家庭。《诗经》中的一些思妇诗和弃妇诗则展现了女性沦入家庭中的地位。《邶风·谷风》中，女子表达了与丈夫"黾勉同心，不宜有怒"的愿望，以及她在家庭中吃苦耐劳和勤俭持家的行为："就其深矣，方之舟之。就其浅矣，泳之游之。何有何亡，黾勉求之。凡民有丧，匍匐救之。"即使如此丈夫还是遗弃了她："不我能慉，反以我为雠。既阻我德，贾用不售。昔育恐育鞠，及尔颠覆。既生既育，比予于毒。"《氓》中女主人公则清醒地意识到女性在婚姻中不同于男子的现实："桑之未落，其叶沃若。于嗟鸠兮！无食桑葚。于嗟女兮！无与士耽。士之耽兮，犹可说也。女之耽兮，不可说也"，性爱给男女双方带来的后果是极不相同的。《氓》中的"怨而不怒"的弃妇形象以后成为中国文学中常见的女性形象，这种形象是符合中国传统伦理道德要求的。

　　中国女性伦理道德意识大体形成于周，成熟于汉。汉代三纲五常伦理道德观形成，夫妇关系被伦理化。刘向做了中国第一部关于女人的书《列女传》，身为女性的班昭则完成了关于女性伦理道德较为完备的理论文本——《女诫》。男尊女卑和妇女贞节观继而得到了进一步地强调。长诗《焦仲卿妻》是这一时期妇女地位的形象表述。主人公刘兰芝在夫家努力做符合"四德"要求的媳妇，但其婆母仍然以"此妇无礼节，举动自专由"，将其撵出家门，被休的刘兰芝无怨无恨，她的心中更多的是自卑和顺从。她对丈夫说："人贱物亦鄙，不足迎后人"；对婆母说："昔作女儿时，生小出野里，本自无教训，兼愧贵家子。受母钱帛多，不堪母驱使"；还叮嘱小姑"勤心养公姥"。刘兰芝是儒家女性伦理道德塑造的典范，千百年来为父权社会所歌颂，然而她演出的却是一幕女性自然生命被扭曲被异化的历史悲剧。

　　经战乱不断的魏晋南北朝后，唐代进入中国封建社会的鼎盛时期，经济的繁荣带来政治上的相对宽松，封建妇德对于女性的束缚较之汉代似乎有了松动，于是街上有了穿着窄袖的衣服，袒着胸口，露出半只臂膀，系着束到乳房以上长裙的不拘礼法的女人形象，也出现了杨玉环、武则天历史少有的呼风唤雨、操纵政局的女中豪杰。然而，唐代不羁的女性仍然脱不掉"他者"的身份，唐代诞生的新文体——传奇小说描绘了这些欲改变命运却终挣不脱伦理束缚的女性足迹。《莺莺传》、《霍小玉传》、《长恨传》是唐传奇代表性作品。大家闺秀崔莺莺虽敢于冲破传统自由恋爱，但终逃脱不了被张生始乱终弃的命运；霍小玉类的风尘女子的遭遇似乎还要悲惨，她自觉自己的身份难于与李益喜结良缘，恳求李益只需给她几年好光景，然后他就可以另娶，自己则"舍弃人事，剪发披缁"。即便如此，李益还是因小玉的风尘女子身份很快离开了她，小玉也只能寄托死后变厉鬼惩罚他；杨贵妃算是最风光的了，全天下的人都因她得宠荫及整个家族而"不重生男重生女"，但最后却以"女人祸水"的罪名魂丧马嵬坡。这类女子无不渴望幸福美满的爱情和婚姻生活，然而她们是否获得幸福的权利不操在自己的手中，不管她们怎样挣扎，都逃不脱男权社会制定的维护男权利益的伦理制度之网。

　　宋代是儒学重振的时代，复兴儒学，对女性伦理的关注不可或缺，于是，宋代出现了大量关于女性伦理的理论。比较有代表性的有司马光《家范》、张载《女戒》、朱熹的《家礼》、袁采《世范》等，这些针对女性的著作为女性制定了一系列严格的行为规范。缠足开始并风行于宋代，足出宋代女性已沦为男子玩赏对象的现实。宋词中大量记载了女子被囿于家中，任凭男子在外寻欢作乐而无可奈何的情形。"庭院深深深几许？杨柳堆烟，帘幕无重数。玉勒雕鞍游冶处，楼高不见章台路。雨横风狂三月暮。门掩黄昏，无计留春住。泪眼问花花不语，乱红飞过秋千去"，欧阳修的名作《蝶恋花》是描述幽闺女子苦等丈夫这类情形的典型篇章。

宋以后，随着封建礼法社会的发展，男权社会对女性的伦理要求也日益理论化、规范化、系统化。男权文化规定了女性在社会、家庭中的角色、地位，女性也逐渐认同并固守于这种规定，女性不自觉地在精神和身体上依附于男性，对于自己所处的弱势地位浑然不觉，在男权文化语境中女性处于失语状态。明代程朱理学盛行，大量烈妇、节妇涌现，六万人口的小县城，烈女节妇却多达四百九十八人，将中国女性自觉去做封建社会牺牲品的惨烈情形演绎到最高程度。元杂剧、明清小说大量描绘了伦理压迫下的中国妇女凄惨命运及灵魂畸变的形象，这里不再一一列举。

中国文学中也有有别于上述女性形象的并体现女性整体规定性的女性形象，比如母亲形象。《孔雀东南飞》中的焦母、《说岳全传》中的岳母、《杨家将》中的佘太君、《状元堂陈母教子》的陈母、《西厢记》中的崔夫人、《红楼梦》中的贾母等等。这些母亲在家中拥有至尊至圣的地位，在儿女面前一言九鼎，俨如神祇。她们似乎冲破了重重伦理压迫，获得了女性自由，而实际上她们仍然是中国男权社会伦理化、秩序化的产物。母亲们在执行母亲权利的时候，也是在维护男权社会伦理制度伦理道德的时候。《焦仲卿妻》中的焦母俨然封建伦理道德的卫道士，媳妇刘兰芝严守"妇德"，她仍以"此妇无礼节，举动自专由"为由，唆使儿子休妻。她做得如此理直气壮是因为有强大的社会伦理道德体系为她撑腰，"子甚宜其妻，父母不悦，出"。因此，母亲们是男权社会伦理道德的忠实维护者和执行者，她们用以训导儿孙的权力话语，正是男性社会规定的权力话语，她们实际上是男性话语的代言人和表述者。当她们倾力扮演"母亲"角色时，已经远离了女性的本质规定，成为没有男性特征的男权守护"神"，从这个角度说，母亲的女性在"孝"的温顺崇仰中，被实施了残酷的性别变异"手术"。

中国女人，中国古代文学女性形象不管以怎样的面貌出现，都逃不脱伦理的宿命。可以肯定地说，中国女性伦理建构的历史是遮蔽女性鲜活的自然生命的历史。

四

　　一个民族的伦理建构，有它如此建构的历史原因。中国古代在性别伦理上形成的男女相生相依观念的历史文化合理性，根源于原始农耕经济的宗法血缘关系，内陆生态环境在总体上规定了中国先民的原始农耕经济的生存取向。漫长的商周时期，农耕经济进一步确定与完善。随着农耕经济的确定与完善，农耕经济的基本生产单位与生产方式——家庭及构成家庭的宗法血缘关系也就被确定下来，并以其生存的基本规定的性质而成为社会生活的主导关系。家庭稳定性与继承性成为社会稳定与发展的决定性条件，灾乱、战争、改朝换代，外敌入侵、文化调整，无论怎样大的变故，怎样的损毁破坏，只要家在，只要以家为单位的农耕生产可以进行，社会就可以由乱而治，由贫而富，文化就可以延续与发展。中国古代社会的各种制度、规约、学说，其实都离不开这个"家"字，都围绕"家"的稳定而生发。"国"不过是"家"的同构放大，"帝"也不过是"父"的社会权利化。

　　家的稳定，自然也是以家为单位的男女相生相依关系的稳定，以及由这种两性相生相依关系而派生的宗法血缘关系的稳定。对于中国古人而言，这是无可变更的基本生存关系。而这样的关系体，在以得力的农业劳作为基本生存条件的情况下，自然把农业劳作主体——男人推到家或家族关系体的重心位置。尽管在家庭发展史上，确曾有过女性重心时代，女性的稳定的种族自身生产与家庭内部生产资料的维护性生产，在农耕生产水平低下的情况下，都具有突出的生存意义。但这样的时期随着农耕经济的发展而结束。随之而来的必不可少的生产资料的分配、组合、继承，在家庭生产单位中，都离不开血缘关系的确认与维系，而这一确认与维系的自然根据，当然只能是男人对于女人的单一占有。是女人以其所属男人的专一性，保证其后代的血缘关系的单纯性。于是，保持这种占有的单纯性的种种办法、规定，也就从生存的重要意义上被肯定下来，并获得历史的充实与强化。针对女人而来的五伦也好、三从也好、四德也好，其本源意义都是在维护这种占有关系亦即血缘关系的单纯化。

　　因此，当我们今天谈论中国古代复杂的男女伦理关系时，有一个基本前提需要抓住，即我们是在中国古代农耕经济的必然性与合理性中，谈论由此必然形成的不合理的男尊女卑的两性伦理。这是历史合理性中的伦理不合理性，是用女性屈辱换来的男女两性的生存合理性及家与社会稳定存在的合理性。我们所批判与清理的，是在历史的合理性与不合理性的辨证关系中历史地展开的女性生存的不合理性，以及女性屈辱的超出历史合理性与生存合理性的那些东西，这些东西是男性权力恶性膨胀的结果。正是在这种膨胀中，作为权力群体的中国男性，历史地出离了和谐的男女共同体，因此也出离了历史自然的原初规定。

从单纯单一到繁复错综的审美嬗变

——新中国电影 60 年美学形态演变分析

周 星

在新中国 60 年盛典的美不胜收的烟花中，我们看到共和国第一个甲子所绽放的华美呈现。作为国家文化的体现，电影美学的光彩也应该得到更丰盛的闪烁，因为新中国电影经历了不同阶段的发展，其中也蕴含着许多美丽的光影。

不能不看到，在市场化背景下，电影的衡量指标如何确定的问题？在过去几年，我们只能屈就于产业形态建立、市场收益得益、技术手段运用等等生存要素，应该承认，这是文化的当代命运也的确不可回避。外在却是决定性因素确实拯救了世纪初危亡的本土电影。但时至今日，我们总是不满足于现状，对艺术创作有更高的期求。艺术感觉、情致表现、丰富的视觉盛宴怎样高端实现，其实是艺术人或者大众双方共同的期望。一个事实十分有趣，近年产业化中电影的成就和历史上非产业化时代也有的成就，都证明并非只能依存产业来实现电影质量，产业是当下的保障却不是电影艺术全部的基础。显然，另有根本性的影响因素：美学趣味的作用。实际上在近几年连续电影跃进的时候，在新中国电影 60 年甲子到来的时候，我们到了可以从内在表现的精神实质上来促进本土创作发展的时候了。

这里的核心问题是对于电影精神实质的认定。

在占据中国电影票房第一的《变形金刚 2》和前 20 的《功夫熊猫》等的国人拥戴面前，一个电影魅力是依据技术超群还是想象力发挥、是依托神奇娱乐效力还是本土因素汇集的问题，不断在我们心中盘旋。以《变形金刚 2》所代表的外来电影的技术表现固然匪夷所思，但那种超常的想象力却实在是内在的支撑；在高票房的娱乐效应后面，外来《功夫熊猫》借用我们本土多样元素的效应却更为凸显。艺术审美其实就是涵盖这一切的核心。而艺术的创造性因素发挥，精神情感投注的方式左右着电影创作的最后呈现面貌。

对于电影而言，一切技术造就的影像世界，其魅力凝聚在艺术感染力上。这就包括了创作者对于世界的人文认识观念、对于生活人生的态度、看待周围人众的好恶态度，以及期望怎样一个影像—梦幻理想世界的认知。自然，电影作为艺术的审美理想一刻也不能梳理，即便是在技术化掌控支配创作的背景中，创作者的择取不由自主的体现出审美趋向和情感偏移态度。而这就是一种艺术选择。

所以，电影的美学形态呈现在不同时期都有其可以追寻的轨迹，其间的变化正是人们精神祈求的迁变所致，得失也影响着创作的样态。电影美学形态研究对于电影艺术发展具有重要意义。还因为艺术的理论基础多来源于美学理论，而艺术创作的目的其实落脚在审美精神上。在当下，审美研究难以离开影像图像，其中电影的美学走向对于美学研究越来越具有重要作用。在遵循古典美学的时期，电影剧本的独立价值和电影文学的意义无人否认；但当今多为在影像成功后，依据影像而敷衍成文的同名故事小说才传扬一时。所以，从 60 年中国电影角度来透视美学也是有其自身的价值。

一、基本背景

在中国电影形态和表现方式已经比较丰富的当下，来回顾 60 年新中国电影的发展历程，总有一些问题盘旋在其中，如果说，在世纪之交我们还处在唯恐入世造就狼来了的外敌侵吞本土的恐惧，只能拼命追逐生存，没有条件来看中国电影自身的独立性，那么，当今的中国电影已经具备了相当的经济实力、市场立足、文化自觉和受众拥戴，可以也应该放慢一味追逐西方的步伐，认真审视自己的发展之路，尤其在新中国电影走到 60 年一个甲子的关口。其实，诸多条件已经具备：1. 论经济实力，中国国家在金融危机中保持着全球最高的增长率，作为世界第三大经济体直逼第二位的日本，将在短期内超越而占据第二地位的世人预期并非空穴来风，由此对于文化的投入也得到持续保证；2. 论市场立足，我们已经不太担忧市场转型，电影的院线化和票房收益判断投入产出认知已经成为基本共识；2009 年《建国大业》这样极端主流创作依靠市场拼争已经实现 3.3 亿的票房最能说明问题；3. 论文化自觉，国家已经意识到电影是国家文化软实力的重要部分，依存市场改革的基础，已经在比较多样化的探索推进文化建设的步伐，而刚刚巴不得国家文化产业振兴计划将更大规模的推进文化发展；4. 而就受众拥戴，不同数据都在显示大众对于电影的拥戴热情，2009 贺岁档 1—2 月全国主流院线票房 9.96 亿，而国产片为 7.91 亿元，占了 79.4%；在总观众数 3259 万人次中占了 2604 万人次，占 79.9%，显然已经可以看到国片受众的影响力大幅度提高。而 2009 年 7 月 8 月的暑期档的观众热情不减，暑期档累计票房 17.3 亿左右，观影人群达 5600 万左右，刷新并创造了国内电影市场新纪录。与去年暑期档 10 亿票房 3400 万票房相比，出人意料。2009 年国庆档期票房同比朝超越往年也是定局。

于是，在迎来新中国 60 年的当下，我们已经具备条件来思考 60 年中国电影包括电影审美自身发展的整体问题。包括中国电影以什么样态呈现最为符合国情？中国电影的本土美学形态对于中国电影有什么影响到电影的发展？如何判断 60 年创作的得失和如何期望长远发展的图景？等等。

二、中国电影美学形态历时态分析

在市场经济不可抗拒、技术支配也越来越明显的当下，电影发展特别需要静下心来研究新中国电影美学形态的问题。因为前所述及：电影是依赖技术支撑却依靠审美理想展现影像审美世界的文化产品。我们固然承认技术进步对于电影发展具有重要作用，尤其是当下背景中的观众对于技术的要求越来越高也更为专注。但在缺乏技术的年代，美学追求也产生了独特的创作影像，而仅仅依赖技术的影像更不乏喧闹不堪却乏善可陈，而得不到观众青睐的案例

如果说，60 年间中国电影磕磕碰碰不断探索，得失最大的是产业形态的变化，近年的进展最大的无疑就是市场机制的建立；但缺憾最大的也更多在本土民族审美传统的建设短处上。在电影中对于美学形态的判断久已忽视有其暂时性的合理理由，因为在市场经济背景下，没有生存的要义不可能进行艺术审美的探究，但随着市场格局的建立，却需要将中国电影

的艺术生存提到议事日程上来研究，因为单足站立的中国电影不可能有长效的发展可能。而研究新中国电影 60 年中多种形态的单足站立及其得失可以成为我们判断发展前景重要依据。

就新中国电影 60 年而言，有不同时段的划分，诸如前 17 年电影，文革时期电影，改革开放电影、新世纪电影等等，以及第四代、第五代等代际创作史。但就美学形态而言，大略可以中间切断，把新中国电影前 30 年即 1949—1979 看成是单纯单一的风格情致时期，无论是政治意识形态引导下的当代激情浪漫，和社会主义现实主义表现形态，还是延续到反电影的文革时期，都在不同层面显示着这一形态的单一性。后 30 年即改革开放后，是复杂丰盛的美学形态替代单一，一度还占据上风，形成审美伴随时代发展的多样性。这一前后差别的界定不是为了确定优劣，而是为了从宏观上看待时代的差异性，认识到依据不同历史背景和观念认识的的影像创作会遇到如何得失相见的美学追求，从而更为客观的看待跨越时空的艺术现象。实际上，在越来越器重市场生存、屈就娱乐商业的现实面前，更为深入的看待超越外在形态的内在创作精神，更有利于中国电影的市场发展和文化形象。

单一与繁复不是此是彼非的判断。前 30 年的中国电影整体上显示出单纯单一性，单纯是情感单纯，而影像表现却相对单一，就此描述而言似乎那一时代缺陷十足，其实不然，因为相比于当下的丰富性而言的单纯，的确是那一时期的必然呈现趣味。那个时代的影像世界和人的精神世界一样，爱憎分明，好坏也了然，思想意识被整体教化所趋同显然，在审美形态上，单一的判断和单纯的心地使创作多半显得透明简单，这种美学表现的单调显然难免，但通透的单一也是一种时代特色。而且可以说，是时代归属于简单中再试图求取复杂，精神生活单纯性的长处和短处，造就艺术上的风格明了和不够饱满，但不能否认，从今天看来，那一时期的创作都反而笼盖在简单纯正审美的氛围中，尽管纯正也包括了偏执的单一和极左的可笑追求。恰恰在这里，我们可以找到一些汇聚了纯真艺术追求的创作，它们多半是借助时代的单纯而取胜，无论是歌咏也好，革新也罢，对于单纯的追求显示了艺术的时代风格，比如《早春二月》的韵致单纯至今还值得称道，因为其审美趣味纯正含蓄；还有单线索把握的《我这一辈子》的丰厚性令人神往，因为"我"的真诚困惑和命运打动人心。时代特色鲜明的《我们村里的年轻人》的简单性情感因为其单纯也显露了可爱。而意识形态教化色彩浓郁而激情包蕴的《青春之歌》和《红色娘子军》，单一指向却也不乏纯真动人色彩。

还有我们时常把《林则徐》和《枯木逢春》等创作的民族风情表现看得比较珍贵，其实是因为单纯性的空镜头和诗意化表现所致，但更是整个创作的精神形态空灵浪漫。显然，单纯单一的不见得是创作的大敌，却有可能是艺术的终极追求。由此而论，在后30年创作中被人们普遍叫好的艺术佳作也不少延续着17年的单纯而来，诸如《城南旧事》、《那山那人那狗》、《香巴拉信使》等等。

而美学形态的复杂性恰恰在政治历史的特殊时期，尤其是有着明确政治形态追求的文革时期的电影。单纯而言，我们绝不能赞赏文革电影的假大空，尤其是宣扬极左政治的违逆艺术精神和道德的创作。但作为客观存在的时代创作，一言以蔽之的避讳未必是学术态度，尤其是对于极端夸张的所谓艺术"追求"的一些创作，呈现出具有凝缩时代特性的表现形态，给予冷静的样貌分析和实质精神剖解是十分必要的。何况我们都难以屏蔽一个历史存在：在一个被时代所左右的时代人群，都因为身处其氛围中而曾经有过情感被牵连的难以忘怀的记忆，对于《侦察兵》、《青松岭》、《春苗》以及样板戏电影的耳熟能详的历史，也许需要给予历史进程的解释，而尤其在审美形态上对于时代人的感官熏染和记忆留存，无论是如何反向，都具有探究的可能。这里绝对秉持的是学术研究圈子里的思考，一个电影史、一个审美时代性的观照，应该把握其全面性。

新中国电影后30年的背景发生了巨大变化，根本上是单一环境逐渐消失、单纯教化日渐被冷落、市场功利越来越主宰创作。在美学追求上，空灵、单纯的心境不复存在，复杂繁复的审美追求占据上风，从奶油小生的出局、丑星风行一时等可以感知到时代审美趣味的变化有多大。改革开放30年创作的丰富性毋庸置疑，风格粗犷、人物性格复调、人性复杂性显示、表现色彩繁丽等方面开始，影像世界的多元复杂日渐明显。在创作的观念形态上，精神自由的多样造就了不同于前30年创作的风格，如果说那时的创作几乎简单一眼就得以看清具有前30年的标签，那么复杂莫衷一的复合型就是后30年整体创作的色彩。丰富性和复杂性的审美高扬既是现实变化的需要，也是电影超越从简单中求丰富的前一阶段，到实现复杂中求多样并立的必然。

而不能不把后三十年中更为重要的因素凸显出来：文化精神的浓厚色

彩、大众娱乐的普泛性影响、个性意识的增强等对于这一阶段电影美学形态展现产生了重要影响作用。

三、新中国电影美学形态特征分析

总体而言，新中国电影 60 年的发展成绩凸显，造就了在世界电影中独有的形态特征。但我们主要将从美学形态角度考察，显然，从单纯单一到繁复错综的审美嬗变是新中国电影 60 年美学形态演变的一个概观透视，其中的得失难以用一个角度简单评判。

不能不从美学上来透视一个相关单纯性判断问题。在美学低落的环境中，审美宽泛化与草根化的得失难以判断，比如对于流行音乐的歌词，最为宽泛的青少年津津乐道，而专业人士却缄默不语；对于周杰伦的《青花瓷》等专家有的追捧有的贬斥，而中央有关部门却忽然发现利用流行歌曲来宣传古代文化具有特别功能，将要开始实施。审美对象没有一定之规，形态和表现的多样化是美学的丰富包容性所在，但美是一种本质上提升和推动情感精神超越形体升华精神的素养，所以，对于欣赏者而言，没有修炼难以造就审美、没有感知气质难以探求美感、没有沉静心态不能深入把握美感。

而对于审美对象而言，美可以是外在上繁复而本质上单纯的欣赏对象；外在上的单一而韵致上复杂则未必是审美的上品。外在和内在都简洁得体的是审美的佳境（王维陶渊明诗歌），在一般都认可审美选择趣味独特的《那山那人那狗》为代表的本土诗意表现创作中，东方美学的核心情态得到凸显。——影像的外在取舍明确化的意识形态目的创作、技术功利性表现的创作，都不是审美的好作品，看看十七年创作中的主观意识培育的电影就是前者的典型，其遗风仍旧还难以剔除；后者在近年的电影《无极》与《夜宴》上表现突出，一个外在技巧神乎其神，一个精心锻造风情煞费苦心，但内涵上的故弄玄虚使得批评颇多。现代的娱乐至上的创作热闹夺目却显然难以有审美的趣味。

新世纪后，在市场体制基本稳固的基础上，中国电影的美学表现的多样性开始显露。执掌市场的大片也有了分化，既有古装的《英雄》、《十面埋伏》等的古典主观意念之作，也有《云水谣》、《集结号》、《梅兰芳》等时代审美精神的创作，而《风声》别致的悬疑设置，《建国大业》追求全明星给予大众的视觉感官追逐，也自有当下的吸引力。而小片时代的多样化审美带来前所未有的刺激，《疯狂的石头》带来的影像幽默新突破，《我们俩》显示了现实表现的朴质魅力，《沂蒙三姐妹》对主旋律样态表现的新探索、《二十四城记》将记录和故事交融，姜文《太阳照常升起》对于结构变化的显示，等，都为中国电影多样风格表现提供了例证。

新的一个甲子的中国电影应当具有更为自信、自立、自创的美学追求。而其核心还是在艺术精神的确立上，现代电影不能没有市场大众需求的呼唤，作为创作和外在的立足点，注重市场大众的予夺不是单一或全部的追求，实际上，最终的问题依然落脚在时代观众的心理诉求的满足，而这不能不是自身国度历史与文化审美承传的根基起作用。

关涉到中国电影美学问题值得思考的一些问题包括：

1. 国家英雄形象塑造。在主旋律电影向主流形态创作转换的过程中，确定的是不能没有国家主导的英雄形象塑造。以往我们也许将呆板僵化的意识形态代言人作为主流形态英雄，难以博得大众好感，如何塑造大众审美英雄是摆在我们面前的任务，在单纯时期的王成（《英雄儿女》）等还能打动人心，我们时代的英雄应该以怎样的审美趣味感人是迫切的任务。《集结号》中的谷子地如何看待？昔日的铁人王进喜在当下还有什么魅力？

2. 人性复杂性的表现有何限度？在喧嚣的时代，开放多样是不可阻挡的潮流，对于人的认识也越来越深入，我们已经认识到世界的多元，人的情感世界的丰富性应该得到多样的关注。《云水谣》为主旋律创作的人性情感做了动人的表现，但如何认知《无穷动》这样的现实女性嘈杂，如何判断《色戒》的情感表现尺度，如何分析《红颜》对于母子情感纠葛的认知等，都需要确立判别的标准。

3. 道德的界限如何固守与改造。我们不能完全拘守传统而唯恐越过雷池，但无视东方道德情感的表现，也容易遭受社会大众的质疑。在前有《一声叹息》、《手机》的冲击传统道德禁忌，后有《苹果》等对于现实情感的突破，在没有分级制的背景中，东方电影如何表达，道德界限划界何处都遭遇到问题。审美的把握在道德尺度面前需要掂量自身可以把控的空间是什么。

4. 真实性表现是否过时？在传统审美概念中，纪实美学推崇的对于现实生活的精细表现是颇得大众喜爱的，真实性始终没有被时代影像所丢弃。但真切表现的影响力取决于创作的审美真实和心理接受尺度。技术时代的真假辨析越来越遭到质疑，并非真实表现就能得到好感，许多似乎有生活原型的影片反而得不到市场欢迎。一些电影又超乎人们人之生活常识，以娱乐的名义胡编乱造，却有时颇有观众缘。新的审美趣味对于审美原则带来一些冲击，如何理解认识需要理论的解说评价。

5. 本土特色和好莱坞的世界性经验的借鉴分寸，是目前遇到的迫切问题。在好莱坞成熟的西方世界市场经验的影响下，观众不能不受到影像趣味和技术指标的左右，应当承认，在影像艺术的表达上，他人的经验都是我们理应鉴戒的东西，何况好莱坞的确在叙事手法和表述情感上有其特点，出色的世界电影都是人类文化的创造品。但对于一个有着悠久文化传统的国家，东方审美的特色自有其魅力，中国影像的美学表现如何和迅疾变化的现实结合，本土影像艺术的特色怎样获得大众的接受，是我们需要深思的问题。在《功夫熊猫》和《花木兰》之类本土题材被西方拿去改造而获得世界影响的成功中，我们不能不思考为什么？

总之，在新中国电影需要建立自身的审美经验的新阶段，返璞归真的审美追求，和不避繁复错综的艺术表现，都应该得到交融促进的和谐统一的机缘了。

中国电影美学的成就与问题

史可扬

一、中国电影美学的流变

中国电影美学的建设与改革开放基本同步，开始于 1980 年，这年，中国电影美学的开拓者钟惦棐先生组织了一个电影美学活动小组，以每周集中一次讨论的频率活动到 1982 年，其成果是出版了钟惦棐主编的两本电影美学论文集：《电影美学：1982》和《电影美学：1984》。

接着，围绕着电影美学的界定以及电影美学与电影艺术学的关系问题，一些专家发表了不同的看法。中国艺术研究院郑雪来研究员于 1983 年 6 月出版了《电影美学问题》一书，书中主要阐述了两点：一是从电影美学与电影理论的区别与联系中来界定电影美学："不是所有的电影理论都能称为电影美学，正如文艺理论并不就等于是美学一样。"在这个意义上他指出："电影特性和电影语言（表现手段），当然也是电影美学所要研究的重要课题，但不能概括电影美学的全部内容。电影美学则是研究电影的一些带根本性的问题，即电影艺术的基本规律问题。"[1] 二是从电影美学与美学的区别与联系中来界定电影美学。他认为，与美学相比，"电影美学有自己的非凡性。假如说美学研究艺术与现实的关系及其规律，电影美学却是要研究如何运用电影艺术手段熟悉和反映现实的规律问题。"[2] 中国艺术研究院李少白在 1986 年也认为电影美学与电影艺术学是两个既

---

[1] 郑雪来《电影美学问题》，文化艺术出版社 1983 年版，第 36 页。

[2] 郑雪来《电影美学的几个问题》，载《美学讲演集》，北京师范大学出版社 1981 年版，第 24 页。

有区别又有联系的学科。李少白提出："从电影的艺术本体考虑，应当设立电影艺术学和电影美学。"① "这是研究电影作为艺术现象所必不可少的两门学科。它们之间有关联又有区别。"李对电影美学的基本界定是："研究电影作为审美对象基本规律；研究电影是怎样的而又如何成为审美对象的？"② 李少白对电影艺术学的基本界定是："研究电影艺术的创作、理论、历史及其基本规律。"③ 李还提到两者的区别："至于电影艺术学，它与电影美学的主要区别，在于它带有鲜明的基础性和应用性。假如说电影美学与电影艺术实践的关系具有高层次的抽象性质，那末，电影艺术学则富有中层次色彩。它是艺术实践直接的理论概括，是应用理论及其基础，但是它也包括初层次的创作体验的归纳和总结。"④

在这样的基础之上，一些电影美学的专业性著述开始出现，如李幼蒸的《当代西方电影美学思想》⑤、王志敏的《电影美学分析原理》⑥ 和《现代电影美学基础》，是比较有代表性的，《电影美学分析原理》已经有了在电影美学研究的系统性方面进行努力的意图。与李幼蒸的《当代西方电影美学思想》不同的是，《电影美学分析原理》尝试着把对当代西方电影理论流派的主要观点和概念的梳理、阐释和概括，纳入到一个相对完整的电影美学的理论框架之中，并由此分析了形成电影作品审美特征的复杂机制和对电影作品进行美学分析的主要原理和程序。

进入新世纪后，精选《当代电影》10 多年来学术论文的《当代电影论丛》中的《中国电影美学：1999》和《当代电影美学文选》的出版，彭吉象《影视美学》和史可扬《影视美学教程》的面世，标志着电影美学开始进入学科框架的构建阶段。

与中国学人努力进行电影美学建设的同时，外国电影美学和电影理论的介绍和引进也在卓有成效地进行。从 1984 年到 1988 年，中国电影家协会连续五年举办暑期讲习班，邀请外国电影学者介绍西方当代电影理论，戴维·波德维尔、珍妮特·斯泰格、比·尼柯尔斯、布·汉德逊、安·卡普兰等人先后来华讲学，主题涉及《西方电影理论史及当代电影理论的若

① 李少白《对电影学科体系的构想》，载《影视文化》，第 2 辑，文化艺术出版社 1989 年版，第 6 页。

② 同上，第 7 页。

③④ 同上。

⑤ 李幼蒸《当代西方电影美学思想》，中国社会科学出版社 1986 年版。

⑥ 王志敏《电影美学分析原理》，中国电影出版社 1992 年版。

干问题》、《从社会学的观点分析电影语言的表现和发展》、《近十年优秀影片的结构和风格》、《叙事理论》、《新电影史学》、《当代好莱坞电影中的妇女形象》、《电影理论和实践》等等。1986 年前后，北京电影学院又举办了由美国学者尼克·布朗（《西方电影理论和批评史》）、达德利·安德鲁（《电影阐释学》）和其他西方学者主持的电影理论讲座，从而在我国形成了一个全面、系统和成规模地介绍西方人文思想和电影理论的热潮。接下来便是引进和借鉴西方电影理论和文化理论的翻译、介绍和研究著述工作。在理论专著和文选方面，李幼蒸编译了《结构主义和符号学——电影理论译文集》、李恒基和杨远婴编译了《外国电影理论文选》，中国电影出版社编译了《电影理论文选》，张红军编选了《电影与新方法》，邵牧君和周传基都翻译介绍了不少西方电影理论论文。美国学者尼克·布朗的《电影理论史评》、达德利·安德鲁的《主要电影理论》和《电影理论概念》也先后翻译出版。

总之，改革开放三十年来，一方面是本土学人的探索，另一方面是对国外的借鉴，使得中国电影美学已经开始步入良性发展轨道，其取得的成就也有目共睹。

二、中国电影美学的成就

如上所述，经过本土建设和国外借鉴的两方面开掘，中国电影美学建设至少在一些前提性问题上取得了进展，例如对电影美学重要意义的认识已经取得一致意见；虽然对什么是电影美学仍然很难界定，但对电影美学不同于电影艺术学和电影理论的看法已经基本趋向一致；在着力进行电影美学体系构建的同时，对其中的一些具体问题的研究有了突破；尤其值得提到的是，在引进绍介西方电影美学成果的同时，对中国电影美学的整理和吸纳也引起高度重视，并出现了一些值得关注的研究成果。而且，西方电影美学的主要流派如结构主义、精神分析学、符号学、叙事学、意识形态分析、女性主义批评、文化批评、后现代主义等都在中国电影美学的批评实践中被使用，而经过这样一个过程的中国电影研究者，对于电影现象的了解，更全面、更立体化了，也更成熟了。

正是在上述基本成就的基础上，自上世纪 90 年代以来，中国电影美学进入体系构建阶段，而中国电影美学三十年来所取得的成就也主要体现在对这方面。其中王志敏的《现代电影美学基础》①，彭吉象的《影视美学》② 和史可扬的《影视美学教程》③ 可以看作是这方面的代表性成果。

《现代电影美学基础》是王志敏教授继《电影美学分析原理》之后的又一部电影美学著作。与前书相比，这本书有两点突出之处，一是对于美学的基本原理（也适用于电影）作了简要的概括和阐述，提出了美学的三条规律和原理（即生理层面的穿透律、心理层面的关联律、社会层面的权重律）。二是在此基础上进一步提出了电影美学研究的主要思路，这就是电影美学分析系统。书中把这个系统描述为电影作品的三层面、四单元、六线索的逐级生成的表意系统。如果说《电影美学分析原理》还有某种把理论史浓缩在还比较松散的理论构架之中的特点的话，那么《现代电影美学基础》则基本上摆脱了这种"理论史浓缩"的痕迹，已经初步具有了电影美学的构架基础。

彭吉象教授的《影视美学》在对国外电影美学理论做了简要介绍之后，以"影视美学：理论与实践"为题，论述了影视的文化特性、美学特性和审美心理特点，对电影美学的一些基本问题做出了简明扼要的阐释。该书的最大特点在于对西方电影美学的吸收比较系统。

史可扬教授的《影视美学教程》则试图建构一个相对完整的影视美学逻辑体例，从对美学精神的理解和美学体系的认识出发，把电影美学的体系划分为电影的审美哲学分析、电影审美心理研究和电影审美文化研究三大部分，其中对电影的哲理探讨处于核心地位，它为电影美学确定了一个意义系统和目标指向，而其他部分是对这一目标从不同角度的接近，最终落脚在对人的塑造和人格的发展完善上。相应地，电影美学就应研究影视艺术活动这一特殊审美活动的特殊规律，以及一般审美活动规律在影视艺术领域中的特殊表现。从分析一般审美活动开始，剖析电影反映客观世界表现主观世界的特殊规律，进而探究审美体验的特点，寻找电影艺术的本质，电影艺术的审美风格和形态，它的文化学研究以及电影艺术的审美价值——它对社会历史和人性培育及人的全面发展的意义。核心包括两大部分，即电影艺术的本体研究和文化研究。所以，所谓电影美学，就是遵循美学的原则，即用理想和超越精神审视电影艺术，从审美哲学和审美文化

---

① 王志敏《现代电影美学基础》，中国电影出版社 1996 年版。
② 彭吉像《影视美学》，北京大学出版社 2002 年版。
③ 史可扬《影视美学教程》，北京师范大学出版社 2005 年版。

和审美心理等方面，对电影艺术进行分析；同时，应将这一分析植根于广阔的中国传统美学和西方电影美学视野中，这也是《影视美学教程》的大致框架。

三、中国电影美学的问题

应该承认，电影美学尚处于草创阶段，所要解决的仍然是比较"宏观"的一些问题，诸如电影美学的学科基础、界定、体例等，而只有解决了这些"前提性"的问题，电影美学的建设才可能是有的放矢的和卓有成效的。

其一，电影美学必须是"美学"，这是电影美学建设所必须坚持的第一原则，这句看似同语反复的陈述实际上既有着现实的针对性又是电影美学建设中所遇到的最棘手的问题，而且关乎电影美学的学科基础。从技术的层面上言，电影美学属于美学的分支或称"部类美学，在它之上至少有"美学"，这是不应有什么异议的。

在我看来，美学是以审美活动为研究对象的，而审美活动是人类活动的最高形态，实质是自由生命活动。如此，一切审美对象都必须具有指向这一价值目标的本质特征，换言之，电影艺术作为审美对象，必须将之纳入人类的价值目标体系内来审视，即将之视作对人的自由全面发展的促进，对人的提升。它应该昭示一种人类生存的理想境界，它不仅应该是现实的、个体的、功利的，更应是历史的、社会的、心灵的和精神的。所以，此处的"美学"，就是我们所说的人的生命的本真之学，是对于人类生存和生命的"求本"之学或"诗学"。换句话说，美学是在感性现实基础上解决人类生存方式之一。

电影的美学分析，就建立在这样的美学精神的基础之上，它要用理想之光观照电影，将电影置于人类精神生活的超越之维，来审视其意义和价值。所谓电影的美学阐释，也就是要用美学的精神来观照电影，换句话说，就是要看一看人类的理想和生存的意义是如何在电影中得到表现或实现。所以，对美学精神的认识是电影美学阐释的前提。

其二，电影美学的界定问题，通俗点说就是为电影美学"划界"，将之与相邻学科区分开来。因为正如同美学是与哲学、艺术理论、伦理学、社会学、心理学、教育学等学科密切联系的学科一样，电影美学也被纠缠在许多其他学科中，甚至一度（直至现在仍然存在）与电影艺术学、电影理论等等混为一谈。

电影美学与电影艺术学的区别概括地说，前者要比后者有更高的理论层次和更抽象、更深的内涵挖掘，美学只研究电影中与人类审美活动有关的内容，它以美学方法为主，用美学的精神来观照电影艺术。而电影艺术学则有着更为广泛和复杂的研究领域，它是将电影作为艺术现象进行研究的一门学科，它侧重电影作为艺术所要涉及的理论和实践问题，是一个由众多电影分支学科组成的电影学科群落。

电影美学与电影理论的区别表现在：从历史看，电影理论是伴随着电影的出现而出现和发展的，它比电影美学的历史要长；从研究的范围来看，电影美学是通过电影艺术来更深入地研究人的审美意识、研究人类生存的本真和诗意在电影中的体现，以及电影在人的精神生活中的地位，而电影理论的研究对象则明显要宽泛得多，它对电影的研究也要具体和细致；从学科的性质来看，电影美学更富有哲学意味，而电影理论对电影的研究则侧重于电影艺术本身的特殊性，现实性更强。

其三，电影美学的逻辑体例问题。如上所言，电影美学的学科基础应该是美学，电影美学必须是"美学"的。在这个意义上，美学的逻辑体例直接规范着电影美学的体例。在我看来，美学的研究对象是审美活动，围绕审美活动，大体可分为审美活动的内向研究和审美活动的外向研究两大部分。前者主要涉及审美活动的本体问题，主要包含审美活动的主体、审美活动的对象和审美活动本身三方面；审美活动的外向研究部分，主要探讨审美活动赖以进行的社会历史条件，实质是对审美活动的社会学探讨。如此，一个完整的电影美学体例至少应该包括：

1. 电影的本体（审美哲学）分析。这是对电影的哲学性探讨，是最高层次的一种形而上的理论思考，简单地说，它主要研究影视艺术之所"是"，是对电影艺术之本源、本真的剖析。

对电影艺术本性的认识，是电影美学建构的理论基础。它为电影美学提供根本性的原则和方法论指导，对它的认识和解决，直接影响到对影视艺术的其他问题的认识和解决。但它本身又需借助其他学科的理论和方法，尤其是哲学理论和方法，它集中体现了电影美学和哲学的关系。

这部分的内容还应该包括电影艺术的审美特性分析，它是把电影艺术作为典型的审美活动，分析其蕴涵的审美意义，它的中心问题是研究电影作品的艺术特性、它与其它艺术的区别、电影艺术在人类精神生命中的地位和作用，等等。

2. 电影审美心理研究。审美心理学是美学与心理学之间的边缘学科，与之相近或相似的学科有心理美学、文艺心理学等，具体到电影审美心理学，主要是研究电影创作者的心理活动因素和心理活动过程、电影受众的审美需要、审美心理活动特征等，是一个涉及心理学、美学和电影学的边缘学科，其中对电影受众心理的研究是主要内容。

3. 电影审美文化学。电影艺术的审美文化分析将影视艺术置于社会的大背景中，研究电影艺术与社会的相互关系，电影的生产方式，包含的文化观念等，实质是电影艺术的社会学探讨。

所以，所谓电影美学，就是遵循美学的原则，即用理想和超越精神审视电影艺术，从审美哲学和审美文化和审美心理等方面，对电影艺术进行分析；同时，应将这一分析植根于广阔的中国传统美学和西方电影美学视野中，这也是我所理解的电影美学的逻辑框架。

由中美电视电影历程思考当下中国文化产业

林　琳

一、中美电视电影发展源起

20 世纪 40 年代至 50 年代，美国出现了一系列为电视制作的、以现场直播形式的家庭音乐喜剧（"family musicals"）和与电影长度相当的情景剧，如 1957 年 Van Johnson 主演的《吹笛手》（*The Pied Piper of Hamelin*），1956 年 Rod Serling 编剧的《拳击手的悲歌》（*Requiem for a Heavyweight*）等。这些作品在当时很典型，但没有风靡全球，它们直播后以电视节目的录影形式被保存下来，并得以在电视台进行重播。这种形式与电影或录像带不完全一样，不能称之为严格意义上的电影，但可以看作为电视电影的雏形，也可以视作电视直播的起源。

"电视电影"（made‐for‐TV movie）的概念最早诞生于上个世纪 60 年代的美国，它产生于电影观众试图待在家里观赏故事片首映（first‐run theatrical motion picture）的动机或需求。1961 年 9 月 NBC 电视台开播了《NBC 周六晚间影院》（NBC Saturday Night at the Movies）栏目，它是第一个连续在周末黄金时段播出彩色长片的电视系列节目，片源来自大的、知名度高的电影制作公司，多为那些电影公司之前拍摄的低成本电影，或者年代久远的且被认为不适合走院线的，从而未能在影院公映的电影。《NBC 周六晚间影院》的开播，被认为是电视电影的早期尝试。很快其他媒体看到了这种形式的强大生命力，并纷纷效仿 NBC，开播了《××晚间影院》（Night At The Movies），这导致了片源的供不应求，提供片源的电影制片厂短缺。第一部为电视电影而拍摄的影片《看他们怎么跑》（*See*

How They Run），被公认为是第一部电视电影作品，1964年10月7日首播于NBC电视台。先前还有一部Lee Marvin，Ronald Reagan主演，名为《杀手》（*The Killers*）的影片，也是为电视电影而拍，但由于NBC认定这部电影太暴力不适合在电视上放映，而戏剧化地被环球电影公司（Universal Studios）搬上银幕，公映于各大影院。从此，电视电影作为一种产业，在美国迅速崛起。

如果说电视电影或美国的电视电影最初产生于一种自发的市场需求，那么我国的电视电影业则兴起于政府的规划与激励。

还记得上个世纪90年代中央电视台的《正大综艺》栏目，除了精彩的主持节目外，后面的"正大剧场"也常常成了观众守候的对象，每周呈现一部精彩的外国电影，比如《神探亨特》。这就是我国最早引进的一批美国电视电影作品，它们对我国观众了解和接受电视电影起了积极的推动作用。1995年，中央电台第六频道——电影频道开播，人们开始得以在电视上收看电影。仅1995年到1996年的一年时间里，CCTV6为满足电视观众收看电影的需要，购买了2200多部电影，约占当时新中国成立后国产影片总量的61%。

1999年，电影频道开始自行制作电视电影，并于春节期间播映了我国首部电视电影作品《岁岁平安》。此后，中央电视台电影频道节目中心每年都要投入大量资金拍摄一百部左右，甚至一百二十部左右电视电影作品，并于2000年在中国电影"金鸡奖"设立了最佳电视电影奖、于2002年在大学生电影节开设了电视电影专项奖、于2001年中国电影"华表奖"设立优秀电视电影奖、同年中央电视台电影频道中心专为电视电影设立了评奖项目——电视电影"百合奖"，以激励电视电影创作迅速增长。到2008年年底，中央电视台电影频道节目中心已经累计出品了电视电影作品1100多部。

二、中美电视电影的运营方式与规模影响

在美国，市场一直是电视电影制作和运营的强大推动力，资源配置由市场调节，通常为大公司小制作，内容题材多为当下热点问题。制作上强调与新兴技术的结合，降低成本。运营上强调收视率与广告支持，从而获得可观回报。与中国的CCTV6一样，美国电视电影也有专门的播放频道

如 Hallmark Channel，Lifetime 和 HBO。不同的是中国的电视电影业从 CCTV6 开始，美国则是先有了电视电影业才应运而生了 HBO。

上个世纪七八十年代，很多优秀的电视电影作品在美国社会引起了不小反响。1983 年 11 月 20 日美国 ABC 电视台播放了影片《次日》（*The Day After*），它可能是迄今为止收视率最高的电视电影作品，据统计大约拥有一亿名观众。这部电影描述的是美苏核战后的美国社会，以当时人们关心的时事论战为主题，受到了广泛关注。另一部广受欢迎、评价颇高的电视电影是 1971 年斯皮尔伯格（Steven Spielberg）执导 Dennis Weaver 主演的《决斗》（*Duel*），像《决斗》一样质量与声望的影片在欧洲和澳大利亚都是在影院公映的，而在美国只有限定的几个地方可以公映这部电影，《决斗》在电视上公映后，为斯皮尔伯格赢得了广泛赞誉。

美国的一些好的电视电影作品会凭借电视公映的成功跻身院线，或者以系列片或其他各种形式，带来连续收益。1971 年电视电影《布莱恩的歌声》（*Brian's Song*）就是在成功于电视上播出后，被豁免得以在影院公映的，并于 2001 年被重新制作拍摄。通常一部好的电视电影作品后来会被拍成系列影片，是电视电影最早启用了系列电影的模式。例如 *Babylon 5：The Gathering*，借鉴并采用了科幻小说系列 *Babylon 5*，与一般电视电影系列不同，*Babylon 5* 系列的几部电影有着不同的结局，它们始终统一在小说冲突的连贯性中。2003 年翻拍的 *Battlestar Galactica* 则是以三集连续剧的形式，在电视中连播。有时候电视电影可能为一部成功故事片的续写，例如"双亲陷阱"（The Parent Trap series）系列影片的第一部就是在影院公映的，而双亲陷阱 2、3、4（*The Parent Trap* Ⅱ，Ⅲ and Ⅳ）则为电视电影。还有一部电视电影 *Sabrina, the Teenage Witch* 取得高收视率后，一档电视节目开始用这个片名命名，并选用了同一位女演员 Melissa Joan Hart 做主角，成功地实现了收益延续与扩展。此外，"电视电影"也经常被用作过往故事系列"重聚"（reunions）的途径，如影片 *Return to Mayberry* 和 *A Very Brady Christmas*。有时候，一部长期上演的电视系列片是以电视电影为基础的，电视电影与电视系列片同步进行（这与上面提到的"重聚专辑"绝非一题）。作为特色，这类影片使用单击拍摄 single - camera setup，即使电视节目是使用多机拍摄 multiple - camera setup 完成的。这种单机拍摄形式很容易被分成三十或六十分钟的独立片段，以便插入商业广告。这些影片重新部署了节目的安排，并加入了海外场景。然而，尽管它们像影片一样进行广告宣传，但它们仅仅只能称为延长了的电视节目，如夜间档播出的 $M*A*S*H$。大多数这样的影片在 sweeps period 播出，以便吸引数量巨大的观众，赚取收视率。

由于电视电影投入预算小，无法像院线电影那样以视听的震撼效果赢得观众，但它们有自身的法宝，它们能够对社会当下的各种焦点事件迅速地做出反应，以现实作背景题材，凭借新的数字技术成果和灵活的形式，以低成本完成高精神品质的作品，从而获取可观收益。如 20 世纪 70 年代出现了一批取材于美苏论战的电视电影极具实效特征：*Born Innocent*，*Sarah T. - Portrait of a Teenage Alcoholic*，*Dawn：Portrait of a Teenage Runaway and Alexander：The Other Side of Dawn* 等。1970 年电视电影 *My Sweet Charlie* 涉及了当时的敏感话题，种族歧视问题，1972 年 *That Certain Summer* 也颇有争议，成了第一部触及同性恋主题，并以宽容的方式进行演绎的电视电影。1996 年的电视电影 *If These Walls Could Talk* 则讲述了上个世纪 50 年代、70 年代、90 年代处理堕胎问题的不同方式和态度，并取得了巨大的成功，成了 HBO 收视率最高的电视电影。

有人说上个世纪美国的"电视电影比那些稀有的史前古器物更受人瞩目。"[1] 美国电视电影的制作网络趋向于低投入，剧本通常类似故事系列片中的单一段落，或用来"兑现"人们对当下热点问题的好奇，像 Amy Fisher 的电影。播出时，电视电影会在扣人心弦的精彩部分适时出现商业广告，已成功获取收益。电影基本依赖少量预算和有限的录制设备，即使是斯皮尔伯格的《决斗》这部制作精良的作品，演员投入也相当有限（除了织布工外，所有参演者均属于小角色），而大部分户外射击场所都是沙漠。电视电影注重叙事情节，采取线性发展模式，人数少团队小是电视电影拍摄的特色，而且很少采用花费昂贵的特技。通常制作者们用廉价的录像设备取代首选的电影录制机进行拍摄。在低预算和不发达的拷贝手段下，各种各样的技术手段被用以为电视电影"添油加醋"，如音乐视频式蒙太奇等（有时候技术手段的运用甚至很荒谬很极端，如美国电视台 USA Network 上映的令人毛骨悚然的 *Wheels of Terror*）。但不管怎样，数字视频（digital 24p video format）由于有了电视电影市场而取得了不小的成就。

近二十年来，美国典型的电视电影质量出现了历史新低，多数影片成

---

① O'onnor, John J. "A TV Movie With a Familiar Ring". The New York Times. 1 January 1991.

为了源于小报头条的"快餐"产品，如 Amy Fisher 事件，竟由此产生了三部电视电影作品。近期典型的电视电影情节联合了包括 "disease of the week" 或家庭暴力等类型影片。性虐待也是其中一个普遍主题，尽管并不经常是故事情节的焦点。电视电影精神品质的下降，是导致美国电视电影业衰败的重要原因，也就是说文化产品的核心是文化内容，文化内容的质量决定了文化产品的成败，只有高精神品质的电视电影作品才能取得良好的社会影响和收益。

在中国电视电影的规模还停留在小公司小制作，虽然目前产量高了，但质量、效益、社会影响力还远远不够。大导演一般不会制作电视电影，而 CCTV6 目前还不会吸引上亿观众来欣赏电视电影作品，没有美国那样成功的案例可以一次开发，多次利用，反复收益。

美国 HBO 播放的电视电影以高品质赢得了普遍好评，一些评论家甚至称那些作品超过了时下上映的电影，其中一些获得了艾美奖（Emmy Awards）。近期 HBO 播映的著名影片，有 *Angels in America*，*Something the Lord Made*，*Warm Springs*，*The Gathering Storm* 及其终结篇 *Into the Storm* 后四部均为名人传记影片。跟 HBO 想比，CCTV6 在没有竞争对手的下，却未能产生更大的公共影响。高度碎片化，产量虚高，产品的粗放，是中国电视电影业普遍存在的问题。

三、关于中国电视电影和文化产业发展的思考

美国的电视电影业，总结起来其发展模式如下：

观众需求→电视电影业产生→大规模制作公司的发展壮大→其他相关产业链发展（数字技术）→多产业盈利。

由市场需求产生的电视电影业，发展壮大了一批跨国产业公司，在其本身的发展过程中，不断延伸并带动相关产业链共同发展，例如数字技术、传媒产业等，从而带来多产业的合作和共同收益。

相对而言，中国的电视电影业发展模式为：

政府规划→电视电影业产生→借助政府投入分散发展→小集团盈利。

作为自产自销的中国电视电影，其资金投入、制作管理、艺术质量均由中央电视台电影频道节目中心电视电影部严格把关，经审核后由国内中小型民营公司担任制作方。如今，中央电视台电视电影频道已培育了一个

较为专业稳定的电视电影"制作基地"，但正是由于所有拍摄电视电影的制片厂或民营电影公司要围绕电影频道的要求进行生产，因而在中国电视电影发展模式上存在市场活力不足的现状。电视电影作品一般拥有着较为稳定的传播渠道，缺少了市场需求的动力，没有了销路的担心，质量问题应运而生。

与中国其他文化产业一样，电视电影业应该从"输血输液型向造血造液型"转变，从 GDP 的消耗向 GDP 获取转变。现在中国文化产业存在行业、环境、区域等壁垒，在封闭的情况下自我竞争，政府自己创造市场，因此存在数量多，规模小，实力弱，产业集中度低等问题。因而，中国文化产业需要结构调整，使行政化资源配置向市场化资源配置转换，提高文化产品的精神质量，加强产业与产业间的联动，注重精神产品的文化内容，鼓励个人创作，增强案例研究与数据分析，争取一次开发多次利用，改变大企业不强，小企业不专的现状。要推动文化产业的发展环境从封闭到开放转变，推动文化产业的发展动力从体制性激励到市场性激励转变，推动文化产业的发展规模从外延式数量增长到内延质量效益上增长，使中国的文化产业真正能够在经济危机的时候逆势发展，带动其他产业走出困境。

网络艺术审美特性探微

李　益

社会进入信息时代，计算机技术和通信技术的高度成熟和深度融合，催生了网络这个"第四媒体"的飞速发展，网络正越来越快、越来越深入地渗透人类社会生活，全社会的人，不分男女老少，不分职业类别，都与网络结下了不解之缘。网络在自身发展和为人服务的过程中，既有不可忽视的种种负面影响，又表现出异常强大的优越性。研究网络艺术的审美特性，引导人们正确认识网络的利弊优劣，使之更好地为大众服务，具有十分重要的现实意义。

网络，是一个大的概念，它包括通信网络、电视网络和计算机网络。本文着重论述因特（Internet）网的审美现象、特性及发展。

一、网络艺术审美的融合与泛化

1. 网络艺术：高度融合而广延的艺术门类

何谓网络艺术？由于网络是一种新兴的、正处于发展之中的媒介形态，人们对它的认识还远没有成熟和定型，所以对网络艺术的诠释多是众说纷纭的。综合学界对网络艺术的分析，我们认为，网络艺术有狭义和广义之分，狭义的网络艺术是指既用网络工具创作又在网络环境展示或传播的艺术形式，本文拟从广义的角度研究网络艺术审美的相关问题，我们认为，广义的网络艺术是指基于互联网平台进行展示或传播的所有艺术形式、网络本身的艺术表现形态和网络环境中的艺术化体验活动。

基于这样的认识，网络艺术具有以下四大类别。

第一类，在网络平台进行展示或传播的传统艺术形式，如一些专业网站展示或传播的文学作品、美术作品、摄影作品、书法作品、音乐作品、影视作品、动画作品、设计作品等，2007 年 8— 9 月由人民网等全国 188 家具有新闻登载资质的网站共同主办的"科学发展共建和谐网络作品大赛"，规定参赛作品分四类：即文字作品、摄影作品、DV 作品、Flash 作品，就属此类。这一类网络艺术实质上是传统艺术借助网络平台加以展示或传播，是既有艺术信息资源的数字化与网络存在方式，有的学者因此不认为这是网络艺术，认为"当下所谓的网络艺术，很多只是把传统艺术的存储和再现媒介更替为网络而已，并没有体现出网络作为一种艺术媒体所具有的特性。"① 但实际上，这一类艺术因其借助了网络作为展示或传播的平台，就具有了与传统艺术截然不同的诸多审美特性。主要的有：它必须以数字化的形式存储；传播主体的易展示易传播性；传播过程的交互性、虚拟性、动态性；接受主体的高度选择性、大众化、全球化等等。

第二类，既用网络工具创作又在网络环境展示或传播的艺术形式，如纯由计算机软件生成的文学作品、影视作品等，即上面讲到的狭义的网络艺术。

第三类，网络本身的艺术表现形态，即关于网络的艺术，如何将网络特别是网页做得新颖、别致、漂亮、好看，如网站的艺术化布局、网页设计的艺术化表现，网页的各种构图、设色、文字、动画等审美效果以及网站的特色和风格。为什么有的网站浏览者甚众，上百万甚至上千万的点击率，而有的网站却门可罗雀、访问者寥寥？除了内容的新颖、吸引人以外，表现形式的审美效果是不容忽视的。有的认为网络只有技术问题，而不认为它有艺术问题，不认为网络本身就是一门艺术。我们在任意一网站搜索"网络"一词，其搜索结果绝大多数是关于网络技术方面的文章和书籍，关于网络艺术的则少之又少，这说明学界对网络本身的艺术性问题尚关注甚少。

第四类，网络环境中的艺术化体验活动，主要体现为网络互动活动，如网络聊天、网络论坛、网络会议、网络游戏等。"当玩家沉浸在虚幻的游戏中时，他获得的不仅仅是一种愉悦，更是一种对生命自由的感悟和真实的情感交流。"②

互联网的发展突破了传统的时空界限，彻底改变了人类的生存空间和

---

① 张江南、王惠《网络时代的美学》，上海三联书店 2006 年版，第 200 页。
② 王连功、周婷《网络游戏艺术论》，《宿州学院学报》，2005 年第 5 期。

生活方式。网络世界的快速发展和日臻完善，使网络不断带来其功能的审美化。网络艺术是各种艺术门类的大融合，是高度综合的艺术，网络艺术可融入文字艺术、文学艺术、图形图像艺术、活动影像艺术、动画艺术、音乐艺术、设计艺术、多媒体艺术等多种艺术形式。网络具有异常广阔的无穷大的空间，网络审美的创作主体和接受主体均可在网络世界海阔天空、恣意纵横。网络艺术的作品可边创作、边展示、边交流、边传播、永远都是非完善和非固化的形态。网络艺术真正做到了创作工具、展示平台、传播环境、存储介质的四位一体。

2. 审美泛化：网络艺术审美的必然趋势

网络的根本特征之一就是它的开放性。人们在网络艺术世界畅游，通过互联网的搜索功能，可以毫不费力地寻找到各种各样自己喜欢的艺术作品，可以节约往返图书馆、博物馆的大量精力和时间，可以省却在浩瀚书海里查找、检索资料的麻烦。人们可以足不出户便知天下事；可以通过互联网与天涯海角的朋友或陌生人聊天或对战游戏，地球正逐渐地变成一个村子，人际交往中的地理空间距离已在很大程度上失去了意义。人们在这样的环境中感受到的是驾驭现代科技带来的自豪感和亘古未有的审美豪情。

网络艺术是随着网络的发展而逐渐发展成熟的。计算机技术和通信技术为网络的发展提供了系统支撑，也为网络艺术的发展与繁荣提供了基础和平台。技术与艺术的高度融合与渗透，使网络世界与艺术结下不解之缘，也使网络世界更多地打上了审美的烙印。

在网络艺术超大范围、超常速度发展的情景下，网络世界出现了一幅幅神奇的审美泛化景象；从主体看，广大的网民在网络中写作、创作、讨论、交流，阐释见解，抒发性灵，只要上网，人人都可以是作家、艺术家，也可以是批评家、鉴赏家；审美主体实现了群体的最大化。从过程看，不管是创作、欣赏，是展示、交流，还是游戏、娱乐，都处在数字化世界，伴随着审美心态进行，审美活动实现范围的最大化；从传播看，无限大的虚拟空间，极度快的传播速度，快速便捷的拟像生成复制手段，心想意随的交互环境，使网络审美呈现综合化、边缘化、多元化和传播效果最大化的趋势。

二、网络艺术的审美形式创新

网络艺术的发展颠覆了许多传统美学范式，同时催生了虚拟审美、交互审美、娱情审美等新美学形式。

1. 主体：紧靠现实的虚拟审美

网络化创造的虚拟空间，使人们可以在信息化、数字化的虚拟实在中增强交往与对话的主体性和个体价值。在网络艺术世界，其主体——不论创作主体和接受主体，其身份大都呈虚拟状态。"他们通过化名，改变身份在网上所进行的活动，本质上就是一种带有虚拟性的扮演。"[①] "信息技术，特别是网络技术的发展给传统世界带来的最大冲击，在于它对传统常识中现实与虚拟的区分以及相应的建立在这一区分之上的一系列价值判断和行为规范的动摇，为我们打开了看待世界的一个崭新视角，向我们展示了一个全新的世界图景。"[②] 网络艺术往往让人处在超越现实的虚拟情景之中，网络审美带上了太多虚拟的成分。

虚拟现实的网络艺术形象在外观上并不背离现实，甚至看上去还非常真实。但它只不过是超现实的符号影像，是借助数字化虚拟方法塑造的超现实形象。网络艺术作品是虚拟现实的视觉消费品。网络艺术就好比是再造艺术形象的基因工程，"它的基质来自无法触摸的信息技术资料。"[③] 它将现实之物拆解为数字化代码，再将这些数字化代码组合成表面真实的虚拟形象，再将这虚拟形象作为现实的替代物来表现现实的真实，使起替代作用的虚拟审美物像替代现实的艺术审美形象。

但上述对网络艺术虚拟性的表述却并不排除网络艺术的现实性，网络艺术虚拟审美具有有限性和相对性，网络艺术的虚拟形态并不是虚无缥缈的东西，而是与现实有着十分紧密的联系，"在交流的时候，交往者常常把自己最真实、最本真的自我流露出来"。[④] 网络艺术都是反映现实的，网络艺术的虚拟形态与其现实形态是一一对应的，是可以相互转化的，传

---

① 陈瑜《主体的狂欢——试论网络的艺术主体》，《长沙大学学报》，2005 年第 1 期。

② 张江南、王惠《网络时代的美学》，上海三联书店 2006 年版，第 187 页。

③ ［法］马可·第亚尼编著，滕守尧译《非物质社会——后工业世界的设计、文化与技术》，四川人民出版社 1998 年版，第 161 页。

④ 陶东风《网络交流的真实与虚幻——网络文化与青年亚文化》，王文宏、高维纺《网络文化研究》，延边大学出版社 2006 年版。

统艺术作品可以转化为网络艺术作品，网络艺术作品也可以转化为传统艺术作品。网络本身也具有有效的调节手段，使网络艺术的虚拟性仅是有限的和相对的，如作品大赛实行实名投稿制，参赛者提交作品时，必须提供个人真实姓名、通信住址、邮政编码、电子信箱、电话号码等，增强了网络艺术的现实感。这决定了网络艺术的虚拟性同时具有紧靠现实的特征。

2. 过程：实时在线的交互审美

网络信息传递与传统媒介传递信息的方式不同，"网络既存在着点对面的传播，又存在着点对点的传播，是一种前所未有的极具个性化的艺术传播方式。"[①] 传统信息是"发布→传播→接收"的形式，而网络媒介的信息传递则采用"发布↔传播↔接收"的方式，这是一种双向的、可逆的、互动的、交互的信息传递方式。通过在网络上开设电子论坛、出示创作者或主办方的电子邮件地址、在每一作品之后设置评论区等手段，给受众提供一个交流、批评和评论的场所，使受众能直接参与艺术作品的评价、修改与创作。这种信息传递方式直接催生了网络艺术实时在线的交互审美的特性。

网络艺术审美与传统艺术审美的个人私密性不同，是一种大众参与、实时在线、交互共享的审美形式，网络艺术只存在于网上，如若不在网上，它就什么都不是，只有在网络的在线空间里实现交互，被人浏览或有人参与它才是存在的，才是具有艺术魅力和审美意义的。

在网络世界，许多人可以同时对某个问题发表自己的观点，做出自己的选择与判断，来实现民意的调查，这种调查是开放的、交互的、实时的，人们可以通过点击的方式获得当时的调查数据，了解调查的结果与过程。在网络上欣赏艺术作品，欣赏者可以随时把自己的意见反馈给创作者，而且还可以自己进行修改，并把修改后的作品或片段放到自己的网页上，让创作者和其他欣赏者都看到自己对它的修改，这样，可以方便地使艺术的欣赏者参与进艺术的创作过程中使得自己接受的艺术作品成为真正符合个人兴趣的作品。

网络艺术的交互性有两层含义：一是指受众对网络艺术作品的欣赏是非线性的，可自由选择的，可以说是由受众决定故事的发展。受众通过对超链接的点击，选取自己感兴趣的章节段落或内容选项，有选择性地进行

---

① 许行明、杜桦、张菁《网络艺术》，北京广播学院出版社 2001 年版，第 68 页。

作品的浏览。二是指受众也参与创作的过程，网络艺术的交互性存在于作品的创作过程当中。网络艺术是关于交流、交互的艺术，正是这种双向交互的特点，使最初的艺术作品被重新阐释，重新配置，因而也使艺术作品变得更丰富、更成熟、更具艺术品位，更为平民化和大众化。

3. 体验：快乐世界的娱情审美

"网络游戏已经成了网络艺术的一个重要组成部分"。① 游戏的娱情性不言自明。而网络世界中，网民进行艺术创作主要源于兴趣使然和表达欲望的驱动。由于网络创作者具名的虚拟性，其创作虽然也要追求一定的思想性和艺术性，但源于心灵宣泄，嬉笑怒骂，俗语戏说、随意涂鸦、角色反串亦皆成艺术品，正所谓在创作中享受快乐，在娱情中实现审美。

在网络艺术化的体验活动中，网民与网民联系与互动，天南地北的人一起聊天、一起在网络论坛或网络会议上讨论，由于各自的具名和身份都是虚拟的，大家互不认识，所以往往无所顾忌，随心所欲，同时表现出更多的心灵呈现和真情宣泄，感受更多的快乐和愉悦。在网络游戏中，同样由于网民及身份的匿名和虚拟，摆脱了现实世界中人情与"面子"，甚至避开了现实社会游戏、娱乐中的赌博与金钱交易，能够感受到更多的欢乐和快意，还了游戏娱乐的最初内涵和本真意义。

三、网络艺术审美的风格延展趋势

随着网络媒介功能的不断发展和日益丰富，网络艺术亦不断地延展和丰富着自身的审美特性，主要体现在以下几个方面。

1. 虚拟审美主体：非二元对立形态

"传统艺术观中处于两极的身份是对抗性的，但在网络艺术中，两极的对抗得到了消解，两极身份向中间流动，尖锐的对抗变成和谐的身份融合。"② 在虚拟的网络世界中，"用户既是网站内容的消费者（浏览者），也是网站内容的制造者"。③ "传统的大众传播中的严格的传播者和受众的区别已经在一定程度上被打破"，"参与网络传播的每个参与者都具有传播

---

① 许行明、杜桦、张菁《网络艺术》，北京广播学院出版社 2001 年版，第 79 页。

② 刘晗《论网络艺术的美学精神》，《江西社会科学》，2004 年第 7 期。

③ 陈力丹、汪露《2006 年我国新闻传播学研究的十二个新鲜话题》，《新闻界》，2007 年第 1 期。

者和受众的双重身份"。① 网络艺术的创作者、修改者与欣赏者、评论者之间，其身份既呈虚拟形态又呈融合状态，网民的社会身份往往用虚拟的符号加以表现，网民通过匿名登录，通过对其自身网民身份的审美包装和形象塑造，以虚拟的身份在网络空间自由地进行角色扮演，网络艺术的创作主体和接受主体呈非二元对立的状态，这是作为"第四媒体"的网络滋生的艺术形式所独具魅力的审美特性。

2. 大众化与平俗化：网络传播的特殊审美方式

网络艺术的创作绝大多数是面向大众的个人展示和自我宣泄，网络传播使得艺术越来越趋于大众化、平俗化。网络艺术是最开放的艺术，网络艺术作品要公开面向最广大范围的社会大众，面向全世界，是大众都能够参与创作、表现才能和天赋的艺术，因而网络艺术是全球化和大众化的艺术。如果说，广播电视的迅猛发展使得艺术欣赏者范围得到了前所未有的扩张，那么在数字化和网络时代，艺术的创作则变得更加简便和普及，文学、音乐、摄影、书法、电影、电视、动画、漫画、游戏……各种艺术的创作都已不是专业人士的专利，网络世界为这些艺术作品提供了广泛而方便的创作园地和海量空间的展示、交流与传播的平台。

网络艺术既然是最大众化的、非专业的艺术，其创作语言就会更加远离正统、不拘一格和随心所欲，甚至用字母串代表让人猜不着含义的短语，故意用错字错词表现搞笑……我们除了要十分警惕网络艺术语言可能产生的粗俗和低劣的不良影响外，却也不妨用平静的心态接受它的平实性、大众性和随意性。

3. 自由夸张和感性张扬：独特的网络艺术审美风格

数字化媒介的兴起与网络平台的搭建催生了网络艺术这一新型的艺术形式，快速地重构现代社会精神文化形态，传统艺术的严肃、高雅、正统、教化的价值追求，为世俗的感性愉悦和日常消费性审美的平俗化所替代。在大众化的网络艺术作品中有对权威的蔑视，对崇高的颠覆，有对平凡俚俗生活的表现，有对自我感性意识的宣泄和张扬，感观的满足和心理的慰藉强调了现代审美的追求。

网络虚拟空间为主体提供了交往和创造的最充分的自由平台，人们可以随时变更与选择自己的身份，尽情地自由想象、自由创造、自由交流，

---

① 谢新洲《网络传播理论与实践》，北京大学出版社 2004 年版，第 62 页。

自由地构造与发布信息，对信息选择、接收、鉴别、反馈、删除、重构、再发布，体现了人类在网络世界中追求自由创造、张扬个性的愿望。在这样的环境中滋生的网络艺术，极大地超越了传统艺术的审美属性，极大地宣示了自己自由创造、感性张扬的特征。

4. 社会功能：更广泛自由的干预与教化

"在中国网络媒体的发展过程中，网络媒体对于社会生活的干预能力也在日益增强，这也大大地提升了网络媒体的地位。"[①] 与传统艺术相比，网络艺术具有更强的对现实的反作用，它既要反映现实生活，又能更有效、更能动地反作用于现实生活。网络艺术因其虚拟性和大众化特性，更强有力地体现出对现实社会的干预与教化。网络世界中省却了现实社会直接的利害权衡，减少了现实生活中的诸多担心、顾虑与障碍，借助网络无限广泛的受众群体和无比广阔和容量空间，就会比传统艺术显得更自由、更广泛、更强势。广大网民通过网络世界可以揭露丑恶、批评落后，对社会的消极现象加以监督和鞭挞；可以匡扶正义、褒扬英雄，对积极先进典型人物事件给予正面报道与表现；也可以感召良知、同情弱者，为社会急需帮助的人们提供力所能及的资助与帮扶。一篇揭露贪腐或歌颂英模的文章往往在极短的时间里获得几十万的点击率，一个报道急需救治病人或面临失学学子的信息会唤起无数好心人的倾囊相助。网络艺术绝不仅仅是供人"狂欢"的虚拟现实，它虽可能带有诸如网络虚幻、网络迷恋、网络暴力、网络黄毒等等消极的影响，但它更具有极强的推动社会文明的积极功能，具有越益重要的促进时代发展的社会作用。

参考文献：

［1］张江南、王惠《网络时代的美学》，上海三联书店 2006 年版。

［2］王连功、周婷《网络游戏艺术论》，《宿州学院学报》，2005 年第 5 期。

［3］陈瑜《主体的狂欢——试论网络的艺术主体》，《长沙大学学报》，2005 年第 1 期。

［4］［法］马可·第亚尼编著，滕守尧译《非物质社会——后工业世界的设计、文化与技术》，四川人民出版社 1998 年版。

［5］陶东风《网络交流的真实与虚幻——网络文化与青年亚文化》，王文宏、高维纺《网络文化研究》，延边大学出版社，2006 年第 1 期。

---

① 彭兰《中国网络媒体的第一个十年》，清华大学出版社 2005 年版，第 276 页。

［6］许行明、杜桦、张菁《网络艺术》，北京广播学院出版社 2001 年版。

［7］刘晗《论网络艺术的美学精神》，《江西社会科学》，2004 年第 7 期。

［8］陈力丹、汪露《2006 年我国新闻传播学研究的十二个新鲜话题》，《新闻界》，2007 年第 1 期。

［9］谢新洲《网络传播理论与实践》，北京大学出版社 2004 年版。

［10］彭兰《中国网络媒体的第一个十年》，清华大学出版社 2005 年版。

科学赏石与艺术鉴赏

卢开刚

近年来，赏石理论、学术研究愈来愈活跃，各种风格和流派异彩纷呈，促进了赏石事业繁荣，取得了可喜的成绩。当然，其中也难免会出现一些偏激的或不太正确、不够高雅的赏石思想和审美观念，影响着赏石事业向高层次发展。正如王朝闻先生所言"石有美丑，道有真伪，因由不一，缘别善恶"。理论是行动的指南，加强科学赏石与艺术鉴赏研究，使我国赏石事业的更加健康地发展，是摆在我们赏石爱好者面前的一十分有意义的事件。

一、当代赏石的主要观念

（一）什么是科学赏石

当前，大家都认为赏石要讲科学，然而对科学赏石的理解却不尽相同，但归纳起来主要有以下几类：一、地学赏石，主要以地质系统为主体，偏重自然科学角度，以收藏矿物晶体和古生物化石为重点，着重运用地学知识解读赏石资源的分布，注重成因、结构、产状等自然因素的分析，他们提倡自然科学可为人们揭示奇石的"隐形美"。二是人文赏石。主要以文艺界人士为主，把赏石作为一种文化来研究，注重赏石文化的历史传承和艺术、历史典故、道德情操等主题，解读赏石与人的文化对语，在观察、把玩中，赋予石头以诗情画意，加之题词、立谱、配诗、配座等，使石头更加文学化、艺术化。三是园艺赏石。主要以园林系统园艺师、盆景师为主，比较注重奇石的形态和动态的变化，把赏石作为盆景的衬托或组成要素，叠石造园，水石成景，或石景相配，并与背景、光线、器皿，甚至环境、装置相统一，取得宛若天成的审美效果。四是经济赏石。主要是以采集、经营观赏石为主的商人为主，以赏石经济为主要目的，把观赏石作为商品或文物古玩，研究观赏的美誉度、稀少度，或囤集奇货或保真升值或跟风经营，流行什么石种就经营什么石种，从最初的四大名石，至现代的广西水冲、戈壁石、长江石、矿物晶体、木化石、树化玉等，以大众接受为首要标准，注重观赏石形式化、流行化、价值化、商业化，追求经济利益的最大化（如小戈壁，钻石价），发育一批观赏石市场，诸如广西柳州、上海沪太、山东临沂、广东陈村、四川、沪州、湖北宜昌，内蒙阿拉山，新疆哈密等国内外有影响的观赏石市场。同时，对带动一、二、三级市场观赏石的交流，起到了促进作用，不断推进赏石经济的快速发展。此外，还有政治赏石、道德赏石、艺术赏石等等，不一而足。

我们认为，科学赏石不等于科学加赏石，而是指赏石观念的科学化。第一种地学赏石对于我们按照地质规律寻找到观赏资源提供了快捷的方法，对观赏石的内部结构分析了解加深了，但对观赏石的艺术欣赏相对薄弱。第二种文化赏石，为中国石文化的传承与发展，提供了有力的支撑，但探索观赏石质地的宏观和微观自然界的奥妙，显得无能为力。第三种园林赏石，特别是巨大景观石的把握、石与园、石与盆景的配置，略胜一筹，但是无论是单独欣赏的观赏石，还配置成景的组合石，明显带有制园的手法、心迹、风格乃至过于程式，片面追求奇巧，最终难免近俗。第四种经济赏石。一分价钱，一分货，精品石要经得住市场的考验，客观地讲确有一些精品石在流通领域特别畅销，消费者也乐于接受，但是，贵的未必是好，商品石往往只能娱人耳目，难以震慑人心，所谓的精品、绝品的观赏石不仅要经得住市场的考验，更要经得住时间的考验。

上述论点都有其片面性，地学赏石、文化赏石、园艺赏石和经济赏石并不等于科学赏石，是对科学赏石的部分反映，难以涵养科学赏石的全部内容和本质。

所谓科学是对客观真理的反映，它是一种理性的思维，具有发展、开放、动态的特点。因此，我们认为，科学赏石是与时俱进的真实、合理、正确赏石。这种"真实、合理、正确"既是指自然上，也是指艺术上。

（二）什么是艺术鉴赏

人们通常把艺术鉴赏又称艺术欣赏，这是不够准确的。鉴赏与欣赏是接受艺术的过程中感情产生的共鸣，所感受的不同深度和反应，都是归结到一个"赏"字。欣赏是在接受艺术中经过玩味、领略，产生喜悦、爱戴之情。鉴赏是不仅对艺术能够欣赏，而且要有心得，能够识别。鉴者，照也，明也，引申为识也。鉴赏也就是明识、鉴识。就观赏石而言，艺术鉴赏就是以审美的态度，用艺术的眼光，通过望、闻、问、切、听等方式，调动生活经验、艺术想象，品评观赏石美的表现形式和内容，从中获得艺术享受的一种高级、特殊的审美活动。艺术鉴赏既要重视直觉"初感"，又要理性深化；既要分析观赏石上特点、亮点和"聚光点"，又要宏观把握好大面形象和观看整体气势，努力做到感性认识（情）与理性认识（理）、教育与娱乐相统一、感受与判断、共同性与差异性、审美经验与"再创造"的统一，在反复欣赏、品鉴、玩味中，不断发现、揭示和领悟观赏石所表现的艺术意蕴。

（三）科学赏石与艺术鉴赏之间的相互关系

从本质上讲，科学赏石讲究的是真，艺术鉴赏追求的是美，观赏石是真与美的统一体。科学赏石是艺术鉴赏的前提和基础，既为鉴赏主体提供鉴赏对象，又为鉴赏对象提供鉴赏主体；艺术鉴赏是科学赏石的具体反映和结果。观赏石只有通过正确的鉴赏，才能使它的审美价值得到实现和认同。科学赏石和艺术鉴赏贯穿于整个赏石活动的始终，并随时代的进步而进步，科学的发展而发展。

二、当代赏石的误区

科学要进步，艺术要创新，赏石要发展。面对西方艺术为主的西方赏石思潮介入，中国赏石理论受到严重挑战，赏石活动中出现了一些与科学赏石不协调的赏石思想和观念，如："西方赏石国际风"、"赏石理论贫血症"、"审丑论"、"宇宙玄学论"、"赏石风水论"、"赏石心智论"、"审美疲劳论"、"赏石高古论"、"大汉民族赏石论"等观念。归纳起来，主要表现在这三个方面。

（一）唯传统论

又称传统赏石理论万能论或赏石理论复古论。他们拘泥于传统赏石理论，追求古意，把传统赏石理论作为解决赏石活动的万能钥匙，漠视赏石的时代性，把"瘦、透、漏、皱"和"质、色、形、纹"，贯穿于水冲、大化、黄腊、长江石、摩尔、风棱石、矿物晶体、古生物化石等一切石种的鉴赏中，也不结合石种的个性特点、储存分布、地质结构、人文环境、稀有程度等相应内容，进行评赏。因而，无论是理论交流，还是收藏展览，赏石的观念、赏石的品种、表达的内容都比较类似雷同，个性化或不同凡响的观赏石并不多见，甚至把具有观赏和科研价值矿物晶体和化石排除在收藏之外。

客观地讲，我国传统赏石理论是建立在古代经验之上，以天然观赏石为对象，结合当时的文学和艺术知识，较多地赋予人的精神观念，追求石中蕴涵的诗情画意的，这种整体的观念和辩证方法有比较抽象的理念和人格化的感情色彩，是传统文化的反映与延伸。如："天人合一"、米元璋的"瘦、皱、漏、透"，苏轼的"石文而丑"，郑板桥的"陋劣中有至好也"，"丑而雄、丑而秀"，张轮远的"质色形纹"、刘水先生的"雨花石六美"等等之类。它们将观赏石客观繁杂的形式要素，加以简化和有规律可循，并从文化和审美的高度为赏石提出了整体思路和方法，所以我国的传统赏石理论，在具体赏石实践中，尤其是在现代赏石中仍保持着旺盛的生命力，这些都是我国传统赏石中的精华所在。但是，我们应该清醒地看到，中国传统赏石主要是凭宏观的观察，凭感性思维和直觉领悟作出比较粗糙的审美判断和估计，具体赏石中存在明显的随意性、意向性、模糊性和不确定性，对赏石正确性产生了偏移或失重，特别是缺乏观赏石的微观分析，从深层次诠释审美的规律性还远远不够。特别是一些赏石理论家运用一些气功学、天文学和易经学，提出"赏石心知说""梦幻顿悟说""禅石说"、"宇宙时空学"，对观赏石进行梦幻般的解读，显得过于夸大其词、牵强附会。

当前人类社会进入大科学、高技术、信息化、审美全球化的时代，中国传统赏石理论要经得住这些因素的考验，保持继往开来的强大生命力，我们认为，墨守成规、故步自封、作茧自缚，只会让中国传统赏石在盲目乐观中走向衰落。唯有在继承其传统合理的理论基础上，大胆创新，勇于开拓，才能与时代同行，跟潮流伴行。

究其唯传统论的根源，实质是割裂了继承与发展关系，这是一种不求发展，故步自封、僵死的赏石观。

（二）唯西方论

也称全盘西化，指主张按照西方科学和艺术赏石的现代化的模式来推进中国观赏石现代化赏石思想、观点、行为和结果。它是西方市场经济和工业文明的产物。

西文赏石的始于19世纪中叶的工业革命时期，主要以矿物晶体、化石和陨石为主，以形式美学及相关的矿物岩石学、古生物学、陨石学、色体矿物学等地学知识为指导，从结晶学、光学、色彩学、物理化学及几何结晶学角度去发掘观赏石的科学美，从科学角度评价观赏石的可赏性和艺术品位。如：晶体等矿物的色彩、光泽、质地、透明度，几何造型、稀有性以及共生体的组合是否协调、珍奇等构造的完美程度，同时，还要探究这些观赏石的物理化学性质和矿床地质环境。西方赏石界一般不注重图案石的观赏，也不会产生东方人的神思遐想。西方赏石由西方的思维方式、行动方式和审美学思想决定，它源于西方文化、宗教、哲学理念、民族风俗等，以毕达格拉斯、苏格拉底、黑格尔、叔本华等西方哲学家为代表的西方赏石思想，其基本认识都没离开对数的绝对概念以及实证思想的主宰，因此在他们的哲学与美学的主张里都离不开自然的、情感的表象，以及韵律、几何、平衡等外在的认识概念。可见，西方赏石思想是外向型的，是以表现形式与形态为主要目的。对非矿物质的观赏石（水石）始于上个世纪80年代，受日本水石的影响较深。但近来发展较快，他们已不满足于科学的赏石，把美学、文学和哲学融到赏石实践中，如通过诠释学、现象学、艺术终结论、抽象论等等对观赏石的形式要素所呈现的暗示力、不规则性、简约风格、非经久性等内容进行艺术解读，令人耳目一新。

在中国传统赏石面对新科学、高技术、大信息的时代艺术冲击后，显得后继乏力，一些矿物晶体收藏家和热衷于西方赏石理论家，要求改变传统赏石的思想、模式，全面西化，实现中国赏石的现代化和国际化。当前所谓前卫先锋的赏石理论，有的是强行推行西方矿物晶体的鉴赏标准，做大做强这块产业；有的是全面接受西方的现代、后现代艺术鉴赏的理论，生搬硬套移植到观赏赏石活动来，提倡赏石审美的日常化、市场化、生活化。

上述脱离中国文化的审美意识和审美理念这个主流，缺乏中国文化内涵赏石特色，体现不出中国美学思想的中国观赏石的艺术味道，这是典型的患了中国赏石"气血不调症"。

对此，我们在冲击面前，应当保持理性，充分认识到既是挑战，又是机遇，因为中西方赏石各有优势，应当扬长避短。赏石没有国界，但有民族特点，越是民族的，越是世界的。

中国传统哲学对中国观赏石的发展都起了重要的指导作用。中国传统哲学思想中存在的特性，导致了传统赏石中对"美"的认识既有外露又有含蓄；既有内倾又有外向的特点，形成具有中国气派和民族特点的赏石风格。如：赏石中色、质形纹组合表现虚与实、浓与淡、燥与润、厚与薄、深与浅、远与近、明与暗、隐与显、藏与露、疏与密、繁与简、刚与柔、动与静、主与宾、曲与直、冷与暖、纵与横、形与神、情与态、意与境等等，无不体现出中国传统美学思想对其产生的巨大影响，这是西方赏石无法达到的美学境界。

一些西方有识之士的赏石家如美国费利克斯·里旨拉在《论水石美学》阐述他们如何对待日本水石美学时说："打开门户去鉴赏和解释一个不同的美学天地，最终使其成为我们文化敏感性日益增长的一部分，不过，这种理解不应变成审美模仿或者照搬日本方式，从而否认我们西方美学文化的遗产。试图模仿日本人是徒劳无益的，在水石鉴赏中仅仅应用日本美学观念也是徒劳无益的。像我们这样拥有另一个美学背景的人士应该运用我们认为最适宜、最有见地的美学观念。"他又说，"我们接触日本美学受到正统治观念的局限，它妨碍我们进行艺术鉴赏和发展，我们应该寻找一种兼蓄并存的模式，既包容日本和西方的美学思想，又不固守日本人的标准"。

一个西方赏石家，尚且知道，创新赏石理论，必须从西方文化背景出发，以西方赏石的传统理论为基础，批判地吸收外来赏石的精华，建立适应西方赏石活动发展新型赏石理论。难道有着几千年赏石文化历史的中国赏石人就不明白这样的道理吗？

因此，我们进行赏石创新，必须是在以中国传统赏石美学为基础的前提之下，有机地融入一些实用可行的西方哲学与美学思想，才是赏石创新的基本原则。只有这样，才能使创新出不失中华民族文化，同时又体现出中国美学思想的观赏石理论体系。

（三）唯具象论

源于西方模仿逼真说和我国古代的应物象形说。所谓具象，就是具体存在于空间，而且能够感知的一种形状或形态。具象艺术指艺术形象与自然对象基本相似或极为相似的艺术。具象艺术作品中的艺术形象都具备可识别性。希腊的雕塑作品、近代的写实主义和现代的超级写实主义作品，因其形象与自然对象十分相似，被看作这类艺术的典型代表。具象艺术广泛地存在于人类美术活动中，从欧洲原始的岩洞壁画，到文艺复兴时代的宗教壁画；从印度的佛教艺术，到中国的画像砖石，都可以看到这类艺术作品，至今它仍是美术创作中重要的艺术风格。

具象石是指那些呈现直观具体物象和形象的石头，石上形象大至日月山川、宇宙奇观，小至昆虫蝼蚁。人们普遍认为石头的象是宇宙缩影，赏石是一门发现艺术，质色形纹所构成的象形是观赏石的重要特性。"观石以取象，立象以见意"。具象之美，为历代赏石家所重视。

清代梁九图在《谈石》中指出，"如果石头的自然影响力比不上一幅画，就不该挑选它"，民国时期王猩酋在《雨花石子记》中认为"画中有诗，是弄石大意"。张轮远先生在《万石斋灵岩大理石谱》提出了"象形论"把象形石划分为具体和寓体象形两大类，十八种科目。把逼真、惟肖、精神作为优秀象形的标准，把"模糊、呆板、残缺、隐蔽、夹杂"列为象形的缺点"。而当代提出观赏石象形"风景石意境深远，人物石形神兼备，动物石要呼之欲出"，着重在于"象中取善"和"象中取美"。因而，德国威廉·本茨《欧洲水石概述》中说："西方人更喜爱貌似山水的景观石，外形易于辨认的具象石，或者易于识别物象（如：月亮，动物，山水，人物）的画面石。"

由于象形能够比较直观地表达人们的精神世界，是雅俗共赏石的艺术，至今仍保持着顽强的生命力，而长久存在。当代收藏、展览、交易绝大数以象形石为主，甚至出现了象形石收藏专业户。唯具象论应运而生。

所谓唯具象论，即把观赏上直观的具体形象的可辨度、清晰度、逼真度、完整度作为衡量观赏石呈象优劣的唯一标准，否定非具象的审美价值。甚至有人提出具象的好、中、差三种标准：好的象形石形象一目了然；中等的象形石，要经过别人的提示，再辨别出石上的形象；差的象形石，经过别人提示，长时间观察感悟才发现石上的形象。

从赏石实践来看，具象也是人们的牵强附会，它的艺术性无法与写实绘画艺术相提并论。没有绝对具象，只有相对的具象，具象艺术之中也包含着或多或少的抽象因素。

因此，唯具象论是一种低级趣味、平庸的、小儿科式、农民工式的鉴赏观。

三、科学赏石和艺术鉴赏相统一的标准体系

在科学、技术和文化一体化，审美全球化的新形势下，我们必须以辩证唯物主义作指导，坚持"古为今用，洋为中用"的方针，坚决破除"唯传统、唯西方、唯具象""三唯"错误思想和习惯，认真继承传统赏石精华，广泛吸收和及时合理地运用当今一切先进的赏石思想、技术和方法，建立起以美性、人性、形象性、独特性"四性"为核心鉴赏标准的符合我国国情，又富有时代气息的科学赏石理论体系。

（一）美性

所谓美感，是人们接触到美的事物所引起的一种感动，是一种赏心悦目、怡情悦性的心理状态，是人们对美的认识、评价与欣赏。观赏石的美，由观赏者所发现，又称发现艺术，产生于人与石的完美结合和互动之中，既体现观赏石固有的质地、线条、色彩、形态等构成要素所表现形式与内容的统一美，也表现观赏石的审美趣味、艺术修养和价值取向等，既有共同性，又有时代性、民族性和个体性的特征。中国传统赏石美是文化的、平面的、感性的，体现人文美等，而西方赏石美是数学的、几何的、设计的，体现出科学美，因此，一些观赏者，把美不美作为鉴赏的第一要素。经典的赏石艺术的核心崇尚美，疏远丑。但是，当前赏石界提出以丑为美的赏石观，把"奇、特、怪、异"作为赏石的审美标准，即质、色、形、纹、呈象的形式，越奇越怪越丑，就值得收藏，越有经济价值。笔者认为，所谓丑，指某种由于不协调、不匀称和不规则而引起不快感的、令人厌恶的东西，也反映完美的缺乏或不可能性。把观赏石的奇、怪、丑作为审美标准，要采取辩证的方法，作具体分析。从赏石实践和审美效果来看，我们一些丑石分为三种情况：一是新奇特观赏石形式要素组合形象虽然丑陋，但内容健康优美，通过形象本身外丑和内美的强烈对比而产生审美效果。如命名"祥林嫂"的雨花石，"钟馗"九龙壁。二是通过以丑为题材这样的表现寄寓了美的理想，从而使丑的题材具有审美价值。如：没落的日本国旗等。三是虽然外形比较美，但表现的内容却比较丑，金玉其

外，败絮其内。如人物石中的白骨精。四是仅有新奇特，却没有文化内涵，一览无余，娱人耳目，没有内容。通过上述分析，我们认为，前三种以反面形式保持了正面的审美理想观念，符合艺术创作形式与内容相统一的规律，属于正常艺术中丑的审美价值，具有较高的审美价值，正如郑板桥言太湖石之丑："丑而俊，丑而秀"。第四种变形、荒诞、奇崛、怪异，而无内容的畸形的丑态，本身存在内容与形式的矛盾，有可能走向反艺术、反审美的道路。罗丹根据自己的创作经验探讨了美和丑的关系。提出，艺术的真实可以化丑为美，不管是美的还是丑的事物，只要通过艺术表现了内在真实的意蕴、感情和思想，就具有了审美价值。因此，对审丑，不加分析和放到不恰当的审美位置，都是错误的。收藏"奇、怪、丑"的观赏石，不仅"物稀为贵"，而且"物稀为美"，这两者要并驾齐驱，才能保证审美全面性和科学性。

在赏石中，如何鉴别观赏石的美性呢？我们认为：一是掌握相关艺术美、科学美等知识，了解质色形纹形式美的法则，积累视觉审美经验，提高对美丑的判断能力。二是重视从整体中、宏观上把握审美特征，又要从微观、侧面、局部识别细微的变化，大处着眼，小处着手。三是展开丰富的联想，调动一切知识储备，努力发掘观赏石的文化内涵。

（二）人性

马克思说："美的本质在人，美是人的具有正价值的本质、本质力量或理想形象的显现"。艺术与人类情感活动之间有着不解之缘。

人性是指人的本质属性，分为自然属性、精神属性和社会属性。自然属性和精神属性是人性建构的基础，包含生存、尊严、亲情、名誉、自由、发展等内容。人的社会属性则是人性生成、进步和发展完善的依据和条件，并由此规定人性的整体风貌和特质。如认识、学习、创新、自觉、自控等内容。柏克森认为："艺术就是生命的冲动。"符号论美学家苏珊·朗格说："一件艺术作品就是一件表现性的形式这种创造出来的形式是供我们的感官去知觉或供我们想象的，而它所表现的东西就是人类的感情。"所以，艺术是艺术家主观感情的反映，赏石者审美情感，构成赏石艺术的深层内涵。离开人的观点而言，石头本无所美丑，所谓"绉、透、漏、瘦"、"质色形纹"、"意、情、趣、韵"等赏石就是把人们的思想、情感、境界、评价贯穿于赏石的实践中，做到心物感应，天人合一，物我两忘。

辛弃疾词云："我见青山多妩媚，料青山见我应如是"、"对花作画将人意，画笔传神总是春"。在赏石实践中，采取的"观神采、审法度、识独特"，就是试图在一块观赏石上或众多观赏中，从变化莫测的众多审美元素中，发现与自己心灵相契合形式要素，体现精神、品质、人格力量和理想追求。如：山景石取意，花卉石取趣，人物石取神。"意"、"趣"、"神"，林有麟、王猩酋都是审美主体对客体的情感和心智的体验。历史上的米芾、苏东坡、白居易、杜绾、张轮远等人，与其说他们是石痴，倒不如说是情痴。因为美丑是观赏者凭性分和情趣体现出来的。但是，由于人性的差异性，赏石的审美感受各不相同。唐代文学家柳宗元说得好："美不自美，因人而彰。"事实上，每个人赏石审美都有偏爱，这种偏爱与一个人的生活经历、思想修养、气质禀赋、兴趣爱好、审美理想等有关，也反映到收藏的观赏石。即"别同异，明是否，分黑白，视丑美"。赏石的情感既服从于石道、表现石道，又制约着赏石实践和赏石的社会效果。石头无所谓美丑，观赏石优劣和高低不是石头本身高低和好坏，而是赏石者情商、智商的高低。如同欣赏宋瓷和明瓷一样，喜爱宋瓷的人比明瓷的人的品位高。人伴佳石品自高。通过精品石的鉴赏，不断地锤炼人的情商和智商，我们的审美品位和赏石水就会有所提高。同时，通过提高我们的艺术鉴赏力，就会更好地收藏和鉴别到品位更高的观赏石，使人与石之间进行互动，相互推进，良性循环。

（三）形象性

形象性是艺术美的主要特征。所谓艺术形象是反映生活的特殊方式，艺术形象总是具体可感的，它是客观与主观的统一，是内容与形式的统一，也是艺术共性与个性的统一，艺术形象不仅具有具体可感的形象性而且具有概括性。通过某种特定的具体形象化，以表现与之相似或相近的要领或思想感情。观赏石上的艺术形象是鉴赏者运用自己所储备的状物象形的经验，从观赏石的形式要素中，寻找其个性特点，破译象征性意义，形成艺术印象，然后，通过想像去丰富、拓展呈象的内涵，使赏石艺术印象再发展为成意象、抽象、概括、象征等图示结果，成为沟通精神和现实世界的媒介。事实上，由于赏石者文化程度、赏石形式要素的感觉、赏石阅历等因素的不同，其所形成的形象形式敏感度并不一样，一些是似是而非，模糊不清或自认为形象的图示结果，表面分析是赏石者想入非非，缺乏理性，其实是石外功夫不够的原因。我们认为观赏石上的艺术形象不仅要高度集中典型，而且要分明，不仅要分明，而且要生动，给予人艺术之享受。但是，艺术形象品定也要从实际出发，要具体情况具体分析。比如，质润、色艳、纹奇、形好的观赏石的呈象，由于形成难度较大，不应该用通常观赏石呈象的标准来衡量，允许其形象的模糊度。观赏石的呈象，我们要做到好中选优，优中选精。无论是形神兼备的具象，还是耳目一新的抽象，只要是精品，都要不遗余力地收藏。因此，观赏石的图形，只有艺术化形象，才富有丰富的文化内涵，经久不衰，耐人寻味，进入到象有限、言未尽，而意无穷的梦幻世界。

但是，长期以来，由于赏石界对抽象石缺乏理论研究，"重具象，轻抽象"思想仍很严重，抽象石处于无名、无位、无价的"三无"状态，甚至成为料子石，既浪费了观赏石资源，又降低了大众的审美趣味，影响赏石事业的健康发展，应当引起我们高度重视并加以纠正。因此，当前不仅要把抽象石放到与具象石平起平坐的位置，而且要高于具象的地步，因为精品的抽象石也千载难逢。所谓抽象是对具象的概括、提炼和升华，即没有具体形象或者说不出是什么具体形象的图象。具象之所以成为具象，是由于习惯的视野决定，人们的视觉感官有个接受的度，心理学上称之阈。抽象石之所以让人"看不懂"，原因便是超越了人们的习惯视野。这时的"看不懂"其实是一个假象，这种假象一经点破，人人都能够看懂，人人都能够意识到，这就是一种抽象美。观赏石中，既有状物成象的具象，又有表现物象的质感、量感、张力和神韵的抽象。可谓无式不包，无象不成，大至日月山川、宇宙奇观，小至昆虫蝼蚁，寓宇宙之神奇，蕴万物之风采，各具其独特的审美情趣。所以，我们鉴别抽象石时，要把握三点：一是意境、情感的表现淋漓尽致，且恰到好处。二是形式要素组合和谐统一，不可思议。三是特点明显，个性强烈，内容深刻，意味深远。

（四）独特性

所谓独特性，指在艺术创作中，每个艺术家的审美经验、审美感受、审美情感，以及创作动机、心态、过程都是独特的，因而具有鲜明、独特的创作个性。艺术如果没有独特性，就不可能有真正的创造，雷同是艺术的坟墓，这就等于宣告了艺术自身的死亡。石头是大自然的化身，他拥有不是人为的艺术优势性，再好的人为艺术品也无法与大自然媲美。观赏石独特性表现在两个方面：一是从客观性来看，它不可再生资源，具体天然性、唯一性和不可的克隆复制性。二是从社会性来看，观赏石被赋予社会性、文化性、艺术性，表达了赏石者敬重自然，崇尚观赏石的天然性和质朴美，把自己的个性和创造精神融合在观赏石的选择之中，形成自己鲜明的风格。因而，对观赏石之美，我们要顺其自然而自然，所谓第一个"自然"就是要要敬重自然，注重观赏石的天然性，按照规律去赏石审美，贝多芬说过"打进心坎的东西来自天"，罗丹最喜爱的一句箴言就是："自然总是美的"。第二个自然，就要充分发挥我们主观能动性，积极主动地参与审美，发现规律，利用审美规律，去收藏更多更好的观赏石。清代大画家石涛说"天能授人以画"。"大知而大授，小知而小授也"。

因此，保持观赏石的自然性和质朴的美，不仅有助于提高人们敬畏自然、坦诚做人的人格素养，而且凸显观赏石存在的意义和社会价值。

例如：玉雕工艺的审美，充分运用了玉质的珍奇稀有、独特色泽的天然性来塑造形象，表情达意；根雕，第一印象是树根；第二印象才是形象。如果第一印象破坏了（如涂彩），就等于没有树根，就谈不上根雕艺术。同理，观赏石的第一印象是石头，然后才是石头的形象与内涵。所以，我们收藏观赏石之所以要保持观赏石的天然性，尤其是石上的质色形纹，就是要保持观赏石的质朴美，不去人为地改变材质的原有性状，保全其真，反对弄虚作假、矫柔造作的恶劣美，"既雕既琢，复归于朴"，顺物自然，体现"相互而天下莫能与之争美"的观赏石的自然美。

美学大师王朝闻老先生在《石道因缘》的《自然生成》一节中说："从耐看的角度来说，多么富有创造性的摹仿之作，恐怕都不及顽石经得起时间的考验，因为顽石固有的多个侧面，自然形成的美，为观赏者提供了不断有所发现的基础。"他还说："人为的作用不一定能增加自然的美感，有反而不免削弱了自然物的审美特征。"因此，自然奇石无论鉴赏价值、收藏价值、还是经济价值，都远远高于加工石。

绘画、雕塑等艺术创作是由主观到客观，而赏石是由客观到主观，其路径恰恰相反。我日常艺术中所讲的"巧夺天工"，指的是艺术结果与自然物的美相媲美，强化人创造的艺术要接近自然，而精美的观赏石本身却是自然的，且又如此美丽，何需人为的创作呢？因此，我们不能把绘画、雕塑等艺术的观念生搬硬套到自然的观赏石上来。再说，绘画把意境作为最高的审美标准，而观赏石却把趣味作为欣赏的标准；绘画、音乐等艺术的通过人为技术高度来展现艺术的难度，而观赏石却反对通过人为技术高度，表达深刻的思想内涵。当然，随着市场经济的发展，一些打磨的观赏石进入市场，且有不俗的市场表现。因而，当前市场上的观赏石主要有三类观赏石。第一类主要是原石，即纯天然、原生态的观赏石精品，大理石除外。二是半工艺石，"相物而赋形，范质而施彩"，像根雕、石雕、玉雕一样，突出主题，局部动手，藏陋显美。三是纯工艺品或假石。如，仿造古代人文石，即在观赏石上刻上名人印章等内容，并进行作旧，高价出售。再如，伪造精品观赏石，开石取料，按照古代精品石的图谱，整容打磨，批发出售。以假乱真，以次充好，出售水晶等观赏石。

对此，我们认为，值得收藏主要有两类。一是作为展览的观赏石，要绝对禁止动手（一些允许切割、打磨珠大理石等除外）；二是对一些动手的工艺石，坚持"少一点人为，多一点自然"原则，对其精品也要纳入收藏视线。

四、总结

综述所上，四者的关系，人性讲究是的情感，只有具备了主体，客体的美性才得以体现，所以美是观赏石的第一要素，美的表现形式，有两种，一种是具象，一种是抽象。抽象有两种，一种是非写实性抽象，即看不出什么东西，非物质世界存在的东西；另一种是非具象抽象，即看不出什么东西，尤其是人物或动态等形象。

工欲善其事，必先利其器。思路决定出路，眼界决定未来，人品铸就石品。只要我们面向世界和未来，立足现代，解放思想，更新观念，改革创新，创新思维，开拓进取，科学赏石，形成既有国际视野，又有中国气派，具有鲜明时代特征的赏石风格，领导世界赏石潮流。

参考文献：

[1] 王朝闻《石道因缘》，浙江人民美术出版社 2000 年 6 月版。

[2] 郑奇《中国绘画对偶范畴论》，天津人民美术出版社 2005 年 5 月版。

[3] 刘水《观赏石鉴赏》，中国大地出版社 2008 年 11 月版。

[4] 石泉《论雨花石的抽象美》，《中国观赏石论文集》，大地出版社 2005 年 8 月版。

诗维的向度

杨江涛

在人类的精神领域，诗性思维起着非常重要的作用。诗性思维毋宁说不是一种思维，不是一种理性的思维，而是一种别样的精神之维。它主宰着人类的诗情，引导着人类的诗性，指点着人类的超越精神，发挥着类似思维的作用，可强为之名曰诗维。人类学的发展表明，诗维在人类的事业中扮演着攸关重要的角色，《新科学》、《原始思维》和《金枝》都发掘了原始的人类特有的运思方式，在这种运思方式中，直觉，想象，情感和体验主宰了原始人从神话、宗教直到他们的言谈举止等生活的一切方方面面，似乎他们具有诗维的天禀，注定要生活在一个诗情泛滥的世代。而自古以来人类日常生活和情感表现的多姿多彩和曼妙妖娆，也只有从诗维处得到恰当的说明。步入文明史以来，人类对自身的诗禀有了自觉的意识，他要在他存在的世界里用诗维照亮自己的生活，实现自己的自由。于是，倜傥无羁的艺术族类油然而生，它将人类高举远慕的超越情怀以自由的方式集中地表达出来。诗维的存在标榜了一种人生在世的方式，它将人生从现世的物常人伦中超拔出来，给坐实的人生着上超越的色彩。由诗维点亮的人生不再是思维的人生，不再是道德律令谨严的人生，而是遗弃了种种关系限制的自由人生。而且，这个自由的人生并不需要别处去寻，它只需要诗维即着当下的存在作超绝的妙想，就可以瞬间直达。这就是诗维本然的向度，它曾经在中国传统社会里主宰着人类自由精神的发生和艺术的生成，对古人的超越生存产生过重大影响。然而，近现代以来由于理性的介入，诗维在美学的理论言说方式下步步退隐，似乎逐渐失去了它的栖居地，进而也导致了人类诗性精神和超越自由的退隐。

当人类对自身的诗禀自觉到足够的程度，就开始对诗维进行理性的言说。具体来说，就是近代以来以美学的方式言说诗维。以美学的方式言说诗维，是诗维的大幸，亦是诗维的大不幸。何出此言？美学的诞生是人类另一种能力——理性能力高度发展的产物，它将一切作为对象，也将人类自身精神界的诸方面作为运思的对象，力图凭借明晰的语言和无可辩驳的逻辑将对象确定下来，使对象成为有理有据的明晰性存在，从而可以被人轻易地把握。这种方式也将"我思"置入一个对象性区域，成就了雄辩的哲学，理性地言说着人存在的理由，所可能臻至的自由，怎样才能臻于自由，诸如此类。当理性在人精神区域分析出了相当于康德所谓的审美的"判断力"时，美学就从理论上宣告诞生了。因为它从理论上说明了人类的一种特殊活动——审美活动是何以可能的。正是判断力使人类的审美活动获得了无可辩驳的理论依据，也正是判断力使人类获得了审美的自由。审美是非逻辑无涉利害、既私人又普遍可传达的人类精神活动，由此而来的自由是不同于认识活动和道德活动而来的自由。这就是对诗维的理性言说。美学可以说是用理论的方式表出的诗维。以理性的方式即美学的方式来言说诗维，就使它获得了思维的明晰性，就使它的审美品性得到了详尽的说明。这是诗维的大幸。

但是，诗维和美学理论语言是异质的，诗维获得思维的明晰性本身就是一个悖论，它注定诗维的内涵不能被理论完全地道出。人的本然存在处境从来就不可能完全地臣服于"我思"的区域，理性的对象化过程根本就不可能完成，因为时间存在中的"我"总是在理性将"我思"对象化的过程中无限地后退，"我思"背后总有一个"我"在，时间中的"我存在"比"我思"更具有本然性。可是理性从来都不能考虑到这一层，或者它不愿考虑到此，更确切地说不会考虑到这一点，因为这一点超出了它的极限。理性于它的极限之外对诗维作非分想，就是诗维的大不幸。关涉人的当下生存的诗维本质上是不可言说的，而美学偏偏强为之难，这就必然使诗维陷入理存而道亡的局面。

进一步言，存在中的我在"言说"，思中的我在"思想"。我的"言说"本着自身的真实存在和真切处境，寻找自身安身立命的价值所在，它使用了比理性更广阔的人类能力——尤其非理性，而且坚决地把人的当下生存处境作为价值依托的根底。"我存在"面临的是价值的生成，而且尤为重视理性价值之外的价值生成，它追求的是此在的人生当下的圆满，这个圆满无滞的人生可以允许理性穿梭于其中，但不必以它为主导，因为真切的人生不只是理性的，而是多维的。我的"思想"则本着刨根究底和追求确定性的精神，寻找人生的理性价值，当然唯理性马首是瞻，全然不顾人生的丰富性。"我思"面临的是理性价值的认可，它所要企及的目标是由理性而来的绝对自由。然而，理性又自知此种绝对自由是不可能达到的，于是就自我降下格来，迁就感性，于二者的谐和中求得一种人生的诸能力都相互协调的自由游戏状态。显而易见，这种审美的自由是以理性为主导、感性屈从于理性、人的当下存在实感屈从于思维游戏的自由。归根究底，它是不完满的，也不可能完满。诗维是基于前者的，存在的当下性和直觉性是它首要的精意；美学则基于后者，思维的客观性和明晰性则是它的基本特征。这是二者哲学基础方面的区别。

　　如此看来，美学是站在存在之外，将人生的存在处境看作对象世界，进而说明人类在此对象性世界中的审美自由；而诗维则站在存在之内，立足存在自身的处境，言说自身的无滞之境。站在存在之外讲美学，就不可能摆脱理性的僭越本性：理性不仅仅作为发掘美的手段，进而还让自身成了美的本原。黑格尔的"美是理念的感性显现"就是这种美学态度的典型表现。美本源于理念，而理念本质上是理性的。这么说来，美不能从理性的桎梏中跳脱出来，那么对现代性起制衡作用的审美现代性就成了一个神话。审美现代性力图对理性的僭越做出反应，将倔犟的理性拉回到感性，竭力靠近人的当下存在，但是它自己的理性出身又使它不可能完成这个任务。可见，由此而来的审美自由就很难具有超拔的气质，它不能即着人之存在的真切需要，因而也就不可能成就真正的完满的超越的自由。而站在存在之内审视人生，就是采取诗维的态度，立足人的当下生存处境寻求完满无滞之境。存在从本质上是不可言说、不落言筌的，语言一旦从口说出，存在马上就成了思维，它所求的马上就蜕变为它所不再需要的。在存在面前，"言语道断"。因而，人的希冀、向往、追求和期待以及他的直觉、感受、体悟和情感意绪等，本身就是人之存在的真切表白。它大大地超出了思维的藩篱，具有更加丰富的内涵。在这个存在的根处，他所持的态度比单一的理性探索更具有本然性。鲜活的多元人生揭开了理性之幕的遮蔽，人性的丰富也在多元价值的敞亮中无遗地呈示出来，曾经执著的人生从此具有了别样的超越气质，诗的人生就此诞生！诗维将人的直觉、感受、体悟和情感意绪原原本本地如其本来样子呈现出来，即以存在本身的面貌呈现出来，人生不再有任何思维的执著，不再有任何意绪的牢结，它即着当下的一切又超越一切从而直达无滞之境，由此呈现出圆满态。这个境界的、态度的人生才是真正的超越审美自由的自由完满人生。

由上所述，诗维不仅把存在的根基刨出来，而且还将存在导向了超越的境界。哲学是在言说人的存在的，这个言说可以是认识的，可以是道德的，可以是感觉的，可以是关涉超越自由的，当然还可以它们都是；在这每一类言说中，存在的价值都被各自的方式确立起来，但不管是从认识处确立存在的价值，还是从道德处确立存在的价值，而或从超越自由处确立存在的价值，这里所关心的只是人生在世有某种价值可以安身立命就够了，而不关心关于此种价值的言说是否已经达到了自由无滞之境。以诗维为导向的美学却不然，它是在言说存在的境界的，它只关心超越价值，只关心人生是否在诸种言说中超拔了出来，只求存在的超越境界。真切的存在意识使人在认识、道德、感觉等诸种言说中了悟到：它们都是直接表出人生的当下存在的言说，直接性是它们首要的精义，对它们无须执著，只有将它们化去，于相而离相，才能深得超越之境三昧。可见，诗维具有鲜明的导向性，它导向了无滞的人生境界，导向了超越的自由。

事实上，诗维的此种导向一直是东方美学尤其中国古典美学的优良传统。中国的美学历来就是一种焦心人生存在、旨在人生超越的境界美学，其中诗的精神绵绵永存。新儒家曾经用"内在超越"来概括儒家精神，其实，推而广之，古典中国的精神也可以用这么一个词来囊括。因为自先秦尤其是西周以来，一种被现代人称为实用理性的精神就畅行开来，对现世人生中实用层面的热切关怀就受到了莫大的推崇。这就是人即着存在来安他的命，在他对实用事业的本真渴求中寻找人生的价值所在，从不造作，从不遮掩，此谓"内在"。与此同时，他又不固著于实用，不唯实用价值是务，不以实用价值为最高之价值，而是即着实用追求一种更高的价值，追求一种自足无待、圆满无滞的人生境界，此谓"超越"。与此相反，西学精神和耶教传统出于对存在的另一种体认，将存在的现世的一面看作是非真的，而将思维和信仰的层面看作是本真的，于是就从思维和信仰的层面寻找安身立命的价值所在，相对于现世人生，它是"外在"的，至于能否超越起来、求得圆满，这只是一个态度的问题，西人答是，国人曰否。当然，身为隶属于本民族的存在者，传统的中国人还是在现世中寻求超越、追求圆满之境的。这种超越之所以可能，就在于它立足人的存在处境，运作了即当下即无穷的诗维方式。

　　实用伦理安置了人生，超越的诗维则使这个人生超越起来，充盈起来，完满起来。儒家是在讲道德，但它并不刻意地去区分善恶，而是从人的存在处指点一种道德的觉心，此一念觉心明而万象生辉，整个世界都会进入一个道德无碍的澄明之境。倘若道德的觉心不够，道德的觉心扩展不开，以为现世中有那么多的人伦限制，有那么多的责任需要承担，那他的境界就上不来，就不能达到超越之境。同样，道家从齐平物我中安置人的存在，但坐忘的觉心不够，不能灭却对名利物什的执著，不能以平等心对待天地间的一切，那他的境界也上不来，也不能臻于逍遥无滞之境。佛家从空诸万法中安顿人的生命，但佛性的觉悟心不够，执著的俗谛不除，或落断灭常见，或执空有二边，那他的境界也上不来，也不能进入般若圆觉之境。由此可见，儒释道都是存在的言说，它们要在各自的言说中寄托人生的价值，但是人生价值的圆满与否、是否关涉到了人的超越自由，则不关它们的事；超越的自由和人生的圆满是由诗维开启的。因为诗维本来就是一种指点人生超越价值的精神之维。存在的诸种言说可能由于落入言筌、执著于有限现实而使自身的真切表白落空，于是一种旨在完满的超越精神就站出来，将言说的种种限制都统统化去，让一点超越的觉心升腾起来，显出言说的真精神，刹那之间直观那不可思议之境。此即诗维将坐实的人生从有限的存在中超拔出来，成就无限的妙境，古典美学深谙个中三昧。

　　中国古典美学在我们面前展现出了一幅诗维浩然流行的图景，表现出了洒脱不羁的高蹈情怀。然而，在社会高度现代化的今天，诗维却被理性主义的美学湮没得了无痕迹，人生的高蹈之旅和超越情怀也被迫烟消云散。美学使人获得了关于美的知识，但是存在者对美的体验却在此知识的析出过程中被忽略了。诗维的遮蔽使人生重返于种种关系限制之中，本真的自由难再寻觅。尤为残酷的是后现代状况更将诗维和思维理性一并打入消解的行列。人会自甘于被缚的处境吗？诗维是隐匿了？终结了？还是发生变异了？

论艺术教育在和谐社会中的现实意义

吴晶琦

一、艺术教育是美育的核心

艺术教育，顾名思义，就是关于艺术的教育。这个词在生活中并不常见，但它的缘起却为大众所熟悉。中国改革开放后，教育界也实行了大刀阔斧的改革，德智体美劳全面发展成了素质教育的口号。而我们所要提到的艺术教育就是美育的一部分，它是素质教育的重要组成部分，是美育的核心。

艺术教育是美育的核心，它的根本目标是培养全面发展的人。艺术教育具有开启人的感知力、理解力、想象力、创造力，使人的内心情感和谐发展的功能。

艺术教育的历史源远流长，早在我国先秦时期和西方古希腊时期，就已经注意到艺术教育问题。随着当代科学技术和生产力的飞速发展，人们物质生活与精神生活水平日益提高，艺术教育也获得了巨大的发展。

艺术教育与美育的关系密切，提到艺术教育的产生就一定要先提到美育。

1750年，德国的鲍姆加通写出《美学》一书，使得美学在18世纪从古希腊的"技术"（skills）中分离开来，形成了一门独立的学科。

而美育的提出则要更晚，"美育"的概念是在18世纪由德国的美学家席勒正式提出的，席勒在他的著作《美育书简》中提出，"艺术教育对完美人性有着极为深刻的意义"。

艺术教育是美育的核心，也是实施美育的主要途径。在美学中，我们对美的划分可分为社会美、自然美、艺术美，而美的教育又可分为家庭教育、学校教育和社会教育。在论及美育的时候，我们多半指的是艺术教育，它是进行美育的主要手段。艺术美集中体现了美的表现形态，对提高人们创造美和鉴赏美的能力，培养人的审美兴趣与理想，促进人的全面发展等方面起到了重要作用。因此，艺术教育成为了审美教育的主要内容和方式。艺术具有审美认识功能、审美教育功能和审美娱乐功能，艺术的这些功能在艺术教育中得到了最集中和最鲜明的体现。艺术教育具有以情感人、潜移默化和寓教于乐的特点，主要是以情感触动、感染、教育人，使人的思想受到启迪、认识上得到提高，在潜移默化的过程中引起人的思想、感情、追求等发生变化，能够提高人们的审美感受能力、审美创造能力及审美情趣，进而促进其人格的完善和全民族整体素质的提高。

二、艺术教育的现实意义

在现代生活中，艺术教育一词有着两种不同的含义。第一种是从狭义上归纳的，指的是为了培养专业的从事艺术事业的人才或艺术家等而进行的教育，其中包括理论以及实践等各方面。例如各大艺术院校，美术学院培养画家，音乐学院培养歌唱家和作曲家，电影学院培养导演和演员等起的就是这一作用。第二种概念是广义的，不仅包括对这些专业的从事艺术事业的人才教育，还包括对社会上的其他人的培养，它的根本目标是培养全面发展的人。广义的"艺术教育"理论认为，世界上有各种不同的职业，俗话讲有三百六十行之多，但当代社会中的人，不管他从事何种职业，都与艺术有联系，或者读小说，或者看电影，或者听音乐，或者看电视，或者欣赏舞蹈等等，都在人的活动范畴中。总之，现代人必然涉及艺术，或多或少地与艺术有关。因此，广义的艺术教育强调普及艺术的基本知识和基本原理，通过对优秀艺术作品的评价和欣赏，来提高人们的审美修养和艺术鉴赏力，培养人们健全的审美心理结构。

当代社会中的广义的艺术教育非常必要和紧迫。随着科学技术和生产力以前所未有的速度发展，一方面是物质财富的极大丰富，人们有了更多的闲暇时间和消遣需要。另一方面，机器复制时代的到来，又使社会分工更加专门化和职业化，人们的日常生活都被程序化和符号化，高效率的工作节奏加重了人的精神压力，物欲横流更是给人类社会带来了深刻的危机和隐患，人们在精神生活方面反而变得更加焦虑和不安。所以，人们需要通过艺术来恢复自身的全面和谐发展，防止感性与理性的分裂，在艺术天地里恢复心理平衡与精神和谐，通过对艺术与美的追求，提高人生的价值，人性的发展，实现人格的完善。

高校作为培养德、智、体、美全面发展的优秀人才的重要阵地，高等教育中的艺术教育则显得分外重要。

伟大的教育家蔡元培先生认为，艺术教育除了有提高人们创造美和鉴赏美的能力这样的作用外，还有"益智""健体""辅德"等重要功能，艺术教育能够很好地促进学生的德智体美劳全面发展。艺术教育以审美为核心，在学生参与其中的过程中使自己放松心情、产生欢快的情绪以及主动参与的积极意愿，提高自身的审美修养。艺术教育除了使人通过审美感到愉快，同时也使人的内心得到舒展，从而使人内心最深处的感情都迸发出来，解除了压抑与束缚，这样就使人能够更好地把握个人存在的意义以及生命的价值，使人能够更加珍惜生活，更加珍视亲人和朋友，有利于人形成乐观向上的心态，有利于人承受现代社会高速发展所带来的压力和紧迫感。

现在的大学生在受现代社会高速发展所带来的压力感与紧迫感等负面影响下的同时，也承受着学业、心理、生活、就业等各方面的压力，身心发展容易出现不和谐。几年前的"马加爵事件"就为我们敲响了大学生精神建设的警钟。可是空洞的理论和说教已经无法对大学生形成任何影响，而艺术教育却凭借其自身的优势，在为大学生提供美的享受的同时也对他们的精神进行了教育，大学生在无形中就具有了我们希望他们所具有的良好的精神品质。

艺术教育对我们构建和谐社会有着重要的作用。构建和谐社会，除了所必需的物质基础经济基础，更需要符合和谐社会要求的人，需要符合和谐社会的精神。大学生是祖国的未来与希望，也是即将成为社会主流的人群，对于他们的教育对构建和谐社会有着重要的作用，他们的素质直接影响到和谐社会的构建。

和谐社会的一个重要特征就是文化事业的发展与繁荣，这对于和谐社会的构建是必不可少的。校园是社会的一部分，一个组成单位，它也是大学生学习文化知识的一个重要场所。而艺术教育对形成良好的校园文化环境有着重要的作用，艺术教育通过教育大学生发现美、认识美，从而形成了大学生对于一切美好事物的追求与坚持。良好的艺术教育使学生的道德修养日益进步，从而影响了他们的生活方式与待人接物的方式以及他们对生活的态度，而这一切也影响着他们周围的人，从而使整个校园都变得和谐，使校园文化环境日益完善，形成了和谐校园。

艺术教育对提高人们创造美和鉴赏美的能力，培养人的审美兴趣与理想，促进人的全面发展等方面起到了重要作用。社会的基础是人，和谐社会的构建首先需要大批具有和谐精神的人。而艺术教育就是要促进人们人格的发展与完善，培养学生成为和谐的人，从而为构建和谐社会贡献出自己的一份力量。

我国古代圣贤孔子曾提出过，"兴于诗，立于礼，成于乐"的主张，这就是我国古代最早的关于艺术教育的提议。孔子认为，诗可以使人从伦理上受到感发，礼是把这种感发变为一种行为的规范和制度，而乐是通过艺术，把道德的境界和审美的境界统一起来，陶冶人的性情和德性，孔子看到了艺术感化人和陶冶人的重要作用。心理健康指的也是一种和谐，艺术教育引导人们发现美、认识美，从而感化人，健全他们的心理结构，使他们拥有美好的心理状态、外在形态、精神状态，使人性更加完美，让他们的心理以及行为都向着和谐发展。和谐社会的构建需要人们拥有健全的人格，需要人们拥有全面的素质，需要人们拥有正确的世界观、人生观、价值观，而艺术教育就能使人符合构建和谐社会的一切需要。

美无处不在、无时不在，但不是所有人都有能力发现美。艺术教育就是要教会人发现美、认识美，从而使自己形成正确的审美意识与鉴赏能力，更好地促进人的德智体美劳全面发展，使人更加适应构建和谐社会的需要，也更好地为构建和谐社会而努力。

意境——意、境、真、诗的浑融

闵靖阳

"意境"是中国古代美学的重要范畴，具有鲜明的中国文化特色，因其具有强大的生命力，至今还广泛地运用在文学、艺术领域里。然而自意境范畴诞生以来，其内涵就具有强大的包容性，外延就具有强烈的延展性，因此对"意境"界说极为不易。一千多年来，"意境"观念林林总总，莫衷一是。而且古人在运用"意境"时不予界说，往往因意境观存在差异而结论不尽相同。然而透过纷繁复杂的意境论，对意境范畴的理解还是存在着共同之处的，而这些共同之处实质上正是意境范畴的基本内涵与基本特征。

"意境"是由题名王昌龄的《诗格》首次提出的：

> 诗有三境：一曰物境。欲为山水诗，则张泉石云峰之境，极丽绝秀者，神之于心，处身于境，视境于心，莹然掌中，然后用思，了然境象，故得形似。二曰情境。娱乐愁怨，皆张于意而处于身，然后驰思，深得其情。三曰意境。亦张之于意而思之于心，则得其真矣。①

"诗有三境"，在王昌龄的"意境说"中，三境是不同的。"物境"存在于山水维度，指诗歌展现的自然山水的境界，特征在于心物一体之境与自然物之境在形象上接近。"情境"存在于人类生活维度，指诗歌展现的人世生活的境界，特征在于体现出作者即时的情感，并使读者一同感受

---

① 此《诗格》最早出自北宋末年陈应行编的《吟窗杂录》。然历来主流意见都将其斥为伪书，本文认为证据不足。本文同意王运熙、王振复等学者的观点，在现存文献的基础上认定《吟窗杂录》所载《诗格》乃王昌龄的原作的一部分，其思想就是盛唐时期王昌龄的诗学思想。

到。"意境"同样存在于人类生活维度，只是侧重点在于其中的人类意识维度，指内心意识的境界，"意境"产生于意念的自由流动和对人与世界的关系的思考，其特征在于"真"的显现。也就是说，由思而显现真是获得意境的必要条件。"意境"与"情境"的区别在于"情境"表现"情"，与具体生活事件和个体情感息息相关，而"意境"显现"真"，这里的"真"并非真实之意，而是万物的本真显现，体现了万物在道中的自成性，乃超越具体生活的带有普遍性的形而上的思考。然而万物的本真显现是通过人而实现的，通过人的意识而产生意义，所以"真"是万物本真显现与人的意识的一种契合，而不是一种无人的状态或完全是心意的显现。意境是诗境中的最高境界。"真显现"是"意境"的本质特征。权德舆在《左武卫胄曹许君集序》中评许君诗歌说，"凡所赋诗，皆意与境会"，明确提出诗歌把"意"与"境"结合。后世人尽管具体的意境观存在差异，但大多肯定"意"与"境"的浑融。司空图曰，"长于思与境偕，乃诗家之所尚者"，苏轼赞赏"境与意会"，王世贞提倡"神与境会"，朱承爵概括得更好"意境融彻"，王国维则在《人间词话》中把实现"意境"看成对中国艺术的最高肯定："文学之事，其内足以摅已，而外足以感人者，意与境二者而已。上焉者意与境浑。其次或以境胜，或以意胜。苟缺其一，不足以言文学。"也就是说，凡是文学都是"意"与"境"的融合。"意"乃"境"中之意；"境"乃"意"中之境。"意与境会"是"意境"的存在基础。"意与境会"与"真显现"一同构成了中国艺术意境论的内涵。如果说，"真显现"显现的是直达世界本质的纵深的超越，那么"意与境会"则呈现了"意境"贯通天、地、人三重世界的横向的圆融。"意与境会"使"真显现"是"意境"的基本维度，而"意境"首先是诗的境界，因此，"意境"就是"意"、"境"、"真"、"诗"的浑融一体。而理解"意境"的前提是理解"意"、"境"、"真"与"诗"。

"境"的演变

"三境说"的理论前提是"境"，"境"的内涵的演变经历了由具体的指向到哲学范畴、人生范畴再到审美范畴的过程。"境"乃境界、境域。"境"由"竟"转化而来，《说文解字》解释："经典通用竟。"段玉裁注

《说文解字·竟》云："曲之所止也。引申凡事之所止，土地之所止之曰竟。"① "竟"就是终止处，包括时间的终止处、空间的终止处和事件的终止处。而在《庄子·逍遥游》中，"境"出现了新的含义，"定乎内外之分，辩乎荣辱之境"，这个"境"进入了存在论的视域，指荣和辱两种人生存在状态。《淮南子·修务训》中有"观始卒之端，见无外之境，以逍遥仿佯于尘埃之外，超然独立，卓然离世，此圣人之所以游心"。② "无外"就是全部包括，这里的"境"似乎指存在的时空整体。"境"的含义由具体的终止处发展引申到了存在论范畴，指人存在于其中的整体。而"境界"一词出现得较晚，其广泛应用还是在佛教传入中国之后。佛经翻译者把梵文的 Visaya——"自家势力所及之净土"——翻译为境界，这样就把表示疆域范围的"境界"转变成表示人的感受能力和精神的一种虚空缥缈的空明状态。《俱舍论颂疏》云："实相之理为妙智游履之所，故称为境"，《成唯识论》言："一切境界，本自空寂。"佛经也把"我得之果报界域"称为境界。《入楞伽经九》曰："我弃内证智，妄觉非境界。"这个意义的"境界"指修行达到的高度，同样是存在论意义上的。在佛教思想的影响下，原有的"境"的内涵更为丰富，同时"境界"正式转变为哲学范畴，而且主要是存在论的意义上的。

"境"或"境界"在唐代则发展成为重要的美学范畴。从目前文献来看，王昌龄的《诗格》是最早把"境"由哲学范畴转化为诗学范畴的。日僧遍照金刚的《文镜秘府论》保存了已考证确定为王昌龄作的《论文意》，其中大量谈到诗学意义的"境"。"凡作诗之体，意是格，声是律，意高则格高，声辨则律清，格律全，然后始有调。用意于古人之上，则天地之境，洞焉可观。"③ 诗可以通观天地之境，把"境"的哲学意义和诗学意义统一起来。"夫置意作诗，即须凝心，目击其物，便以心击之，深穿其境。"④ 这个"境"同《诗格》中的"诗有三境"含义完全一致。传说司空图作的《二十四诗品》对于诗美的理解同样是奠基于诗能够呈现道的基础上的。二十四种诗境存在一个共同的本质——"道"，二十四种诗境都是"道"的不同的显现方式，而"道"的本性是"真"，所以二十四

---

① 段玉裁《说文解字注》，浙江古籍出版社 1998 年版，第 102 页。
② 刘文典《淮南鸿烈集解》，安徽大学出版社、云南大学出版社 1998 年版，第 665 页。
③ 卢盛江《文镜秘府论汇校汇考》，中华书局 2006 年版，第 1313 页。
④ 同上，第 1314 页。

种诗境的共同特征都是"真"。如果说在《二十四诗品》中，"境"主要还是诗境，那么在苏轼的诗学观中哲学的"境"和诗学的"境"做到了同一。苏轼在《送参寥师》诗中写道："欲令诗语妙，无厌空且静。静故了群动，空故纳万境。"苏轼的意境观融合了道家的"静"和释家的"空"，认为"静"、"空"的境界是做好诗妙语的基础。"心静"才能不随世物流转从而察知世界的变化，"性空"才能敞开物的遮蔽从而升华至缘构成的终极境域。在苏轼这里，"境"的哲学意味和诗学意味浑融一体，存在论含义与审美感受意义合而为一。"境"的内涵已经成熟，后世对于"境"的理解再也没有超出这个范围，只是在某些方面做了强化而已。王国维的"境界说"往往被看成集中国古代意境论之大成，其"境界说"的基础就是人生境界。"古今之成大事业、大学问者，必经过三种之境界。'昨夜西风凋碧树。独上高楼，望尽天涯路。'此第一境界也。'衣带渐宽终不悔，为伊消得人憔悴。'此第二境界也。'众里寻他千百度，蓦然回首，那人却在灯火阑珊处。'此第三境界也。此等语皆非大词人不能道。"① 王国维的思路也是从人生境界到审美境界，实现这三种分阶段的人生境界是实现审美境界的前提条件。宗白华则认为："艺术家以心灵映射万象，代山川而立言，它所表现的是主观的生命情调与客观的自然景象交融互渗，成就一个鸢飞鱼跃，活泼玲珑，渊然而深的灵境；这灵境就是构成艺术之所以为艺术的'意境'。"② 他把艺术意境看作是本真心灵的显现，是由精思形成心灵的映射与自然融为一体的"灵境"，"意境"的灵性产生于人的"性灵"同道通万物、大化流行、生生不息的自然规律的契合。新中国成立以前的意境观念大都是这样在存在论的基础上思考和言说的。

"意"——赋予意义

人的生存世界就是"道"运作下"天"、"地"、"人"组成的缘构成性的终极境域。"天"、"地"、"人"三者的关系实质上就是作为整体的"天地"与"人"的关系，也即"人"与自然的关系。中国古人对"天"与"地"的含义及其关系的认识比较混沌，基本把"天"和"地"视为

---

① 周锡山《人间词话汇编汇校汇评》，北岳文艺出版社 2004 年版，第 75 页。
② 宗白华《艺境》，北京大学出版社 1999 年版，第 141 页。

自明性的范畴，而海德格尔对"天"、"地"却做出了明确的界说，值得参考。"天"是自行敞开状态，其敞开性决定了其包容着各种可能性，显现为可能性的世界。"地"是自行锁闭状态，其锁闭性决定了对各种可能性进行否定，"地"是生存的世界，趋向于把可能性转变为现实性。"天"与"地"的关系是敞开与锁闭的关系，是可能性与现实性的关系，是可能世界与现实的生存世界的关系。"天地不仁"，"天地"没有意志，因此，"天地"本身没有意义。"人"与"天"、"地"并存，是"人"赋予"天"、"地"以意义。如果说"天"是可能世界，"地"是生存世界，那么"人"就作为意义世界而存在，人存在的意义就在于赋予意义。① "人"能够赋予意义，是因为"人心"存在。"天地万物与人原本是一体，其发窍之最精处是人心一点之灵明"。② 在王阳明看来，人与天地万物都是由"道"所生，因此是一体的，之所以存在着天地万物的区别就因为人的存在，人命名了天地万物天地万物才存在，正所谓"有名，万物之母"。人能够命名万物、实现万物意义就是在于"人心"的灵明。"人心"由道所生，因而同道是一体的。"心也，性也，天也，一也。"③ 人"为天地立心"，道生"人心"就实现了世界的意义。"心之所发便是意。"④ 段玉裁注《说文解字·识》云："心之所存谓之意。"⑤ 无论是"心之所发"还是"心之所存"，都寓示着对象的存在，因此，"意之所在便是物"。⑥ "意"是"心"与"物"互动的产物，"意"存在于"心"与"物"的关系之中。"心"居内"物"在外通过"意"发生联系，"心"和"物"都通过"意"显现，"心"、"物"、"意"是一体的。在这个意义上，"意"决定了人具备赋予世界的意义的能力。"意"显现了个体与外物的关系。"天"与"地"的争执提供了生存境域的多种可能性，当人选择了一种可能性时就处在这种可能性敞开的境域中，这种境域就是自然与人的"合"，便是"意与境会"。在"意与境会"中，自然就是人的自然，世界就是"意"中的世界。"道"生万物，万物存在于终极境域之中，而"意"赋予终极境域以意义，"意"使万物成为万物。从人的眼中看万物，万物都是在人

---

① 本文同时参考了张立文先生的结论，见《和合哲学论》，人民出版社2004年版。
② 王阳明《传习录》，中州古籍出版社2004年版，第293页。
③ 同上，第235页。
④ 同上，第13页。
⑤ 段玉裁《说文解字注》，浙江古籍出版社1998年版，第92页。
⑥ 王阳明《传习录》，中州古籍出版社2004年版，第13页。

的"意"中存在，万物是"意"的表征，一切物都是"心"之物，"宇宙
即是吾心，吾心即是宇宙"。只有人存在，世界作为人的世界才获得意义，
因而才存在；"若无缘在生存，就无世界在此"。因"意"存在，用"意"
来表现万物，万物才成为人的万物，才是具有意义的万物。万物既是自在
的存在，又是在人的"意"中存在，世界就存在于"意与境会"之中。
"意与境会"就是个体的意识与外物的自然存在一致，个体与外物的和谐
共生关系。"意与境会"敞开存在的终极境域，这构筑了诗歌意境实现的
存在论基础。由于"意境"显现了在人的生存世界中个体与外物的和谐，
其最高的形态便是人存在的自由。

"真"

"真"是道家美学的重要范畴。"真"最早出于《老子》，后在《庄
子》中大量出现，具有多种含义，意义极为丰富，对后世产生了重要影
响。最直接论述庄子"真"的思想的篇目是《渔父》：

> 真者，精诚之至也。不精不诚，不能动人。……真者，所以受于
> 天也，自然不可易也。故圣人法天贵真，不拘于俗。①

《庄子》将老子的"精"和《中庸》的"诚"结合起来，称"真"
为"至"，为宇宙间自然的最高的恒定的非人为的法则，因而"真者，所
以受于天也，自然不可易也。""真"同样居于人意识的内部，"真在内
者，神动于外"，"真"是人的本己存在状态，所以人要贵真。"真"作为
道的表征，存在于一切人世关系中，决定着行为的效果。而这是自然而然
的。庄子所标举的"真"是天道与人性情的同一，是人的自由的存在状
态。一切仁义道德世俗礼法都是对人本质自由的束缚和遮蔽，都是必须抛
弃的。要保持本真存在，必须浑然与物同体，"天地与我并生，而万物与
我为一"，"天与人不相胜也，是之谓真人"。真人"法天贵真，不拘于
俗"，因而能逍遥游乎世间，与万物同化，不为人世俗物所累。人必须依
随本己的状态，毫不强为，无所束缚，这种结果才是最美的结果。"天地

---

① 曹础基《庄子浅注》，中华书局 2000 年版，第 469 页。

有大美"，真就是美，至真就是至美。庄子对后世艺术观、人生观最突出的影响就是这种"真美同一"的思想。"真美同一"的思想与儒家的以善为美的思想一道，成为中国美学的两大源头。

意境论是在汉传佛教鼎盛时期出现的，主要是佛教思想与传统道家思想结合的产物。佛教思想也提倡"真"，大乘佛教中"真"乃"真如"即宇宙间的最高真理，也就是佛性。最具有中国特色的佛教宗派——禅宗的"真"的思想更为丰富。菩提达摩认为一切众生都有"同一真性"。《略辨大乘入道四行》说："深信含生，凡圣同一真性，但为客尘妄覆，不能显了"，因此强调必须"舍妄归真"。"真性"即是佛性即是本心，因被妄念遮蔽不能自明。弘忍的《最上乘论》说："夫修道之本体，须识当身心本来清净，不生不灭，无有分别。自性圆满，清净之心，此是本师，乃胜念十方诸佛。"① 弘忍认为"真"即圆满清净之本心，本心是永恒存在的，而且众生的本心毫无分别。六祖惠能继承了前五祖的"真心"思想，更加强调去蔽妄念，"明心见性"，"直指本心"。汉传佛教各大宗派大都强调"真"乃世界唯一的真实存在，"真"存在于每个人的心性之中，无有不同，都强调"真心"清净无妄，都要求除去妄念遮蔽还得本心。佛教对于意境说的影响主要在于内心意识的境界，把关注点由传统道家的人与外物的相合转向心境的空无，把人与物的和谐共生关系转向漠视外物的存在只求内心意识的真和空。然而道家和佛教的思想却是可以互补的。陈良运说得好："他们（道、佛二家）都求'物外'之'真'却是一致的，不过是一向外求，一向内求；一由'与物有宜而莫知其极'，一由'共相'而'不共相'。……王昌龄所说'意境'得其'真'，实质上也是心内之'真'与心外之'真'的糅合。"② 道家在外与佛教在内二者互补互融形成了作为"真"的意境之本质。

道家思想和佛教思想是意境论的主要来源，古今学者多有阐释，不再赘述。而儒学对意境说的影响目前的阐释还不充分。本文认为儒学对意境论的贡献同样在于"贵真"的思想。

先秦儒家经典中都没有明确提出"贵真"，但"贵真"思想在先秦儒家的某些思想家和著作中是存在的，儒学中对意境论的形成存在影响的主要在于易庸之学。李春青先生就指出："其（《中庸》）首尾二段大谈天道

---

① 方立天《中国佛教哲学要义》，中国人民大学出版社 2002 年版。
② 陈良运《中国诗学体系论》，中国社会科学出版社 1992 年版。

与人道之关系，很有形而上学味道，则可视为道家及阴阳家思想向儒学的渗透，或更准确地说是后者对前二者的主动吸收。至于《易传》则更可视为儒道精神的融合，这已是学界的共识了。"① 易庸之学继承了孔子的初步的天道自然论思想，并且吸收了老子的比较成熟的天道观，创造性地提出了"大化流行，生生不息"的儒家的天道自然论。成复旺先生也说："《庄子》和《周易》，是生育中国美学的两部主要经典，也是后人论述美的本原问题的主要依据。"②

"诚"是《中庸》的一个最重要的本体论范畴。"诚者，天之道也。" "诚者，自成也；而道，自道也。诚者，物之终始，不诚无物。""诚"乃天道的本性，是自然而然的过程，"诚"是天地万物自我生成的本质，因而也就自我实现为"天之道"。人生天地间，所以"诚"同样是人的本性。"自诚明，谓之性，""唯天下至诚，为能尽其性。能尽其性，则能尽人之性，""至诚"就是宇宙最本真的性质，人只有理解"诚"才能理解天地的本性，理解天地的本性才能"尽人之性"。而人之性是自生自成的。所以"诚者，不勉而中，不思而得，从容中道，圣人也"③，能够自然地知诚合天中道就是圣人。"诚"同道家的"真"一样贯通了自然的存在与人的存在。李春青先生精辟地指出："'诚'最能体现易庸之学融合儒道的学理特点。它既是指人的心灵的纯真无伪，又是指天地万物的自在自然，是典型的'合内外之道'的产物。它与中国古代诗学中的'真'、'自然'等重要范畴均有内在联系。"④ 在先秦儒道思想中，可以说道家的"真"、"自然"与儒家的"诚"都是"道"的本质属性，尽管对"道"的理解的不同，但二者都表示天地万物与人的心灵均处于"俱道适往"纯任自性的构成境域中，在这个维度上，二者是同义语。"唯天下至诚，为能尽其性；能尽其性，则能尽人之性；能尽人之性，则能尽物之性；能尽物之性，则可以赞天地之化育；可以赞天地之化育，则可以与天地参矣。"可见《中庸》对人生的理想境界的要求是"尽天之性"、"尽人之性"、"尽物之性"、"赞天地之化育"从而"与天地参"，追求人可以知天地并作为独立的一元与天地并立之境。易庸之学是儒道两大思想体系第一次融

---

① 李春青《诗与意识形态》，北京大学出版社 2005 年版，第 239 页。
② 成复旺《神与物游》，山东人民出版社 2007 年版，第 230 页。
③ 朱熹《四书章句集注》，中华书局 1983 年版，第 31－32 页。
④ 李春青《诗与意识形态》，北京大学出版社 2005 年版，第 242 页。

合的产物，贵真求诚依自然的思想是二者融合的基础。这种思想深深地影响了后代，意境论中的"真"就是道家、儒家本有的思想同佛教的贵真思想融合的结晶。

从老子到王昌龄，"真"主要不是认识论的反映论上的"真实"，——并非说这个意义的真不存在——，而是本体论存在论意义上的表现世界本质和人存在状态上的"本真"。意境的本质特征——"得真"即是指显现了世界的本质和人的自然自由的存在状态，既是"道"的"真"又是人的"真"，乃二者的交融。有意境的诗歌的共同特征在于呈现出自然和人的本真的存在状态。《二十四诗品》的诗学思想源出于道家，其世界本原"道"乃"真"之本体也是美之本体。二十四种诗美都是自然之道在不同境域中的不同的显现。显现"道"就是显现"真"，显现"真"就是显现美，"真"美合一，"真"即是美，故《二十四诗品》用"真"字极多。苏轼在《送参寥师》诗中写道："欲令诗语妙，无厌空且静。静故了群动，空故纳万境。阅世走人间，观身卧云岭。咸酸杂众好，中有至味永。"[1] 苏轼的意境观融合了道家的"静"和释家的"空"，在空且静的终极境域中，永恒的"真"味显现。诗学中"贵真"的传统明代以后更发扬光大。朱承爵在《存余堂诗话》中说得好："作诗之妙，全在意境融彻，出音声之外，乃得真味。"[2] 意与境浑融一体的诗歌才能显现作为至道的真。直至近代的王国维仍然倡导"贵真"。王国维提出了"境界"的内涵在于"能写真景物真感情"，"能写真景物、真感情者，谓之有境界，否则谓之无境界。""真"是其"境界"说的核心。"何以谓之有意境？曰：写情则沁人心脾，写景则在人耳目，述事则如其口出是也，"[3] 将"真"、"自然"的显现作为衡量意境的标准。宗白华则认为："以宇宙人生的具体为对象，赏玩它的色相、秩序、节奏、和谐，借以窥见自我的最深心灵的反映；化实景为虚境，创形象以为象征，是人类最高的心灵具体化、肉身化，这就是：艺术境界。艺术境界主于美。所以一切美的光来自心灵的源泉。"[4] 他把艺术意境看作是本真心灵的显现，美来源于本真的心灵，意境是由精思形成心灵的映射与自然融为一体的"灵境"。以上诸人意境观的共同点

---

① 郭绍虞、王文生《中国历代文论选》卷二，上海古籍出版社 2001 年版，第 88 页。
② 朱承爵《存余堂诗话》，《历代诗话续编》，中华书局 1983 年版，第 292 页。
③ 周锡山《人间词话汇编汇校汇评》，北岳文艺出版社 2004 年版，第 26 页。
④ 宗白华《艺境》，北京大学出版社 1999 年版，第 140 页。

在于在"真显现"的角度理解意境。"真显现"是意境范畴的基本特征。而"真"的显现表现为"诗"。李梦阳引述并赞赏王叔武的话："夫诗者，天地自然之音也"，他们认为诗是"道"之"真"的显现。

"诗"——"真"之显现

中国西周时期的艺术是诗乐舞三位一体的，这决定了诗歌同社会生活及其他艺术门类存在着天然的本质的联系。中国古人把不可理解的现象和神灵统称为"神"，而"神"是"天"和"道"意志的显现，这样，人神关系实质上就是人与天道的关系。而沟通人神者是"巫"。"巫"，《说文解字》解释为"以舞降神者"。巫通过音乐、舞蹈和诗歌同想象中的"神"沟通，巫把逐步固定化的诗歌文本唱出并记录下来而完成神人交流。正如李春青先生所言："诗首先产生于人与神的关系所构成的语境，这种'诗'就是《诗经》中的《颂》以及《大雅》的部分作品。""作为《诗经》中最早的作品，《周颂》都产生于人—神关系语境，是人向神的言说。这原本是古人的共识。"① 诗作为沟通人神的中介存在，这是中国古典诗歌的原初功能。既然诗能通"神"，那么诗就分享了"神"的神圣性、分享了"道"的神圣性。"正是居于彼时文化空间之核心地位的人神关系造成了诗的言说方式，诗性最初是以神性的面目出现的。神性使诗得以进入书写，而书写又强化了诗的神性。"② 此言极是。《诗经》能够成为五经之首，并被孔子称赞为"思无邪"，首先就是在于这种神性。

在中国诗歌的发展历程来看，神圣性是诗的原初属性，而意识形态性和审美属性都是由神性逐步发展而来的。尽管秦代以后的诗歌意识形态性和审美属性交织，但诗歌的神圣性还是透过意识形态性和审美属性浮现了出来，其典型的显现就是——"诗而入神"。"诗而入神"实现了诗的神圣性与审美属性的完美融合。"诗之极致有一，曰入神。诗而入神，至矣，尽矣，蔑以加矣！"③ 这句话关键点是对"神"的理解。《易传·说卦》说："神也者，妙万物而为言。"《易传·系辞上》云："阴阳不测之谓神。""神"就是能够被人感知但不能被人认识超越了人类理性的一种自

---

① 李春青《诗与意识形态》，北京大学出版社2005年版，第63、65页。
② 同上，第66页。
③ 严羽《沧浪诗话》，《历代诗话》，中华书局1981年版，第687页。

然万物的奇妙的现象。孟子亦云："大而化之之为圣，圣而不可知之之谓神。"①"神"与"圣"同样能够"大而化之"，但"神"比"圣"的境界还高，在于"神"是不可被人认识的。但"神"的境界人并非不能接近。《易传·系辞下》云："知几，其神乎！""君子"能够察知世界的细微变化，从而与物而化，这就接近了"神"的境界。接近了"神"的人生境界无论在儒家还是道家都是理想的人生境界。只是在先秦儒家，这几乎是不可及的，故"子不语怪、力、乱、神"，心存敬畏但存而不论。

尽管"神"的境界作为理想的生存状态是遥不可及的，但中国古人却能在艺术中暂时体验到"神"的境界，在对艺术的欣赏中忘却了存在之"缘"，直接投身于天、地、人的终极境域。而这种能够使人接近于"神"的艺术就是中国艺术中的极品。叶燮说得真好："诗之至处，妙在含蓄无垠，思致微渺。其寄托在可言不可言之间，其指归在可解不可解之会。言在此而意在彼，泯端倪而离形象，绝议论而穷思维，引人于冥漠恍忽之境，所以为至也。"诗的最高境界就是冥漠恍惚的终极境域的显现，也就是"道"的显现。"思致微渺""惚兮恍兮"中，"意"与万物的本真存在和合。

人生存的世界是"天"、"地"、"人"组成的缘构成性的终极境域，意识的存在使人天然地具有赋予世界意义的使命和能力，人根据自身的意识和需要改造着生存的境域，生存境域的改变也改变着人赋予的世界的意义，因此，"境"和"意"天然地浑成一体。"境"和"意"浑成一体的关系是生存世界的固有法则，"意"与"境"的浑融是存在之必然。这种必然性乃是理解"意境"的前提，对"意境"的言说只能在这种前提下来进行。而中国古代的思维方式大体上是物我合一的，古代思想家们大都追求个体与外物的和合，因此，在这种境域下产生的"意境"，和合便是其基本的内涵，"意与境会"，或者说"意境融彻"，便形成了"意境"的存在基础。"诗有三境"，"意境"首先在诗歌中显现，作为美学范畴，"意境"起源于诗的意境。而中国诗是以神圣性的面目出场，在神圣性逐渐隐蔽之后，审美属性才逐渐显现并成为主导，但神圣性并未消退依然于审美的背后影响着诗歌的发展。从北宋平淡自然诗风的流行到作为重要理论总结的"诗而入神"的提出，再到追求神妙、神韵的诗歌审美趣味的盛

---

① 朱熹《四书章句集注》，中华书局 1983 年版，第 370 页。

行，诗歌神圣性的原初属性依然支配着中国诗歌、中国诗学的风貌。一首诗歌能否被广泛地认为是杰作最重要的标准在于是否显现了"真"。"真"存在着不同的维度，最高的维度就是自然状态的显现。显现了自然状态的诗歌才能称为有"意境"，"真显现"是"意境"的本质特征。而有"意境"的诗歌才有可能实现"入神"。"入神"的诗歌令人感到神妙，回味悠长，又产生了"神韵"。而"意境"敞开的境域中，人暂时摆脱了生存世界的枷锁，回归于天、地、人的终极境域，"与天地叁"，这时人是自由的，诗歌的"意境"显现为人存在的自由。"意境"产生于人对生存世界的审美感思，当人领悟到存在的自由时，"意境"就诞生了。因此，在存在论意义上，"意境"乃是"意"、"境"、"真"、"诗"的浑融一体，"意境"是人自由存在境域的实现，也是自由存在境域的开启。

审美文化研究

现代消费审美化与美学在经济领域的作为

王旭晓

人类的消费，这里指狭义的生活消费，是人们消耗物质资料以满足物质和文化需要的过程，是社会再生产过程的一个环节，也是人们生存和恢复劳动力的必不可少的条件。人类的消费行为与人类的需要密切相关，是随着生产力的发展不断发展的。目前人类的消费审美化进程越来越快，范围越来越广，审美文化产业的崛起表明消费审美化所达到的一个新的阶段，表明审美经济在现代的重要地位。消费审美化是美学研究必须面对的一个现实问题，也是美学在经济领域中发挥作用的重要契机。

一、消费审美化

美国未来学家托夫勒早在 1970 年出版的《未来的冲击》一书中提出：我们正从满足物质需求的制度迅速过渡到创造一种与满足心理需求相联系的经济。这种"心理化"过程，是超工业革命的中心课题之一，但一直为经济学家们所忽视。这就是"会有更多的经济力量转向满足消费者对美和气派、个人爱好和感官享受等方面变化无常、五花八门和因人而异的需要。制造部门将投入更大的财力、物力有意识地设计心理优势和心理满足。商品生产的心理成分将占越来越重要的位置。"① 也如美国著名经济学家加尔布雷斯所假设的：消费发展到某一限度时，凌驾一切的兴趣也许是在于美感。②

托夫勒所说的"对美和气派、个人爱好和感官享受等方面变化无常、

---

① ［美］托夫勒《未来的冲击》中文版，新华出版社 1996 年版，第 189 页。
② 参见 ［美］加尔布雷斯《经济学和公共目标》中文版，商务印书馆 1980 年版。

五花八门和因人而异的需要"以及加尔布雷斯所假设的"美感"消费的需要，用美学术语来说，就是审美需要。

审美需要是人众多需要中的一项需要，是从人的基本需要中独立出来的一种需要。

马克思主义创始人对人的需要作了总体上的层次划分，把它们分为生存需要、享受需要和发展需要三个层次。生存需要，是作为生物的人存在的必要前提。马克思和恩格斯把人的生理需要称为"一切历史的第一个前提"，人为了生活"首先就需要吃喝住穿以及其他一些东西"①。中国人讲"食、色，性也"，也是强调生存需要是人固有的需要。享受的需要，是在劳动使基本的生存需要得到满足的基础上产生的一种需要。中国古代哲人墨子说过："食必常饱，然后求美；衣必常暖，然后求丽；居必常安，然后求乐。"② 墨子提出的在"常饱"、"常暖"、"常安"的基础上出现的"求美"、"求丽"、"求乐"的要求，即享受的需要。享受的需要也有高低之分。低级的享受，指与生存需要相联系的物质享受，它往往是生存需要的高级满足。在吃饱的基础上求精、求美食，在穿暖的基础上求舒适等等，都属于物质享受。高级的享受是指文化的、精神的享受。前面所说的"求丽"、"求乐"就有着精神文化方面的享受的内容。它们虽然也与人的本能需要相关，但更多地是表现人类文明的程度。精神享受的最高层次，表现为人的一种精神追求，即表现自己的生命力，发展自己、实现自我的需要。马克思说过："富有的人同时就是需要有完整的人的生命表现的人，在这样的人的身上，他自己的实现表现为内在的必然性、表现为需要。"③这就是发展的需要，是人的一种永恒追求，也是人类社会发展的内在动力。马克思主义的需要理论说明了人的全部生命活动以及整个人类历史活动的动力和根据。

人的审美需要不是一个独立的需要层次，而是在人类的三种基本需要的基础上派生的一种特殊的需要。人类在劳动中发展了人的生命运动中自发地追求自由与和谐的一面，最后形成审美需要。

劳动是人的生命活动的主要样式，它对人具有双重性质。一方面，它作为主体改造客体的实践活动，是满足人的生存需要或谋生的手段。另一

---

① 马克思、恩格斯《马克思恩格斯选集》第一卷，人民出版社 1995 年版，第 78 – 79 页。
② 北京大学哲学系《中国美学史资料选编》上册，中华书局 1980 年版，第 22 页。
③ 马克思、恩格斯《马克思恩格斯全集》第四十二卷，人民出版社 1979 年版，第 129 页。

方面，劳动本身就是一种生命活动，是人的需要和目的。马克思曾精辟地指出："我的劳动是自由的生命表现，因此是生活的乐趣。"[①] 他提出了劳动是生命的自由表现这一特征，并且肯定在劳动中，个人能感受到生活的乐趣。这是一种对劳动本质的认识。在劳动中，人不仅把自己与客观外界物区分开来，把外界物作为自己的对象，同时还把人自己与自己的生命活动作为对象。这样，人在劳动和其他的生命活动中所感到的自己的力量和成功的快乐，所获得的生命活动的自由，在人类的主体意识的发生与发展中，会逐渐成为人的一种特殊的生命需要——有意识地追求快乐、追求生命的自由与和谐的冲动，这就是审美需要。

因此，人的审美需要产生的过程，是人的追求快乐的生命要求在人类劳动实践中逐渐地被意识到、被对象化的过程。这个过程具有开放性，是随着人的发展而发展的，或者说，审美需要具有层次性。它有与人的生存需要相应的层次，也有与人的享受需要、发展需要相应的层次。在这各个层次上凡属于人对生命的自由活动的追求、对快乐的追求，都是人具有审美需要的表现。由于人的本质更多地表现在人的社会性和精神性上，所以，从发展的角度看，审美需要与精神享受的需要、发展的需要这两个层面联系更加紧密。

审美需要必然具有超越性，它超越动物性和凡俗性，体现出人所特有的文化、文明，体现出人的社会性与精神性本质。精神性的享受是在人们受到社会的认同、赞赏和尊重时才能获得的，是心理、情感上的满足和愉快。而当人表现了自己的生命，实现了自我价值时，更会带有精神上的极大满足和愉快，也是一种精神性的享受。因此，审美需要本质上是人特有的一种精神享受的需要，它表现为人对感官、情感、心理、精神的愉快的追求。

在历史的进程中，人类早就开始以消费的方式来满足自己的需要。而人类的需要的侧重面是不断变化的，人类的消费重心也因此而变化。随着现代生活的进程，消费的倾向日趋模糊不定的"无主流化"。但是，在这"无主流"中仍然存在着主流，那就是人们的消费需要已从物质需要的满足迅速向精神文化方面的需求发展，向审美需要发展，这是必然的。在今天，现实的消费水平已经基本上为更高的精神文化审美方面的消费提供了

[①] 马克思《马克思恩格斯全集》第四十二卷，人民出版社1979年版，第38页。

基础，那么精神文化审美方面的需求肯定会成为消费的主流，现代消费日益审美化。人类消费已从生存型消费向着享受型、发展型快速转变。

现代消费审美化已经在消费的各个方面表现了出来。

实用消费品的选择，主要是满足消费者的生存需要或物质需要的。然而，在实用消费品的选择中，现代人不仅只有对产品的质量的要求，更有对造型、色彩、材质甚至声响的要求，就是在好用的基础上要求好看、好听，要求获得各个方面的审美满足。这个方面已毋庸赘言甚至包装与品牌名称，如果受到消费者的喜爱，那就连带着对产品的肯定。"红豆"衬衣上市不久就在国内占有了很大的消费市场，除了它的质量外，不能不说它的品牌名称所起的作用，"红豆"让人马上记起唐代王维那著名的五言绝句《相思》："红豆生南国，春来发几枝，劝君多采撷，此物最相思。"因此无论是自己穿还是送给亲朋好友，都会与爱心、思念、祝福等情感相伴。"可口可乐"作为一种饮料迅速进入中国市场，与其牌名译文不无关系。这一牌名，读音响亮上口，传达出"味道可口，使人快乐"的意思，对于消费者来说，有这一条就已经足以对这种饮料抱有好感了，而不一定去追寻英文牌名"COCACOLA"包含着把这种饮料是用 COIA 豆所做、原配方中又含有 COCAINA 的原意。而哪一项不符合消费者内心的审美标准，都可以导致对产品的否定。日本一位市场学家在调查"不畅销的高质量商品"时听到了一位主妇的奇怪的说法："我知道爱柏利肥皂质量很好，但我喜欢卡秀西阿牌肥皂。"很明显，这种喜欢的感情是针对"卡秀西阿"这一牌名而发。

在 20 世纪 80 年代，湖南作家古华写的长篇小说《芙蓉镇》在民风古朴的湘西王村拍成了同名电影，这部电影不仅使名不见经传的湘西山乡王村成了有名的旅游胜地，还使刘晓庆扮演的剧中主人公"米豆腐西施"玉音卖过的一种极普通的小吃"米豆腐"一下子有名气，在王村竞相出现"刘晓庆米豆腐"、"真正刘晓庆米豆腐"、"正宗刘晓庆米豆腐"小店，米豆腐的价格也上涨了七八倍。尽管从米豆腐的物质层面看，还是原来的米豆腐，但电影与剧中主人公赋予了它新的文化意义，它使每个看过电影来品尝米豆腐的顾客，都会自然而然地回忆起或感受到玉音的坎坷复杂的人生经历，而那些没有看过电影的顾客也会在品尝的过程中，了解米豆腐西施的故事，体验着剧中人的情感。而米豆腐的"涨价"便不难理解了。

对营销环境的要求也是基于不同层次的审美需要。"肯德基"与"麦

当劳"这两家美国的快餐店在中国遍地开花，尽管与其不同于中国文化的
"洋"风味有很大的关系，但就餐环境的高雅与有趣有着不可忽视的作用。
"肯德基"餐厅中椅子、桌子之间用竹子制成的隔断，头顶上柔和的照明，
墙上的现代风景画，幽雅的轻音乐，体现着就餐环境的优雅，就连门口那
白胡子、戴眼镜的"山德士上校"，也是那么的彬彬有礼、风度翩翩。
"麦当劳"店里的光线明亮热烈，音乐欢快跳荡，没有隔断的坐位非常随
意，孩子们可以高高兴兴地跑来跑去。门口那位小丑罗纳德·麦当劳亲切
而滑稽，他是美国4—9岁儿童心目中仅次于圣诞老人的第二位最熟悉的
人物"麦当劳叔叔"，因此，带着孩子的消费者更多地选择去"麦当劳"。

现代人进商店，不一定是买东西，还经常是"逛"商场。即使什么也
不买，一有时间也照样去逛，这种无目的的逛，甚至成了不少年轻夫妇或
青年女性的休闲方式：看着橱窗里精心的陈设，浏览着玻璃柜台中五彩斑
斓的物品，试试衣架上五花八门的时装；饿了，渴了，再步入商场里的快
餐厅，点一份自己喜欢的食品或要一杯饮料，听着美妙的音乐，细细地品
味生活的乐趣。因而，人们逛商场已不再是一种单纯的受消费意识支配的
行为，它已经渗透了更丰富的审美文化内涵，成为现代消费者文化生活的
一部分。

去绍兴旅游，总会想起鲁迅笔下的咸亨酒店。1981年，绍兴借这一
店名在其旧址开了一家"咸亨酒店"。黑瓦白墙，曲尺柜台，粗木条凳条
桌，粗木铺板，店内服务员身穿老式长袍，头戴毡帽，一番当年"鲁镇"
景象。中外游客听说咸亨酒店再现，纷纷赶来参观。亲眼看一看那孔乙己
常去的这家酒店，学他的样子，要一碟茴香豆，二两老酒，温热了，尝尝
个中滋味。此时此刻，许多熟悉鲁迅著作的人能够进入那特定的历史层
面，体验到孔乙己倚着柜台喝酒的心情。这时，人们会获得一种情感上的
满足，这就是审美的感受。如果来到咸亨酒店，看到的是铝合金门窗，茶
色玻璃，人们必定会大失所望，随着那一缕文化思古幽情的飘走掉头而
去。因了这文化内蕴，酒店开办两年，营业额就达280多万元。

浙江省湖州市有家茶庄，生意分外兴隆。同样的茶叶，同样的价钱，
人们都愿意去这个茶庄购买。原因是茶庄的名字叫"陆羽"。陆羽是我国
唐代人，是撰写世界上第一部茶叶专著《茶经》的作者，他的大半生是在
湖州度过的。这个店名使人感到的是茶庄的悠久的文化传统，产生特殊的
好感。茶庄经理还在店内刻意营造了浓郁的茶文化氛围，装饰古朴清雅，

墙上挂着陆羽画像及陆羽手书的卷轴，使店堂有一种高逸、澹泊的文化意境。因此茶庄宾客盈门，生意红火。在店容中体现文化意味，可以引起人们的审美兴趣，会让消费者乐意去这样的店堂里消费。

最高层面的审美需要是与发展需要相关的，是人对人生意义、人生价值、宇宙真谛的追求，是人的理性精神层面的审美需要，是动物无可比拟的。就如德国哲学家费尔巴哈所说："动物只为生命所必须的光线所激动，人却更为最遥远的星辰的无关紧要的光线所激动，只有人，才有纯粹的、理智的、大公无私的快乐和热情。"①

显然，人的这种理性的审美需要不是一般的物质产品所能满足的，这种消费也不是物质层面的消费，而是精神层面的消费，需要蕴涵有深厚的历史文化积淀或能激起对宇宙、人生与社会整体的思考的精神性的产品来满足。许多商家注意到了人们这个层面的审美需要，于是诸如"长城砖"、"柏林墙"之类的产品应运而生，它们像名贵的画作一样被嵌框起来并像真正的艺术品一样用锦缎盒包装。它们的价值因了其文化的蕴涵而形成。这类产品的不断出现并增多，必然伴随着一种产业的形成，那就是审美文化产业。

二、审美文化产业的崛起

审美文化产业的崛起是消费审美化的最鲜明的表现。审美文化产业是文化产业最重要的组成部分，形成了文化产业的核心。

从世界范围看，文化产业出现于 20 世纪后半期，主要指在第一产业农业、第二产业工业之外的第三产业即服务业中发展起来的产业。

由于第三产业的内容涵盖面广，因此各国对于其内部各行业有不同的划分。如日本政府的"经济白皮书"把第三产业分为三类：第一类是能源供应服务，包括电力业、煤气业；第二类是对企业服务，包括运输业、通讯业、批发商业、不动产业；第三类是对生活服务，包括零售商业、服务行业。而我国在进入 20 世纪 90 年代以后，由于第三产业的增长速度已经高于第一、第二产业，并且在第三产业内部，各行业之间发展的不平衡已经日益明显地表现出来，也提出了对第三产业的再划分，把第三产业分成

① 北京大学哲学系《西方美学家论美和美感》，商务印书馆 1982 年版，第 210 页。

四个层次：第一层次是流通部门，包括交通、邮电、商业、物资供销、仓储和对外贸易业，第二层次是为生产和生活服务的部门。包括金融、保险、公用事业、居民服务、旅游，咨询信息服务、技术服务和房地产业，第三层次是为提高科学文化水平服务的部门，包括文化教育、科学研究、广播电视、体育和社会福利事业，第四层次是为社会公共需要服务的部门，包括国家机关、社会团体和军警等。

第三产业还可以从服务的对象即消费者出发划分，这样就可以分为满足人生理需要、智力需要和情感需要的三大类，如医疗卫生、保险、交通运输等行业属于第一类；教育、信息业属于第二类，旅游，广播电视、娱乐业则属于第三类。有的行业，既可以属第一类，也可以属第二类或第三类，如饮食业、零售百货商业等，如讲究烹饪的美食业、快餐业、购物环境高雅的百货零售业等，都可以从满足人的生理需求提升到心理、情感需求的层次。对于以文化内涵来满足消费者智力、情感需求的服务产业，就是文化产业。日本是明确提出"文化产业"的国家①，日本著名经济学家饭盛信男提出文化产业主要是指"消费服务＋个人服务"的行业，具体指旅游业、游戏娱乐业、各类商品零售、批发业、广告业，闲暇产业等。②

那么，凡能满足消费者审美需要特别是精神性的审美需要的产业，就是审美文化产业，主要包括旅游产业、美容产业、电影电视产业、广告产业、时装产业、休闲娱乐产业、文化创意产业、工艺美术品产业等等。这些产业，都以生产或提供审美产品和审美文化符号作为自己的主要产品。

以旅游产业来说，现已成为全球最大的服务行业，成为世界各国的"无烟产业"、"绿色产业"。没有旅游产业所提供的服务，想欣赏诸如大自然奉献的瑰宝，被列入世界自然遗产名录的非洲南部赞比亚与津巴布韦的接壤处那"声若雷鸣的雨雾"——维多利亚瀑布、英国北爱尔兰的"巨人之路"和"巨人之路海岸"、美国那"迷人的深渊"——大峡谷、澳大利亚乌卢鲁国家公园中的艾尔斯山与奥加尔山、越南的"海上桂林"——下龙湾和中国的"天下第一水"——九寨沟的美景，或想观赏人类自己创造的奇迹，被列入世界文化遗产的埃及的孟菲斯及其墓地和金字塔、智利复活节岛上巨大的石雕人像、希腊的雅典卫城、法国的凡尔赛

①　见日本产业构造审议会《21世纪产业社会的基本构想》，台湾经济研究杂志社1987年版。

②　参阅［日］饭盛信男《经济政策与第三产业》，经济管理出版社1988年版。

宫、柬埔寨的吴哥古迹和中国的故宫、长城等，都不是一件容易办到的事。旅游产业成为热门产业，不能不是现代人的精神层面的审美需要上升到新的高度的反映。

在消费审美化的前提下，以审美消费为主要特征的现代审美文化产业已在事实上成为推动社会生产力发展的重要力量。

审美文化产业首先是顺应了社会经济结构发展的必然趋势，能大量吸收劳力和资金，如这个产业的各行业，较之制造工业各部门并不特别需要体力，这意味了大量的妇女可以在接近平等的条件下和男子竞争；二是这个产业最能直接感受到自我存在的价值，因为从手工业社会转向大规模工业生产后，工作"非个人"化了，工人与自己的工作逐渐疏远，服务业的出现，这种倾向开始逆转，这类工作由于直接面对消费者，因而使从业人员与自己的工作密切相关，是高度个人化的工作。消费对象的反映，会很快反馈给工作人员，他们会从各种满意的反映中获得自豪和愉悦，为发挥和运用自己的才能提供了机会；三是可以用审美的力量推动科学的进步，为科学的健康成长和发展营造良好的审美文化氛围，提供蓬勃向上的精神动力；四是重视发展技术中的审美因素，可以大大提高审美文化产品的市场竞争力，并带来人类生活方式全新的审美革命。技术与艺术、技术与美的融合现在正在形成一股国际性的潮流，美融合于现代艺术和文化生产的每一个领域。

三、"审美经济"的形成与美学的作为

"审美经济"这一概念的提出已经有一段时间了，从消费的审美化和审美文化产业的崛起来看，"审美经济"的提法是有合理性的，事实上，审美经济也正是在形成之中。

"审美"一词源自于西文"Aesthetic"，其希腊文的词根含义为"感觉"、"感兴趣"、"感性的"等意思。18世纪德国哲学家鲍姆加登以这个词为他所著的论述感性认识（指依赖于感觉、想象的文学艺术或"自由艺术"）的专著命名，创立了美学学科。在此，我们不用从理论上去作烦琐的论证，也可以看出"审美"与感觉、兴趣、文学、艺术等的密切联系。人类的审美活动是一种与人类主要的实践活动——物质生产活动和精神活动中的科学认识活动、宗教信仰活动，以及社会活动中的伦理道德活动等

都不相同的活动。从现象上看，它有超功利性、主体性和感性特征。从本质上看，审美活动出自于人的内在需要，与欲望、兴趣等感性生命的要求相联系，是为达到自己需要的满足而进行的活动，因而它是人类的一种价值活动，体现着主体与客体之间的价值关系。把审美活动的现象与本质联系起来看，审美活动虽然是一种价值活动，但它追求的不是物质价值，它的出发点也不是人的实用需要，因此可以超越物质功利性的束缚，获得一种心灵的自由；审美活动中主体的自主性、主动性、能动性的发挥，使主体超越外部力量的各种局限，获得一种精神的自由；审美活动体现着、又满足着感性生命的要求，使主体不仅有高度发展的理性，也有着感性的丰富性和生活的热情，因此，人类的审美活动是重要的实践活动之一。而且，人类的审美活动，除了艺术活动之外，都与物质生产活动、社会活动与各类精神活动密切相连。

"审美经济"可以理解为由人的审美活动的展开所产生的经济活动与经济效应。"奥运经济"的提出为理解审美经济提供了很好的佐证。

"奥运"一词，是"奥林匹克运动会"的简称。奥运起源于 2000 多年前的希腊城邦，其原初宗旨是在战争年代里出现的"和平休战日"。在这一和平的日子里，人们放下武器，来到运动场，甚至交战的双方也会同时参加运动会。因此，这一日子里举行的运动会表达的是人们渴望和平的心愿，而在运动场上的各种运动也就有了游戏的意味。在这里，人们只是比试着自己所具有的体能与技艺，追求着快乐与有趣。而"奥运"与"经济"结缘则是从 1984 年美国洛杉矶奥运会开始的。从这一届奥运会起人们意识到了奥运会可以作为一个产业来经营，可以获得正面的经济效应。人们看到了举办奥运会的城市的经济规模有了大幅度提高，各种基础设施得到极大的改善，举办国的知名度得到提升，对外经济交往更加活跃，政治、文化等方面都有明显的效应。"奥运经济"一词也由此而生，它是指由奥运会而产生的一系列经济活动与经济效应。2000 年悉尼奥运会后，"后奥运时期经济"问题被提出并得到重视，这是"奥运经济"的深化与发展。"奥运经济"概念的使用与被承认，表明"审美经济"的提法是具有合理性的。

从"奥运经济"来看"审美经济"，会发现它们都是现代人的一种消费需求的表征，这种消费市场所要求的消费品很大的一部分不仅是体育，还是休闲、娱乐、旅游、文学、艺术，甚至是游戏，就是本文开始提出的消费审美化包含的内容。

审美与经济联姻是消费审美化的必然结果，同时是审美文化产业崛起的前提。然而，审美与经济的联姻也会让人带来不少疑问。因为审美活动一直被认为是超功利的活动，超功利的活动何以进入创造功利的行列？是否一与经济或功利相联系，审美就不再纯洁并且掉了价呢？试举以下两例进行分析。

一是 20 世纪 90 年代初期，南京雨花台烈士陵园做出向每位凭吊者收费 1 元的规定，引起社会各界反响，反对者居多，赞同者也有。反对者的主要理由是烈士陵园作为追悼、纪念革命志士的场所，收费是一种亵渎，是不应该收费的。而对陵园维护所需要的费用，则应该还是纳入社会公共福利部门，由国家有限的财政维持。这里其实涉及了一个如何看待精神性的文化消费的问题。到烈士陵园凭吊、参观，可以感受一种悲壮的情感，接受一种精神的洗礼，是一种非实物形态的、精神性的消费。这种消费，和听音乐会、看电影本质上是一致的，后者可以赢利、收费，前者为什么不行呢？20 世纪 70 年代中期，英国国会曾就是否应该通过该国纪念性场馆收费的法案，引发了一场全国性的舆论大争论，争论的结果是不但顺利通过了该法案，参观者也并未因收费而减少，场馆的设施因有了收费而得到更新和改善。这里涉及的审美活动创造功利和效益与审美活动自身的超功利性其实并不矛盾，审美活动的超功利性指的是超越物质功利性，指这是一种精神性的活动，最后满足的是人的精神性的审美需要。而人通过消费来满足自己的审美需要时，则要有相应的审美对象与审美产品，提供或生产这样的对象和产品是有成本的，也是需要赢利的，是由审美文化产业来完成的。就如烈士陵园和纪念场馆，如果不纳入文化产业范畴，光靠国家的有限财政维持，结果必然会使场馆设施日渐耗损，精神性产品的再生产难以为继。

二是对"文化搭台，经济唱戏"的看法。同是 20 世纪 90 年代，"文化搭台，经济唱戏"是经济起飞地区人们的"口头禅"。而且不久文化就从配角走上了主角的位置，成为"文化搭台，文化唱戏"。当然，这"唱戏"的文化仍然是能创造经济效益的。如山东潍坊的经济起飞，是靠"风筝节"地方传统文化的开发与弘扬而启动的。对"文化搭台，经济唱戏"同样褒贬不一，恐怕还是贬多于褒。理由无非是觉得文化不应该与经济为伍，更不应该服务于经济。这样做，是文化的悲哀，是文化的堕落。当然，有这种想法的人确实看到了提倡"文化搭台，经济唱戏"之初鱼龙混杂的状况，有的借文化之名，把一些已经扔进历史垃圾堆的文化糟粕重新拾起来，用封建迷信，打"鬼"的主意，这的确是一种悲哀，是需要抨击的。但从整体的社会需要来看，文化与经济联姻是必然的，而且是历史发展的一个方向。否则，高雅文化就永远只能凝聚在文化的"塔尖"上，永远只能为少数人服务或被少数人利用。芭蕾舞如果只是一种宫廷舞蹈，京剧如果没走出达官贵人的庭院，到今天会是怎样的一种存在状况？那恐怕是极不乐观的。当然，文化是有"精华"与"糟粕"之分的，也有"美"与"丑"之分。各类审美文化产业要明确文化与经济的联姻的长远目标是为了满足人类的审美需要，为了帮助人超越动物性和凡俗性，这样企业才可能持续性发展。光盯住眼前的蝇头小利，是得不偿失的。

从消费的审美化到审美经济的形成，可以发现内中包含着的大量的美学问题。这一方面表明时代与社会需要美学，显现出美学在经济领域中的巨大作用，另一方面是给美学提出了一个尖锐的问题：美学能不能回应社会的呼唤，能不能在经济领域中真正地有所作为？

现在正值新中国美学 60 年回顾。从中国美学初建时定向与定型的过程回顾中，可以发现定向对于一个学科建设的重要性。当时中国美学的定向是由执政党提出，是由国家意识形态建设的需要所决定，以美的本质问题为中心建立了马克思主义美学，可以说，美学研究有为意识形态服务的目的，因此早在上个世纪就已经出现了美学的转向，出现了多元化的局面。那么现在的转向必然会产生一个问题，那就是由谁或由什么为现在美学的转向定向？美学向哪个方向发展才会是合理的和科学的？

笔者认为，在当今中国美学多元化的局面中，已经建立起来的有马克思主义特点的美学仍然占有主导地位。这种主导地位不是来自于政治和意识形态的需要，而是来自于其自身的学术性、逻辑性和生命力，因为它们已经开始脱离美学所不应有的过强的政治性和对马克思主义哲学的依附，内容和形态在发生较大的改变。它们已经融进了许多价值学和人学的内容，还在不断地吸收新的思想，新的方式。这是真正属于美学的路程的开始，换句话说，美学开始解决自己应该解决的问题。对于人类为什么会有审美活动，如何解释审美过程、审美现象等等围绕人的一种特殊方面展开的研究，是符合美学的学科本性的。这样建立起来的美学学科会具有普适性，会具有巨大的理论力量。可以说，美学的定向首先应该是学科本身为自己的定向，美学要做自己应该做的事情。这样的美学是能回应社会的呼唤的。

而美学要想真正在经济领域中有所作为，还需要从现实中发现问题并提出解决问题的办法，也就是说，美学研究必须具体化。比如，对审美需要的层次性研究，从感性生命的生理需要，心理需要，精神文化需要出发研究对象的形式——造型、色彩、材质等，传达的意义，文化信息，变化与更新等；对审美标准的历史具体性的研究——具体的时代、地域、经济、政治、年龄、职业、性别等要求，特别是国家进入 WTO 之后，从美学角度所做的跨文化研究等等；企业的审美文化研究，企业形象研究，都是把美学研究具体化。美学在面对问题，解决问题的过程中，必将为经济的发展作出贡献。

总之，人的审美需要不只是在艺术欣赏中才能满足，它是时时处处都存在着的，在日常的生活中，在衣食住行中体现。美学研究的眼光不应只停留在艺术和理论中，而应该走向更广泛的领域，走向人类社会的各个方面。

文化产业场域中的审美经济突破

范　周　陈曼冬

传统观点认为，艺术与经济分属于两个不同的场域，经济涉及的是物质生产，交换、分配、消费等问题，审美涉及的是艺术创作的规律以及艺术作品的欣赏与评价等问题，有着各自的发展规律。

与审美价值相关的情感体验，传统上是美学研究的课题，但随着新世纪以来文化与经济的汇流趋势日益明显，这些曾经被视为与经济不相干的超功利、无目的的审美因素，也就进入了经济学家的视野，与此同时，大众消费、日常生活和产业经济也引起了许多美学研究者的兴趣。随着社会的发展，美学和经济的关系日益密切，出现了经济审美化的趋势，审美经济（aesthetic economy）就是在这种背景中产生的。

本文在梳理、归纳审美经济目前研究状况和特性基础上，对中国在文化产业发展中怎样实现审美经济的突破问题进行了初步探索。

一、什么是审美经济

经济学家认为，迄今为止人类经济的发展历程表现为三大经济形态：第一是农业经济形态，第二是工业经济形态，第三是大审美经济形态。所谓大审美经济，就是超越以产品的实用功能和一般服务为重心的传统经济，代之以实用与审美、产品与体验相结合的经济。人们进行消费，不仅仅是"买东西"，更希望得到一种美的体验或情感体验。[①]

---

① 百度词条。

（一）审美经济概念的提出

"审美经济"的概念 2001 年由德国学者格尔诺特·伯梅（Gernot Bhme）教授在《审美经济批判》提出来的。按照格尔诺特·柏梅的定义，审美经济是指引入了马克思的使用价值与交换价值之外的第三种价值，即"审美价值"的一种新经济。①

"审美经济"一经提出，很快就得到了广泛的使用，同时也出现了不少学者对此概念进行丰富与发展。大卫·罗伯兹（David Roberts）在《只有幻象是神圣的：从文化工业到审美经济》一文中考察了 18 世纪以来的文化审美化与商品化过程。他虽然并不完全赞同审美价值与使用价值与交换价值不相融的观点，但同样认为"审美经济"这一概念较为深刻地反映了 18 世纪以来社会经济的变化。他认为，在审美经济时代，商家出卖的重点往往不是物质产品，而是一种情调或氛围，一种梦想。而且，这些梦想性质的东西，是与时代的科学技术联系在一起的。

在审美经济时代，文化、审美的影响力已经渗透到经济生活中，产业的文化逻辑表现得越来越明显。在《身份与文化产业：审美经济的文化构形》一文中，基思·尼格斯（Keith Negus）转变视角，从审美经济的构形力量来研究文化产业和文化生产。他认为，各种社会文化及社会关系对以市场为导向的企业行为，包括企业的自我定位，同样有着重要的影响。文化过程构形了经济实践、信念与标准，文化语境包含的信息影响着对创意行为的认识价值评判；企业文化经营的决策也建立在特殊的、历史的文化价值、信念与前见基础上；企业的各种社会关系，包括与消费者的关系，都是企业文化生产活动的组成部分。②

有别于传统经济，审美经济更加突出经济活动中的审美要素，这些审美要素为传统经济行为增加了新的内容，也就是为消费者增加了新的消费理由和全新的体验。1970 年，美国未来学家托夫勒（Alvin Toffler）在他的《未来的冲击》一书中提出，现代经济继服务业繁荣后，正在向体验经济迈进。他说："我们正从'肠子'经济前进到'精神'经济，因为要填满的肠子只有这么多。"

1999 年，美国的派恩二世（B. Joseph Pine Ⅱ）和吉尔摩（James. H. Gil-

---

① 李思屈《审美经济与文化创意产业的本质特征》，西南民族大学学报 2007 年 8 月版。
② 同上。

more）合著的《体验经济》一书问世。所谓体验，就是主体对外界刺激的反应，对所经历的场景的感受。他们宣称："我们正在进入一个经济的新纪元：体验经济已经逐渐成为继服务经济之后的又一个经济发展阶段。""体验就是企业以服务为舞台，以商品为道具，以消费者为中心，创造能够使消费者参与、值得消费者回忆的活动。"就是在这本书中，他们举了一个很经典的关于星巴克咖啡的例子：你单独卖咖啡，可以定价为每磅1美元；当你卖煮好的咖啡，你可以定价为一杯5—25美分；如果你在咖啡店里购买咖啡，就要付50美分到1美元；而在星巴克，每杯咖啡要好几美元，因为它们提供了不同的体验。至2005年8月，总部设在美国西雅图的星巴克公司在全世界已有5715家星巴克咖啡店。"如果我不在办公室，就在星巴克；如果我不在星巴克，我就在去星巴克的路上。"这句话已成为某些人的经典语录。对于他们来说，去星巴克不仅仅是满足喝咖啡的实用需要，而是成为生活方式的一部分，星巴克能够满足他们特殊的体验。

2002年诺贝尔经济学奖得主、研究经济审美化内在认同的美国普林斯顿大学教授卡尼曼区分出两种效用：一种是主流经济学定义的效用，另一种是反映快乐和幸福的效用。卡尼曼把后一种效用称为体验效用，并把它作为新经济学的价值基础。卡尼曼教授认为，最美好的生活应该是使人产生完整的愉快体验的生活，这是经济学两百多年来最大的一次价值转向。

（二）国内审美经济的研究现状

在中国内地，伴随着"体验经济"（experience economy）的提出，学术界对审美经济的理论思考也在形成热点。

2004年4月《光明日报》发表了河北大学人文学院张培英的《经济与审美的互动及人的全面发展》一文。

随后在2005年5到6月之间，《光明日报》更是连续发表了数篇论述审美经济和经济审美化的文章。其中就包括张宇、张坤于2005年5月发表的《大审美经济正悄然兴起》。在这篇文章中提出了"大审美经济"的概念，文章认为，"进入新世纪以来，一种涵盖体验经济和转型经济的大审美经济正悄然崛起。基于实用的大审美价值链的创造，正成为全球范围内一种新的经济运行的主动力。"

同年8月张宇、张坤再度发表《大审美经济催育人类文明新生》，文中指出"进入新世纪以来，在全球范围内一种涵盖体验经济和转型经济的大审美经济已经起幕。这种新形态的经济，其总体特征是以大审美经济为杠杆，逐步实现人们物质生活与精神生活的协同丰富，进而推动人类文明和个体人格的大转型"。

与此同时，"审美经济学"的学科构想也逐渐显现出来。

2005年，东南大学艺术学院教授凌继尧在参加是2005国际工业设计教育研讨会时作了题为《大审美经济形态中的艺术设计教育》的发言，就什么是大审美经济、为什么会出现大审美经济或体验经济、艺术设计师在大审美经济中起什么作用，以及艺术设计教育怎样应对大审美经济等问题进行了较深入的阐述。

2006年3月，《东南大学学报》（哲学社会科学版）发表了季欣对凌继尧教授的访谈录，在访谈中，凌教授正式提出了建构审美经济学："审美经济学作为一门美学和经济学相交叉融合的学科，主要研究一切经济活动中的审美因素以及这些因素对经济效用、社会发展、人们的生活方式等的影响。它具体研究的问题包括：经济发展的根本目的，经济审美化的内在动因，经济审美化和国民幸福指数的关系，经济审美化对加速发展现代服务业、全面提升经济社会发展水平的作用，经济审美化与和谐社会、环境友好、可持续发展的关系，经济审美化过程中外来文化和本土文化的相互影响，经济审美化和自主创新、提升技术要素的关系，经济审美化对产品销售、市场占有率、产品附加值和利润的影响，不同行业、不同地区经济审美化的特点，经济审美化的发展趋势，等等。"

2007年8月，浙江大学李思屈教授在《审美经济与文化创意产业的本质特征中》，描述了审美经济发展和审美经济学的兴起，强调了情感逻辑和自由表达是文化创意产业的本质特征。同年，在另一篇文章《论数字娱乐产业的审美经济特征》一文中，李教授提出将数字娱乐产业作为审美经济的特殊产业形态，并非一般意义上的经济活动的审美化，而是其本身就是经济活动中审美因素的凸显。

2008年1月，北京大学叶朗先生在接受《北京商报》采访的时候，提出文化创意产业是大审美经济。他指出，"这样一个体验经济的时代，这样一个大审美经济的时代，必然要求文化产业的大发展"。[①]

---

① 叶朗《文化创意产业是大审美经济》。

二、审美经济的特点

（一）实用与审美

审美经济具有实用与审美并存的特性。

审美经济把产品中美的因素作为促进消费、拉动内需的动力。同时也适应了人不同层次的内在需要。审美经济从传统经济对物的追求转向对人内在精神需求的关注。"这样的一种经济模式把满足人的个性化的情感需求作为新的经济价值增长点，这是经济对人性的回归"。①

英国经济学家约翰·凯生动地描述说："当我洒上我的名牌香水时，我说，我是不可征服的；当我从我的宝马中钻出，我说，我是一个商业银行家；当我倒上一杯超浓储藏啤酒时，我说，我是不谙世事的青少年；当我穿上我的莱维牛仔时，我说，我是英俊的。"② 在产品相对丰富的情况下，消费者的物质需要得到满足后，他们对产品的审美需要、他们的情绪和兴趣就成为消费行为的内驱力。后现代理论的著名代表、法国学者鲍德里亚（JeanBaudrillard）在《符号政治经济学批判》中指出："每次的交换行为既是一种经济的行为，同时又是生产不同符号价值的超经济行为。"③对于上述超经济行为的，可以理解为，买卖除了具有经济行为的特性之外，同时也被赋予了社会行为和审美行为意义。

艺术设计是为了满足一定的实用需要而进行生产的艺术，它的实用性被认为是其第一特性。实用的需要决定了三大设计形态的划分：产品设计、视觉传达设计和环境设计。产品设计是为了使用，视觉传达设计是为了交流，环境设计是为了居住。设计作品在满足人们的实用需要之后，就需要考虑能够带给人们什么样的享受。艺术性的要求体现在设计产品和谐的外在形式上。当然，形式首先要和功能相协调。作为现代工业文明的标志，高耸入云的埃菲尔铁塔每年依然吸引着数以万计的游客来此观光旅游。

---

① 桂俊荣《审美与生活——日常生活审美化再思考》，《艺术百家》，2008 年第 1 期。
② ［法］鲍德里亚《符号政治经济学批判》（英文版），Telos Press，1981，第 113 页。
③ 转引自［美］肖恩·史密斯、乔·惠勒《顾客体验品牌化》，韩顺平、吴爱胤译，机械工业出版社 2004 年版，第 2 页。

设计产品以其各自特有的结构、形式、质料、色彩等形式在兼具产品使用功能的同时充分发挥其审美的特性，我们日常使用的水杯、笔记本、电脑、手机、穿着的服饰、用来代步的交通工具，甚至我们居住的房屋，无一不渗透着设计艺术元素。这些艺术元素使其代表着一定的社会意义、象征着一定的社会身份。设计艺术使日常生活成为一种具有现实意味的美，提升了生活中的审美意识。对于提高产品的市场竞争力具有重要意义。

（二）产品与体验

在审美经济中，消费不仅仅是消费本身，更多的是在消费中获得美的或者情感的体验。大审美经济其标志即是体验经济的出现。所谓体验，就是主体对外界刺激的反应，对所经历的场景的感受。人们看动漫或者购买游戏软件，并非是对某种物质产品的索取，只是为了内容体验。人们在生活中越来越追求一种精神享受，追求一种快乐和幸福的体验，追求一种审美的气氛。

在网络游戏当中，玩家可以选择不同与现实中的年龄、性别、身份，体验完全不同于真实世界中的生活，感知不一样的生命意义。不同玩家选择自己的角色并通过这个角色的活动与他人互动，借助影像或者文本创作或者思考着更多的生活以及生命的意义。在玩网络游戏的时候，玩家是主动、积极的，甚至是可以控制自己游戏命运的人。网络游戏创造的是一个虚拟的平等世界，在这个世界中摆脱了现实世界中的角色不平等和不自由，消除了隔阂，每个人的机会都是平等的。从某种角度来讲，获得了更加丰富的人生体验和生命意义，以作为自己真实生活的补充和试验。"这种虚拟的情感体验与现实生命体验和情感历程有着同样的心理真实性。从这个意义上说，数字娱乐就是一种对生命的创造，人们在进行娱乐、与文本进行对话的同时也就是对自己生命意义的填补或者增值"。①

根据派恩的《体验经济》，体验由四部分组成，即娱乐、教育、逃避现实和审美，良好的主题产品的设计生产应该有效组合这四个部分。为了保持体验的新鲜和神秘，体验式产品必须不断更新。同时随着文化产业的不断发展，其产业链也得到健全与发展，给受众提供内容消费之外的更多

---

① 李思屈、关萍萍《论数字娱乐产业的审美经济特征》，杭州师范学院学报（社会科学版），2007 年第 5 期。

感知意义。某种艺术形式在向受众传递以美信息的时候，是在发挥其审美功能，而同时在这种艺术形式进行产业链的拓展时，就已经开始通过审美发挥其产业的功能，这是审美的产业化，产生审美经济。

以迪斯尼公司为例，作为全球第三大娱乐公司，迪斯尼传媒集团的成长发展正如其创始人——沃尔特·迪斯尼一样都具有传奇色彩。迪斯尼的动漫影视制作一直是公司的品牌支柱，是其产业链经营的源头，是其系列衍生产品的母体。迪斯尼乐园则将动漫影视中出名的动画人物、故事场景等以主题公园的形式进入人们的现实生活，发展"体验式营销"。随着媒体科技的进步，迪斯尼公司将业务拓展到媒体网络，给迪斯尼产业链增加筹码。受众不仅可以观看迪斯尼的动画片，体会童话故事中的梦幻般的美好，而且还可以在迪斯尼乐园和小矮人一起舞蹈，在真实的童话城堡中感受童话故事当中公主与王子美好爱情。同时在日常生活中还可以购买到特许经营与衍生消费品，随时触摸和感知迪斯尼带给我们的快乐。

三、文化产业中如何实现审美经济的突破

在国际金融危机持续蔓延、全球经济增长明显减速的情况下，我国文化产业逆势上扬成为备受关注的现象。经过十年发展，中国文化产业已由探索、起步、培育的初级阶段步入快速发展新时期，面临新的机遇与挑战。"在这样一个体验经济的时代，这样一个大审美经济的时代必须要求文化产业的大发展。这样来认识文化产业才能把握它的时代特点，从而具有一种理论的高度。"[1]

（一）文化产业人才的培养

1. 复合型人才的培养

文化产业的发展需要求一大批、一大群文化产业方面的专业人才。创新人才匮乏成为制约我国文化产业发展的主要瓶颈之一。人们对文化产业的属性和规律把握不够，既缺少通晓文化产业内容又擅长经营管理的管理者、经营者，也缺少灵感迸发、创意迭现的创作者。由于文化产业涉及社会文化、政治、经济等各个领域，文化产业人才必然是一种复合型的人

---

① 叶朗《文化产业与中国文化走出去》。

才。从理论上讲，就是要培养具备扎实的文化基础知识和良好的文化艺术鉴赏能力，具有广阔的国际视野，掌握文化产业的经营和运作规律，了解国内外文化艺术发展的趋势，同时具备现代管理、现代经济和法律知识的复合型人才。在文化产业人才培养方面，关键在于实现理论学习与社会实践的结合。具体来说，基于文化产业人才的特殊性，在教学模式方面可以采取案例式教学，从而改变以往简单的课堂灌输式教学方式；有能力的高校可以联合政府、企业建立文化产业研究基地，使学生在结束了基本的理论课程学习之后，将时间用于项目研究，以此实现理论与实践、校园与社会的对接。

审美经济学本身就是跨学科的，它的形成和发展有赖于经济学、管理学、心理学、美学等多学科的相互渗透。随着学科的发展，很多学科的研究都需要运用跨学科的方法，而这一点在审美经济学中表现得尤为突出。例如，审美经济学研究需要艺术设计和工业设计的知识，因为艺术设计和工业设计是实施经济审美化的具体途径；审美经济学需要消费文化的理论，需要符号学的知识等等。审美经济学所需要的学科知识还可以举出很多。在某种意义上可以说，审美经济学研究的深度在很大程度上取决于对相关识领域熟悉的程度。

2. 人才培养也需政府的支持

政府要有意加强院校中专门创意人才的培养，利用网络及其他教育机构进行专业资格培训，加强与外国的人才交流与合作，为文化创意产业的发展提供强大的人力支撑。在实际发展中，政府既是文化创意产业最大的投资者和消费者，也应是文化创意产品最大的需求者，政府应该不断扩大政府采购的份额，从市场上采购各种公共创意产品和服务。一个产业要形成国家竞争优势往往需要十年或更长的时间，在这段时间内，政府一定要对文化产业的发展给予持续的支持。

3. 审美经济学科体系的建设

"我国文化产业的振兴，人才是其关键。"人的素质决定了产业的整体发展，文化产业要实现振兴，必须加强专业人才的培养。文化产业的教育必须实行通式教育，这是由其创意产业的产业特性决定。① （注释：范周《英国，创意产业源头的寻觅》）

① 金元浦《文化产业与体验经济》。

产业竞争力的源头在于人才竞争力，人才竞争力的源头在于教育竞争力。而现存的人才培养机制不能完全适应文化产业发展的需要——由于现有的人才培养模式是按照传统学科的划分进行的，没有建立文化产业管理一级学科，这就为人才的培养造成了很大障碍。因此，亟须将文化产业管理设置为一个独立的学科——只有设置了一级学科，学校才会有相应的资源投入，以此来解决教学平台建设和人才培养问题。建设审美经济学科体系，有助于培养审美经济的专业人才。东南大学的凌继尧先生曾于2006年提出在设立审美经济学。凌先生研究的审美经济学发端于美学。"如果你为物品和有形的东西收费，你所从事的是制造业；如果你为自己开展的活动收费，你所从事的是服务业，而只有当你为消费者和你在一起的时间而收费时，你才算进入体验经济。"文化产业是体验经济的主力军，是体验型产业，文化商品实物价值在于体验。在如今文化大发展大繁荣的背景之下，从文化产业的学科角度切入建设审美经济学的学科体系，培养专门的人才显得尤为重要。

（二）体验式文化消费的引导

文化消费是人类享用文化产品和服务的消费活动，是经济发展达到一定水平时表现出的一种消费境界。文化产业的兴起，源自文化消费的现实需求。

1. 注重文化产品与精神需求的适配度

中国传媒大学文化产业研究院在对文化消费品的取向调查中发现，影响城市居民对文化产品选择的主要因素该表现在"质量"（29.4%）、"实用性"（27.8%）和"价格"（21.1%）三个方面，而另外几个因素如"品牌"（15.3%）和"包装"（5.4%）[1]对居民购买的影响力相对较弱。经济学家认为，从宏观经济形势来看，由于投资和消费比例严重失调，收入差别过大。宏观经济环境存在的这些问题对文化产业的发展不利。文化产业是新兴服务业，由于文化消费缺少刚性，特别容易受到经济结构不利变化的影响。当代中国城市居民的文化消费还没有完全走出粗放经营阶段。文化产品本身的附加值较高，带给居民的是一种无形的精神文化享受，但是文化产品是否真正符合人民群众的精神需求，也是需要密切关注的。

---

[1] 范周主编《中国城市文化消费调研蓝皮书》。

很长一段时间以来，国内文化界和戏曲界虽然对戏曲市场的建设和传统文化的继承做了种种努力，但收效甚微。戏曲仍然只是小部分人的精神佐餐，并没有吸引较为普遍的观众。而早在 1998 年，由上海昆剧院陈士铮导演的昆曲《牡丹亭》（全本），虽然票价十分昂贵，但在美国演出了三天。同样的，在 2006 年的北京，白先勇执导的青春版《牡丹亭》走进北大，6300 张票三天售罄。虽然这与昆曲天然的艺术魅力关系甚大，但也应客观地看到，除了注重艺术经济市场操作和受众对于文化消费的"体验经济"的普遍心理的逐步认同具有很大的关系之外，在商品经济存在的任何时代，只有符合消费者审美喜好的产品才能赢得市场并获得较高的利润。

2. 发展重点产业，凸显"体验"特性

文化的发展不是虚无缥缈的，需要和一定的产业形态结合起来才能发挥其应有的文化价值。新时期下中国文化产业的特性之一是区域文化产业携手旅游业。[1] 在近几年的文化产业实践中，可以明显地看出，文化因素天然地与当地的旅游开发融合在一起，由此产生了极具中国特色的"文化旅游业"。

利用资源，发挥优势，发展文化消费产业，我们要重点发展文化旅游业。文化与旅游结合，脱离了早期旅游业发展的粗放式经验模式，而走向高端的综合的集约式发展。根据马斯洛的人的心理需要的层级理论，人的审美需要和自我实现需要居于最高层次，是人们在物质上和基本的精神需求得到满足后提出的最高要求。这正是在社会商品和服务经济发展到一定阶段，审美经济所能赋予人们的成果。审美经济时代的到来，人们开始注重消费中的类似于对艺术的体验。旅游者热衷于在虚拟的旅游主题场景中扮演全新的角色，信息科技的大发展又为多种体验的创造成为可能。体验成为大审美时代旅游的显著标志，体验式旅游的"体验"是被设计的使"体验"成为明码标价地收取费用的产品。

3. 完善文化消费政策法规体系，增强软实力

党和国家对文化产业的高度关注，明确地勾勒出中国政府关注文化产业促进文化产业的宏大气魄。相应地，各地方政府同样出台各种政策扶持和促进文化产业的发展。

"文化的心理特性决定了文化消费活动是一个心理运动的过程，文化

---

[1] 范周《新新时期文化产业的主要特性》。

消费是一种文化体验、情感享受；文化的经济特性决定了文化消费活动是一个经济运动的过程；文化的社会、政治特性决定了文化消费活动是一个社会和政治运动的过程"。① 而我国目前文化消费经济政策不到位，消费法制体系不健全，消费管理体制没有理顺，消费管理不善，文化市场秩序不规范，文化基础设施、文化消费权益、消费信息安全等宏观消费环境没有根本提升。文化的国家特性决定了文化消费活动是国家间竞争的运动过程。文化是一种软实力，而且有助于硬实力的提升。

以往金融危机之后促进经济复苏的经验表明，发展文化产业，从生产型产业向消费型产业转型，因此，这一关键阶段，需要充分利用文化资源，创新文化形式和内容，提供高质量、多类型的文化产品和服务，积极鼓励引导体验式消费，更新消费理念，使物质的消费加入审美的内容，寻求一种愉悦的体验。

（三）艺术品的经济转化

远在古希腊文明时代人们就提出过"市场和美学之间是盟友还是敌对关系"的命题多维度、多向度和动态地解读和把握这一对关系，显得尤为重要。我们需要找到一条既能保证艺术创作又能按照市场规律运作的道路，来体现艺术的经济价值。

1. 艺术品的民族标签

审美经济的时代，人们比以往任何时候都更加重视物质产品的精神性价值。诺贝尔经济学奖获得者斯蒂格勒和贝克尔 1977 年在他们的论文《偏好是无可争辩的》的观点，从音乐消费中产生的边际效用依赖于消费者已经消费的总量及其欣赏音乐的能力，而欣赏音乐的能力又是以往音乐消费的一个函数。简而言之，消费的越多，欣赏的能力越高。欣赏能力越高，就会更加激发消费者对该类文化品的兴趣和购买欲望。推而广之，其他文化产品也适用。国内消费者特别是青少年一旦对国外某种文化品产生强烈的归属感，慢慢地疏远自身文化，尤其是一代人都出现此类倾向的时候，这个国家的命运就岌岌可危了。著名美术家韩美林曾说："当前我国发展文化产业最需要解决的问题就是树立文化的民族形象。"他表示，发展文化产业首先应强调文化的民族性。

---

① 邓安球《消费经济》，2008 年第 2 期。

文化消费中的情感体验，其实就是通过一定的符号（包括仪式）对自我深层结构的深入（审美）或反复（游戏），以实现精神的回归。[①] 中华名族有丰富的文化资源，有不可复制的文化标签，这是数千年创造的精神财富。有生命力的民族文化艺术产品，本质上是能够以新的形式重新反映出民族特性的。美国人借中国的花木兰、龙文化资源创造了好莱坞式的《木兰》，而这些中国特色的文化标签却在重组中传达了某种美国精神。同样的，功夫、熊猫、中国山水风光，这些贯穿在《功夫熊猫》里的中国文化标签，却创作出一部说英语、做美国式鬼脸的彰显美国文化魅力的动画电影。艺术品的民族标签体现了民族特征和文化氛围，从而使消费者产生一种文化归属感。

2. 经济转化的三个层次

艺术经济价值的转化并非只有通过传统的市场买卖才能实现，艺术的经济又有以下三个层次。

第一层次就是卖产品本身。以图书为例，它是文艺家原始精神产品的物化，它实现价值需要进入市场经历一个过程：排版，印刷、包装、运输、宣传，甚至包括创作者创作期间的日常生活等耗费的人力物力都是可计量的，这些经济价值都需要靠市场来加以实现，而且市场是最现代化的实现方式。同样，其他如音像、演出、绘画等也是如此。

第二层次就是卖品牌。这个品牌是一种社会地位的彰显，是一种身份的象征。譬如：齐白石的名画、黄庭坚的真迹等等，拥有这些艺术品至少在外在上显示的是一个人的高雅。所以，这也是当今艺术品拍卖市场持续走红的一个原因。当然不排除有真正的艺术爱好者进行收藏。

第三层次就是融合在万事万物中的情感转化。以巴塞罗那为例，1820年以前，巴塞罗那是一个缺少艺术空间的城市，城市中的艺术品更是凤毛麟角，城市文化气氛一片惨淡。随着经济的发展，市民对文化艺术的需求越来越高，最终引发了 1860 年《赛尔达规划案》（Plan de Cerda）的实施。从国家的利益出发，指出建筑具有政治利益，所有的公共建筑物具有代表城市形象的作用。在这种意识的主导下，开始大量从事文化建设，加强城市形象的塑造，而衍生出来的文化政策相继出台。艺术经济律的"巴塞罗那"经验——艺术的运营会诱发众多经济因子的出现，积少成多，实

---

① 李思屈《审美经济与文化创意产业的本质特征》。

现城市的文化转身，创造出巨大的文化经济价值。[1]

　　传统的商业关系在"互为主体，互导共演，互相提升"[2] 的一次次精神文化性愉悦中被转化，逐步实现物质生活与精神生活的协同丰富。

────────────

　　[1]　范周《艺术经济律：在创意中熠熠生辉》。

　　[2]　张宇、张坤《大审美经济催育人类文明新生》，郑州大学学报（哲学社会科学版），2005年第 11 期。

文化美学形成的五条路径

杨 岚

一门学科的形成是精神发展内在逻辑、现实需求呼唤、相邻学科促进、杰出学人努力等多种因素共同作用的结果，文化美学也不例外。

文化美学是把人类的生存方式作为审美对象的学科，这是宏观的美学。人类对自身生存方式进行反思和观照，这是理性发展到相当高度的产物。文化美学的内容的积累有着漫长的历史，而作为一门学科建构，则是很晚近的事，西方自 20 世纪 50 年代后有文化美学（文化诗学）与文化批评的建构热潮，而中国是在 20 世纪 90 年代后才开始建构文化美学的。从广义来讲，对社会、历史、精神、艺术、人自身的系统性审美观照都属于文化美学，柏拉图的理想国、黑格尔的艺术哲学、康德的精神体系、维柯的诗性世界、卡西尔的符号学等均是文化美学的前身；狭义来看，文化美学不仅是对文化现象的审美，也是对人类生存方式的反思和重构。它是带有点超人视角、非功利色彩、类意识情怀的宏大叙事的美学，同时又是冲淡平和宽容多元的。虽然美学的理想向度不可避免地使文化美学在其形成过程中不时显露其批判文化现实的锐利思想锋芒。

文化美学是全球化时代文化广泛交流的产物，是生态文明建构阶段自然系统与文化系统矛盾充分暴露阶段的产物，也是高科技时代人类绝对优势和人类文明的空前风险高调碰撞的结果。文化美学在后现代主义解构废墟的精神空场中出现，对文化的整体性把握是其前提，在文化比较中以他者的眼光观照自身是其重要方法，对文化体系包含的价值系统的透彻分析是其逻辑基础，文艺学的扩张和美学自身转型形成其主干内容，现代性的反思与重构及日常生活审美的泛化构成其发展的现实基础。

一、文化作为一个整体进入审美视野

—— 文化人类学及文化研究理论的启示

审美是要把对象作为整体来清晰把握的，排斥任何混乱、无序、碎裂、恶无限和不可思议的混沌的东西（超出人的感官和理性可承受的范围），文化作为审美对象的前提是被人意识到，而不再是"百姓日用而不知"的无意识或潜意识的存在。

在文化人类学视野中，人类的不同的生存方式成为考察和认识对象，研究者把他者的生存方式作为对象，而研究成果以理论模型和田野调查中的实证案例描绘了人类文化形成的不同形态和各种可能的发育模式与方向，揭示了人的存在方式的多样性。人类学家在对原始部落的考察中理清了人类文化的发展脉络，人类学向民族学发展、向文化学过渡的过程中，对不同生存方式的作了宏观的整体性的考察，从他者的目光上升到超人类的视角，对人类文化的源流脉络规律走向等进行了系统全面的学术描述和科学解析，这为审美地把握文化奠定了坚实基础。今天文化旅游在民间盛行之际，对异域异族异质异向文化的这种审美性总体把握已成时尚，文化人类学的文化概念也便成为全球化时代的重要关键词而广泛流行。

美国学者克罗伯和克拉克洪在《文化，概念和定义的批判回顾》中列举了欧美对文化的一百六十多种定义。据英国文化史学者威廉斯（Raymond Williams）考证，从 18 世纪末开始，西方语言中的"Culture"一词的词义与用法发生了重大变化。从"自然成长"到"心灵习惯"，再到"知识状态"、"艺术总体"，到 19 世纪末，文化开始意指"一种物质上、知识上和精神上的整体生活方式"。文化指特定民族的生活方式而言，这一概念得到广泛共识。

著名人类学学者泰勒（Edward Burnett Tylor）在《原始文化》"关于文化的科学"一章中，这样给文化下定义："文化或文明，就其广泛的民族学意义来讲，是一复合整体，包括知识、信仰、艺术、道德、法律、习俗以及作为一个社会成员的人所习得的其他一切能力和习惯。"这个定义强调了文化的整体性，笔者认为这正是对人类生存方式及其成果进行总体观照的产物，可作为文化美学中的文化范畴前身。

文化美学中的文化概念可定义为：文化是人类生存方式的系统化。对文化的审美事实上是人类文明进入自觉阶段的标志，包含着在对人类生存方式的危机中的反思和重新抉择中的全新创造。按照美的规律生产和生活，应是人类理想生存方式的一种表达形式。

文化人类学视野中对文化的研究，从整体性把握到对民族性和地域性文化的细化比较，逐步厘清了人类文明的不同模式、不同命运的相互消长的历史进程。在民族学和文化进化论的背景中，文化强势导致的文化偏见将文化序列排成一个纵向的单线奋进的文化进步路线图，先进文化与落后文化判然分明，文化竞争的单一标准或为宗教、或为政治、或为经济，不时改变人类文明版图，一些曾经辉煌的文化衰落湮灭，一些曾经粗蛮的文化兴盛光大，文化的武力征服与和平传播，均在改变人文世界的格局。在文化传播论的横向渗透播撒中，不同文化圈、文化丛、文化群落在相互影响彼此制约中发展，文化的中心和重心也随之不断迁移，从北方到南方，从东部到西部，从平原到山川，从内陆到海岸，从宗教圣地到政治要津，从经济中心到文化重镇，从交通枢纽到信息源头，等等，在这不断迁移的文化景观图中，文化万花筒中的风云变幻与不同族群的兴衰悲欢，构成人类历史的悲喜剧，在地球这个大舞台上演出，直到 20 世纪人类文化逐步从进化、竞争到自觉建构（如可持续发展论、科学发展观）后才忽然被意识到。文化进化论的单线奋进和塔式等级图解与文化传播论的多中心扩散播撒，既有一定实证基础，也都带有一定的想象色彩。

民族学的研究既有文化猎奇性质也有功利性质，而功利性质的研究往往更易形成规模并引发大众兴趣和文化热潮。如初期掠夺性的寻宝热促进了对古老神秘的亚文化研究，而后在战争中对敌对国的国民性的描述中深化，这类研究不可避免地带有强烈的功利性和文化偏见，不仅表现在探宝探险的游记的夸张性描述，也表现在宗主国对殖民地文化的贬抑性介绍，也表现在敌对国相互的妖魔化的文化漫画像中，还表现在后殖民主义的扭曲性叙事和奴化心理下的无意识去势的文化行为中。因此文化人类学从描述走向科学的过程中，有不少闪烁天才想象力的漫画式成就，流布甚广而学术价值有限，可做学术随笔和文化散文品读。

文化学的功能主义和结构主义流派的研究（英国为代表）则更接近原理性探索，在关于文化体系、要素、结构、演进、传播、模式、规律、动力、思维方式、价值系统、知识体系、行为方式、制度组织、仪礼节庆、风俗习惯、器物及艺术活动等方面，逐步深入细致，人类丰富多彩的生存方式在学术视野中被理性地分析和审视。而文化学的社会学研究（法国为代表）和历史主义研究（美国为代表）则在文化共同体的内部一致性和外部差异性的研究方面各有千秋。二战以后，随着第三世界国家的独立和崛起，文化人类学的跨文化视野和与具体学科的结合中分化、比较中整合的趋势越来越明确，从科学化重归人文化，从中心论走向多元论，从比较中揭示局限性，人类对自我生存方式的认知越来越趋于理性和客观，也更具类意识和类情怀的开放与宽容。文化作为审美对象，必要的"审美距离"应逐步拉开，这给文化美学的诞生提供了前提。不识庐山真面目，只缘身在此山中，人类对自身生存方式的审美是需要超越性视野和眼光的。

对于文化美学学科形成来讲，文化人类学的重要贡献在于提供了一个整体、宏观、系统的文化观，人类文化——人类的生存方式的系统化——以其全貌进入文化反思和文化审美视域，人类从自发生存进入自觉生存状态，并有意识地选择、改造、创建自己新的生存方式，文化模式成为类似群体行为艺术的观照对象，"倘若人们着眼于文化的整体，那么其内在的一致性和奥妙就如任何一项艺术品一样，将为未来的探索者提供同样的美学上的满足"。① 文化人类学与符号学美学、阐释学美学、经验美学等构成了交叉学科。

20 世纪 70 年代以后，文化比较研究、文化传播研究、文化现代化研究、文化冲突与文化战略研究、世界性文化产业和文化市场的发展研究、文化软实力研究、大众文化消费与文化审美研究、文化霸权和文化殖民的研究等不断把文化研究推向学术、政治和精神文化的中心位置。文化研究在西方发达国家一度成为热点，并在紧张思索和探索发展出路的欠发达地区迅速传播并得到广泛响应或强烈震动。如法兰克福学派的文化批判理论全面反思人类现代文明的弊端，并对人文文化与科技文化的矛盾透彻解析；英国伯明翰学派的大众文化研究理论凸显现代文化的特质，并对阶层文化和审美意识形态实质进行了揭示；当代生活美学、世界文化体系和消费文化研究的热潮，将人类多样的生存方式展示在全球化的文化舞台上，也在奠定文化美学的基础。世纪交替之际，文化研究已成显学。

中国的"文化"观念早期强调"文治教化"，强调典章制度、伦理风俗的渗透性影响，是与武力征服、严刑峻法等对立的"柔道"，与宗教、

---

① 美国著名的人类学家玛格丽特·米德在给本尼迪克特的《文化模式》所作的序言，参见 [美] 鲁思·本尼迪克特《文化模式》，浙江人民出版社 1987 年版，第 3 页。

伦理、政治、文艺等密切相关（如南齐王融在《三月三日曲水诗序》中写道："设神理以景俗，敷文化以柔道。"）。儒释道三家均有其文化之道。现代文化研究是在民族文化的危机中催生的，20世纪20年代的文化争论热潮是以探讨中国文化的现代出路为主题，无论是谋求出路的西化派、新儒家学派、本土文化派、唯物史观派，还是顽固守旧的东方文化派、复古派、国粹派等，都是在关注中华文化文化的命运前提下的思考，即使是结论相反的派别，在思维方式和论证方式上也共同体现出中国文化的强大惯性。其中梁漱溟的文化三路向（中西印）说，朱谦之的《文化哲学》的四中心（宗教、哲学、科学、艺术）论，已在"整齐好玩"（胡适语）的形式和借助想象把握超宏观对象的规律探索中，透露出文化美学研究的气息。而鲁迅的国民劣根性批判与林语堂、周作人等的中国文化审美性解读，构成试图超越本族性视野局限的文化美学的批判性锋芒和陶然忘我的生活意境把握的两个极端。

20世纪80年代的"文化热"中再度提出中国现代文化的出路和现代化发展模式问题，从文化表征到思维方式比较，从理论移植到现实批判，从思想启蒙到艺术实践，从精英反叛到大众附和，与中国社会现代化进程相伴随的文化现代化进程迅猛席卷全国。90年代文化研究进入冷静的文化哲学建构阶段，文化发展模式的选择不仅是学界热点也是政府重任，文化较量成为信息文明阶段的竞争焦点，同时日常生活审美化的热潮在大众文化层面蔓延，文化观光旅游活动本身成为全球化时代的文化景观之一，文化美学的理论与实践基础同时具备。费孝通的"各美其美，美人之美，美美与共，天下大同"的文化美学设想，和美学领域中审美文化人类学、艺术人类学、中国美学体系研究、民族美学研究、东方美学等的架构，以及审美文化、文化产业、文化消费、文化市场等研究，都在这条路径上。

二、文化模式、生存方式成为审美分析对象
——文化哲学对文化美学的意义

从西方学科分类来讲，美学是哲学的二级学科，当哲学的目光聚焦点从自然界转向认知论、实践论，而后转向价值观时，哲学体系发生了新的转化，哲学学科的覆盖范围、致思方式、表述方式、学科发展方向等随之变化。当哲学以自然哲学为核心基础时，美学也重在探寻美的根源、本

质、客观基础和形式规律；当哲学把认识论作为核心问题时，美学的重心转向美感分析，当哲学以实践论为核心时，生存哲学成为主流，美学以审美心理和艺术实践为重要对象；当哲学以价值论为核心，因价值观是文化体系的核心，文化哲学成为当代哲学的主要表达形式，在美学中审美文化研究、日常生活分析、文化生产与消费、文化资源开发利用、文化遗产保护、文化发展战略规划等成为研究重点，文化美学研究成为当代美学的典型形式。

文化哲学与文化人类学、文化社会学的研究视角不同，它把文化表征和现象只作为入思的引子而非主要研究对象，把精力集中于探索纷繁复杂的现象背后的深层本质与共性规律，或揭示和解构已成的文化定式和符号系统的"客观"景象背后的人类主观逻辑架构，或在文明冲突文化融合的背景中把握人类文明的发展趋势和终极命运，体现出一种理性基础上的"超人类"的视角（当然更能超越民族的种族的国家的地域的制度的界限）和超越感性局限的冷静与客观。文化哲学把人文世界作为其主要对象，而超越了文化人类学的现象描绘和文化社会学的行为解释，进入一种哲学的总体性、反思性、批判性、解析与建构并举的思维真空，逼显具体性的复杂现象中的抽象规律，揭示简明的抽象图示中所涵括的丰富的具体。

文化哲学也可看作哲学从抽象思辨转向具体化的学科分化方向上的的产物，如与自然哲学相对应的文化哲学，是以人文世界为研究对象的学科；人文世界可分为人类创造的物质世界、人类社会的组织制度世界、人类的明晰系统的精神文化世界和复杂混沌的观念心理世界等，相应的也可产生文化科学、文化政治学、文化社会学、文化哲学、文化心理学等学科。人的生存可以是个体的或群体的生存方式，在其现实性上又可分为人生哲学和社会哲学；社会按其结构又可分经济、政治、文化观念几个层次，相对应也可产生经济哲学、政治哲学和文化哲学（狭义的）。

狭义的文化哲学主要是一种精神哲学，以人类的主观世界及其精神产物为对象，而这一分化方向又在发展中与古典哲学的崇高意趣在更高层面上不期而遇。学科分化与思维整合都可通往文化哲学的殿堂。

广义的文化哲学是人类生存哲学，作为哲学二级学科的美学，作为文化哲学中孵化的文化美学，更明确地指向人类理想生存方式。

文化美学指向人类精神系统的更人性化的、更形式化的层面，在人类精神的知性、情感、意志的三个向度中，更偏向情感方向，在其表现形式上，更亲和艺术，在其反思层面上也靠近文化批评和艺术品评，这些特征使文化美学既与传统美学相区别，又比传统美学更明确地体现出美学的独特情趣，从容量上看，文化美学是扩充了的美学，从品质上看，文化美学是锐化了的美学。

寻求人文世界的自然基础，探索主观世界的客观规律，始终是文化哲学的主题。尤其在以自然哲学、自然科学为基础的西方文化体系中，人文世界始终是有规则的宇宙世界中的一个环节，人类文化是自然世界的神经末梢，无论是在神话世界、宗教世界还是自然科学世界或生态世界的背景中，人类文明都是与宇宙万物血脉相连的一部分，有着不以任何个人或阶级或种族、民族的主观意志为转移的客观规律，这一对自然敬畏的心理根基，既在人类弱势的时代产生了宗教泛化的文化体系，也在人类强势的时代产生了科学泛化的文化体系，而宗教和科学都基于对超越人类力量的客观力量（造物主或自然）的尊重，抑制了了人类妄自尊大，拓展了因人类认知能力局限和专断而形成的逼仄而封闭的精神空间。从亚里斯多德的学科体系构建，到康德、黑格尔的精神哲学系统，都是把自然与人文贯通一体的并强调人文服从自然原则的宏大系统，与东方哲学中强调天人合一而以人为中心，在实际思维中往往以主观替代客观，以天去合人的倾向有所区别。古典哲学解体后，无论是维柯的关于人类社会的新科学，还是孔德的社会物理学，亦或是马克思恩格斯的唯物史观、自然辩证法，舍勒的宇宙论的人类学，哈特曼的主体精神等，20 世纪的社会科学体系和人文科学体系架构，均体现出探寻人文世界客观规律的科学精神，即使是现象学的本质还原和符号学的抽象演绎，以及 20 世纪愈演愈烈的"价值哲学"（文德尔班、李凯尔特）价值科学、卡西尔的人类文化哲学（国内影响较大的译本是其《人论》）、走向生态伦理学的"文化哲学"（施韦泽），也往往力求体现出一种超越性的淡定公允，而非宗教精神、伦理精神或艺术精神的常有的热烈与偏颇。这与东方思维的人本惯性有明显的文化差异。

文化哲学通过对不同文化模式的理想与现实的张力系统的解析，对不同种族、不同阶层、不同社区、不同制度文化的文化逻辑进行揭示，包括现实主义的现代性启蒙逻辑、现代主义多元形式不断变幻的反逻辑表征、后现代的文化矛盾和文化貌似无逻辑状态（按詹姆逊的说法，后现代主义就是后期资本主义的文化逻辑），对彻底改变人类生存方式，使人类从依赖自然的被动生存到依赖科技的"主动"生存（从农耕文明到工商文明）、从具体的物理生存到抽象虚拟的生存（从工商文明到信息文明）、从为己的人本的生存到负责的共存生存（从高科技文明到生态文明）的整个现代化历程的文化变迁轨迹和文化内在机制转化的动力、原因、趋向等层层揭示，对日渐庞杂的人类文明进行理性梳理和清醒反思，即使在现代科技理性的无限切割、精英文化的迷茫落寞和后现代大众文化的狂欢喧嚣中，文化哲学的总体性视野、批判性锋芒和冷静解析的洞察力仍然保持下来，并成为时代精神的前锋。

文化哲学是现代性精神的集中体现形式，从人文主义、人道主义、人本主义、人格主义到超越人类中心主义；从文艺复兴、启蒙运动、民主民族革命风暴、乌托邦冲动与反思、现代性建构与批判，到后工业文明消费时代的叛逆与虚无；从文化人类学、文化社会学、文化心理学、文化哲学、文化美学的一路演进；从人类学的热潮、民族学的兴盛、哲学与文艺学联盟、文化批判与文化分析在学院和大众传媒中走红，到弗洛伊德主义进入影视文化和大众话语，法兰克福学派对科技理性统治的全方位冲击被低科技的第三世界思想界广泛接受，伯明翰文化研究学派对普通大众文化的研究导引了消费时尚，一直到 2002 年 6 月 27 日伯明翰大学文化研究中心关闭（标志学院派文化研究逊位），文化精神却走向和渗透民间直到底层。目前文化理论对边缘文化、亚文化、少数民族文化、新兴部落（群体、社区、地域、年龄层）文化、性别文化、殖民文化、工人文化、第三世界文化、底层文化、灭绝中文化、残存文化、文化遗产等的研究日渐深入，在文化生态危机中，在全球化时代的文化同质化的大潮中，文化哲学构成中流砥柱，在解析文化帝国主义、文化沙文主义、文化中心主义、文化殖民主义、文化取消主义的过程中，把主流与支流、中心与边缘、上层与下层、雅与俗、精英与大众、强势与弱势、传统与现代、学术与商业、艺术与生活、科学理性与人文情怀等等看得见的和看不见的壁垒一一攻破，文化研究的"无间道"使它成为精神沟通的立交桥。

在信息文明时代高等教育普及，文化研究一度成为最广泛的第二选修专业，在培养工具性人才的职业教育体制下，人的全面发展、自由发展的生存理想从未泯灭过，文化哲学探索理想生存方式，反思现实生存方式、批判异化生存方式，追求更加人性化的自然而美好的生存方式——无论是诗意生存的陶醉还是自由生存的奋斗，这是人类文化发展内在的动力和真实的需求，因而文化哲学的生命力是旺盛而久长的。

在中国，经历了 20 世纪 80 年代的现代性再度启蒙，到 90 年代迅速进入人的哲学（人学）、社会哲学、文化哲学的建构期，哲学的具体化、文化学的理论升华、社会发展的理性探索、文艺学的去意识形态化、经济政治的全球化，都在推涌一个新学科的出现，文化哲学应势而生。从功利性的纵向的文化比较，到审美性的横向的文化鉴赏，文化哲学从 20 世纪早期的文化出路探寻中对本族传统文化的沉痛反思和无情批判、对异族文化的警惕排斥或热烈推崇的情绪化泥潭中挣脱出来，理性的分析和审美的平和使文化从凹凸镜下逸出，去神圣化、去理想化、去妖魔化、去偏见化，文化的真实面目袒露，文化不再是民族偏见的有色眼镜下的政治漫画、也不是艺术夸张下的异域风情展览，而切实变成了科学的对象、哲学的对象，也在理性的基础上，成为审美的对象。

中国的文化哲学研究重点多放在文化模式和方向的梳理分析（朱谦之《文化哲学》1935、梁漱溟《东西文化及其哲学》1920）、探索文化现代化道路（李鹏程《当代文化哲学沉思》）、文化发展模式选择、文化比较分析（《求是学刊》"文化哲学研究"专栏等）、以马克思主义哲学方法研究文化问题（许苏民《文化哲学》）、文化学的哲学提升等方面，与中国文化实践探索密切相关，集中在文化的社会制度层面，现实性功利性较强，而从人类类意识出发、从个体文化心理角度的深入下去的研究不多，对高科技时代的文化困境和变异、全球化时代的文化冲突和杂交、消费时代的文化传播和流变等问题，思考多追随西方学者，在一轮轮的文化热潮中，现实问题的理论总结居多，真正学理性的学科建构和科学探讨不多，这对文化美学的发育的直接促进作用有限。衣俊卿的《文化哲学》点明主旨是作为理论理性和实践理性之交汇处的日常生活进行批判分析，邹广文的《文化哲学的当代视野》（1994）涉及审美文化与审美人生，杨善民、韩锋的《文化哲学》（2002）把中国传统哲学归结为文化哲学，对文化发生、形态、系统、主体、价值、流动、冲突、传统、未来等问题进行宏观描述，赵汀阳的富有个性的文化哲学思考，与文化美学需要的理论基础和旨趣也比较接近。

三、传统精神符号系统的解析与现代艺术符号系统的重构
——文艺美学的拓展与升华

一些中国学者认为文艺美学是自 20 世纪 80 年代以来中国学术界对世界美学领域的富有原创性的理论贡献之一。① 的确，文艺美学是近 30 年来中国文化界一个相当活跃的理论生长点，胡经之、杜书瀛、周来祥、曾繁仁等的文艺美学教程在众多大学作为教材使用。童庆炳、陶东风、金元浦、王岳川、王一川、凌继尧、姚文放等学者关于文艺美学向文化研究、文化美学过渡的论述也引人注目。

文艺美学在美学的具体化、文学研究的拓展化、艺术学研究的升华的方向上交汇而生，但它并不是横空出世的新学科，西方传统诗学研究的是不同艺术形式背后共同的艺术规律，如亚里士多德的诗学，不仅研究史诗，也研究悲剧、喜剧，并且西方惯于将语言艺术与建筑、绘画、雕刻艺术并论，进行对比研究，这应该是典型的文艺美学。中国的艺术品评系统如文论、诗论、词论、画论、书论等也是文艺美学的重要理论资源。在改革开放之后，中国大陆突出文艺美学的位置主要是强调文艺的审美特性和创美规律，以挣脱意识形态的严密控制，突出文艺的相对独立性，打开其相对自由的发展空间。文艺美学学科建构、发展，直至进入学科体系，成为目前不少大学的硕士点、博士点，取得引人注目的学术成绩，并带动了人文学科整体的活跃。

文艺美学的"重生"是对美学的哲学化（抽象化）、社会学化（政治化）、心理学化（科学化）、文本细读和语言分析化（细碎化）、大众文化研究（通俗化）等发展方向的一种反拨，既是一种从宏大叙事的高空降落，也是一种从感性体验和技术性环节的升华，保持了宏观视角，又贴近文艺实践，是极具生命力和发展前景的方向。文艺美学走向文化美学，是强有力的扩张，文艺美学走向部门艺术美学，是内行看门道的深化，文艺美学在美学（艺术哲学）、文艺学、艺术学的旋涡中积聚能量扩展论域，势必与文化美学不期而遇。

从文化美学的角度看，文艺美学中文化研究是基于艺术文本的，这是

---

① 参见曾繁仁《回顾与反思——文艺美学 30 年》，《华中师范大学学报》2007 年 5 月。

精神文化系统的次生物和衍生物，同时，也是在文化资源、思想原材料、艺术原创产品基础上的精神深加工过程，文艺美学在提升文化理解力、文化鉴赏力、文艺创造力等方面有重要功能，也是沟通精英文化和大众文化的重要桥梁，还是突破显性意识形态控制、揭示隐形意识形态实质的锐利思想武器。文艺美学是介于文化批判和艺术批评之间的理论形式，目前文化美学主要有三个发展向度，即文化生态学（哲学美学方向）、文艺美学（艺术哲学方向）、生活美学（实用美学方向），文艺美学是其中的与传统美学和精英文化及大众品位都息息相通的中间环节，是文化美学中极具张力和潜力的环节。

传统文艺美学与哲学美学区别，突出其艺术特性，注重情感（内容）和形式（技巧）方面的普遍规律研究；现代文艺美学与生活美学拉开距离，突出其精神性质、人文情怀、精英理念和艺术个性，与受工业化和商业化生产消费模式影响的大众生活审美化潮流谨慎交流，保持独立性，因而体现出身居时尚中心而心向超越之境的美学追求。一方面，文艺美学从哲学美学的理论宝库中吸取方法，成为文化美学中生动活泼的分支；另一方面，文艺美学擅长以成熟艺术理论模式研究新生文化现象，给物质世界赋予意义光环、把生存方式纳入行为艺术，把工业生产引向艺术设计，把文化消费引向审美创意，把艺术创作引入日常生活，进一步模糊了艺术与生活的界限，不是通过放低文艺姿态，为工农兵服务，实现艺术下乡；而是通过提升生活、美化生活、普及美学、拓展艺术来促进诗意生存。

文艺美学在对艺术产品系统的整理整合的过程中，保存了语言艺术辉煌时代最精致的精神成就的深度精华，并在新视听时代的音像艺术、数字艺术的发展中提供强有力的精神支持，今天的物质世界的文化化、大众文化的精致化、传统艺术的现代化、现代艺术的生活化，都与文艺学、文艺美学的发展相辅相成。

文艺美学的兴盛也是文学和艺术发展进入高度自觉阶段的标识。大规模的艺术社会化、机械化、产业化生产，与艺术产品大规模的商业化、市场化、大众化的流通和传播，或者文化工业与文化消费，均需要系统的理论基础和成熟的技术支撑，以及广泛的群众共识基础，这是在发达工商文明和信息文明基础上奠定的精神生产方式和精神生活方式，按照美的规律生产、以艺术化方式生存，成为大众文化目标。文艺美学应时代之需扩容和转型看来势不可挡。

这是一个生活美学普及的消费时代，不再是特权阶层和精英阶层才有生活美化的愿望和能力，才有引领时尚代表时代的资格，而是各阶层、各民族的文化理想和生活方式都可能在美学趣味和文化品位中占据一席，这种生活美学理想，与柏拉图的政治美学理想，各大宗教的宗教美学理想、儒家的伦理美学理想，乌托邦的社会美学理想、高科技时代的生态美学理想等，应该说是等值的文化美学理想。

这是个艺术走向日常生活的时代，都市中心的剧场舞台展馆萎缩，家庭中心的银屏、展台、网络兴盛，掌中手机信息传递替代纸媒，艺术品作为生活用品进入视界，作为消费品满足精神需求，艺术的神圣性神秘性消失，生活本身成为演出，节奏性、色彩感、诗情画意、戏剧性、银幕形象、叙事技巧、创意设计、广告效果等在日常生活、工作中成为生存技能和形式，每个人的生活都成为一次次出场，人人在努力成功扮演角色，社会搭台，个人唱戏，时代脚本都市舞台时尚套路明星示范，与好莱坞梦工厂的制作有类似性。艺术复制品在客厅卧室甚至厨房卫生间摆设，与人们零距离接触，美学规律不再是秘而不宣的高深学问，而成为技术流程和生活常识，生活艺术化的浪潮使脱离生活的艺术成为博物馆艺术，接受美学成为当代美学的主流形式，艺术不再为生活导航而致力于为生活服务，这改变了文艺学的中心和原则，使文艺美学的精英标准与大众文化产业和市场的时尚标准成为日渐分化的两极。

从文艺美学的发展来看，有三方面的探索对文化美学有重要意义：文学史写作中审美标准的变化、审美现代性探索、审美意识形态研究。

文学史和艺术发展史的写作是对精神生产状况的反思和整理，并对以后的精神发展方向有重要影响。20世纪80年代后中国的当代文学史写作中逐步淡化政治标准，突出审美标准，是精神走向自由的一段艰辛历程。而审美现代性的研究则与中国开放进程中在精神上与国际接轨的愿望相通，与文艺学领域的人文精神相辅相成。审美意识形态则是一个进退自如的范畴，在西方当代美学中揭示大众文化中隐蔽的意识形态控制性是先锋思想，在中国语境中强调审美在意识形态系统中的特殊性，模糊阵线以求得生存，为精英文化和通俗文化在主流文化控制之外的生存发展挤出空间，则成为学术策略。事实上，德国浪漫主义、英国新批评派、俄国形式主义、中国的美学超越等，都是在严密而精致的保守文化系统中的突围之举，以退为进，远交近攻，从文艺为政治服务、为劳动者服务，到文艺为市场服务，传达中产阶层趣味，其实不过是扩展而非对立对抗，文艺美学的自由追求是在散漫中顺流而下而实现，缺乏崇高的人文承当，但从文艺美学到文化美学的拓展依然卓有成效。

还应该注意的是，中国传统美学中，艺术与生活、文艺与社会、文艺与文化的关系本来是一体的，文人与文艺的作为伦理和政治的工具性功能始终是主流意识形态极力强调的，这种语境下，文艺的相对独立性的建构一直比较困难，文艺美学的疏离就是一种消极对抗，这与西方独立精神系统与社会现实力量抗衡的传统大相径庭，因此西方文化批判和文化研究的回归生活关注现实服务大众的倾向，在当代西方文化中是现代性后现代性十足的文化革命，而对于中国文化系统而言，思想的纯粹理论空间的开辟、文艺的独立性地位的奠定，审美价值的强调，审美意识形态特殊性的厘清，精英品位与大众情趣的各趋其极的自由发展，新媒体艺术对传统文化疏离等，也具有强烈的文化革命意味。文艺美学在中国的发展，固然得益于因翻译发达而几乎同步的全球化时代的当代文化研究，对中国文化系统稀缺而现代化进程必需的西方古典美学、近现代美学资源的开发利用，也是必不可少的。

对图像艺术、声音艺术、广告艺术、文化产业和市场的研究，在文艺美学的的发展中越来越成为新兴热点，在文学、绘画、书法、园林、音乐、舞蹈、建筑、雕刻、服饰、美食、养生中发展起来的传统美学范畴系统，在经济美学、社会美学、生态美学的大背景中不断拓展。中国文艺美学在文字语言艺术优势渐失的新视听时代进入集大成的总结提升期，在精英文化趣味被通俗文化冲击渐衰的后现代主义盛行的时代进入理论上逻辑建构的黄金期，有点类似清末学术的回光返照式的辉煌，有点"最后的贵族"的无奈和悲哀意味。

在中国，文艺美学发端于文学美学，兴盛于艺术美学，滥觞于生活美学（实践美学植根于生产实践和生活实践，对应于社会美学、经济美学、科学美学与日常生活美学）。文学美学的优势地位突出，这是语言文字时代的烙印，前文字时代的符号系统是混沌一体的，身体语言、声音语言、图像语言、物化语言发达，文字时代则大大强化了语言的抽象性、概括性、逻辑性、运算性，使思维有了飞跃性发展，后文学时代的符号系统再度混沌，统觉性语言、多媒体媒介、网络化传播、文化系统杂交成为时代标志，全球化时代文化符号交流的重心在表象语言而不在贴近心灵和精神复杂现象的文字语言，绘画、音乐、建筑、雕塑之类直观的无国界语言更具交流融合优势，文字的逻辑性、理性与数字技术结合成为文化的内在结构，可构成信息文明时代人们的思维背景。文艺美学在精神系统与大众生存方式之间架构了桥梁，在历来重视文艺教化百姓、引领社会变革功能的中国文化系统中，文艺美学还会在相当长的时期起到举足轻重的作用。文艺美学在文化美学的发展中，总处于前锋的位置上。

四、从艺术哲学到文化美学
——美学自身发展的内在逻辑

梳理这部分资料时，我注意到了这篇文章：斯洛文尼亚科学艺术研究院教授，哲学研究所所长，第 14 届国际美学协会主席，原世界美学学会会主席，阿列西·埃尔耶维奇（1951—　）的《美学：艺术哲学，还是文化哲学》①，应该说这是一篇有中国人惯见的宏大叙事风格的、同步梳理显现当代西方的一些重要美学主张的文章，在他看来，美学作为艺术哲学在黑格尔的理论体系中已达到高峰，"黑格尔的美学与艺术哲学的一致性和以艺术代替自然作为审美反映基本目标的观点，标志着一个关键的历史时刻。因为它不仅把美学当做艺术哲学，而且通过减少它的主体——艺术——的历史重要性，揭示出哲学理念与感性形式关联性的终结。"（这一终结也预示着"艺术的终结"，当然是传统艺术在高科技时代的终结。笔者注）法兰克福学派的精英立场的文化批判阻滞了对大众消费文化的正面理解和客观分析，欧洲文化研究倾向于把文化看作不同阶层的意识形态冲突的表达（社会政治性质的，笔者注），直到鲍德里亚才从中立观点研究文化现象（经济科技性质的，笔者注）。而被中国人认为是后现代主义代表的詹姆逊，阿列西·埃尔耶维奇指出其具有"令人惊异的传统性"和"黑格尔主义的背景"，并且在精英性质的现代主义艺术和大众性质的后现代艺术之间陷入理论困境。"对詹姆逊而言，这应该是一个理论的失败，而利奥塔则是一个成功者，因为他在自己的著作里准确而清晰地讲出了后现代主义艺术的主要特征。"需要公认的现代艺术家被只需自认的后现代艺术家挤出文化市场，高雅艺术被大众文化替代、批判性精神让位于肯定

---

① 席格译《美学：艺术哲学，还是文化哲学》，《郑州大学学报》2003 年 2 月。

性消费文化，"也许艺术已经失去了它批判性的、揭示存在本质的功能，但即便如此，这种'艺术终结'的事实也不得不被关注、被阐释，并以哲学的方式做出回应。""由于文化形式的丰富多样性，各种文化哲学（更多地作为一种理论上的自我省察而不是科学性的文化研究）必定会得到发展，而且像本文所展示的，它已经在发展着。但值得谨记的是，真正的哲学总是一方面保持着它与自身历史和社会的联系，另一方面也保持着它自我反省和自我批判的本质。只要在这一脉络中继续努力，我们就有充分的理由期待一个'文化哲学'王国的出现。"

用这么大篇幅来介绍这篇文章，是因为这是一篇全球化时代东西方学术视野融合的作品，本身是个有趣的文化现象，它的解释力和阐释空间超过了作者的民族文化背景。这正是文化美学的情趣和品格所在。

西方美学在中文翻译视野中（翻译资料的选择和异质文化的传播总是不可避免带有他者的需求、想象、误读、裁剪、改造的痕迹）呈现出一个重心不断迁移的发展序列：从美的本质论（哲学美学、神学美学）、美的认知论（哲学美学、科学美学）、审美体验论（心理学美学）、审美实践论（社会学美学，伦理美学、政治美学）、到审美经验论（生活美学）、审美价值论（文化美学）、审美传播论（接受美学）。研究重心从艺术形式、理念形式向实践形式、生活形式、意义形式过渡，分析重点从艺术作品、艺术家、艺术创作向艺术欣赏、艺术受众、艺术产业、艺术市场过渡，艺术泛化、美学开放的倾向越来越明显。作为一个学科，从鲍姆嘉通创立的感性学、康德的对应情感领域的判断力批判，黑格尔的艺术哲学，均把美学作为精神体系的底座；现象学美学试图探索探索主观世界的客观规律，形式主义美学、科学美学、分析美学等也走在利用科学方法研究人文艺术的路径上；符号学美学则拓展了艺术领域，把所有精神形式一体化，开辟了当代美学新视野，解释学美学、经验美学、接受美学、生活美学、文化美学、传播美学等才可能在"艺术终结"、"美学终结"的黑暗背景中走向前台。看得出来，当代西方美学自创立以来正从感性美学发端、走向理性美学极致，又走向超理性的新感性美学的境地；美学从精神系统中分离出来，不断裂变拓展，经由分析美学的峡谷，走向文化美学的开阔地。

文化美学作为美学的的新形态是后工业社会的产物，与全球化时代、高科技思维、后现代主义、新视听文化、网络传播媒介等息息相关，古典时期的靠悠久时间打磨的精致艺术衰亡了，现代时期的靠理性构建的精神摩天大厦坍塌了，在时空浓缩的后现代时期，科技创新与文化寻根的双向反向拉伸，使文化迅速平面化、世俗化、物质化、机械化、生活化、商品化、一体化，精神深度高度的丧失，与精神广度的扩张以及大众精神发展普遍水准提升（信息文明时代高等教育普及）是同时进行的。物质生产和流通在引入美的规律（如设计与广告的普遍应用），物质生活形式化和意义化（日常生活审美化），精神生产和传播则丧失个体创造的整体性和情真意切，走向批量生产、集体流程作业的的冷静规范，精神生活也失去个体心灵的隐秘和集体信仰的崇高而走向取悦感官的通俗化娱乐化。

事实上，人类的物质生存与经济科技挂钩，变动迅速（超前性），往往生存方式已改变而意义解释姗姗来迟，体现出"文化无意识"的特征，革命者、时尚风往往来自基层。而精神生存与社会机制文化传统联动，有相当的稳定性（滞后性），在后工业社会，精神领域中体现的恰是工业化、商业化时代的典型特征。后现代文化的"反文化"特征是显而易见的，但马尔库塞的新感性、贝尔的新宗教、哈贝马斯的新理性、利奥塔的新话语、詹姆逊的新美学逻辑等可能的拯救设想也在被所向披靡的后现代文化蚀解消解中。

在解构风潮造就的精神空场中，20 世纪 80 年代英美文化界流行的新历史主义则一反语言学转向的冷漠、形式主义分析的琐屑、解构主义的虚无，重现社会政治批评的锋芒、历史文化语境的温度、思想意义的整体性系统性，在一片嘻哈游戏风中体现出久违的可贵可敬的建构性，又不同于旧历史主义的线性历史观的简单、独断论的专制、乌托邦的虚幻，而是发展出一种利于反抗美学技术化（文本中心、语义操作），重现美学人文性（主体自觉自主、破除隐性意识形态控制）的"新历史诗学"。其中格林布拉特（1943—　，美国柏克莱大学教授）的"文化诗学"（代表作《文艺复兴时期的自我塑造：从莫尔到莎士比亚》1980），从心灵史中看自我意识塑造和人性发展，在历史语境中探索文学解码和心灵对话，将文学的文化研究内化（中国文艺学领域一般认为文化研究是文学的外部研究）；海登－怀特的《元历史：19 世纪欧洲的历史想象》（1973）对历史文本的诗意深层结构、预想形式及表达形式的研究，打破了历史话语与文学话语的界限，真正实现文化思维的综合性和系统性。可以说，"历史文化诗学"是文化美学的一种重要形态，而新历史主义的艺术批评是文化批评（文化美学的实践形式）的重要范式。

在文化美学的建构中的精神版图中，后殖民主义（第三世界文化、东方文化）、女性主义（第二性文化）、青年文化（新生文化）、新媒体文化（视觉听觉文化、网络文化）等都是在文化民主主义浪潮中新获独立的生机勃勃的精神部落，是挑战中心文化的边缘力量，是反抗精神统治权力系统的革命先锋，其美学主张和审美趣味带有明显的反主流、反精英、反本质、去中心的颠覆性质，与从西方发达社会精英文化中生发的以反思和重写现代性为主旨的后现代主义殊途同归、心心相印，这真是历史的反讽、文化的喜剧、精神的悖论，巨有审美意味。

中国美学的发展深受西方美学的影响和导向，"五四"新文化运动时期美学作为改造国民性和促进新文艺的武器引入，崇尚文治传统的文化背景使美学功能放大；50年代美学大讨论中，美学作为马克思主义学术体制建构中的活跃多变的有机组成部分而争取存在权利，美的主观论、客观论、主客观统一论、客观性与社会性的统一论等论点带有那个时代的哲学话题话语的鲜明印记，而美学的超越性、自由性和潜在反叛因子也注定其格外引人注目。20世纪80年代美学成为中国大陆现代性二度启蒙的先锋，美学热既带动着西方精神文化的全面输入，也引领着中国现代文化建设的精神走向。朱光潜、宗白华、李泽厚、蔡仪、王朝闻、蒋孔阳、吕荧、高尔泰等当时有学术明星之态，一如今日之易中天、于丹。李泽厚的实践美学影响至今犹存，所谓新实践论美学、反实践论美学、后实践美学等均以继承或批判其为理论起点。

在关于美学史的基础性系统研究工程中，朱光潜的《西方美学史》奠定了研究基础，李泽厚主持的美学译文丛书影响深远，汝信主编的四卷本的《西方美学史》（2005－2008，中国社会科学出版社）集老中青三代学者8年之力，代表了目前中国学者对西方美学的了解和研究水平；在中国美学史的研究方面，李泽厚的《美的历程》人气够高，李泽厚、刘纲纪的《中国美学史》和叶朗的《中国美学史大纲》成了报考美学专业研究生的必读本，而叶朗主编的《中国历代美学文库》（19册，高等教育出版社2003年12月出版）初步梳理集合驳杂浩繁的中国美学资源，对以后的深入研究有益。

他山之石可以攻玉，"石"（方法）尽可以取之各方，"玉"（观念）一般还是出于本土的，尤其从文化美学的观点看，美就是一种文化趣味，知识系统可通行，情趣心态却难致，中国学者在世界美学大会讲西方美学，多半像大山（加拿大人马克·罗斯韦尔（Mark Rowswell）的中文名字）在春节晚会说相声，虽然笑声喝彩声不断，大家都知道怎么回事。即便语言完全不成问题，如海外汉学家、唐人街的香蕉人，北京胡同里的中国通，要想在理性层面和感性层面、有意识的部分和无意识的部分把异质文化融通，那也是相当困难的，文化杂交新种诞生需要时间和环境的长期作用，还得有那能活命的内在生机贯通。中国美学家的成就可能还是在有中国特色的美学思想建构中。如王国维的意境美学开山，宗白华的《美学散步》《艺境》等辟路，钱钟书的《管锥篇》、徐复观《中国艺术精神》等颇得中国美学神韵。近 30 年来，中国美学家的构建美学体系的勇气和热情一直高涨，如美学讨论四大派之后，李泽厚的实践论美学、情感本体论，张立文的和合美学、周来祥的和谐美学等有一定影响，另外，以出版专著自觉命名为标志，方东美、潘知常等对生命美学的论述，朱立元、朱志荣等对实践存在论美学的建设，刘悦笛对生活美学的探讨，徐恒醇、袁鼎生等在生态美学方面的研究，以及邱紫华的东方美学史框架，杜书瀛的《价值美学》的分析等，都体现出中国美学发展的潜力。在全球化时代美学转向"多元文化对话"、"文化间性"的背景下，这些有民族文化特质的美学思考可能会成为中国文化美学的有机构成成分。

五、全球化背景中的社会现代化与消费时代的生活审美化
——文化美学发展的现实基础

一门人文学科的生成有其学理基础，但不是精神魔方游戏组合的产物，而是在现实土壤中逐渐壮大的精神生命的瓜熟蒂落，有其现实需求、现实内涵、现实形态。

20 世纪 70 年代后，人类文明进入高科技时代，人类的生存方式在信息技术、生物技术等的支撑下发生了根本性改变，知识经济、电子政务、网络文化改变了人类的物质生产、社会组织、精神交流的方式，精神世界的客观化、物质世界的意义化、科学艺术的实用化、日常生活的形式化、宗教哲学的娱乐化、地域民族制度文化界限的淡化、虚拟世界的影响实在化，人类抽象生存的重要性超过了具体生存，精神本体的决定作用使人遗忘了自然本体，人类文化在高速发展的同时进入全面失衡的危机，高度自

觉下的高度风险更显触目惊心，文化的反思和重构成为必需。现代文化的理性批判、后现代文化的情绪性反抗均源于此。

同时，全球化浪潮席卷了地球上大多数国家民族，经济一体化、政治国际化、文化世界化，人类的类意识、类情怀觉醒，新新人类在网络世界成为国际公民，网络文化影响现实世界的力量对比，现代化进程中并不同步的历时态文化共时态并存，激烈地竞争生存空间和时间。西方现代文化的危机，和东方文化在信息文明阶段的可能优势，模糊了文化进步的线性图景，文化中心论、文化霸权意识、文化优越论、文化劣根性等文化成见勾画的精神版图在不断变幻、不断否定和突破的过程中，人们更习惯于用审美的眼光对不同的文化进行观光猎奇欣赏游历，发现不同生存方式中的不同文化旨趣的独特价值。

随着基础生存问题的解决，人类社会由生产社会转向消费社会，人类在生产中不自觉地形成的工具意识被消费中的主体意识替代，购买商品成为组合资源重建生活方式的富有创造性的活动。衣食住行游戏交往发展到高级阶段均趋于形式化、艺术化，生存成为表演，社会成为舞台、精神文化成为娱乐资源。每个人在日常生活中成为行为艺术家，艺术成为商品，艺术家成为服务者，美学成为生活常识。艺术已消融于生活，美学也无法继续执着于精神世界的提炼提升，而直接转向生存审美。这一转向的初级阶段是感官娱乐，但不会总停留于此。

文化是人类生存方式的系统化，当人类生存方式发生如此彻底的质变：物质生存、社会生存、精神生存都改变了其基本样态和原则，人类的价值观、文化观必然随之变化，而人们的审美情趣、标准、方式、成果发生改变也顺理成章。

文化美学是信息文明时代的产物。科技理性对审美的深层统辖，视觉文化对精神世界的全面颠覆，新媒介对传统文化的隔离和萃取，虚拟世界对原生态自然的戏仿和重构，青少年文化对成人世界的批判和消解，等等，迅速拉开了传统文化与新生代文化的距离，新生存方式带来的新美学观，在酝酿新型的极具速度感、穿越空间、打通文化屏障的新艺术，并通过网络迅速流布。一些"亚艺术"形态在世界各个角落流行，如时装、饮食文化、通俗歌曲、街头舞蹈、广告、美容、环境设计、涂鸦作品、卡通形象、城市建筑雕塑、影视大片、游戏方式、娱乐节目、文化旅游等，消失了文字靠近心灵的深度，也避开了难以翻译的精神韵味，直接震撼感官、俘虏情绪、裹挟思维，在大众狂欢中实现精神帝国的扩张。

文化美学是生态文明时代的产物。人类文化系统与自然系统的矛盾全面爆发，自然系统难以支撑现代文明发展模式，人类在消灭了所有天敌后成为自己最危险的敌人，文明的可持续发展成为最大的难题。自然生态平衡观念扩展到社会生态平衡、文化生态平衡的概念，文化的多样性差异性的保留成为异质文化相互制衡中降低风险的制胜法宝。对不同文化系统、模式、类型、性质、层次的文化进行审美观照，成为当代人精神素养的标尺。

文化美学是超理性的，呈现出感性风貌，却带有经济理性和科技理性的凌厉。

文化美学是超历史的，呈现出历史情怀，却带有指向未来的决绝和冷静。

文化美学是超民主的，呈现出平等意识，却贯彻适者生存的精神生态界的铁律。

文化美学是超自然的，呈现出回归渴望，却坚定不移人文世界建构、人本理念外化的方向。

中国社会的现代转型仍在进行时，前现代、现代和后现代的文化景观并呈，文化遗产要保护、文化现代化要加速、文化发展规划要科学合理，新旧混杂，中外交织、民族文化地域文化的融合与分化的引力斥力相当，文化矛盾格外复杂。这是一个很难拉开审美距离来考察文化的时机，又是一个必须以尊重文化差异性为前提，同时必须以先进文化替代落后文化的发展契机。文化审美的标准是在核心价值观主导下形成的，后现代式的去中心等量观，会消解现代化的精神动力，而现代性的功利原则，又会不可逆地破坏难以再生的文化资源。这是文化美学的两难境地，也是文化美学被迫切需要的发展机遇。

中国目前快速现代化进程中伴随着城市化浪潮，城市规划、都市美学、设计艺术、商业景观等，迅速涤荡田园梦、农业景观、自然审美情趣、慢节奏生活韵律和配套的古典艺术境界，因后发型现代化浓缩了两次现代化的自然进程，工业化和信息化并建，往往现代审美情趣尚未立稳就被后现代风潮扫荡，工业文明景观尚未被审美消化就在城市改建中消失，结果形成前现代的乡野情趣与后现代的雅痞风格直接对接，而崇高的现代性的理性大厦则无处容身，形成文化转型期特有的精神犬儒现象。

　　中国城乡二元结构在巨变中解体，2009 年城市人口已超过农业人口，生产结构的变化带来社会建构、文化结构、心理结构的变化，对艺术和美学的发展影响甚深。文艺领域中精英品位往往带有农耕时代的文人情趣士人情结，而都市文化表达又偏于物质审美、身体反叛、情绪抗争的浅俗平庸，精神贫血致使真正具有现代性（而非简单模仿现代手法）的文学艺术作品很难出现，文艺批评的过度阐释也无济于事，文化美学发展在社会文化现代化的瓶颈阶段也遭遇瓶颈。

　　文化美学是大众文化和消费文化高度发达的产物，而伴随国家实力增长，百姓生活水平整体提升，中国民众的文化消费正在迅猛增长。但目前文化消费高度集中于文化教育（投资未来）、文化娱乐（即时享受）领域，使文化功利性盖过文化的超越性，低端的文化消费替代了高端文化提升，文化审美情趣粗糙，不利文化的健康全面发展。

　　其实，由于历史原因，国学传承一度断绝、西学传播一度受阻，我们这几代人的文化修养和文化情趣显然低迷，即使是文化人也难免偏狭（受教育国际化之惠，"90 后"的年轻一代的文化营养较合理平衡）。而中国传统的生活艺术和文艺品位曾经发展到了相当的高深和精致的水平，自成系统，可称为诗意生存的范本。如《闲情偶寄》中体现的生活美学成熟观念，文艺品评中的精致品味，林语堂的《吾国吾民》对西方世界的影响，标明中国文化美学有丰厚的民族文化资源可供开发利用。

　　目前，中国文化体制的改革、文化产业的建设、文化市场的完善、文化商品的流通、文化政策的调整、文化管理方式和文化运营机制的变化，均在为文化美学积蓄精神资源和动力。而渗透到百姓生活中的"日常生活审美化风潮"为文化美学的应用传播，打开了广阔空间。这是中国文化美学可以在社会现代化和生活审美化的双重推动下走向辉煌的内在动力。中国的文化美学大有可为。

参考文献：

[1] 胡经之《走向文化美学》，《学术研究》2001 年第 1 期。

[2] 姚文放《文艺美学走向文化美学是否可能？——三论文艺美学的学科定位》，《社会科学战线》2005 年第 4 期。

[3] 陈伟《当代文化美学学科建设的若干问题》，《学术研究》2005 年第 8 期。

[4] 黄有东《从审美文化到文化美学》，《华南理工大学学报（社会科学版）》2004 年第 6 期。

［5］邱紫华、陈欣《当前僵化的中国美学走出困境的必由之路——论"审美文化"理论研究的创新性》，《浙江工商大学学报》2009 年第 1 期。

［6］苏荟敏《美学的跨文化研究：从文化自觉到审美共识》，《兰州学刊》2007 年第 3 期。

［7］邢建昌、朱铁梅《文艺美学：走向一种文化批判理论》，《河北师范大学学报》（哲学社会科学版）2007 年第 2 期。

［8］童庆炳《文化诗学是可能的》，《江海学刊》1999 年第 3 期。

［9］杨岚《文化审美的三个层面初探》，《文学与文化》第 7 辑，南开大学出版社 2006 年版。

［10］王岳川《新世纪中国后现代文化美学踪迹》，《广西师范大学学报》2003 年第 2 期。

［11］王岳川《后现代主义文化与美学》，北京大学出版社 1992 年版。

［12］刘成纪《维柯与当代文化诗学》，《南京师范大学文学院学报》2003 年第 1 期，又见人大复印资料《文艺理论》2003 年第 11 期。

［13］刘小枫《诗化哲学》，山东文艺出版社 1986 年版。

［14］刘小枫《拯救与逍遥》（修订版），上海三联书店 2001 年版。

［15］夏建中著《文化人类学理论学派》，中国人民大学出版社 1997 年版。

［16］［美］S. 南达《文化人类学》，刘燕明、韩养民编译。陕西人民教育出版社 1987 年 10 月版。

［17］［美］C. 恩伯、M. 恩伯：《文化的变异——现代文化人类学通论》，杜杉杉译，辽宁人民出版社 1988 年版。

［18］［德］蓝德曼《哲学人类学》，彭富春译，工人出版社 1988 年版。

［19］［日］绫部恒雄《文化人类学的十五种理论》，国际文化出版公司 1988 年版。

［20］仪平策《走向审美文化人类学》，《东方丛刊》2001 年第 4 辑。

［21］王铭铭主编《20 世纪西方人类学主要著作指南》，世界图书出版社 2008 年版。

［22］李泽厚《中国思想史论》（上中下），安徽文艺出版社 1999 年版。

［23］赵汀阳、李泽厚《美学和未来美学》，中国社会科学出版社 1990 年版。

［24］赵汀阳《论可能生活》，中国人民大学出版社 2004 年版。

［25］施韦泽《文化哲学》，上海人民出版社 2008 年版。

［26］李鹏程《当代文化哲学沉思》人民出版社 2008 年版。

［27］杨善民、韩锋著《文化哲学》，山东大学出版社 2002 年版。

［28］衣俊卿《文化哲学——理论理性和实践理性交汇处的文化批判》，云南人民出版社 2001 年版。

［29］刘进田《文化哲学导论》，法律出版社 1999 年版。

［30］霍桂桓的《试论文化哲学研究的基本前提和可能性》，载《求是学刊》2003 年第六期。

［31］李小娟《近年来文化哲学研究述评》，《教学与研究》2000 年第 6 期。

［32］衣俊卿《论文化哲学的理论定位》，《求是学刊》，2006 年第 4 期。

［33］邹广文《文化哲学的当代追求》，《求是学刊》，1994 年。

［34］邓文华《浅析西方文化哲学的四次转向》，《中国矿业大学学报》（社会科学版）2008 年第 10 卷第 1 期。

［35］冯叶婷《英国新马克思主义文化哲学研究的转向——从马修·阿诺德到特里·伊格尔顿文化哲学的一种历史考察》，中国优秀硕士论文文库，山西大学马克思主义哲学专业，2008 年。

［36］李重、张再林《当今文化哲学研究的问题与出路》，《光明日报》，2007 年 7月 12 日。

［37］刘绍瑾、李凤亮《文艺美学的反思——"文艺美学在中国"学术研究会侧记》，《学术研究》，1999 年第 12 期。

［38］曾繁仁《回顾与反思——文艺美学 30 年》，《华中师范大学学报：人文社会科学版》2007 年第 46 卷第 5 期。

［39］王昌树《当代中国文艺美学研究的三种形态》，中国论文联盟 http：//www. lwlm. com. 2008 年 12 月 4 日。

［40］胡经之《文艺美学》，北京大学出版社 1999 年 1 月版。

［41］杜书瀛主编《文艺美学原理》，社会科学文献出版社 1998 年 1 月版。

［42］曾繁仁主编《文艺美学教程》，高等教育出版社 2005 年版。

［43］周来祥著《文艺美学》，人民文学出版社版 2003 年 12 月版。

［44］李咏吟著《文艺美学》，广西师范大学出版社 2007 年版。

［45］寇鹏程著《文艺美学》，上海远东出版社 2007 年版。

［46］周宪等编《当代西方艺术文化学》，北京大学出版社 1988 年版。

［47］邢建昌《文艺美学研究》河北人民出版社 2006 年版。

［48］邢建昌、姜文振《文艺美学的现代性构建》，安徽教育出版社 2001 年版。

［49］朱立元主编《当代西方文艺理论》，华东师范大学出版社 1997 年版。

［50］阿列西·埃尔耶维奇《美学：艺术哲学，还是文化哲学》，席格译，《郑州大学学报》2003 年第 2 期。

［51］高建平《从世界美学大会到中国当代艺术》北大美学网 2007 年 9 月 21 日。

［52］张法《走向全球化时代的文艺理论》，安徽教育出版社 2005 年版。

［53］徐恒醇《生态美学》，陕西人民教育出版社 2000 年 12 月版。

［54］潘知常《生命美学论稿》，郑州大学出版社 2002 年版。

［55］杨春时《美学》，高等教育出版社 2004 年版。

［56］刘悦笛《生活美学——现代性批判与重构审美精神》安徽教育出版社 2005 年 11 月版。

［57］刘悦笛《生活美学与艺术经验》，南京出版社 2007 年版。

［58］朱立元《走向实践存在论美学》，苏州大学出版社 2008 年版。

［59］张立文《关于和合美学体系的构想》，《文艺研究》1996 年第 6 期。

［60］邹华《文艺学扩容的美学视野》，中国论文下载中心 2008 年 8 月 12 日。

［61］赵汀阳《展望美学的新转向》，中学语文教育资源网 2001 年 5 月 19 日。

［62］高建平《全球与地方：比较视野下的美学与艺术》，北京大学出版社 2009 年版。

［63］《宗白华全集》，安徽教育出版社 1994 年版。

［64］迈克·费瑟斯通《消费文化与后现代主义》，译林出版社 2000 年版。

［65］韦尔施《重构美学》，上海译文出版社 2006 年版。

［66］陶东风《日常生活的审美化与文化研究的兴起》，《南阳师范学院学报》2004 年第 5 期。

［67］陶东风《日常生活的审美化与文化研究的兴起——兼论文艺学的学科反思》，浙江社会科学 2002 年第 1 期。

［68］凌继尧《对"日常生活审美化"研究的反思》，《东南大学学报》（哲社版）2007 年第 6 期。

［69］仪平策《生活美学：21 世纪的新美学形态》，《文史哲》2003 年第 2 期。

［70］陆扬、王毅《文化研究导论》，复旦大学出版社 2006 年版。

文化创意产业政府规制问题探析

孙　薇

　　未来学家沃尔夫·伦森曾预言，人类社会在经历了狩猎社会、农业社会、工业社会和信息社会之后，将进入以关注梦想、历险、精神及情感生活为特征的"梦幻社会"。信息社会的经济主体是知识经济，"梦幻社会"的经济主体则是文化创意经济。迈克尔·波特的"经济发展阶段理论"认为，人类经济发展会依次出现下列四个大的阶段："要素驱动阶段"，发展的主要动力来自廉价的资源；"投资驱动阶段"，以大规模生产为特征的发展阶段；"创新驱动阶段"，以技术创新和新技术带来的利润为特征的发展阶段；"财富驱动阶段"，人们对于个性的全面发展及非生产性活动需求显著增加的阶段。显而易见，从要素驱动到财富驱动的过程中文化创意含量在不断增加，生产和消费日益"文化化"，最终促成文化创意经济的形成。与此两种观点相对应，"配第—克拉克"法则告诉我们随着经济的发展社会的进步，产业中心将逐渐由有形的财富生产向无形的服务转变，就业结构中心将按照从第一产业向第二产业，再由第二产业向第三产业转移的规律变迁。但是，第三产业并不是最终结果，经济发展中的产业下游化趋势一直也未停止。时至今日，在将脑力服务部分和体力服务部分区分开来从而形成的第三产业下游的第四产业的基础上，进一步把第三、第四产业中那些满足人们心理需要的文化类服务业和创新活动独立出来，以此形成了第五产业，也就是我们所说的文化创意产业和与之相适应的文化创意经济。

　　如今，文化创意产业集约化、规模化水平不断提高，产业集聚效应初步显现，文化创意产业不仅成为衡量一国综合竞争实力的重要标准，更是财富与价值创造的源泉。

从世界各国的发展经验看按照世界各国的发展经验，当人均 GDP 达到 1000 美元，就进入文化消费的快速启动阶段；人均 GDP 超过 3000 美元这个"门槛"人们对文化的消费则进入快速增长阶段；而当接近或超过 5000 美元，会出现文化消费的"井喷"阶段。根据国家统计局公布的 2006 年国民经济统计数字，我国人均 GDP 首次超过了 2000 美元。2007 年我国人均 GDP2460 美元，北京、上海、天津、浙江、江苏、广东等省市人均 GDP 已超过 3000 美元，社会消费正在向发展型和享受型升级，国内文化的消费需求日趋增大。

显然，无论从整个人类社会经济的发展走向，还是从我国自身情况看，我国文化创意产业发展正当其时。毋庸讳言的是，与先进国家相比，我国文化创意产业起步晚发展慢，大量问题亟待解决。这里将探讨文化创意产业发展中的政府规制问题。

一、政府规制理论

规制或称政府规制通俗地说就是政府依据相应的规则对微观经济主体行为实施的一种干预。从规制理论的发展史来看，系统化的规制体系是随着市场经济体系弊端的日益显现而逐步形成的。在其发展过程中，由于产业组织理论、法经济学、新制度经济学理论的不断完备，博弈论、信息经济学和机制设计理论等前沿理论和分析方法的引入和应用，规制理论也日臻完善。

规制实践迄今经历了规制、放松规制以及再规制与放松规制并存的动态过程。相应地，规制理论也经历了多次主题的转换。

公共利益规制理论。该理论认为，规制是对市场失灵的回应，规制发生的原因是存在着市场失灵，涉及自然垄断、外部性、信息不对称等，在这些情况下，政府规制具有经济学上的合理性。该理论把政府规制看成政府对公共利益和公共需要的反应，认为政府规制是源于公共利益出发而制定的规则，目的是防止和控制受规制的企业对价格进行垄断或者对消费者滥用权力，并假定在这一过程中，政府可以代表公众对市场做出无成本的、有效的计算，使市场规制过程符合帕累托最优原则。

规制俘获理论。该理论认为利益集团在公共政策形成中发挥重要作用，规制的供给是应产业对规制的需求（立法者被产业俘获），或者随着时间的推移规制机构逐渐被产业控制（规制者被产业俘获）。这一理论的发起者芝加哥学派的经济学家们认为：政府的基础性资源是强制权，它能使社会福利在不同人之间进行转移；规制的参与双方都是理性的，通过选择行为来实现自身利益最大化；通过规制，利益集团可增加其收入。利益集团规制理论完全超越了公共利益规制理论的公共利益范式，将经济人假设引入到对政治家的分析中，将规制置于供求分析的框架下，更贴近现实，也具有很强的解释力，因此成为 80 年代出现的放松规制浪潮的理论基础。

规制经济理论。理论分析与实践表明，规制与市场失灵的存在并不完全相关，这与公共利益理论相矛盾，同时，规制也并不是完全支持生产者的，这又与俘获理论相冲突。在这种情况下，出现了规制经济理论。这是一套有不同学者共同完成的理论。其观点体现在斯蒂格勒模型、佩尔兹曼规制模型、贝克尔规制模型之中，主要观点包括规制在多数情况下是有利于厂商的；规制发生在相对竞争或相对垄断的行业；规制总要停留在对某些利益群体产生最大影响的位置；市场失灵导致规制、规制使社会趋于公平等。

激励性规制经济理论。20 世纪 80 年代中期开始，Baron 和 Myerson（1982）将微观经济学理论中的新理论，新方法引入规制理论，规制经济学在委托——代理理论，机制设计理论和引入信息经济学等方面取得了明显进展，在 Laffont 和 Tirole（1993，1994）将激励理论和博弈论应用于激励规制理论分析后，规制经济学达到一个新的理论高峰。日本著名的规制经济学家植草益认为，所谓激励性规制就是在保持原有规制结构的条件下，激励受规制企业提高内部效率，也就是给予受规制企业以竞争压力和提高生产或经营效率的正面诱因。激励性规制经济理论主要是研究针对垄断行业的规制，目的在于解决垄断企业效率不足的问题，其基本思想和方法包括特许投标制、区域间标尺竞争制、社会契约制、价格上限制等。

规制框架下的竞争理论——可竞争市场理论，该理论形成于 20 世纪 70 年代末 80 年代初。基本观点是一个产业即使具有自然垄断属性，只要没有沉没成本潜在进入者的威胁就会强化市场规则，约束在位者实行竞争性定价并以最低成本进行生产，从而依靠潜在竞争力量确保市场效率实现资源的最优配置。从这一角度出发，可竞争市场理论的政策含义是，在这种情况下，政府无须对再为企业进行规制，规制机构需要做的不是限制进入，而是降低进入和退出的障碍，创造可竞争的市场环境。

二、政府规制的理由——基于文化产业基本属性的理论分析

首先，文化产业中体现出自然垄断属性。

传统意义上的自然垄断与规模经济紧密相连，指一个企业能以低于两个或者更多的企业的成本为整个市场供给一种物品或者劳务，如果相关产量范围存在规模经济自然垄断就产生了。上个世纪 80 年代，鲍莫尔、潘泽和威利格用部分可加性重新定义了自然垄断。假设在某个行业中有 X 种不同产品，Y 个生产厂商，其中任何一个企业可以生产任何一种或者多种产品。如果单一企业生产所有各种产品的成本小于多个企业分别生产这些产品的成本之和，该行业的成本就是部分可加的。如果在所有有关的产量上企业的成本都是部分可加的，该行业就是自然垄断的。这也就是所说的范围经济和成本的次可加性。

从文化资源的角度看，文化资源具有稀缺性和不可替代性，竞争难以形成；文化资源不可分割，其经营具有规模经济和范围经济性的特征；文化资源独占性带来的进入壁垒；文化产业基础设施包括网络型基础设施的大规模投资形成的巨额沉没成本等都使得文化产业具备了产业垄断的基本特征。

其次，信息不对称。市场有效运行的一个前提条件是所有当事人都具有充分的信息。但现实生活中经常是，一方具有较多的信息，而另一方信息较少，即存在信息不对称。信息不对称也被认为是一种市场缺陷，信息多的一方有可能利用对方因拥有较少信息产生的无知使其效率受到损失。信息不对称客观存在于文化企业与管理者之间，存在于文化企业与消费者之间。信息不对称的存在为政府进行规制提供了理论基础。

第三，部分文化产品的准公共品性质及文化产业的外部性。

公共经济学将社会产品分为三类：纯公共品、私人品、混合产品。纯公共品，比如国防、基础教育等本身具有非竞争性及消费的非排他性。经济学家认为，公共产品由政府提供才具有更高的效率。私人品，如日常生活用品。具有明显的竞争性和排他性。私人产品应让市场提供才具有更高的福利增进。文化产品明确地说部分文化产品，具有不完全的非竞争性和非排他性，这主要体现在这部分产品具有较大的外溢性，即具有正的外部

效应。显然这部分产品如果仅依照一般消费品定价，由于其价格没有反映产品的全部效益，会导致市场供给不足。同时，在产品存在外部效应的情况下，正确引导消费者行为也是政府的责任。

需要说明的是对文化创意产业政府规制理由的分析相对而言比较复杂，还需要大量的实证分析，这里篇幅有限，其他文章再述。

三、文化创意产业政府规制的基本原则与手段

政府进行文化产业规制，应在明确规制目的的前提下，以法律为依据，本着促进竞争、统筹兼顾的原则，考虑成本收益的同时谋求公共利益最大化。

对文化创意产业的规制手段总的来说有价格管制、进入和退出管制、质量管制、信息管制以及激励性规制手段。

价格规制。价格规制的主要内容是通过设计一个定价模型，由政府规定产品或者服务的价格，或者通过设计一系列的标准，指导企业的价格决策。在经济性规制措施中，价格规制是最为重要的规制方式。价格规制的效果在很大程度上影响着经济性规制的实际效果。从规范的角度看，边际成本定价是最优的价格形成方式，但在实际中这种方法很难成行，一般情况下只能作为政府价格规制水平的参考。现实选择的次优方案是平均成本定价法。除此之外还有用来代替拉姆赛定价的选择性定价方法以及报酬率价格规制、最高限价规制和差别定价法。

进入规制。进入规制是指政府或规制机构根据自然垄断行业的特点，为防止潜在竞争者的威胁使既存自然垄断企业无法用边际成本价格或盈亏相抵价格维持生存，对潜在竞争者的进入进行规范和制约，通过限制新企业的进入，保证既存企业的垄断地位，以实现规模经济，避免恶性竞争而造成资源浪费。进入规制并不等于不容许新企业进入，规制者应该根据各种条件的变化允许新企业适度进入，发挥竞争机制积极作用。

质量规制与数量规制。政府通过对公共服务规定标准质量，结合价格管制、进入管制等手段，促使特定产业主体改进服务质量，从而增进公共利益。数量规制就是政府根据资源有效配置和市场公平的原则，对市场的交易量进行规制。

激励性规制。在规制实践中，规制者与企业之间是信息不对称的。具

体的说，存在两种形式的信息不对称：事前的逆向选择和事后的道德风险。前者指相对于规制者而言，企业对产业环境具有更多的私人信息，如技术状况、成本信息、需求信息等；后者指在规制契约确定后，企业的努力程度、经营行为等不能完全为规制者所观测。激励性规制政策的设计就是在基于这两种信息不对称的前提条件下寻找使规制者目标函数最大化的合约。激励性规制给予受规制企业一定的价格制定权，让其利用信息优势和利润最大化动机，主动提高内部效率、降低成本，并获取由此带来的利润增额。激励性规制适用于当企业比规制机构拥有更多的信息，并且企业的目标与社会的目标不完全一致的规制环境。在这样的环境下，精心设计的激励性规制能激发企业运用自己的信息优势去满足更大范围内的社会利益。

1. 价格上限规制。这是在英、美国家应用最多、最为流行的一种价格规制。价格上限规制是指规制者与被规制者之间以合同的形式确定价格上限，被规制者可以在这一上限之下自由定价，进而逼近拉姆赛价格结构，也就是提供多产品的被规制者在努力实现社会福利最大化的同时又保证不亏损的一组次优价格组合。价格上限规制通过赋予被规制者更多定价的自由决策权，可以更有效地促使被规制者考虑成本提高效率，因此是目前应用最为广泛、效果最明显的一种激励性规制。

2. 特许投标规制。特许投标规制是通过间接引入竞争从而促进被规制者提高内部效率的激励性规制。规制者通过竞标方式将特许经营权赋予能以最低价格提供服务的企业，并将其作为对企业低成本、高效率经营的一种奖励。这样，既可以保证规模经济，又可以间接地引入竞争，实现帕累托改进。

3. 区域间竞争规制。区域间竞争规制是通过将受规制的全国垄断企业分为几个地区性企业，使特定地区的企业在其他地区企业的刺激下，努力提高自身内部效率的一种规制方式。不可否认的是，在具体的实施过程中，地区之间存在的差异使得规制者在确保及时获取有效运营成本的基础上确定具体的规制价格，促进地区间企业开展间接竞争仍然存在着较大困难。

4. 联合回报率规制。这是以投资回报率规制为基础的一种规制方式，规制者根据被规制者提出要求提高投资回报率的申请，具体考察那些影响价格变化的因素，对企业提出的投资回报率水平作必要调整，最后确定一定的投资回报率范围，被规制者可以在这一范围内根据具体的经营目标自主确定投资回报率。

5. 利润分享规制。是指通过采取为将来购买提供价格折扣等形式让消费者直接参与公用事业的超额利润分配或分担亏损。这样，不仅可以通过刺激消费，促使企业充分发挥规模经济效益，有效降低经营成本，还有助于实现企业与消费者之间的公平分配。

6. 菜单规制。是将多种规制方案组合成一个菜单，以供被规制者选择的一种综合性规制方式。

7. 延期偿付率规制。就是允许消费者先消费商品或服务，在一定时期后再付费的规制方式。

由于文化创意产业的特殊性，除了上述规制手段之外还有内容规制、信息规制等规制方式。多种规制手段的结合使用，才能使政府规制在文化创意产业的发展中起到应有的作用。

文化创意产业与沈阳品牌城市的经营

杨　慧（沈阳）

　　21世纪既是城市发展的时代又是城市间竞争日趋激烈的时代。发展与竞争成为此时城市建设的主题。"资源有限，创意无限"，面对城市经营中发展目标与有限资源之间矛盾，国内外各城市的竞争已成为"软实力"——文化的竞争，人们纷纷将目光转向文化创意产业，以创意来提升城市的总体水平。沈阳是东北地区最大的中心城市，集经济、文化、交通和商贸中心为一身，是全国的工业重镇和历史文化名城。在经济全球化迅猛发展的今天，面对全面实施振兴东北老工业基地的重要战略机遇，我们要进一步深度开发沈阳，从工业制造到文化创意，使其成为国内外知名的品牌城市，就必须大力发展文化创意产业。

　　文化创意产业是文化产业发展到一定阶段后裂变出来的新兴产业，它的兴起源于创意产业这一创新理念的提出，是人们对文化产业的认识逐步加深的结果。1998年英国的创意产业特别工作小组首次将创意产业界定为："源自个人创意、技巧及才华，通过知识产权的开发和运用，具有创造财富和就业潜力的行业"。这是一种以人的智慧创造为核心，实现文化经济化、经济文化化的社会产业。作为一般的、总体的概念而言，"文化创意产业是全球化条件下，以消费时代人们的精神文化娱乐需求为基础，以高科技技术手段为支撑，以网络等新传播方式为主导的，以文化艺术与经济的全面结合为自身特征的跨国跨行业跨部门跨领域重组或创建的新型产业集群，它是以创意为核心，以知识资本为根本，向大众提供文化、艺术、精神、心理、娱乐产品的新兴产业。"从其产业流程的各环节来看，可以在一定程度上进行相对地、有所侧重地理解。就文化创意产业的创造主体而言，可为创意产业；就创造的内容（即产品自身和节目等）而言，可为内容产业；就产品的传播方式而言，则为注意力经济（即眼球经济）；就产品的消费而言，则为体验（休闲娱乐）产业。本文主要从以上提到的四个方面谈谈如何提升城市的整体竞争力，把沈阳打造、经营成全国知名、世界知名的品牌城市。

一、创意产业打造创新都市

创意产业是从创造者、策划者、设计者出发的理念，它强调创意者的个人创造力，同时又倾向于各国政策性的设计、规划和推动。创意是产业发展的核心，是产业发展的动力，它不同于传统的物质产业形态，更注重精神和文化的创新。著名的经济学家罗默在 1986 年就曾撰文说，新创意会衍生出无穷的新产品、新市场和财富创造的新机会，所以新创意才是推动一国经济成长的原动力。而创意的源源不断，关键在于创意产业人才的培养和创意环境氛围的营造。

目前我国创意人才缺口很大，创意人才匮乏已成为制约文化创意产业高速发展的瓶颈。在创意产业成功发展的日本，其创意、创造学校已达 5000 余所，创意人才达到 5000 万，而我国从事创意工作的人才不到 10 万，至于沈阳则少之又少。

沈阳市的文化创意产业亟需两大类人才：既通晓创意产业内容有擅长经营管理的管理者；灵感迸发，创意迭现的创作者。对于前者的培养，目前沈阳仅有 2004 年成立的鲁迅美术学院文化传播与管理系一家。它是我国美术院校第一家和东北第一家培养文化产业经营和文化事业管理高级专业人才的院系，设有本科教育和研究生教育。该系以鲁美厚重的艺术底蕴为依托，引进全新的办学理念，进行全新的课程设置，实现产学研一体化的教育模式，与社会实践接轨，为东北地区培养了首批创意策划人才和经营人才。对于第二类人才的培养则有鲁迅美术学院、沈阳音乐学院、东北大学等全国知名的高等院校。

创意人才、创意阶层、创意能力的培养和发展还需要一定创意环境氛围的营造。由于创意与环境间的相互作用，创意阶层的创造性在某些环境中可以得到发展，他们偏爱能提供多种方式使之有活力的地方。2007 年 9 月沈阳音乐学院在浑南新区建立文化产业创意园，创建艺术院校的学、研、产一体化模式，打造新型的文化业态集散地。2008 年 4 月辽宁省文化创意产业研究基地落户沈阳师范大学，成为连接政府与高校的创新型科研平台。二者建立以高校为依托，为沈阳文化创意产业人才的培养提供学习、研究、实践的一条龙的服务。

2008年8月由沈阳创意文化产业发展有限公司投资8000万元建设的沈阳文化创意产业园落户沈北新区。该园区将建设以辽沈艺术机构、艺术家工作室集聚区和艺术院校大学生创业基地为主的创意园区，为入园艺术家、大学生和艺术机构提供完备的一站式服务，建设面向东北亚的艺术创新与成果转化基地，预计到2011年，可实现艺术品交易额2亿元。

尽管沈阳在文化创意产业人员的培养上取得了一定的成绩，但发展速度慢，规模小，对于拥有30所普通高等院校、在校本专科生31.7万人、在校研究生33276人（2007年的统计数据）的沈阳而言，用于培养专业文化创意产业人才的正规教育机构为数实在太少。今后我们应充分利用我市丰富的教育资源优势，加快文化创意产业人才的培养步伐，稳扎稳打，杜绝粗制滥造，培养高质量的创意产业人才。与此同时，我们还要快速发展优秀创意人才的引进工作。另外，沈阳是东北的老工业基地，随着城市的规划建设步伐，许多工厂已搬迁到郊区，市政府大可以利用这些废弃的尚且坚固的厂房建立文化创意产业园区、工作区和特色区等，进而形成文化创意的孵卵室，打造沈阳的798和宋庄。

二、内容产业经营动漫之都

随着传播媒介的发展和宽带技术、多媒体传播、数字化与互联网技术的成熟，传播工具的问题逐步得以解决之后，传播什么和发送什么作为消费者的需求被凸显出来，所以在21世纪数字内容产业逐渐成为经济舞台上的重要角色。内容产业立足于产品，是从产品自身的内容出发考虑的理念，是知识经济浪潮中以网络高新技术、互联网与数字化为基础产生的理念，它关注数字类产品的文化内容。它涉及移动内容、互联网服务、游戏、动漫、影音、数字出版和数字化教育培训等多个领域。时下流行的手机短信、网络游戏和OQ等都属于此产业。

沈阳汇聚了东北大学等三十多所高等院校和科研院所，拥有长白计算机集团和东软集团有限公司以及三好街电脑城等产销场所，具备了发展数字化内容产业得天独厚的优势。因此，市政府在《沈阳"十一五"文化产业发展总体规划》明确指出，把动漫制作作为沈阳重点发展的四大主导产业之一。

目前沈阳市规划和正在建设的主要有浑南动漫软件产业带、沈北软件产业园和东陵奥园动漫产业基地三大产业园区。以 21 世纪大厦为核心的浑南动漫软件产业带占地面积约 4.9 平方公里，重点发展动画制作、网络游戏、手机游戏、虚拟仿真、游戏运营以及技术培训等动漫相关业务。沈北软件产业园位于沈北新区道义开发区，园区总体规划面积 11.7 平方公里，以软件开发、软件设计与维护为重点，建设国家软件产业基地、国家软件出口基地。东陵奥园动漫产业基地，规划占地面积约 9.3 平方公里，重点发展动漫研发、软件外包、动漫主题休闲、商务会展、文化旅游等业态。

2008 年 6 月沈阳市政府又下发了《沈阳市服务业 2008—2012 年发展规划纲要》，其中指出，依托浑南动漫产业基地、东陵奥园动漫产业基地，进一步集聚动漫企业，加快公共技术平台建设，提高产业能级和制作能力，确立国内领先地位，打造动漫之都。同时，加快东软、沈阳北方软件学院、赛斯特、沈阳广林数码影视动画学校等软件和动漫实训基地建设，打造国家动漫产业发展基地。

尽管市政府大手笔地发展沈阳的动漫产业，出台了多项优惠政策和具体扶持措施，但我们要将规划落实到位，建设一流的公共技术服务平台和基地规模。此外，文化创意产业既是有效需求高速增长，市场前景十分广阔，经济效益非常诱人的朝阳产业，又是市场不成熟，需求不稳定，产业链尚不完整的风险产业，建立产业园区、形成产业集群在一定程度上可以降低风险。因为在园区里企业间却可以分享信息资讯，聚合特定的需求，继而降低交易成本。同时产业集群也能使一个个孤立的企业，从较大规模的经济活动中受益，同时刺激相关产业和后续产业的发展，为产业群的发展创造一个有利的环境。所以，沈阳市要多建立一些文化产业创意园，形成创意产业聚集区。

三、眼球经济铸就会展之城

从城市的传播影响方式来看，城市竞争是一种争夺注意力的竞争，是一种争夺眼球的经济方式。眼球经济，也称注意力经济，它是依据当代媒介革命的巨大成果，更关注文化产业的当代传播方式，它的中介组织有广告、会展等手段。1997 年 Michael H. Goldhaber 在其发表的一篇题为《注意力购买者》的文章指出，互联网的出现，加速了信息泛滥的进程，相对于过剩的信息，只有人们的注意力成为一种最重要的、稀缺的资源，所以，目前正在崛起的以网络为基础的"新经济"的本质是"注意力经济"。在新经济下，注意力本身就是财富，获得注意力就是获得一种持久的财富。这种形式的财富使你在获取任何东西时都能处于优先的位置。达文波特和贝克合著的《注意力经济》一书中也表达了同样的观点，认为在当前时代，理解和掌控注意力已经成为商业成功的至关重要的因素。"注意力经济"的理论认为公众的注意力是城市竞争的最大资源，谁能吸引更多的关注谁就能拥有更大的价值，吸引更多的投资。

近几年来，沈阳加快城市基础设施建设，进一步改善软环境建设，以其优越的地理位置、悠久的历史文化传承、发达的交通网络、雄厚的工业基础及科技实力等举办了世园会、世遗会、文博会等国内外大型展会和独具特色的老工业文化展览，并承担了"2008 北京奥运会"的部分赛事，以会展作为窗口向国内外展示自己的风采，让世界了解沈阳、关注沈阳。

"2006 中国沈阳世界园艺博览会"的举办，使沈阳这座北方工业之城以其华彩柔美之姿聚集世界的目光，极大地提升了沈阳的知名度和影响力。世园会展出的 184 天里，共接待中外游客 1200 万多人次，创下了世界园艺博览会展期内接待游客总量的新纪录。世园会期间园区经营收入累计达到 4 亿元人民币。

此后沈阳市充分发挥"一朝发源地、两代帝王城"的历史文化名城优势，成功举办了"2007 中国沈阳世界文化与自然遗产博览会"，展出了840 处世界遗产，这是世界上第一次以一个城市的力量来汇聚所有的世界遗产的盛会，沈阳也因此成为自 1972 年缔结《世界遗产公约》以来，世界上第一个举办世界遗产博览会的城市。

东北文化产业博览交易会是继深圳国际文化产业博览会后，我国的第二个文化产业博览会，它已经在沈阳成功举办了两届。这种国家级的文化盛会为沈阳汇聚世界注意、整合文化资源、搭建交流平台提供了良好的契机。仅 2007 年举办的第二届中国东北文化产业博览交易会，就吸引了国内外 800 家参展企业，签约额达 198 亿元，比上届增加 50 倍。英特尔、微软、上海东方卫视、浙江横店影视城等世界 IT 业的巨头和国内知名传媒、影视企业也云集于此，使沈阳成为国内外关注的焦点，充分展示自己的文化实力，吸引人们来沈投资发展。

沈阳还大打工业牌，以主题博物馆的模式利用老工厂的旧址建立了"工人村生活馆"和铸造博物馆。它们原生态地保存了丰富的老工业元素，展现东北老工业基地的历史文脉。2008 年 6 月德国汉莎航空公司在沈阳铸造博物馆内举办了"沈阳—首尔—慕尼黑航线"首航庆典，向世界展现了一个兼具悠久工业历史文化和新兴创意产业的新沈阳，为聚焦世界目光开启了新的空间。

此外，"2008 北京奥运会"的举办使作为分会场之一的沈阳又一次成为世界的焦点，它带来巨大的广告效应，吸引了人才流、资金流、信息流和全球最大的参与度，给沈阳提供了最大的商机。同时，沈阳市更好地充分运用高新技术，电视实行高清晰度数字转播，实现转播方式的更新换代，这无疑进一步推动了我市眼球经济的发展。

今后我们要以沈阳的区位优势和辽宁中部城市群的产业基础优势为依托，放大"世园会"、"文博会"等展会的品牌效应，加快会展业基础设施建设，重点打造具有国际水平的大型场馆和一批专业场馆，规划发展会展集聚区，进一步打造特色会展品牌，把沈阳建成中国北方会展中心，吸引外来资本的注入，推进沈阳眼球经济的发展。

四、体验经济催生休闲之都

体验经济源于 1999 年 4 月由约瑟夫·派恩二世和詹姆斯·吉尔摩合著并出版的《体验经济》一书，该书提出了"工作是剧场、生意是舞台"的理念，体验经济从此走红。体验经济，亦即休闲产业，它突出了当代文化产业满足人们精神性、文化性、娱乐性、心理性需求的特质，更注重文化产品或文化商品的消费者、体验者与当代文化消费、文化体验的独特方式。在城市竞争中，一个国际化大都市，不仅要有生动丰富的创意和创意阶层，还要将自身创建为一个消费和体验创意的城市。在休闲经济方兴未艾的今天，沈阳结合自身特色，重点发展娱乐演出和文化旅游，打造休闲之都，为世人提供独具魅力的文化娱乐享受。

自 2007 年 7 月沈阳市文化体制改革办公室下发《以"打造"十台大戏"为突破口，努力繁荣沈阳演出市场》文件以来，经过一年多的时间，我市大量吸收外来资本，鼓励民营演出企业的发展，文化演艺市场异彩纷呈。沈阳一方面继续发挥民族民俗资源丰厚的优势，大力发展小品、二人转等东北特色演出，如今位于沈阳中街的刘老根大舞台已成为全国知名品牌；一方面将交响乐、模特表演等高雅时尚的节目呈现给老百姓，满足了人们不同层次的文化消费需求。同时，众多演艺场所的涌现，改变了原来演出场所集中于和平和沈河两区的旧布局，形成城东有"关东情光亮演艺场所"、城西有"东北风二人转专场"、城南有"SOS 沈阳俱乐部"、城北有"辽宁南风国际俱乐部"、城中有"纽约·纽约演艺秀场"的演出新布局。

依托厚重的历史文化底蕴和关东文化特色、丰富的旅游资源、完善的文化旅游设施等优势，我市积极发展文化旅游业，把沈阳建设成东北地区文化旅游中心。2007 年中央电视台首次将沈阳故宫与北京故宫、克里姆林宫三宫并列向全世界直播。全年市属博物馆共接待观众达 200 多万人次，门票收入 4856.8 万元，比上年增长 12%。2008 年 5 月 13 日，国家文化部正式批准沈阳棋盘山开发区为国家级文化产业示范园区，成为继深圳、西安之后，东北第一个、全国第三个国家级文化产业示范区。市政府计划在此进行影视制作、拍摄以及相关产业的开发。现在园区的关东影视城是集影视拍摄、休闲娱乐和文化教育于一体的大型主题娱乐园。另外，我市利用沈阳独具特色的工业旅游资源，开发近现代工业旅游项目，2007年全力推出"中国工业之旅"精品旅游项目，沈飞航空博览园、沈阳老龙口博物馆、中顺汽车、辉山乳业、沈阳可口可乐、沈阳妙味食品等 6 个工业旅游景点已被国家旅游局定为全国工业旅游示范点。2008 年 9 月铁西工业旅游联盟正式成立，这是由沈阳北方重工集团、沈阳东药集团、省海外国际旅行社、市海外国际旅行社等 20 多家相关企业签约加入的，全国首个围绕工业旅游主题结成的旅游联盟。

今后沈阳市要进一步加快发展娱乐演艺和文化旅游，吸引境内外投资，开发旅游、演艺资源，优化旅游产品结构，围绕游、购、娱、吃、住、行六要素，不断完善休闲产业链。如果可能，最好结合我市的非物质文化遗产的保护工作，借鉴桂林的"印象·刘三姐"的文化创意经典案例，从我市的已被纳入国家、省、市、县（区）四级名录的 200 项遗产项目中精选一两个最能反映沈阳历史文化特色的项目，全力进行文化创意品牌的打造。以演艺带动旅游，以旅游推动演艺，把沈阳建成休闲娱乐之都。

文化创意产业作为朝阳产业，在沈阳正逐渐显示出成为新的经济增长点的潜在力量。2007 年，全市文化产业实现增加值 127.5 亿元，占地区生产总值的 4.15%，而这一比重 2003 年还不足 2%。以"工业为体、文化为魂"的发展理念为指导，沈阳这一消耗资源型、缺乏核心技术、低附加值的工业制造之城正逐步转型为节约资源型、具有高端技术、高附加值的创造之城。我们只有以文化创意产业进行城市经营，才能使沈阳日趋成为汇聚多方创意人才，拥有适量创意产业集聚区，集动漫、会展、休闲娱乐于一身的创意之城，进而成为国内外的知名品牌城市。

参考文献：

[1] 金元浦《认识文化创意产业》，《中华文化画报》2007 年第 1 期。

[2] 金元浦《大竞争时代的城市形象（上）》，《北京规划建设》2005 年第 2 期。

[3] 金元浦《大竞争时代的城市形象（下）》，《北京规划建设》2005 年第 6 期。

[4]《2007 年沈阳市国民经济和社会发展统计公报》，中国沈阳网（www. shenyang. gov. cn），2008 年 5 月 7 日。

[5]《关于印发沈阳市服务业 2008—2012 年发展规划纲要的通知（沈政发 [2008] 13 号）》，中国沈阳网（www. shenyang. gov. cn），2008 年 6 月 12 日。

[6]《中共沈阳市委沈阳市人民政府关于推动文化大发展大繁荣的决定》，中国沈阳网（www. shenyang. gov. cn），2008 年 10 月 15 日。

大众传媒背景下的审美教育研究

李倍雷　　徐立伟

在当下后现代语境中，大众传媒（Mass Media）作为大众文化（Mass Culture）的重要媒介被赋予了新的文化含义。英尼斯（Harold Adams Innis）指出："一种传播媒介对于知识在空间和时间中的传输会产生重要的影响，而对于这种时间或空间因素的相对注重，将意味着被植入其中的文化出现一种意义的偏斜。"[1] 后现代语境下，"当代社会与文化的一个突出变化就是审美的泛化或日常生活的审美化"。[2] 这就构成了像英尼斯所说的"文化出现一种意义的偏斜"。所以大众传媒作为被后现代主义极力倡导的"大众文化"的媒介，在大众的审美视界中发挥着重要的作用，文本、图像也出现了多元杂糅的景象，令人产生审美愉悦的同时，也出现了各种显性和隐性的非审美因素及其"丑"的元素。于是探讨后现代语境中大众传媒中的各种图像、文本的审美变异及其影响，引导受众正确地"审视"媒体中图像和文本的"美"与"丑"或"非美"的元素，就成为了当下大众传媒背景下审美教育的重点。

一、大众传媒背景下的图像、文本消费

关于大众传媒的图像、文本结构的变化，首先需要界定"大众传媒"作为一种大众传播的工业身份和大众媒介文化身份。杰诺维茨指出："大众传播由一些机构和技术所构成，专业化群体凭借这些机构和技术，通过技术手段（报刊、广播、电影等等）为数量多、各不相同而又分布广泛的

---

[1] Harold Adams Innis. The Bias of Communication. Toroto：University of Toronto Press，1951. 33.

[2] 陶东风、徐艳蕊《当代中国的文化批评》，北京大学出版社 2006 年版，第 29 页。

受众传播符号内容。"① 但是大众传播的工业化深层原因还在于后现代主义文化的介入，杰姆逊就曾直言不讳地指出："后现代主义的特征是文化工业的出现。"② 而在这种工业化的进程中，大众传媒的图像文本结构，也正在沿着它的工业化模式变动着。

文化工业化，大众传媒的图像与文本结构的变化最大特点在于它的消费性。具体的表现如大量的复制拼贴（铺天盖地的广告牌），深度的消解（新闻的娱乐化），大众的介入（各种活动海选）等等。原来象征着话语权的"印刷铅字"与"影像呈现"因其当下的消费性而变成了大众文化的产品，正如阿多诺指出的文化生产是："或多或少按照计划生产出来的文化产品，这种产品为大众消费量身定做的，并在很大程度上决定了消费的性质。"③ 于是大众走向了话语的前台，获得了话语权，与此同时，隐藏在大量的消费性文化产品背后的后现代主义文化动因彻底消解了原来媒介与大众的二元对立。网络可以让"天仙妹妹"几天内家喻户晓，"虐猫照片"也让一个女护士成为千夫所指，"超级女声"又让一批默默无闻的年轻女孩子一夜成名。在大众狂热地投票、发帖、搜索时，一个现象清晰地出现——大众传媒已经成为大众消费的平台，并且这个平台也使"大众与精英"、"中心与边缘"、"释放与接收"的二元对立模式彻底解构。

后现代主义存在着不可界定性，但是其自身并不缺乏特质。对中国后现代主义语境下大众传媒的审美取向影响最大的是德里达对后现代的论述："对罗各斯中心主义的批判首先在于对他者（the other）的追求。"④ 在形形色色的大众文化产品呈现出来的图像、文本中，所有的平面化、无深度、游戏性、娱乐性、调侃性等等皆源于后现代主义对"他者"的关注。对"他者"的关注，消解了精英的中心主义，消解了文本的深度，消解了艺术的风格，消解了所有对立的身份，诸如"审美"与"非审美"的二元对立关系。所以，当大众作为他者成为了文化消费的主体和文化生产的主体之后，审美取向中的平面化、无深度、游戏性、娱乐性、调侃性

---

① ［英］麦奎尔、［瑞］温德尔《大众传播模式论》，祝建华、武伟译，上海译文出版社1987年7月版。

② 弗雷德里克·杰姆逊《后现代主义与文化理论》，唐小兵译，北京大学出版社1997年7月版。

③ T. W. Adorono. The Culture Industry: Sdlected Essayson Mass Culture. ed. J. M. Bernstein, London: Routledge. 85.

④ Derrida. "Back from Moscow, in the USSR" in a Derrida reader: Between the Blinds. ed. Peggy Kamuf, NY: Columbia University Press, 1991. 15.

也出现了。

关于"丑"的出现，首先，是后现代语境下，中国的大众传媒消解了精英话语的中心主义地位之后，蜂拥而至的是各种各样的话语形态。当然，这种消解的背后动因来自西方的后现代主义。所以多元化的话语形态中自然存在着对西方后现代主义观念的模仿与借用。第一种模仿，是主动的模仿，目的为完善本土的文化工业，在这个过程中，不仅是对西方的文化产品，还包括其文化精神的借用，使西方的文本迅速进入人们的视野，在强烈的感官刺激中，完成了大众传媒对消费性的释放。但在这个过程中，无论是图像还是文本，都被西方后现代话语所笼罩。西方的一些单纯的感官刺激而量身定做的图像与文本，势必会冲击到本土大众传媒受众的审美观。色情的、暴力的、血腥的、冗长无味的、庸俗无为的等等，这些图像与文本构成了当下语境中文化工业引进的一部分，背离了传统的审美观念，甚至是"丑"的部分。第二种模仿，是被动的模仿，目的是为了进入全球化语境，拿到所谓"对话的入场券"，是无可奈何的选择。这种模仿的过程中，暗含着西方中心主义的后现代吊诡，"天平上的标准滑动是朝向持有话语权的地方的"。① 所以，作为西方眼中"他者"形象的中国，正是被一些渴望进入西方话语圈的人们努力构建的"西方人眼中的中国"。于是节奏缓慢的古装片里，蹩脚的普通话成了国际影展的赢家，痴痴傻傻的大头形象成了西方热捧的"中国当代艺术"，这种丑的表现形成的文化现状，用王岳川先生的话讲就是："弑父和寻求精神继父的文化语境。"②

其次，"丑"的出现还缘于在大众传媒的背景下，文本生成对传统道德价值感的缺失。后现代主义语境下，大众传媒作为大众文化的传播媒介，对深度的消解，已经成为了其自身当下的某种特质，这种特质让大众获得了媒介话语，但同时也让传统的道德价值缓缓消解，甚至，出现了反道德、反传统价值的意识形态文本传播。"由于消费文化的泛滥，品味模式（taste pattern）构成了价值系列中的重要组成部分。"③ 在大量的文化产品中，深度消解又与多元性重叠，品味模式的取向出现了模糊与多重性，传统"伦理道德"美学本位的传统价值观念受到撼动，所以，在大众传媒背景下的"炒作"因为虚伪而遭到质疑，公益活动因为"裸露"而

① 李倍雷《现代与后现代艺术的反思》，江西美术出版社2008年版，第140页。
② 王岳川《当代艺术炒作的后殖民话语》（上），《美术报》，2007年5月18日第31期。
③ 高宣扬《流行文化社会学》，中国人民大学出版社2006年版，第331页。

备受争议，"超女"的选拔因为"粉丝"和歌手们耗费大量父母的金钱和耽误学业而引发争论。因此，匡正大众传媒背景下的背离了传统道德"丑"是我们当下审美教育的重点。

二、"审丑"与"丑"的关系

后现代主义，作为一个泛审美的时代，对"美"的认识也出现了多元化态势，甚至，在一些层面已经衍生出了"丑"———即对"丑"的表现，因而"泛审美"和"审丑"成了后现代审美结构话语语境中重要词语。在大众传媒背景下的审美结构和审美教育中，首先就要梳理"丑"与"审丑"。"丑"是丑的现实、或对丑的表现，而"审丑"是对"丑"进行客观理性的审视。审丑不是表现丑。那么在大众传媒背景下如何审丑呢？"审"具有详细、审慎、反复斟酌之意，即要理性地看待"丑"。在后现代话语中，一些青年人对"丑"与"审丑"的关系分辨不清。认为"审丑"就是去欣赏"丑"、消费或接受"丑"。这是对"审丑"的严重误读。我们都知道，"审美"不仅仅是在欣赏美、感受美的存在，更主要的是对审美对象进行审视和判断，即审视和判断"对象"（或审美客体）包含哪些美的元素：美感、道德、真实等。这层基础上才是对"对象"美的特质的欣赏。这是审美的基本意义和功能。"审丑"的基本意义和功能实际上与"审美"的意义和功能"基本"是同构的。"审丑"首先是对"对象"（或审丑客体）的审视和判断，审视和判断对象包含的哪些元素是"丑"的，比如缺乏美感、不道德和虚假等元素。当对这些"丑"的元素作出审视和判断后，便是对"丑"进行深刻的批判和检讨，对"丑"的拒绝。这一点与审美正好相反，审美是接受和欣赏。这也是我们认为"审美"与"审丑"是"基本"同构的原因。所以"审丑"，决不是欣赏"丑"或接受"丑"，更不是去表现"丑"。现在有很多人误把"审丑"当作表现"丑"，于是把网络、影视等媒体中的一些"丑"的图像和文本，作为"审丑"来理解，并以此认为那是后现代语境中"丑"必须要表现或张扬的内容。因此，针对这种误解"审丑"机制的现象，我们必须予以理清。

那么，对于"丑"来讲，伴随着对"审丑"的误读，也使某些媒体在传播图像和文本中，把"丑"理所当然地作为传播内容，从而推波助澜使"丑"进一步在各种媒体中泛滥。使一些缺乏控制能力的青年人——易感人群容易接受并受到负面的影响。现在我们为什么要提出在大众传媒下的审美教育这个理念，就是针对大众媒体中传播的一些非审美的或丑的内容，不断地在侵蚀和影响着青年人的思想，使他们"美"、"丑"不分，"善"、"恶"不辨。缺乏了对"丑"的免疫能力。把"丑"作为"美"来加以接受和欣赏，降低了他们审美能力，甚至模仿"恶"的行为，走向与法律对抗的道路。这样的反面教材和例子是存在的。

为此，"审丑"需要批判性和责任感这两种精神态度与立场。

首先，"审丑"的批判性。主要针对文化层面，其基本立场是用自己的文化立场审视外来文化。在西方后现代主义极力消解二元对立的话语中，是、非界限越发模糊，尤其是文化工业的消费性，彻底遮蔽了强烈的感官刺激背后人们在大众传媒的背景下阅读的各种图像文本的是非问题。消费仅仅成为感官的消费，让精神的消费缺席。但事实上，随着"大众文化"在后现代语境下的产业化，带来的不仅仅是感官刺激，更多的是西方的思想和文化意识，这种文化产业背后潜藏着深层次的文化动机，作为"他者"形象的中国，在狂热地接纳西方后现代主义的同时，也正按着西方眼中的中国形象，向那个"既定"他者形象走去。有的学者指出："后现代中提出'发现东方'，不仅意味着非中心话语开始说话，边缘立场并不认同中心强权，同时还意味着发现东方的主体是我们自己，而不再是西方学者或者汉学家。"[①] 这就要求对于大众传媒背景下的审美，要有一个最基本的民族文化立场，来看待大众传媒背景下图像、文本的文化含义。把"丑"的实质认清，"审丑"是为了批判"丑"，不是张扬"丑"。在自己的文化立场审视外来文化，批判和避免糟粕，接受进步和健康的不同文化。

其次，"审丑"的责任感。审丑的责任感在于大众在文化参与的过程中，对道德以及人文精神关怀的呼唤。在大众传媒背景下，大众从身处边缘位置的"他者"正式出席了当下的文化话语，大众作为大众文化的生产者和消费者，第一次如此近距离地出席了文化话语，多元化使人们的个性充分展现；而平面化消解了精英的中心，释放了话语权。但是这种平面上多元化，个性的无限扩张，势必又引发了新的问题，就是人文关怀的缺

---

① 王岳川《后现代后殖民文化哲学的思想踪迹》，《中国后现代话语》，中山大学出版社2004年版，第31页。

失，社会道德价值的失语。而当下大众传媒一些图像、文本中的丑，恰恰是其"人文关怀和道德的缺失"所造成。所以当"丑"作为一种图像和文本形式在大众媒介显现的时候，我们应该作为文化工业的参与者，要用一种负责任的心态，去审视"丑"，批判"丑"，抵抗制造和表现仅仅刺激感官的"丑"。自觉建构"审丑"的责任感和道义感。"审丑"的责任感还要注意道德体系的建构。道德价值作为批判"丑"的标准之一，在大众媒体背景下的作用是巨大的。在消解深度的后大众传媒文本中，道德作为传统"精英话语"已经被大大消解掉了，消费的目的不是为了道德规劝而转向了感官刺激，故此可能会越过道德的底线。这必须引起大众传媒背景下审美教育的重视，在面对图像、文本的解读时，道德的标准不应该被屏蔽。

三、大众传媒时代审美教育与审美教育的主体及原因

对于大众传媒时代审美教育的对象，主体还是作为成长在后现代语境中的"80后"、"90后"一代群体。他们主要面临两种困境：第一，个人中心本位与场域中心消解所带来的孤寂感。因为"80后"、"90后"的独生身份，造就了其自我中心意识的深厚。而这一代人目前所处的场域正好就是后现代语境大力消解中心意识的大众传媒背景下。个人中心主义的场域是以家庭本位而建立，而中心消解的场域是以学校、社会为本位。所以"80后"、"90后"面对家庭场域与社会场域的冲突中，往往感到自身同"他者"之间的难以交互，而产生浓重的孤独感，于是"非主流"的影像开始泛滥，"虽然衣着时尚，并整日徘徊在因特网上，但人们仍旧是孤独和不快乐的"。[1] 所以，针对这样的文化消费人群，文化产品的审美取向往往注重制造"当下的快感，用当下的快感作为一种补偿，弥补其单薄感，造成一种眩惑、一种幻觉、一种沉醉，有如催眠，让人专注于此时的体验而忘怀一切"。[2] 实际上是对一些"丑"的元素失去抵抗的能力，所以他们属于"易感人群"。第二，历史的断裂造就的工业化审美。工业化审美，是指当下的工业高度发达，大众传媒已经成为科学技术的演练场，本来出生在政治经济等社会背景高速变化时代中的新生儿，与巨变之前的

---

① 姜华《大众文化理论的后现代转向》，人民出版社 2006 年版，第 222 页。
② 同上，第 219 页。

时代和文化语境有着巨大的鸿沟，加上文化工业的发展，科学技术的进步，文化工业与科学技术的融合，背离了历史的一代从有审美意识一开始，就陷入了"一切声、光、电所制造的形象幻觉和由电算化、自动化、遥控化所带来的顺心适意之中，历史变得暗淡无光、无足轻重，从意识的中心被放逐到意识的边缘，甚至坠入了波涛滚滚的遗忘之河"。① 于是追求瞬间的快感、平面的快乐和对深度的拒斥，使年轻一代缺失了价值的判断，在大众文化疯狂地参与过程中，对媒体中出现"丑"的表现，毫无感觉地却接受了"丑"。当然，之所以把"80后"、"90后"作为大众媒体背景下审美教育的主体，更多的是因为他们是20世纪80年代中国改革开放后新历史断层后的一代，他们没有上一代持存的文化背景，只是在本时代文化已成为工业的背景下，无辜地接受并参与着一种作为"他者"的话语。如海德格尔所言："当今人持存性的丧失不仅是由外部的形势和命运造成，并且也不仅是由于人的疏忽和肤浅的生活方式，根基持存性的丧失来自我们所有人都生于其中的这个时代的精神。"②

四、大众传媒下的审美的优化方式

优化大众传媒的图像和文本的内容，是大众传媒背景下审美教育的重要方式。所谓"优化"，就是大众传媒在文化产品放送的过程中用"审美"和"道德"的机制过滤。当今的电视、广播、网络、出版物等，充斥双眼的都是那些斑斓五彩以赚取眼球为目的的文化消费制品。文化工业消解了图像、文本的深度从而使消费文化平面化，但是，当斑斓五彩的图像、文本所带来的感官刺激逐渐在消费人群中淡化的时候，猎奇的、窥视的、颓废的风格又开始作为新一轮的感官刺激卖点占据了大众传媒。贝尔指出："当代倾向的性质，包括渴望行动，追求新奇，贪图轰动。"③ 于是，"庸俗化"就以"平面化"的身份进入了文化消费市场。这就不难理解为什么"走光"的图片能扬威娱乐版，隐私的"爆料"比严肃的媒体话语更惹人关注。庸俗化，已经踩到了道德的"双黄线"。庸俗化的产生，也因为媒体"在其传播信息的过程中，总是想向受众灌输特定的形式定

---

① 姜华《大众文化理论的后现代转向》，人民出版社2006年版，第220页。
② 孙周兴《海德格尔选集》，三联书店1996年版，第1235页。
③ 丹尼尔·贝尔《资本主义文化矛盾》，三联书店1989年9月版。

义，并从形式定义出发，向受众灌输媒体所主张的意识形态范本"。①

波斯特曾经在《第二媒介时代》中指出："媒介不过是一种奇妙无比的工具，是现实与真实以及所有的历史或政治之真全部失去稳定性……这一结果不是因为我们渴求文化、交流和信息，而是由于媒介的操作，颠倒真伪，摧毁意义……对历史和政治理智的最后通牒作出自发的全面抵制。"② 由此可见，对于在大众传媒背景下的审美教育，首要问题是对媒体本身的改造和对传播的图像、文本的优化，使大众传媒所放送的图像、文本的内容是积极的、健康的、审美的、高雅的，能提升人们心灵和精神的文化艺术的消费品。所以，避免庸俗宣扬暴力和丑恶，最好的办法就是对作为放送者的媒介用美的图像和道德的文本加强约束。而在权力场域内的约束，莫过于立法。所以需要建立一套法规制度来约束和加强大众传媒的管理制度，优化大众传媒的传播内容。要真正做到优化大众传媒，必须建立大众传媒的审查制度。审查制度可用两个方面来执行：自检和他检。自检就是大众传媒自身建立审查机制，自检自己所要向接受者传播的图像、文本内容是否具有审美性和符合社会道德与法规，甚至也包括了图像的艺术性的问题。他检就是建立外部的审查机制，及相关的或管理大众传媒的机构或部门，审查大众传媒在放送前是否会带来不良影响与后果的图像和文本，甚至他检有损本国文化形象的内容等。

结　语

大众传媒背景下的审美教育研究，需要更多关注当下大众文化的消费性。后现代主义对"他者"的关注消解了精英，消解了文本的深度，消解了艺术性，这使得大众传媒背景出现了新的特点。读图时代刺激了人们的视觉欲望的发展，而视觉欲望却带来了视觉挑剔，使人们对习惯了的图像变得越来越不满意，人们习惯了的图像不再具有吸引力了。商家媒体为了某种商业的利益，使图像的内容服从了图像的形式，无深度和平面自然成为当代大众传媒特征。不仅如此，媒体为了吸引人们的眼球，把刺激感官作为第一要义。"丑恶"、"色情"成为某些商家媒体的噱头。"丑"的出

---

① Eds. by Michael Gurevitch. the Rediscovery of "Ideology"：the Return of "Repressed" in Media Studies. in Culture，Society and Media. London：methun. 64.

② 马克·波斯特《第二媒介时代》，范敬晔译，南京大学出版社 2000 年版，第 20 页。

现，更为大众传媒背景下的审美教育拉响了警钟。关于"丑"的出现，一部分因为对西方文化不加分辨地全盘模仿和误读，另一方面也因为传统的道德价值观念在当下的语境中遭到了屏蔽。所以对"丑"的审视更需要一种批判精神和社会道德责任感。

大众传媒背景下的审美教育对象的主体，主要是以"80后"、"90后"为主体。这是因为他们的个人中心本位与场域中心消解所带来的孤寂感造成了对"美"、"丑"评判的失衡。同时作为青年人最容易成为网络的"顽主"，经常接触媒体所传播的内容，往往接受外界的事物又比较快，这个"快"的过程中，又极容易不分辨是非而受其影响。因此，这是一个特殊易感人群。应该加强对这些易感人群的审美教育。同时我们要优化大众传媒的图像和文本的内容以及艺术形式，拒绝"平庸"与"丑恶"，从传播的根源堵住"平庸"与"丑恶"。而用具有审美的艺术形式和健康的文本传播给受众，从而达到大众传媒背景下审美教育的目的。

参考文献：

［1］Harold Adams Innis. The Bias of Communication. Toroto：University of Toronto Press，1951. 33.

［2］陶东风、徐艳蕊《当代中国的文化批评》，北京大学出版社 2006 年版。

［3］［英］麦奎尔、［瑞］温德尔《大众传播模式论》，祝建华、武伟译，上海译文出版社 1987 年 7 月版。

［4］弗雷德里克·杰姆逊《后现代主义与文化理论》，唐小兵译，北京大学出版社 1997 年 7 月版。

［5］T. W. Adorono. The Culture Industry：Sdlected Essayson Mass Culture. ed. J. M. Bernstein，London：Routledge. 85.

［6］Derrida. "Back from Moscow, in the USSR" in a Derrida reader：Between the Blinds. ed. Peggy Kamuf, NY：Columbia University Press，1991. 15.

［7］李倍雷《现代与后现代艺术的反思》，江西美术出版社 2008 年版。

［8］王岳川《当代艺术炒作的后殖民话语》（上），《美术报》，2007 年 5 月 18 日第 31 期。

［9］高宣扬《流行文化社会学》，中国人民大学出版社 2006 年版。

［10］王岳川《后现代后殖民文化哲学的思想踪迹》，王岳川《中国后现代话语》，中山大学出版社 2004 年版。

［11］姜华《大众文化理论的后现代转向》，人民出版社 2006 年版。

［12］孙周兴《海德格尔选集》，三联书店 1996 年版。

［13］丹尼尔·贝尔《资本主义文化矛盾》，三联书店 1989 年 9 月版。

［14］Eds. by Michael Gurevitch. the Rediscovery of "Ideology"：the Return of "Repressed" in Media Studies. in Culture，Society and Media. London：methun. 64.

［15］马克·波斯特《第二媒介时代》，范敬晔译，南京大学出版社 2000 年。

审美视野中的校园文化建设

张冬梅

一

物质文化形态是校园文化的外在标志，也是进行文化活动的依托和条件。校园的建筑设施、文化设施等构筑了校园物质文化，它总是以其特有的尺度、形式和神韵同广大师生员工的工作、学习、娱乐以及生活发生这样或那样的联系。一个校园的整体布局，及其建筑、广场、标志物、橱窗、标语、绿地、雕塑、水体等等，都能够充分显示出该校园的文化底蕴以及审美情趣、审美理想。作为"人化的自然"，校园物质文化是在一定的文化观念和审美意识支配下造就出来的成果，从中可以直观到校园主体自身的力量、才智。美正是在自然人化过程中向人生成的，对美的追求是人的本性所在。大学校园犹如一个城市的"肺"，通过利用美学规律和艺术手法美化校园的生态环境，可以协调环境与主体之间的关系，消除不必要的紧张、疲劳和不安全的因素，从而使师生员工能够心情舒畅、精力充沛、情绪高昂，处于最佳的生命状态，最大程度地发挥创造潜力。

美作为一种价值，是一种合乎人性的价值。因为事物只有以一种合乎人性的方式跟人发生关系时，它对人才是有价值的，才能成为价值活动的客体。尊重人、人的尺度，以及人在校园空间中的活动规律，使随时随地活动于校园中的师生员工拥有一种"家园的归属感"，是校园物质文化环境建设的一个重要方面，也可以说是它的出发点。这就需要将"以人为本"的主题贯穿于建设的始终，深入细致地考虑校园主体在这一生存空间所必需的各种设施以及这些设施的合理安排、布局以及光线、造型、色彩等，使人与校园环境的关系更加亲密。大到校园的整体规划，小到教学楼里教室课桌椅的摆放，以及办公室、寝室的装饰，都需要力避"粗陋的感觉"，以求让属人的丰富感觉具体展开，唤起校园主体的生活、学习、工作热情。古雅与明快、均衡与流动、节奏和韵律、虚实结合等都不失为校园文化景观建设的美学品格。可以通过精心选择、设计或改造，把审美因素融进校园内的不同视域，使整体设施以及空间布局形成一个合乎"人性"的、和谐有致的、富有美感的审美序列。

校园空间内的各种设施并非是孤立的存在，在校园物质文化形态的创构中也要考虑它们与周围环境的互动关联。在校园建筑空间中，可以利用自然景致，或借助人工山石的美感，或修建亭阁甬道，或设置喷泉，或安放具有校园象征意义的雕塑，这样可以使师生员工感到空间上的开阔，避免高楼林立给人的身心所造成的压抑感和封闭感。例如体现了"关系构建法"的我校的"图书馆"大楼，可谓"推门见绿"，它将玉桥流水、碧草游鱼涵纳于楼体胸腹，文化氛围与自然生态交融一体，带给师生的是体力上的放松、精神上的愉悦，以及审美上的享受。简言之，宜人的设施、清洁的色彩，飘香的花丛、赏心悦目的"花园式"的校园环境，反映出的是生意盎然、朝气蓬勃的校容校貌，师生员工的自豪感、爱校如家的责任感也会油然而生。

二

校园是一种具有高级聚落形式的"人的世界"。"人的世界"作为人的本质力量的对象化存在，不仅是追求真、表现善，同时也是一个创造美、发现美、展示美的世界。校园文化健康发展的重要保证是校园文化主体自身以及主体间世界的建构。校园文化主体的建构在本质上是价值交换和相互对话、交流的关系。每一个主体都是集体中的平等一员。主体间总是由你与我、我与他、他与你的关系构成。审美带有令人解放的性质，审美视野中的校园文化建设，着眼于的是作为校园主体的校内人员之间的更为真诚的情感的交流、对话，沟通和理解，这也是人的基本存在方式。在生活世界中，人以个体而在，但又置身群体。以审美的态度来调节主体间的关系，就会克服狭隘的个人主义、功利主义以及异化的人际关系，不把他者作为有利于有限需要或意图的工具而加以对待。这样，人与人就多了几分友爱、同情和理解，少了几分冷漠和隔膜，进而达到充分的亲和、协调。诚然，审美的态度不可能完全取代现实态度，审美世界也不会完全替代现实世界，但它会影响现实态度，向现实世界渗透，从而使主体间的关系变得和谐融洽。马克思在《手稿》中曾这样谈及，"我们现在假定人就是人，而人同世界的关系是一种人的关系，那么你就只能用爱来交换爱，只能用信任交换信任，等等。"① 这是主体和主体之间的交往、对话所达到的一种新的境界。从审美的角度来讲，这种对象化意味着的是主体和主体的相互生成。在这种相互生成的过程中，愉悦感、幸福感、自由感等也会相伴而生。当然，在这当中也存在竞争，也会有差异，但审美的原则可以净化彼此的行为，弥布其间的是吸引、共荣、互通、协商，呈现的是活力与秩序的和谐。而由此培养出的平等、自由、友好、参与、协作等等校园价值观和共同的精神追求，会提升集体的认同感，汇聚成一股巨大的精神力量，孕育出凝聚爱心和勃勃生机的校园文化。

在校园主体之间所进行的多种沟通、对话中，"情感"承载着着重要意义。无须赘言，人类自身存在着极为广阔的情感领域。这些有名的（诸如"热爱"、"憎恨"等）或无名的情感性的东西，在我们的感受中就像森林中的灯火那样复杂多变、显隐纠结。情感存在于身与心的交互关系中。一般而言，只有情感上的理解和认同才是现实性的，才是真正意义上的人与人之间的理解。因为体验、理解自身的情感才能理解自己的生活，准确释读、共鸣他人的情感才能达到与其深层次的交流、沟通。因而，一个人不解决情感的表达、辨认和释读问题，他与他人、学校、社会的联系之门实际上仍在禁闭着，他就难以融入"文化——价值"生活系统当中。情感世界的建构、情感秩序的重组是美学关注的重要领域。审美主体间接性意义上的交流表现为更为自由、本真的生命情感的体验和交流。

校园文化整体体系构建的关键环节之一是大学生的情感发展水平。对在校大学生的一项调查表明，有相当一部分学生患有不同程度的抑郁、孤独、焦虑等精神症状，情感极易发生倾斜。一个人对自身行为的"合理性判断"或许更多地依赖理性的思索，但决定一个人如何去做的"行为决断"却是一个有情感因素参与其中的复杂心理过程。发生在云南大学的马加爵杀人惨案就是一个令人深思的悲剧性个案。作为人类自身再生产和再

---

① 马克思《1844 年经济学－哲学手稿》，人民出版社 1979 年版，第 108 页。

创造的教育实践，在当下对人的理性的开发已渐趋极致，似乎学生的发展就是理性的发展，就是逻辑思维的发展。现代心理学已经证明，人是感性和理性相互联系着的整体，人的发展需要这两方面的协调发展。针对大学生情感问题的结构性缺损，在校园文化建设的过程中应对大学生的情感世界给予更多的投入和关注。在情感世界重建的诸多路径当中，校园的审美文化活动无疑发挥着重要作用。审美文化活动是人类独有的情感生产和情感交往方式，它呈现着情感的直观本质。其所引起的审美感受可以使情感中枢活跃起来，情感内涵丰富起来，给接受者带来积极的、强有力的感性愉悦和理性提升。在这一文化氛围中，"美"是其精神建构以及长期卓越表现的根基，创造和传播美感是每一个参与者义不容辞的责任。其所内蕴的或开放、或善意、或包容、或诚信、或完满等精神，必将会润泽和带动个体生命、团队集体以及整个学校的成长、成功。

三

较之自然的、现实的生存方式，审美化的生存方式是自由的、完整的。"适者生存，美者优存"，是人类生存方式及其形态不断演化、递升的根本规律。在人类社会迈向现代化的进程中，我们深深地感受到，不断扩张的技术理性、经济理性正在日趋消解着社会未来的建设者——大学生群体的情感体验和人文素养。电子产品的无限复制和传播，网络文化的垄断，太多的形式化表演、太多的消费性诱导，以铺天盖地之势冲撞着大学生的认知图式，打压着审美感觉的存活空间。"生活得美不美，是人生活得有无价值的一个重要标志。"① 生存方式呈现着一个人的生活态度，也是解释和衡量人生本相和创造本相的基本尺度。目前，校园里抱着"混日子"的生活态度或无头无脑的学生大有人在，平面化、片面化、机械化、被动化的生存状态成为当代大学生一种普遍的生存景况，尽管校区内不乏以多种方式对文明、健康、美好的生活方式的宣传和倡导。

对人的生存状态的作用和影响是衡量文化价值的一个根本标准。从整体上使人自由、和谐、全面地生存和发展是校园文化建设的一个根本任务。马克思在他的著作中一再讲到全面生产。全面生产是和人的全面发

① 蒋孔阳《文艺与人生》，首都师范大学出版社 1994 年版，第 42 页。

展、人的全部本质力量对象化紧密相连的。人的本质力量不应该是单一的，它是一个多元的、多层次的、生生不息的复合结构。在这样一个复合结构中，既有人自身的物质属性，又有精神属性，也存有物质与精神交互影响下的多种因素。在这当中，审美是丰富和发展人的本质力量不可或缺的存在。而且，"理性的最高行动是一种审美的行动，……真与善只有在美之中才结成姊妹。"① 在使我们的学生接受知识教育和技能教育的同时，引领他们以审美的眼光来体验生活和观照未来，从审美中学会生活，在必要的时间容量里让心灵的土地自如地寻觅到文化性的生长力量，进而提升对人性的领悟能力以及探索社会人生的能力，应成为校园文化主体的一个具有内在必然性的建设内容。因为对如诗般的生存境界的渴求不但是必要的，而且也是悄然的、无边的。此种情境下，审美的将成为生命的，生命的也将成为审美的。可以预想，一个校园拥有这种高情感的生命个体越多，该校园的精神发展也就越健全，这个大学也就越有希望。

对生存的创造性建构容易在具体的生活中被遗忘，而审美活动本身即是对生存的创造性方式的一种探求。德国著名美学家米盖尔·杜夫海纳曾这样言述对审美的相关体认："美就是这种从事物之中被感受到事物的价值，是那种在表象的独立自在之中直接显现的价值；……在审美经验中，如果说人类不是必然地完成他的使命，那么至少也是最充分地表现了他的地位：审美经验揭示了人类与世界的最深刻和最亲密的关系。"② 在由自然美、社会美和艺术美构筑的审美领域中，艺术美可以说是与完满的人生和人生的创造、超越最具亲缘性的，一如多彩多姿的艺术美的创造和表演历来是校园文化活动的主流。艺术可以"把我们的胸襟像一朵花似的展开，接受宇宙和人生的全景，了解它的意义，体会它的深沉的境地"。③ 艺术美通过营构具体、生动的人生的氛围，它可以潜移默化地引导学生体验生命的幽深世界，从而抵达对生活世界的一种深层次的感动和认知。但在当下，尽管艺术审美活动越来越接进大学生的生活，"高雅艺术"也日渐成为主调，却尚未走进他们的生命结构深处，常常成为一些艺术天才的形象表演、技艺展示。只有使艺术美化为情感性的、体验性的生活自身，让"美"成为校园里所有行路人的共同语言，才能在真正意义上激励校园

---

① 荷尔德林《荷尔德林文集》，商务印书馆 1999 年版，第 282 页。
② 米盖尔·杜夫海纳《美学与哲学》，中国社会科学出版社 1985 年版，第 201 页。
③ 宗白华《美学散步》，上海人民出版社 1981 年版，第 183 页。

主体在日常生存中去实践并拥有其所内蕴的人生的智慧、情感以及意志等等。而艺术也在这样的回归过程中，在大学生的生存和生命中给予了他们真正有价值的心灵性的东西，成为大学生必要的文化需求。通过艺术的审美而生活在审美当中，滋养"诗意栖居"、审美化生存的代代新人，不失为校园文化建设工作的重要内涵和长效机制。

期待着我们的校园文化实践活动变得感性起来、生动起来、美丽起来……

参考文献：

[1] 马克思《1844 年经济学—哲学手稿》，人民出版社 1979 年版。

[2] 蒋孔阳《文艺与人生》，首都师范大学出版社 1994 年版。

[3] 荷尔德林《荷尔德林文集》，商务印书馆 1999 年版。

[4] 米盖尔·杜夫海纳《美学与哲学》，中国社会科学出版社 1985 年版。

[5] 宗白华《美学散步》，上海人民出版社 1981 年版。

谈谈校园文化建设的审美维度

韩德民

一

作为中国现代大学教育制度的奠基者之一，梅贻琦论及大学校园文化之于时代风尚转移的关系曰："一地之有一大学，犹一校之有教师也，学生以教师为表率，地方则以学府为表率，古人谓一乡有一善士，则一乡化之，况学府者应为四方善士之一大总汇乎？设一校之师生率为文质彬彬之人，其出而与社会周旋也，路之人亦得指而目之曰，是某校教师也，是某校生徒也，而其所由指认之事物为语默进退之间所自然流露之一种风度，则始而为学校环境以内少数人之所独有者，终将为一地方所共有，而成为一种风气；教化云者，教在学校环境以内，而化则达于学校环境以外，然则学校新民之效，固不待学生出校而始见也明矣。"① 大学校园文化之能够承负此种转移风习的社会中坚责任，从根本上说，系于其对日常社会文化的独立性和超越性。此种独立性和超越性的保持，一个很重要的条件，就在于对"道"或说终极性价值的认同与追求。在欧洲，对以"上帝"为代表的终极性价值的认同和自觉追求，使教士群体有可能以与世俗政治对抗的方式，创造自己独立的文化传统，并在西方文明的发展过程中发挥特殊作用。在中国，也是由于对作为终极性价值理念的"道"的认同和自觉追求，赋予"士"阶层以任重道远的责任意识和"人不知而不愠"（《论语·学而》）的道德自信。起源于修道院的西方大学制度，所传承的

---

① 梅贻琦《大学一解》，《清华学报》第十三卷一期（1943 年 4 月）。

首先就是基督教对世俗文化的超越精神。近代大学制度传入中国之后，其文化精神之与中国传统中自觉区别于"政统"的"道统"观念的相应之处，也引起了坚守学术独立立场的学者们的广泛关注。

校园文化的独立性和超越性品格，是其完成自己承负的文化使命的基本保障。只有独立与超越的文化精神氛围，才有可能不仅在知性观念层面，而且就人格气质结构的总体对受教育者施加影响。也只有独立和超越的文化精神氛围，才有可能使校园文化主体更充分地摆脱工具合理性层面的各种思维障碍，避免过分关注具体利益而可能导致的短视与盲目，立足更高的精神文化视野对社会文化共同体的出路与命运进行思考。

审美维度在大学校园文化建构过程中的特殊地位，可以从艺术审美文化的形式和艺术审美文化的内在精神两方面加以阐释。就形式层面来说，艺术审美文化具有形象性和情感性的特征，因此，作为教育中介手段，艺术审美活动对于个体人格气质的陶冶濡染，能够发挥其他教育环节无法替代的作用。荀子说："夫声乐之入人也深，其化人也速。""乐在宗庙之上，君臣上下同听之，则莫不和敬；闺门之内，父子兄弟同听之，则莫不和亲；乡里族长之中，长少同听之，则莫不和顺。"（《荀子·乐论》）审美对个体思维方式和价值观念的影响，以潜移默化的方式进行，通常不会引发受教育者的逆反心理，因此更容易取得切实长久的效果。这也就是西方古典主义文艺理论家所谓的"寓教于乐"。儒家乐教思想对此有多方面的论述。这种思想传统在近现代中国教育变革的过程中，得到了继承和发挥。王国维阐释孔子教育理念说："其教人也，始于美育，终于美育。……孔子之教人，于诗乐外，尤使人玩天然之美。故习礼于树下，言志于农山，游于舞雩，叹于川上，使门弟子言志，独与曾点。"[1] 许多当代学者也很关注审美文化在校园育人环境中的特殊效用。长期生活在复旦园中的蒋孔阳教授就从自己的切身体验出发，描述校园环境美化的作用说："它不需要用任何抽象的理智形式，……从外面强加于人。它像空气一样包围着受教育者，让他不知不觉而自觉自愿地去感受，去体会，从而心甘情愿地接受教育。"[2] 就艺术审美文化的内在精神来说，相对于其他文化形态，艺术审美世界更多地联系着一种个性化的观看与评判方式。艺

---

[1] 王国维《孔子之美育主义》，《教育世界》第 69 号（1904 年 2 月），引据俞玉滋主编《中国近现代美育论文选》，上海教育出版社 1999 年版。

[2] 蒋孔阳《谈谈审美教育》，《红旗》1984 年第 2 期。

术家眼中的对象,永远是独一无二的"这一个"。"这一个"的视角引导我们自觉不自觉地超越普遍性概念的遮蔽,克服标签式的认知与把握习惯,用自己感受性的"心"体会生命世界的无限丰富性。单调化的客体世界只能造就单调化的主体世界,主体个性的丰富与拓展,只能是多元化生存空间中不同个体相互激发、相互启示的结果,在这样的意义上马克思说每个人的发展都同时成为其他人发展的前提条件。教育机构在建构有益于受教育者个性完整发育的独立文化空间的过程中,艺术审美世界显然可以作为可资借鉴的重要资源。

作为中国近现代教育的重要组织者与设计者,蔡元培从一开始就试图把美育纳入到国家的教育方针中,为艺术审美文化与校园文化建设的结合作出了重要贡献。1912 年,他提出,根据当时中国社会的实际需要,学校教育应包括五个方面的内容,曰军国民教育、实利主义教育、公民道德教育、世界观教育和美感之教育。① 按他的设想,"文化进步的国民,既然实施科学教育,尤要普及美术教育",至于审美陶冶的途径,则是多种多样的:"专门练习的,既有美术学校、音乐学校、美术工艺学校、优伶学校等,大学校又设有文学、美学、美术史、乐理等讲座与研究所。普及社会的,有公开的美术馆或博物馆,中间陈列品,或由私人捐赠,或用公款购置,都是非常珍贵的。有临时的展览会,有音乐会,有国立或公立的剧院,或演歌舞剧,或演科白剧,都是由著名的文学家、音乐家编制的。演剧的人,多是受过专门教育、有理想有责任心的。市中大道,不但分行植树,并且间以花畦,逐次移植应时的花。几条大道的交叉点,必设广场,有大树,有喷泉,有花坛,有雕刻品。小的市镇,总有一个公园。大都会的公园,不止一处。又保存自然的林木,加以点缀,作为最自由的公园。一切公私的建筑,陈列器具,书肆与画肆的印刷品,各方面的广告,都是从美术家的意匠构成。所以不论哪一种人,都时时刻刻有接触美术的机会。"② 蔡元培的设想不局限于校园,但又首先是针对作为专门教育机构的校园的。所以,他不仅一般性地提出原则建议,而且亲自开设美学课并实际参与推动"北京大学画法研究会"、"书法研究会"、"音乐传习所"

① 参看蔡元培《对于教育方针之意见》,原载《东方杂志》八卷 10 号,收入《中国近现代美育论文选》。

② 蔡元培《文化运动不要忘了美育》,原载《北京晨报副刊》(1919 年 12 月 1 日),收入《中国近现代美育论文选》。

等诸多校园美育团体的建立，支持这些团体开展多方面的活动。① 蔡元培重视美育的理念，对此后北京大学乃至整个中国现代大学校园文化建设的影响是多方面的。就重视校园文化建设的审美维度言之，现在的燕园仍能略窥端倪。散文理论家佘树森描述道："古色古香的西校门，湖光塔影的未名湖，幽静中弥漫着浓烈的书卷气息……醺醺地摇晃着我——倘能在此读书，作文，终了一生，吾愿足矣！"② 作为专业教育机构运行的空间依托，校园环境的熏陶是落实教育理念的重要途径，是促进校园文化主体个性完善的有效途径。黑格尔说审美带有令人解放的性质③，那些能够让个体的审美个性得以充分舒展的美的环境，因而就可能赋有作为安身立命之所的精神归宿的属性。佘树森的自展怀抱，或许能够代表许多曾在燕园工作或学习过的人的共同感受。

二

蔡元培等倡导的美育理念，虽然几经周折，但在 20 世纪 90 年代之后的教育变革过程中，又重新在国家基本教育方针的层面受到重视。中共中央、国务院 1993 年 2 月 13 日印发的《中国教育改革和发展纲要》中说："美育对于培养学生健康的审美观念和审美能力，陶冶高尚的道德情操，培养全面发展的人才，具有重要作用。要提高认识，发挥美育在教育教学中的作用，根据各类学校的不同情况，开展形式多样的美育活动。" 1999 年 6 月 13 日印发的《中共中央国务院关于深化教育改革全面推进素质教育的决定》中又说："美育不仅能陶冶情操、提高素养，而且有助于开发智力，对于促进学生全面发展具有不可替代的作用。要尽快改变学校美育工作薄弱的状况，将美育融入学校教育全过程。" 在这种国家基本教育方针的引导下，各级各类学校校园文化的建设者与管理者，对于审美维度在整个校园文化结构中的重要地位，开始形成越来越广泛的共识。

---

① 蔡氏《我在北京大学的经历》中回忆说："我本来很注意于美育的，北大有美学及美术史教课，除中国美术史由叶浩吾君讲授外，没有人肯讲美学，十年，我讲了十余次，因足疾进医院停止。至于美育的设备，曾设书法研究会，请沈尹默、马叔平诸君主持。设画法研究会，请贺履之、汤定之诸君教授国画；比国楷次君教授油画。设音乐研究会，请萧友梅君主持。均听学生自由选习。"（《东方杂志》第 31 卷第 1 号；引自陈学恂主编《中国近代教育史教学参考资料》中册，人民教育出版社 1987 年版）

② 佘树森《爬坡》，引自《中国现当代散文》，北京师范大学出版社 2002 年版，第 295 页。

③ 参看黑格尔《美学》第一卷，第 147 页。

　　清华是 50 年代院系调整之后国内理工科教育的重镇，经过几十年的教育实践之后，20—30 年代清华科学与人文并重的理念又开始回归。1985 年，中文系复建，1993 年，历史系复建，2000 年，哲学系复建。该校一位党委副书记承认："与国际一流学校相比，我们一些学生创造性不足。究其原因，恐怕与我们过去从基础教育开始的、过重的作业负担，划一的要求，注入式的被动的教学方法有关，也同对成长的非智力因素的关注不够，对学生的个性发展的需要关注不够有关。"[①] 据统计，世界上各个领域的 1000 位有杰出贡献的人物中，百分之七、八十都受过良好的音乐教育。音乐艺术对人的精神境界的升华、思维方式的拓宽，对其想象力、创造性的开发，都有不可低估的作用。重视审美文化的陶冶功能对提高非艺术类专业学生整体素质的积极推进作用，这可以说已经成为世界范围内的共同趋向。麻省理工学院是著名的理工类高校，但在培养方式上，也很重视艺术素养的提高。按其教学计划，本科生在校期间必须从包括文学、历史、视觉艺术、表演艺术等不同门类的人文性课程中选修不少于 8 门，获得不少于 32 学分。哈佛大学的基础课程体系也包含专门的艺术教育系列。"文学和艺术方面的人文课程向我们阐明'人类如何以艺术形象表达他们对世界的阅历'。这就意味着应该研究某些特殊艺术形式——小说、诗歌、交响乐——的潜在价值及其局限性，从而正确评价个人才华、艺术传统和特定历史因素之间的相互作用。为达到这些目标，要求学生学习三个方面的每一种课程：一门文学类主修课，如'19 世纪和 20 世纪初的小说'，包括简·奥斯汀、狄更斯、巴尔扎克和杰姆斯·乔依斯这样一些作家的作品；一门绘画或音乐类主修课，如'伦勃朗及其同代人的画作'或'弦乐四重奏的发展'；最后，还要学习一门鉴别特定时期的艺术与社会知识创造之间相互关系的课程，如'文艺复兴时期人的形象'。"[②]

　　审美维度在校园文化结构中的地位和作用，与大学教育目标定位上对通才与专才关系问题的认识紧密相关。强调大学教育目标定位上的专业性和工具性，则校园文化建设的统率原则就会向实用和理性侧面倾斜，审美维度就可能因而受到挤压；反之，强调大学教育目标定位上的通才属性，

　　① 胡显章《提高认识 转变观念 努力加强大学生的人文素质教育（在清华大学讲演）》，引自《中国大学人文启思录》第二卷，华中理工大学出版社 1998 年版，第 28 页。
　　② ［美］亨利·罗索夫斯基著，谢宗仙等译《美国校园文化》，山东人民出版社 1996 年版，第 100 页。

强调大学教育根本上的文化性或说人文性，就可能相应地重视校园文化构成的多元性、开放性、非功利性，从而使审美维度的地位得到强化。梅贻琦认为完整的人格构成起码应包括知、情、志三方面，而现实的"大学教育所能措意者仅为人格之三方面之一，为教师者果能于一己所专长之特科知识，有充分之准备，为明晰之讲授，作尽心与负责之考课，即已为良善之教师，其于学子之意志与情绪生活与此种生活之见于操守者，殆有若秦人之视越人之肥瘠"。为克服这种弊病，他提出了自己的通才教育观："通专虽应兼顾，而重心所寄，应在通而不在专，……通识，一般生活之准备也，专识，特种事业之准备也，通识之用，不止润身而已，亦所以自通于人也，信如此论，则通识为本，而专识为末，社会所需要者，通才为大，而专家次之，以无通才为基础之专家临民，其结果不为新民，而为扰民。"[①] 这个争论，理论上似乎很多时候持"通才"教育观者能够赢得更多共鸣，但就大学制度在中国 100 年左右的发展实际看，功利主义的工具性教育模式多数情况下都占据主导地位，尽管这种工具性教育模式在不同历史时期有不同的表现形态。或许，前者更多地联系着人们特别是知识阶层的教育理想，而后者则更多地适应着当下具体的社会现实。高等教育的发展过程，总体上来说就是这种在理想与现实之间平衡折中的过程。[②] 20世纪90年代之后，受市场经济初期流行之拜金主义思潮推动，中国教育包括大学教育的工具化倾向有愈演愈烈之势，这种趋势引起社会各界特别是学术文化界的普遍忧虑，纷纷起而呼唤大学的人文精神，重新强调教育的一般文化属性。这种忧虑、呼唤与强调，最终凝聚于"素质教育"的理念之上。问题是，在功利主义思维方式泛滥的社会文化环境中，人们对"素质"概念本身的理解也往往是工具性的，这将在很大程度上限制这场改革的实际成效。[③] 就此而言，艺术审美文化所明确标示的那种超功利的

---

① 梅贻琦《大学一解》。

② 冯友兰回忆早期清华教授会的活动情况时说："当时教授会经常讨论而始终没有完全解决的问题，是大学教育的目的问题。大学教育培养出来的是哪一种人才呢？是通才呢？还是专业人才呢？如果是通才，那就在课程设置方面要求学生们都学一点政治、文化、历史、社会，总名之曰人文科学。如果是专业人才，那就不必要有这样的要求了。这个分歧，用一种比较尖锐的提法，就是说，大学教育应该是培养'人'，还是制造机器。这两种主张，各有理由，屡次会议都未能解决。后来，折衷为大学一、二年级，以'通才'为主，三、四年级以专业为主。"（《三松堂自序》，《三松堂全集》第一卷第288页，河南人民出版社2001年版）

③ 可参看 www.people.com.cn 教育频道特别策划《中国全面素质教育难于长青天？》等相关讨论。

价值取向和超理性的精神方式，对于消解全社会范围内泛滥的狭隘功利观念对素质教育改革的侵蚀，对于推动素质教育改革排除外在干扰，依循自身内在逻辑不断深化，将有可能发挥其特殊的积极推进作用。

三

近十几年来，审美文化在中国高校校园的传播，主要依托课外性的社团活动和课堂内的艺术教育选修课两种形式。90 年代中期之后，国内高校陆续成立了不同形式的艺术教育中心，负责开设面向非专业学生的艺术类选修和必修课程，并对学生艺术团体进行指导。除掉常规的学生艺术团之外，一些高校校园中还出现了由教工、留学生等群体组成的京剧艺术团、乐器培训中心等组织。基于师资等具体条件的差异，不同高校开设的艺术教育类课程种类各异，数量不等，但通常都在 10 门以上。为了使校园艺术活动获得充分的人才保障，清华大学、北京理工大学等高校还推出艺术特长生制度，这项制度对活跃校园审美文化气氛、提升校园审美趣味的层次，对带动校园文化主体整体欣赏水平的提高，都发挥了积极的促进作用。

李岚清分管教育工作时，曾推动高雅音乐进校园的活动。用他的说法是：音乐"能使生活更有情趣，思想更有创意，工作更有效率，领导更有艺术，人生更加丰厚"。据他透露，香港汇丰银行每年招聘银行职员时，不仅招收金融经济专业的，也招收部分音乐专业的，因为通过工作实践他们发现，学音乐的人很有创意思维，经过金融方面的培训后，可以成为更有造诣更有创意的金融家，成才比例居然比纯粹学金融经济的还高。爱尔兰理工大学设有专门的音乐中心，任务就是在理工大学里传播音乐，创造音乐氛围，因为他们认为良好的音乐修养有助于软件开发的创意思维。[①]这种曲径通幽的例子，在很多不同的学科中都普遍存在。爱因斯坦总结自己成功的经验说，如果没有早年所受的音乐教育，那么自己在无论哪一方面都可能一事无成。他甚至称自己从艺术中获得的营养资源比从前人的物理学研究成果中获得的更多。钱学森在获得"国家杰出贡献科学家"称号的颁奖仪式上，也说通过妻子的中介而获得的对音乐艺术的了解，丰富了

---

① 李岚清《谈音乐、艺术、人生（2005 年 3 月 26 日在深圳大学国际会议厅）》，载《深圳大学报》2005 年 5 月 25 日。

自己对世界的认识，使自己有可能形成更广阔的思维方法，避免"死心眼"、避免机械唯物论。在古文字研究领域，也有很多人注意到，诸如郭沫若、陈梦家等卓有成就的大家，年轻时代都是颇有影响的新诗人。古文字考释需要严谨的实证，新诗创作需要浪漫的想象，二者之间貌似南辕北辙，实则心有灵犀。很多时候，恰恰是貌似超越常规的各种奇异联想，为静态的知识积累贯注了创造性的解释功能。音乐教育的重要性现在已经受到了很多学校的高度重视。像在清华大学、北京航空航天大学、北京理工大学等高校的美育选修课中，音乐类所占比例是最高的。对于如何更有效地发挥音乐对校园文化的影响，相关教师也进行了各种不同形式的探索。

2005 年 7 月 29 日，病榻上的钱学森向中国国务院总理温家宝坦诚建言："现在中国没有完全发展起来，一个重要原因是没有一所大学能够按照培养科学技术发明创造人才的模式去办学，没有自己独特的创新的东西，老是'冒'不出杰出人才。这是很大的问题。"为此，他深刻反思现行的教育制度。① 在传统的计划经济体制下，教育着重要培养的，是受教育者被动适应的能力，而相对忽略其自主决策、自主选择的能力和创新意识。所谓"应试教育"就是这种体制模式在教育领域内的反映。素质教育改革的实质，就是确立教育的主体性原则，将受教育者个性精神的健康发展置入教育的核心目标。校园审美文化建设的根本意义，就在于契合了这种素质教育改革的时代性要求。

对于受教育者个性的自由伸展与健康发展来说，艺术是最有效的中介途径之一。艺术以自己特有的方式阐释对象，将对于我们来说本是空洞的概念提升为丰满的意象，从而使我们更深地走进世界。同时，艺术也阐释作为欣赏者的我们自身，使我们更清晰地把握自己，提升自己。人格无法在封闭状态中健康发育，丰富的对象世界是塑造丰富人格的必要条件，而只有艺术，才乐于而且能够呈示种种超越任何概念名目之上的微妙意味，用贴近感觉本身的方式传递给我们。艺术是最丰富的，也是最宽容的、最善解人意的。生命的具体性，我们那些超越道德观念、法律规范、公众习惯等等之上的种种冲动与激情，只有在艺术之中，才能找到自己的对应物，才能在被照亮的过程中化解为生命的动力，而非郁积为弗洛伊德意义上非理性的生命之"结"。艺术之为艺术，就在于它以个性化的眼光观看

---

① 《钱学森：中国长远发展上我忧虑的就是这一点》，《科技日报》2007 年 12 月 11 日。

世界，并以感性化的方式呈现天空下大地上那些独一无二的"这一个"。在"这一个"的世界中，受教育者的个性得到滋养，并反过来以其丰满的个性滋养群体性的社会文化，减少普遍性知识与价值观念的僵固性，平衡智育与德育对受教育者人格发育所可能造成的负面影响。艺术审美的这种文化特性，从根本上决定着其在校园文化中的地位和作用。

"审美代宗教" 说的文化意义

杨 平

一

作为美育代宗教说的发端，蔡元培早在《对于教育方针之意见》中曾有这样的设问：为什么教育家不结合宗教，而必以现象世界之幸福为作用？世上因为有厌世的宗教和哲学，它们提升实体世界观念而排斥现象世界。蔡元培在《哲学大纲》一书中对宗教与哲学的关系作了深入地思考与细致的论述，"未开化之民族，无所谓哲学也，宗教而已。人智进步，有对于普通信仰之主义而不敢赞同者，视其智力之所能及而研求之，是谓哲学思想始。"[①] 哲学最终从宗教神学的领域中独立出来，蔡元培阐明了宗教与哲学的关系是可以分离、可以互相替代的、可以变主为从变从为主的。哲学越发展，宗教越衰微。蔡元培在《非宗教运动》一文中指出："我曾经把复杂的宗教分析过，求得他最后的元素，不过一种信仰心，就是各人对于哲学的信仰心。各人的哲学程度不同，信仰当然不一样，一人的哲学思想有进步，信仰当然可以改变，这完全是个人精神上的自由，断不受外界的干涉。"[②] 哲学是不宜代替宗教的，哲学的进步有助于破除宗教信仰，但是哲学的对象是现象世界以内的事情，属于政治的范围。蔡元培的学术旨趣在教育，他所关注的中心是教育问题而不是哲学问题，而教育目的超轶于政治的领域，进入观念世界。宗教虽以观念为对象，但同样不能超脱现象世界的利害关系和人我偏见，而唯有美育能把人们从现象世

---

① 《蔡元培先生全集》，台湾商务印书馆 1979 年版，第 109 页。
② 同上，第 193 页。

界的必然引向实体世界的自由。"美育代宗教说"有了一个可靠的立论基础，成为中国现代美学思想中的重要学术创见。

为什么蔡元培要提出美育代宗教说？其思想的背景与理论根据何在？正如周策纵在研究"五四运动"的著作中所说的，"知识分子暂时是从有用性的角度来判断宗教的。"[①] 在变革的时代主流之中，宗教被放置在实用的尺度下，它越来越"无用"而成为"迷信"。美育代宗教说具有很强的现实针对性与文化针对性。《以美育代宗教说》发表在 1917 年的《新青年》上是很能说明一些问题的。蔡元培站在新文化运动的思想阵地上阐述自己的学术观念与教育观点，这种学术姿态表明了一种与时俱进的思想倾向和无神论的思想立场，这一思想与整个思想界追求科学、民主、进步的潮流是紧密相连的。"五四"时期的知识分子以激烈反宗教著称。宗教在他们眼里只是一种迷信，在反宗教的立场背后的是一种科学理性的崇拜。在科学方面，中国现代知识分子十分重视达尔文的进化论。蔡元培从教育的立场回应了历史与现实的呼求。以美育代宗教说充分的审视了历史与现实。蔡元培游历欧洲后，形成这样的判断：在西方，宗教礼仪已成为一种历史习惯，宗教已经成为"过去时"了。在中国，传教士误传西方各国的发展皆归于宗教，想以基督教来规劝国人；同时沿袭旧思想者欲立孔子为中国的"基督"，组织孔教，对孔子神化，道学化。从当时流行的文化进化主义观念看，这些思想与行为都是逆潮流而动。以美育代宗教说直接批判了这些思想倾向。蔡元培反对孔教并不是反对儒家思想，他反对的是尊孔，即把孔子作为教主、圣人，而不是孔子的学说。蔡元培的教育思想流淌着儒家教育思想的血液，他在努力地使儒家教育思想现代化。

美育代宗教说也是蔡元培研究宗教史与艺术史的结果。原始宗教常兼有知、情、意三种普遍的精神作用，因此宗教中含有智育、美育、德育的元素，伴随着社会文化的进步与科学的发达，知识作用、意志作用脱离宗教而取得独立的位置，与宗教关系最为密切者，只有情感作用，即美感。蔡元培在这里强调美感的重要性，而不是强调宗教的作用。从中西美术发展史中，蔡元培得出艺术有脱离宗教的趋势。蔡元培批判了"美育附丽于宗教论"，美育附丽宗教之后常常刺激教徒的宗教感情，成为宗教战争的诱因。可以对蔡元培的论断存疑，但是应该明白蔡元培所要表达的思想，

---

① 周策纵《五四运动：现代中国的思想革命》，第 442 页。

他试图从宗教在教育史上的没落和其与艺术的分离来说明宗教在教育上的终结，从而为他的学说砌上一块历史的基石。蔡元培以批判宗教来表达自己的教育观念，借助对现实问题的批判来提倡美感教育。康德美学对蔡元培的影响太深，以至于他在把宗教剥离美育时，也不忘宗教中美育的不纯粹性。另一方面，美育代宗教说也表明蔡元培走出康德美学对他思想的限制，因为在《实践理性批判》中，康德以实践理性来保证价值世界的存在。他一方面承认人受经验世界一切规律的支配，另一方面又规划出一个自主的、自由的价值世界。必然世界与自由世界最后仍可统一在"上帝"这个观念之下。在《判断力批判》之中，康德在目的论的判断中也试图站在基督教传统立场上对上帝的存在作一种道德的证明。在康德那里，艺术与审美具有自主的性质，艺术独立于道德、政治或宗教，康德划清了各自的界限，并规定了各自的限度，因此不存在艺术僭越到宗教领域，甚至取代宗教。

在 1930 年的《以美育代宗教》一文中，蔡元培认定美育代宗教的根据有三：美育是自由的，宗教是强制的；美育是进步的，而宗教是保守的；美育是普及的，而宗教是有界的。思想的对立泾渭分明。这种区分未免简单，存在对问题的想象性把握，但是这种区分与论断很合时代的节拍，"自由"与"进步"正是现代思想文化的核心观念。科学与民主成为判定标准、历史与社会的进化论观念更易证明美育代替宗教的必然性。

在 1932 年的《美育代宗教》一文中，蔡元培指出研究宗教的"客观态度"，他批评那种研究宗教的主观态度。这里暗含了一个逻辑前提，既然蔡元培采取客观的态度研究宗教历史，那么美育代宗教是历史的必然。蔡元培在晚年依然难以割舍"以美育代宗教"的主张，他在 1938 年的《〈居友学说评论〉序》中发出这样的喟叹："余在二十年前，发表过'以美育代宗教'一种主张，本欲专著一书，证成此议；所预拟的条目有五：（一）推寻宗教所自出的神话；（二）论宗教全盛时期，包办智育、德育与美育；（三）论哲学，科学发展以后，宗教对于智育，德育两方面逐渐减缩以至于全无势力，而其所把持、所利用的，惟有美育；（四）论附宗教的美育，渐受哲学、科学的影响，而演进为独立的美育；（五）论独立的美育，宜取宗教而代之。此五条目，时往外来于余心，而人事牵制，历二十年之久而尚未成书；真是憾事。"① 蔡元培的提纲清晰、明确、完整地勾勒了历史进程中美育与宗教之间的复杂关系：宗教与美育的统一，宗教与美育的分离，宗教与美育的对立和替代关系。蔡元培的美育代宗教说是善始善终、一以贯之的。蔡元培在康德那里寻找到美感教育的哲学依据，并提出美感教育的主张。而"美育代宗教"说则来自蔡元培自身的创造性想法，来源于他对西方宗教史、艺术史"客观"考察，来源于他对现实教育的深刻反省。

二

在艺术界，"美育代宗教说"产生了深远而广泛的思想效应，中国现代艺术家对此积极地响应，林风眠指出："宗教只能适合某时代，人类理性发达后，宗教自身实根本破产。某时代附属于宗教之艺术，起而替代宗教，实是自然的一种倾向。蔡元培先生所论以美育代宗教说，实是一种事实。"② 林风眠还在《致全国艺术界书》的长文中又提出"艺术代宗教"的口号。潘天寿对这一学说的理解很具有代表性，"艺术原为安慰人类精神的至剂，其程度愈高，其意义愈深，其效能亦愈宏大。艺术以最纯静的、至高、至深、至优美、至奥妙的美之情趣，引人入胜地引导人类之品性道德达到最高点，而入艺术极乐的王国。蔡孑民先生主张以美育代宗教，亦就是这个意思。"③ "以美育代宗教"说契合中国现代艺术家追求艺术独立、艺术自由的现实要求，引起艺术家普遍的回应与认同。

许地山对蔡元培有过这样的评价：蔡元培是提倡以美育代宗教的。这是他对于信仰的态度。从他的言论看来，他是主张理性的，他信人间有永久的和平和真正的康乐。要达到这目的，不能全靠知，还要依靠对于真理的信仰。能知能行，不必有什么高尚的理想，要信其所知的真理与原则，必能引人类达到至善诚心尽力地去实现它，才是真正实行。所以知与行还不难，信理才是最难的事。蔡先生是个高超的理想家，同时又是个坦白的实践家，他的学问只这一点，便可以使景仰他的人们终生应用。世间没有

---

① 高平叔编《蔡元培美育论集》，湖南教育出版社 1987 年版，第 310 页。
② 《画论·作品·生平林风眠》，学林出版社 1996 年版，第 6 页。
③ 《潘天寿谈艺录》，浙江人民美术出版社 1985 年版，第 3 页。

比这样更伟大、更恒久的学问。① 作为基督徒的许地山从信仰的角度见出蔡元培学问的两层境界，蔡元培对学问本身的信仰就足以证明它是一个真正的学者，一位真正的伟人。以出世的精神做入世的事业，这是蔡元培最恰当的注释。蔡元培强调美育的坚定态度、始终如一的精神，这就是他的信仰。然而能否根据一代人师的学说，就认定那个时代的精神就是反宗教和敌视宗教的？一种主张难以涵盖整个时代的精神文化的状况，何况美育代宗教说进行学理的论证也是非常困难的，主张代替不了信仰，更何况信仰是个体化的东西。

在现代中国思想文化界，宗教一方面被放置在知识阶层普遍崇尚的科学背景下，与科学相对立；但另一方面则被置于知识分子普遍鄙视物质背景中，当作超越物质诱惑的精神。中国现代知识分子一方面进行思想革命，另一方面也渴望精神有安身立命之所，中国现代知识分子的内心很复杂也很矛盾。在学术界，美育代宗教说，响应者很少，梁漱溟曾表达了相似的观点。美育代宗教是把美育宗教化。王国维的"可爱者不可信，可信者不可爱"的箴言其实很真实，这两难处境一直伴随着中国知识分子走了半个世纪。因此，许多现代知识分子对宗教持肯定的态度，他们或许不信仰宗教，但是他们内心存在一种宗教文化情结。美学与宗教的关系仍可以沟通，可以相互理解。

王国维在《汗德之伦理学及宗教论》评述了康德的宗教观，认为真正的宗教必然与道德合一，存在于理性限度中的宗教，是由道德构成的。"夫说道德者自不得不导入宗教。何则？最高之善乃道德上必然之理想，而此理想，唯由上帝之观念，决不能为道德之动机故也。故从汗德之意，真正之宗教在视吾人一切义务为上帝之命令。"② 王国维体认到康德哲学的内在理路。王国维早期信奉康德哲学，基于这种学理的理解，王国维与蔡元培对宗教的态度就判然有别。宗教和美术有其独特的功能。在王国维开出的"去毒"的药方中，就有宗教，宗教与美术一道成为王国维救世的处方。"前者适于下流社会，后者适于上等社会；前者所以鼓国民之希望，后者所以供国民之慰藉。兹二者，尤我国今日所最缺乏，亦其所最需要者

① 许地山《蔡孑民先生底著述》，见《蔡元培先生纪念集》，中华书局 1984 年版，第 43 页。

② 佛雏校辑《王国维哲学美学论文辑佚》，第 170 页。

也。"① 按王国维的分析，宗教与美术适合于不同的阶层。如果人们没有宗教上的希望与慰藉，人们不问鸦片，又干什么呢？王国维认为，不废除宗教的原因也在此。比起蔡元培，王国维对宗教的态度要温和得多，至少王国维已认识到宗教的情感功能与宗教在精神上的作用。虽然王国维最关心的还是其所谓的上层国民的精神出路，王国维求诸于美术，并把美术宗教化，"美术者，上流社会之宗教也。彼等苦痛之感无以异于下流社会，而空虚之感则又过之。此等感情上之疾病，固非乾燥的科学与严肃的道德之所能疗也。感情上之疾病，非以感情治之不可。必使其闲暇之时心有所寄，而后能得以自遣。"② 在这一条路径上，王国维又与蔡元培走到了一起。

梁启超既关心文学对于"群治"的意义，又对佛教寄以极大的希望。他提到宗教对一个社会所起的规范和整合作用，他把儒家信仰作为一种宗教来对待。梁启超重视儒学和佛学中的文化价值，他把佛家的"无我"与西方的自由、平等、博爱结合起来，营造一个高尚的人生境界。朱光潜同情地理解宗教，"我们应该知道理智的生活是很狭隘的。如果纯任理智，则美术对于生活无意义，因为离开情感，音乐只是空气的震动，图画只是涂着颜色的纸，文学只是联串起来的字。如果纯任理智，则宗教对于生活无意义，因为离开情感，自然没有神奇，而冥感灵通全是迷信。如果纯任理智，则爱对于人生也无意义，因为离开情感，男女的结合只是为着生殖。我们试想生活中无美术，无宗教（我是指宗教的狂热的情感与坚决信仰），无爱情，还有什么意义？"③ 美术、宗教与爱情被朱光潜列在同等重要的位置，只是因为它们都对人的情感发生作用，对人产生意义。朱光潜肯定了宗教的情感功能，他还分析了西方文化传统中的宗教精神，他认为希伯来人"深刻的道德感和强烈的宗教感情也使他们不会把灾难和痛苦视为悲剧。信仰使他们脱离那种可以叫做'悲剧心绪'的精神状态。"④ 印度的佛教虽然是悲剧性人生观的产物，但是由于佛教徒对于尘世幸福发虚空感，而起了对于苦难者的道德同情，而期待灵魂拯救。⑤

在宗白华的知识谱系中，道教与禅宗对宗白华的影响不容忽视。宗白

① 周锡山编校《王国维文学美学论著集》，第48页。
② 同上，第49页。
③ 《朱光潜全集》第一卷，第43页。
④ 《朱光潜全集》第二卷，第436页。
⑤ 同上，第432页。

华认为，因欲返璞归真，冥合天人而有宗教境界。"功利境界主于利，伦理境界主于爱，政治境界主于权，学术境界主于真，宗教境界主于神。但介乎后二者的中间，以宇宙人生的具体为对象，赏玩它的色相、秩序、节奏、和谐，借以窥见自我的最深心灵的反映；化实景而为虚境，创形象以为象征，使人类最高的心灵具体化、肉身化，这就是'艺术境界'。艺术境界主于美。"① 宗白华认为，艺术境界是一个美的王国、美的世界，并区别于其他的人生境界，学术境界与宗教境界是艺术境界的"左邻"和"右舍"。就中国艺术的意境而言，宗白华认为，最高的灵境是妙悟的境界，种种境层，以禅境为归宿。"禅是动中的极静，也是静中的极动，寂而常照，照而常寂，动静不二，直探生命的本原。禅是中国人性接触佛教大乘义后体认到自己心灵的深处，而灿烂地发挥到哲学境界与艺术境界。静穆的观照和飞跃的生命构成艺术的两元，大概也是构成'禅'的心灵状态罢。"② 意境的最高层次是哲学境界、艺术意境和禅境的圆成。从宗白华对意境的深刻体验中，不难体察到他对禅宗与道教的态度。

在中国现代美学中，"美育代宗教说"几乎没有多少人认同，正如朱自清在《〈文艺心理学〉序》中所言，"'美育代宗教说'只是一回讲演；多少年来虽然不时有人提起，但专心致志去提倡的人并没有。本来这时宗教是在'打倒'之列了，'代替'也许说不上了；不过'美育'总还有它存在的理由。"③ 朱自清说出了产生"美育代宗教说"的时代背景，在一个对宗教革命的时代，宗教的处境与命运可想而知；朱自清质疑了美育代宗教说，同时也指出了这种学说影响的有限性。宗教的精神显然在社会——政治意义之外，而美育代宗教说则是处于社会——政治的框架当中。

蔡元培不遗余力的提倡"以美育代宗教"，投射出他对美育的宗教信念，即美育宗教化。卡西尔说："启蒙运动最强有力的精神力量不在于它摈弃信仰，而在于它宣告的新信仰形式，在于它包含的新宗教形式。"④ 美育就是蔡元培的新信仰，不过他的思想也是矛盾的。⑤ 这一学说也表现

---

① 《朱光潜全集》第二卷，第 360 – 361 页。
② 同上，第 334 页。
③ 《朱光潜全集》第一卷，第 522 页。
④ 卡西尔《启蒙哲学》，山东人民出版社 1988 年版，第 132 页。
⑤ 蔡元培曾经主张宗教自由的，他对宗教的态度前期与后期存在着不同，这是需要我们注意的，蔡元培 1916 年底在《新青年》上发表的在"宗教自由协会"上的讲话表现了"宗教自由"的观点，而不是废除一切宗教。在蔡元培的一些论文中，也可以看到他常常肯定宗教在人类情感上的价值与功能。

出中西文化的差异，中国缺乏西方的宗教传统。中国现代知识分子不设身处地的理解西方文化，就难以揭开西方思想的真正面目。即使蔡元培倾情康德美学，一次次的在康德美学中汲取思想的甘泉，但始终没有进入到西方思想的核心层面，他只看见了思想的光亮，但不明白思想之光源于何处。这绝不仅仅是学者自身的原因，他们坚实的学术背景，严谨的学术态度和广阔的文化思想资源足以使他们更接近思想的源头，然而过多的外在压力促使他们担负了学术以外的使命，思想总是在学术与现实之间徘徊。

三

作为历史的回应，蔡元培的命题在当代得到进一步阐释与发挥。李泽厚指出，伦理学所要探究的意志结构是理性的凝聚，这种理性在康德那里，是一种实践理性，实践理性所指向的目的为一种规范的自由。"自由意志"的培育需要审美的助力。"我们从主体性实践哲学出发，不把这种选择归因于外在的他律。而重视自律的自由，意志的培养，即人类所长久积累起来而移入心理的理性的凝聚。之所以说'凝聚'，在于指明它是某种集中起来的纯理性能力。"[1] 这显示出理性凝聚的力量和人的尊严、善的光耀。道德的动力不能来自于宗教，不能将其归因于上帝，只能靠人性的培养。"这种能超越生死的道德境界的培育，既不依赖于'对上帝的供献'或'与神会通'以获得灵魂的超升和迷狂的欢乐，那么就只有在通由与全人类全宇宙相归属依存的某种目的感（天人合一）中吸取和储备力量。……中国传统是通过审美替代宗教，以建立这种人生最高境界的。正是这个潜在的超道德的审美本体境界储备了能跨越生死不计利害的道德实现的可能性。这就叫'以美储善'。"[2] 李泽厚明确地提出"审美代宗教"说，从历史的维度看，李泽厚的"以审美代宗教"是不是蔡元培"以美育代宗教说"的当代延续呢？这样看显然还不能说明任何问题。应当指出的是，其一，审美与美育并不是外延与内涵相同的两个范畴，审美是美学中的范畴，并具有自我实践的意味，而美育则处于教育学与美学交叉的位置，具有学科的性质；其二，二者的主张所依托的思想资源显然是不同的。蔡元培主要以西方的历史与哲学来论证美育代宗教说，而李泽厚明显

---

① 《李泽厚哲学美学文选》，湖南人民出版社 1985 年版，第 175 页。

② 同上，第 176 页。

地把这一见解立足于对中国传统文化与思想的阐释上，因此李泽厚的命题显得更中国化一些，这更像一个中国问题，论断也就显得更有说服力。李泽厚通过对中国思想史的整体把握而提炼出的这一学术观点，它生长在中国文化母体之中。因此"审美代宗教"说蕴涵着更多的中国传统文化的内涵。其三，二者所思考的向度与方法存在不同，蔡元培站在思想为我所用的立场，蔡元培重在求同，对中西思想并不加以区分；而李泽厚立足于文化比较的立场来审视中西思想史，因此他重在辨别文化之间的差异。李泽厚在中西文化差异中指出中西方两种不同的境界追求。"中国哲学所追求的人生最高境界，是审美的而非宗教的（审美有不同层次，最普遍的是悦耳悦目，其上是悦心悦意，最上是悦志悦神。悦耳悦目不等于快感，悦志悦神也不同于宗教神秘经验）。西方常常是由道德而宗教，这是它最高境界。"① 审美代替宗教说赋予审美以拯救的宗教功能。因此，"审美代宗教"，成为李泽厚的学术创见。

"审美代宗教"说与悦志悦神联系起来。"所谓'悦志'，是对某种合目的性的道德理念的追求和满足，是对人的意志、毅力、志气的陶冶和培育；所谓'悦神'则是投向本体存在的某种融合，是超道德而与无限相同一的精神感受。所谓'超道德'并非否定道德，而是种不受规律包括不受道德规则、更不用说不受自然规律的强制、束缚，却又符合规律（包括道德规则与自然规律）的自由感受。悦志悦神与崇高有关，是一种崇高感。"② 这种悦志悦神在不同的文化背景中呈现不同的面貌和精神境界，在西方，它经常与对上帝的皈依感相联系，从而走向宗教，其所表现的境界也就是一种宗教境界；在中国，则呈现为与大自然相融会的"天人合一"的精神境界。"中国的这个最高境界不是宗教的，而是审美的，因为它始终不厌鄙、不抛弃感性，不否定、不抛弃内在的和外在的自然。它是在感性自身（包括对象的整体自然和主体的生命自然）中求得永恒，这种审美感受当然就不是耳目心意的愉悦的审美感了。"③ 审美的最高境界其实就是一种伦理境界，审美境界与"以美储善"统一起来。在现代交往文化的背景下，如何汲取西方宗教和艺术中那种痛苦悲怆的深刻感受，来补充中国传统和加强自己的生命力量，是培育悦志悦神的审美能力所应特别

① 《李泽厚哲学美学文选》，湖南人民出版社 1985 年版，第 454 页。
② 《李泽厚十年集·美的历程》卷，安徽文艺出版社 1994 年版，第 528 页。
③ 同上，第 529 页。

重视的现代课题。中国传统的"天人合一"观念也就不再具有那种古典式的和谐宁静。而将是一个充满了冲突、苦难、斗争的过程。"天人合一"不再只是目的，而且也是过程。

四

对于"美育代宗教"与"审美代宗教"说，刘小枫站在基督教思想的立场持批判的态度，这种批判的向度有几个方面：他认为这两种主张都包含了一个理论上的前提性论断。"'美育'或'审美'与宗教处于一种不相容的对立关系之中；不仅如此，'美育'或'审美'在价值等级上，也高于宗教。"① 这种主张既表现为以中国文化的立场为依据拒斥基督宗教，这也可以被视为是中国文化中多次拒斥基督宗教的传统延续，体现为一种西方近代理性主义和浪漫主义思想的效尤。

从逻辑上看，美育与宗教在范畴上彼此不对称，因此提法不具有效力。然而他肯定了这种主张的观念的有效性。所以这种两种主张是一种审美主义的世界观、意义观与人生观的表达式，它与所谓的宗教的世界观、意义观以及人生观相对立。

刘小枫认为在20世纪中国审美主义大潮中，中国学界忽视了一个关键性人物，巴尔塔萨的美学思想，他深刻而全面的考察了作为一种形态和学科的美学或审美。巴尔塔萨的思想不仅能澄清审美或美学与宗教——基督教的关系问题，深入了解西方美学的性质与样态有不可估量的学术意义，而且对"美育代宗教"或"审美代宗教"的主张也是一个强有力的反驳。② "以'美育代宗教'的主张是肤浅的。'以审美代替宗教'——当然是指代替基督宗教的主张同样成问题。在此主张中，至多包含着一种人之生存的自我肯定、自我上升、自我沉醉的论点。然而，且不说这种审美主义已然掩盖了人之生存论上的悲剧性真实，它的自我上升的设定亦难达到希腊景观的高度。更不用说，从根本上讲，人之自我上升，倘若没有神圣存在先然的下降，是根本不可能的。"③

刘小枫认为宗教与审美的对立可以终结了。艺术与宗教的对立也可以

---

① 刘小枫《走向十字架上的真》，上海三联书店1995年版，第373页。
② 同上，第376页。
③ 同上，第409页。

终结了。不过美育代宗教的现实意义也是明显的，从人生意义的角度看，美育代宗教说表达了一种无神论的世界观和人生观，这就可以与宗教的世界观、人生观、意义观相对立。在市场经济的时代，在信仰危机的时代。

消费文化与当代产品的符号化表现

龚小凡

一个当代的消费者购买一把梳子、一只碗、一只书包与五十年前或更早的时代有什么不同，为什么不同，这种不同又说明了什么呢？尽管人对物的消费古已有之，但当代消费是在物品大批量生产和供给基础上的大规模消费，而更为重要的是当代物品与消费者的关系、物品对于其使用者的功能与意义的变化。当代物品特别是日常生活用品的非功能化趋向便是这种正在发生的改变中一个十分引人注目的变化，这里所说的非功能化指的是物品实用功能的弱化乃至隐退。而与物品实用功能弱化相伴随的是物品的非功能化趋向的增长与强化，其中物品的符号象征价值即社会文化价值的凸显是这一非功能化趋向的一个重要方面，这一趋向也被表述为当代产品的符号化。所谓符号即是通过某物对某种意义的指代。一般来说，日常生活用品是具有某种特定实用功能的物品，没有观念上的含义，因而不具有符号性。但符号化的产品伴随着原有实用功能的弱化或消失，被赋予了某种含义，从而成为某种意义的指代物，也就具有了某种符号性。

当一件印着古埃及雕像的体恤和一条印有梵高著名绘画《夜晚咖啡馆》的丝巾在商场里标出高于一般体恤、丝巾的售价而被消费者购买时，它说明了当代消费实践对这种符号化产品的接受与认同，但也会有消费者拒绝为这样的产品埋单，因为它们的实用功能与普通体恤、丝巾并无不同。这说明不同的人们对同一产品的功能有不同的认识与要求，对产品功能的认识不仅与消费者的行为有关，也蕴涵着丰富的社会文化内涵。

一、当代产品的符号化趋向

在 20 世纪西方设计的理论与实践中，表现出从追求功能至上的功能主义到拓展产品多重功能的非（实用）功能化的变化。

19世纪末美国建筑师路易斯·沙利文提出著名的"形式服从功能"（form follow function）的观点，这一观点强调实用功能是产品的最重要乃至唯一的功能，形式为实用功能所决定。在20世纪这一理念发展为功能主义理念，阿道夫·卢斯的"装饰即罪恶"、弗兰克·赖特的"形式与功能是一回事"、密斯·凡德罗的"少即是多"（less is more）都是功能主义理念的代表性观点。功能主义理念倡导单纯明快、无装饰的风格和适应机械化生产的标准化、系统性的设计方法。由于功能主义对工业化大生产的适应，以功能主义、理性主义为核心的现代主义设计成为20世纪上半叶最具活力与影响力的设计理念。人们在包豪斯的建筑、家居设计以及许多生活用品，如著名的巴塞罗那椅、乌尔比诺瓷器餐具中，都可看到简约、理性、近乎几何般精确的鲜明功能主义风格。但功能主义对产品功能的理解是片面、狭隘的，它将实用功能作为产品的唯一功能，不承认同一种（实用）功能可以有不同的表达形式，不承认除实用功能外产品还可以具有其他的功能，排斥甚至取消了产品功能本应包含的其他内涵。

在20世纪60年代，符号学家穆卡洛索夫将产品的功能划分为实用功能、符号功能即标识和象征功能、形式审美功能三种功能。①在产品的实用功能与形式的基础上进一步确认了产品的多重功能，拓展了产品功能的概念。后来人们一般把产品功能表述为实用、认知（标识与象征）和审美功能。

在认知功能中，人们通常更为侧重它的标识性，即产品所传达的生产商、品牌、功能特征、使用方法等信息，也就是说产品的认知功能是通过产品所携带的信息告诉人们这是什么物品，有什么用，怎样使用等等，产品的标识性所传达的信息主要围绕着产品的实用功能。产品的审美功能包括产品的形式因素、艺术内涵以及相关的审美联想等，一般认为产品中的审美功能应以实用功能为基础。

产品功能三分法将实用功能之外的认知、审美功能作为内在于产品的组成部分，使产品的功能内涵获得了更丰富的内容和更大的空间。

也是在上个世纪60年代，法国学者让·鲍德里亚针对当代社会中产品功能的变化，提出了他著名的物品符号理论。鲍德里亚认为，在当代消

---

① 徐恒醇《设计美学》，清华大学出版社2006年版，第61页。

费社会中，各种物品被前所未有的大规模地消费着，但它们的功能已经发生了改变。"无论是在符号逻辑里还是在象征逻辑里，物品都彻底地与某种明确的需求或功能失去了联系。"① 在鲍德里亚看来，那些被弱化或失去了实用功能的物品凭借着它所表征的某种与实用功能无关的含义和价值而被人们所消费，对于其使用者来说，物品的物质性、功能性是次要的，物品成为承载某种价值或意义的符号。

美国学者马克·波斯特在分析鲍德里亚的物品符号理论时也指出，"产品本身并非首要的兴趣所在；它必须在该产品上嫁接一套与该产品没有内在联系的意义才能把它卖掉。这套经常受到符号学分析的意义变成了消费的主导方面。"② 例如一则百事可乐的广告，画面上各种年龄、阶层、性别和人种的人在一起共享这种饮料，这些人的共同特点是年轻、时尚、有活力。这样，喝百事可乐不仅是在消费一种碳酸气饮料，同时也是在消费一种意义，即对共享百事可乐的群体的认同，这时的百事可乐便成为一个社群感的符号。

鲍德里亚在他的研究中发现了商品与符号之间的类同关系，即消费社会中的物品与符号一样，可以将一种意义与产品——这样一个物态的承载物联系起来。以符号学的方式来看待和分析消费社会中的消费物品，被认为是鲍德里亚的理论中最有创意的部分之一。他对符号产品社会文化内涵的这种解析也使他区别于另一路径的、着重产品的物质、技术性诉求的产品造型的符号学研究。③

---

① 鲍德里亚《消费社会》，南京大学出版社 2001 年版，第 67 页。
② 马克·波斯特《第二媒介时代》，南京大学出版社 2005 年版，第 104 页。
③ 现代符号学有两个源头：美国哲学家查·桑·皮尔斯的符号学（Semiotics）建立在对判断或命题的逻辑关系分析的基础上，符号学家查尔斯·莫里斯在其基础上将符号学划分为研究符号结构关系的语构学、研究符号与它代表的对象之间关系的语义学和研究符号与使用者及其环境关系的语用学。产品设计中符号学的应用主要表现在从产品造型角度进行的符号学规范（克略克尔）。而语言学家索绪尔在语言学的基础上建立了另一种符号学（Semeiology）研究，他将符号区分为能指（符号所代表的意义的承载物）与所指（承载物被指定和表达的意义）。之后，罗兰·巴特将符号学引入日常生活的社会文化分析之中。罗兰·巴特注重符号社会文化意义的研究方法对鲍德里亚从符号学角度研究消费社会产生了不可忽视的影响。参见仰海峰《走向后马克思：从生产之镜到符号之镜——早期鲍德里亚思想的文本学解读》，中央编译出版社 2004 年；徐恒醇《设计美学》，清华大学出版社 2006 年。

二、消费文化与当代产品的符号化表现

当代产品的符号化趋向是当代消费文化的一种表现。消费文化关注消费在社会生活中的状态及其影响，强调和肯定消费对人以及社会的意义，认同并致力拓展消费品的多重价值，倡导积极消费和享受新物品的生活理念，把消费视为自我表达及自我价值实现的重要方式，并将消费物品世界的影响带入更广泛的社会领域。当代产品的符号化是消费文化鼓励以"非效用性"态度对待物品观念的表现。在当代的消费实践中，对产品特别是日常生活用品的符号化使用常常表现在等级符号、个性符号、时尚符号几个方面。

（一）等级符号

鲍德里亚认为，消费者通过符号化产品的消费对自己进行一种"社会编码"，即使用者通过某种产品而将自己编织进社会等级或特定阶层与群体的社会秩序的网络之中，这是使用者通过消费而对自己进行的社会定位。"这一功能时刻规定着特定社会范畴在特定社会结构状况下通过特定物品或符号来表明自己与其他范畴的区别和确定自己地位的可能性。"[①]正是在此意义上，鲍德里亚认为消费并非一种享受功能，而是一种生产功能，因为在产品被消费的同时，生产着某种以产品的物质形象为表象的社会等级、群体与价值秩序。

对某物的占有与消费作为某种社会等级、特定群体或身份的标识，这在过去时代也曾一直存在。在中国古代，龙袍是皇帝的特定标识，青铜鼎是贵族身份与权利的象征。18 世纪英国精致的米黄色釉韦奇伍德陶器曾因被英国女王订制而被称为"王后陶器"。凡勃伦在论述有闲阶级时曾指出，有闲阶级将自身区分于其他社会阶层从而形成"歧视性差异"的主要方法，就是明显有闲与明显消费或炫耀性消费。[②] 在这种性质的消费中，人们对商品的享用，只是部分地与物质消费有关，更主要地是将物品作为一种标签、一种标识等级、地位、身份的符号。

在当代消费实践中，等级消费也大量存在。那些作为等级符号的消费

---

① 鲍德里亚《消费社会》，南京大学出版社 2001 年版，第 115 页。
② 凡勃伦《有闲阶级论》，商务印书馆 1964 年版。

品，如某种品牌、价格的轿车、打火机、领带、酒类，或特定地段、某种类型、规格、面积及附属设施的住宅等等。与过去的等级消费相比，那时的等级物品与其对应的社会等级或群体的关系常常是相对稳定的，而当代等级物品消费的社会性内涵的指向则常常是变动不居的。法国学者皮埃尔·布迪厄对特殊的品味系列及消费偏好与具体的职业、阶层和群体的关系及其流动性做过仔细的研究。"为获得'地位性商品'（positional goods）、为获得表明步入了上流社会的商品而展开的斗争，使得新商品的生产率不断提高。而这使人们通过标志性商品获得上层社会地位的意义，反而变得只具有相对性了。经常性地供应新的、时髦得令人垂涎的商品，或者下层群体僭用标志上层社会的商品，便产生了一种'犬兔'越野追逐式的游戏。为了重新建立起原来的社会距离，较上层的特殊群体不得不投资于新的（信息化）商品。"①

在社会的消费实践中，如果说传统社会结构有着较清晰的分级分类，那么当代社会是分级分类与消解等级分类二者并存的。尽管上层社会力图加大等级符号的入围障碍，但凭借便捷和普遍化的当代复制技术，那些具有等级含义的标志性产品在当代社会已经十分易于模仿和复制，从而可以大量生产并降低价格，也就使各个阶层的消费者越来越易于获取。这就造成了符号商品的"通货膨胀"以及伴随而来的符号贬值。这同时也就意味着通过对产品的使用来判断和标定人的阶层与地位将成为一个日益复杂和困难的游戏。当然等级符号的这种混淆并不等于实际社会等级的消解。

（二）个性符号

鲍德里亚认为，对于消费社会中的个体来说，消费者是他的首要的社会身份。当代工业系统"需要有人作为劳动者（有偿劳动）、作为储蓄者（赋税、借贷等），但越来越需要有人作为消费者。……今天把个体当作不可替代的需要的领域，就是个体作为消费者的领域。"② 尽管这些消费者被认为是"无意识"、"无组织"的个体，但无论生产者、销售者或是消费者自己大都认为消费者是有"个性"的，而这种个性可以通过特定物品的消费予以表达。的确，消费者可以通过对某物的占有与展示而使自己区别于其他人，如将头发染成黄色、紫色或绿色以区别于没有染发的人，那

---

① 迈克·费瑟斯通《消费文化与后现代主义》，译林出版社 2000 年版，第 27 页。
② 鲍德里亚《消费社会》，南京大学出版社 2001 年版，第 76 页。

些"汽车改装族"在挡风玻璃、车身上的种种标志和图案，都被认为是消费者的个性化符号。随着等级符号的膨胀与混淆，对个性化符号物品的消费日益成为被广为接受因而也更具活力的消费方式。

对这种个性化符号的消费或不消费果真能够使人获得和表达自己的个性，成为或不成为自己吗？在鲍德里亚看来，由于规模化工业生产方式和商业运作，个性符号物品的使用者在使自己形成与其他人的区分、差异的同时，在另一方面，同时也使自己与那些使用相同符码人的趋同与归类，从而"个体所追求的'被消费了的'差异也是普遍化生产的一个重要领域。"① 工业化生产提供的差异不是真正的差异。

对于一个生活于现实世界中的人来说，由物品构成的差异只是形式的差异。对于个性的实现与表达来说，这种形式的、表层的差异往往是靠不住的。在过去人们与他们使用的物品有着较为稳定关系的时代，物品类型、风格与使用者的趣味、气质常常具有内在的一致性。而在当代生活中，人们能够从汇聚着来自世界范围的各类风格的符号产品大"库存"中选择他们需要的产品。面对着包围着自己的五花八门的商品，人们的选择可以是与自身契合的，也可以是随性任意的。这就意味着产品对人内在品质的标识可能只是表层化的，个性符号物品提供的差异仅仅是形式的差异。而对于那些认为具有坚实特征和绝对价值的人在当今世界已经缺席、死亡和被删除的后现代主义者来说，凭借物品使用而衍生的这种"个性"，只是"在其他上千种被聚集堆积在一起的符号中进行重构以便重新创造出一种综合的个体性"，② 只能是空洞、虚假的个性。

（三）时尚符号

日常生活的审美呈现作为后现代主义的一个重要特征而受到颇多的关注与讨论，生活艺术化是日常生活审美呈现表现的一个重要方面。它将艺术的呈现转移到日常生活的场景、器物和行为之中。在更早的19世纪到20世纪西方设计史上的工艺美术运动、新艺术运动、装饰主义运动中都可以看到这种生活艺术化的进程。那些精心打造、刻意而为的锅碗瓢盆、桌椅板凳，那些与人们的衣食住行相关的种种物品给人们的生活方式带来了深刻影响。在当代生活中这种生活艺术化的表现以及带给生活方式的影

---

① 鲍德里亚《消费社会》，南京大学出版社 2001 年版，第 83 页。
② 同上，第 82 页。

响则更为强烈。在其中，日常生活、审美与消费更为密切相关。作为一种"有风格的生活"，时尚总是通过推举风格化的观念、物品和行为使之流行而呈现自己。

被时尚借用的物品具有典型的符号性。总是处于时尚潮头的时装就是很有代表性的样式。在现代生活中，时装与它饱暖蔽体的实用功能早已渐行渐远，每一年、每一季的时装潮流样式主要是种种流行风尚内涵：或古典、优雅，或前卫、狂野的符号。在这个意义上，时装的生产与消费，就是不断更迭的符号的生产与消费，对时装的消费实际上成为一种符号的体验。

易变性是时尚的重要特征，对于这种易变性，时装同样具有代表性。时装风尚的变幻更迭不需要理由，这一季可以流行黑色也可以流行白色，无论流行黑色、白色，时尚都会给出相应的理由与内涵。然而这些理由与内涵其实也可能成为流行黄色、蓝色的理由与内涵。这体现了时尚符号所指与能指之间的任意性，"时尚以随意的态度在此情况下推崇某些合理的事物，在彼情况下推崇某些古怪的事物，而在别的情况下又推崇与物质和美学无关的事物"，① 这意味着时尚常常是无深层指涉的符号游戏，时尚的美学只是一种姿态的美学。

在一定意义上，时尚符号因为在不同人群中的使用形成"歧视性对比"从而具有某种程度的等级性。它表现为那些占有、消费时尚符号，特别是那些参与了符号的创制、发布以及在时尚流行前期起到了样板示范作用的时尚先锋、那些大多数追随时尚的人以及那些不在时尚之内的不同人群。2009 年有一则啤儿茶爽的电视广告。画面上有一群女孩儿在喝饮料，饮料瓶酷似啤酒瓶，一小伙子大为惊异：美女都喝啤酒？美女们应声道：帅哥，你 out（落伍）了，是啤儿茶爽！这则广告所宣传的不是一般饮料通常强调的它的口感或者营养，甚至也不是青春活力，而是将它作为一个时尚的符号，所以不知道它，没喝过它的人就 out 了。这里的广告既是一个诱导，又是一种胁迫，它带有一种强制性，将不接受它的人归入次一等级——落伍的等级。

比起等级符号物品、个性符号物品来，时尚符号物品在当今生活中有着更强大的冲击力与影响力。那些时尚达人以及与他们相关的领域、职业

---

① 齐美尔《时尚的哲学》，文化艺术出版社 2001 年版，第 73 页。

在当今生活中的地位正在不断提升，时尚明星作为消费文化的英雄正在与流行歌手、影视明星、体育明星等一起成为时代的偶像。时尚符号物品已成为当代消费文化的一个亮点。

无论是作为等级符号、个性符号还是时尚符号的物品，都表明了当代产品功能多元化的拓展，在当代消费物品中，实用功能不再是它的全部和唯一的功能，一些新的功能出现了，一些过去边缘性的功能正在变得越来越重要，而产品的符号化趋向正在为当代产品带来更多、更丰富的社会人文内涵。

当然，产品符号化带给我们的影响是复杂而多方面的，当代产品的符号化趋向是多种因素与力量综合互动的结果。它既源自社会经济与生产自身发展的逻辑及其表现出的物质财富的积累与丰富，也源自当代消费者多样性需求的变化，同时也源自生产者、销售者为了追逐利润对新的消费需求及新型产品的开发……尽管人们对产品符号化的认识不尽相同，然而，在产品日益丰富、市场日趋分化的当代消费环境中，消费者有权选择或拒绝某种产品，而这种选择和拒绝都应建立在一个丰富多元、具有弹性与可变性的产品供给上，也因此，符号化产品理应在当代生活中具有存在的价值与属于它的空间。

本土化的美学追求

——浅论弥勒佛造像在中国变化的原因

简圣宇

　　纵观中华各地，寺庙中所供奉的金刚、菩萨、佛造像多是神态肃然，庄严肃穆，观者举头望去即觉得心中充满敬畏之情，特别是四大金刚，身披重甲、把刀执鞘、怒目狰狞，颇为骇人。但弥勒佛却是个例外，在汉传佛教寺庙中，他的造像大多身宽体胖，袒胸露腹，手携布袋席地而坐，一副憨态可掬的模样，让观者感觉可亲可近而又不失崇敬之情。

　　可其实在印度佛教里，弥勒佛可并非此型。弥勒，是其姓，为梵文 Maitreya 音译简称，意译慈氏。作为未来佛的弥勒，其在印度原本的造型有两种，一为斜披僧衣、头有螺髻的佛装；二为头戴宝冠，配颈环、臂钏、腕镯的菩萨装。据学者赵超考证，中国出现弥勒造像，在文献中最早的记载是十六国符秦时期，"符坚遣使送外国金箔倚像，高七尺。又金坐像、结珠弥勒像、金缕绣像、织成像，各一张"（《释道安传》）。即最早造像乃国外引入。甘肃炳灵寺石窟是我国现存最早的石窟寺，其 169 窟中就出现里标有"弥勒菩萨"的立像。早期弥勒造像多为菩萨装，头戴宝冠，身披璎珞饰物，而且身材修长，表现出印度佛造像源地犍陀罗地区的造像艺术风格。隋唐时期，尤其是武周时期则多以弥勒佛装为多。但无论佛装还是菩萨装，都与我们今天看到的弥勒佛像有较大出入。直到五代出现了"布袋和尚"的传说，弥勒造像才出现大变。据北宋端拱元年（988）赞宁《宋高僧传》卷二十一"契此传"载："释契此者，不详氏族，或云四明人也。形裁腲脮，蹙额皤腹。言语无恒，寝卧随处。常以杖荷布囊入廛。市肆见物则乞。至於醢酱鱼菹才接入口，分少许入囊。号为长汀子，布袋师也。曾于雪中卧，而身上无雪，人以此奇之。有偈云'弥勒真弥勒，时人皆不识'等句，人言慈氏垂迹也……示人吉凶必现相表兆。亢阳，即曳高齿木屐，市桥上竖膝而眠。水潦，则系湿草屦。人以此验知。以天复中终于奉川，乡邑共埋之。后有他州见此公，亦荷布袋行。江浙之间多图画其像焉"。

由契此将入灭前的偈语"弥勒真弥勒，分身千百亿，时时示时人，时人自不识"，世传其为弥勒的化身。正是由于布袋和尚契此的出现，让弥勒造像由高高在上的佛装和菩萨装，逐渐变为贴近寻常百姓的人间装扮，使得五代以后，江浙一带的寺院中开始出现按照布袋和尚契此形象塑造的大肚笑口弥勒佛像。汉地佛教的弥勒造像最终定型为大肚笑口弥勒佛像，而非佛装抑或菩萨装造像，并非偶然，其内在意涵非常值得深究。藏族也有弥勒造像，如最大的铜制弥勒佛即为西藏札什伦布寺中的强巴佛造像，但由于汉藏兄弟民族文化背景的差异，强巴佛造像和大肚弥勒佛像可谓大相径庭。

何以如此？首先，因为汉文化在很大程度上是一种具象文化，而不像印度文化更多偏重于抽象寻思，加上汉文化文艺思想中固有"以形写神"审美观，认为人物形象应当是内在精神的外在显现（对于此观，不但以顾恺之美学思想为代表的士人高雅文化如此，且民间文化亦然，如京剧的脸谱化思维即有红白黑脸的既定外显模式），所以弥勒佛的便有着特殊的象征意味：所谓"大肚"，并非只是一个隆起的大肚子，而其实是"大度"这种平和、宽容、慈悲的内在精神的外在具体化和形象化——"大肚"者，大度也。不迷失于贪、嗔、痴、疑、慢之中。

为何布袋和尚（弥勒佛化身）的传说会兴于宋代，难道只是缘于历史的偶然性？恐怕没那么简单。我认为，从宋代之后的社会形态看，大肚弥勒佛像的出现有其深刻的社会思想因素。须知，宋为"理学"盛行的朝代，从周敦颐至程朱，由"正心诚意"、"格物致知"发展到越来越极端的"去人欲，存天理"，这些强迫人们奉守三纲五常之类"以理杀人"的封建道德规范，在形态表征上枯燥乏味、脱离实际，在精神意识上又如同裹脚布一般把人的思想束缚得近乎窒息（明清时期亦有似于此）。结果无论是文人士人还是市井百姓，或明或暗地常有抑郁厌烦之感，很难不产生逆反心理。佛教作为人们精神世界的重要寄托之一，必然要受到这种社会心理的影响。故而作为以化度众生为己任的未来佛弥勒，就成了这种社会心理直接指涉的对象。

从布袋和尚的外形上看，正好是对宋代审美风气的反动。宋代的服饰风格一洗唐代的华贵、夸张和开放，而趋以朴素、修长和保守。契此作为和尚不会身着华贵，但是他那胖乎乎的身子，隆起的大肚皮（"形裁腲脮，蹙额皤腹"），特别是袒胸露腹而又无邪天真的模样，在某种角度上看，恰好是对宋代把人裹得严严实实、唯恐露出一点点肉体的保守服饰的一种反讽（明清服饰亦形同）。佛教中有以"净裸裸赤洒洒"喻本心那种纯洁无染、澄明清湛的本真状态，所谓"父母未生以前，净裸裸赤洒洒，不立一丝毫。及乎投胎之后，净裸裸赤洒洒，不立一丝毫。然生于世，堕于五大蕴中，多是情生翳障"。（《圆悟录》卷十二）

从布袋和尚的行为上看，他想说就说，想睡即睡（"言语无恒，寝卧随处"），别人供养的东西管他荤素（"醢酱鱼菹"）照食不误。这种喜笑颜开的表层之下，是一种自性妙用、无所羁绊的大彻大悟，一如《景德传灯录》卷十所载普愿"要眠即眠，要坐即坐"、"热即取凉，寒即向火"之语。更为重要的是，这种个性盎然、得大自在的旷达生活，恰恰是许多被僵化烦琐、死气沉沉的理学压抑得喘不过气的大众，特别是文人士人们欲之而不得的境界。毕竟，真正为人处事之大境界，并非每日必须道貌岸然，不食人间烟火。

马祖道一禅师说："道不用修，但莫污染。何为污染？但有生死心，造作趣向，皆是污染。若欲直会其道，平常心是道。何谓平常心？无造作、无是非、无取舍、无断常、无凡圣。故经云：'非凡夫行、非圣贤行，是菩萨行。'只如今行住坐卧，应机接物尽是道。"（《景德传灯录》卷二十八）

"平常心是道"，持一颗平常心，知足常乐，不以物喜，不以己悲，这本身就是一种豁达自在的大境界。因为佛性不在远，而在我们每日生心念起、行住坐卧，甚至吃喝拉撒之中。所谓禅之道，自在洒脱。不假苦修，不泥坐禅，而是贯穿于每天最寻常的世俗践行里。如果太过执着于皓首穷经、苦修打坐，反而是"磨砖作镜"，虽然努力，却早已南辕北辙。

禅宗对劳动颇为推崇，五祖弘忍就亲自与五百弟子一起劳动。后来还有受马祖道一禅师教诲的在家居室庞蕴曾有歌谣云："神通并妙用，运水与搬柴"，而这也直接渗透进布袋和尚民间传说中。传说布袋和尚不但深得佛法，同时也喜好田间劳作，他插的秧竖平横直、间隔均匀、又快又好，乃是一个插秧高手，浙江奉化当地"摸六株"的农家术语便源于他①而他的《插秧偈》也流传甚广："手捏青苗种福田，低头便见水中天。六根清净方成稻（道），后退原来是向前。"布袋和尚体佛学于插秧之中的传说，可比儒家的樊迟问农被斥责的典故豁达高远多了。为何布袋和尚不以神的姿态，端坐高台之上，而是走入市井向人乞物？个中颇有深意。在大乘佛教修习的途径"六度波罗蜜"中，第一项就是"布施"，《大乘义章》卷十二云：以己财事分布与他，名之为"布"，惄己惠人目之为"施"。布袋和尚在接受世人布施（财布施）的同时，其实也是在反过来慈育众生，布施世人（法布施），他乞物，并非仅仅是为了唤起人们那颗向善之心从而增长人们的善根而已，而是暗含禅意：所谓"布施"者，其中的深意乃是"难舍能舍"：难舍之物，往往让人沉迷。而能够割舍去难以割舍的事物，方能得大自在。布袋和尚此举看似寻常，实则润物细无声的包含了佛法睿智精神的大意涵。

在民间传说里，布袋和尚见物即乞，乞来的东西统统放进布袋，明明是个有限、有形的布袋，却从来没有装不下的时候。别人让他打开瞧瞧，却见那布袋又是空的。假如有人向他请问佛法，他就把布袋放下。如果还不懂他的意思，再继续问，他就立刻提起布袋，头也不回地离去。人家仍不领会他的意思，他就捧腹大笑。有人问和尚有法号否？布袋和尚以偈答："我有一布袋，虚空无挂碍。打开遍十方，八时观自在。"曾经有一个好事无赖夺取烧了，次日布袋和尚依然背着那个布袋。无赖再夺去烧了，依旧如故，第四次再夺，却再也提不动这个布袋了。此时无赖方知和尚不是凡人。

在这里，"布袋"是一个非常富有象征意味的符码。《维摩经·弟子品》云：诸法究竟无所有，是空义。此外，《大智度论》卷五曰：观五蕴无我无我所，是名为空。佛教认为，世间一切现象皆是因缘和合而生，刹那生灭，没有质的规定性和独立的实体，假而不实，故谓之"空"。万物本来就是无所有的，源于无，且最终也是一无所有。故而"空"即为天地万物的本体，一切终属空虚。布袋能装万物而不满，因为世人眼、耳、鼻、舌、身所觉的世间一切现象，都是"空"本体衍生的种种假象。所以外物的表象无论多么复杂万千，其本质都是相同的：瞬息生灭、空无一

---

① 《太虚大师．太虚大师全书》，第 175 页。

物。《般若波罗蜜多心经》说"色不异空，空不异色。色即是空，空即是色。受想行识，亦复如此"，意义即在于此。布袋和尚理解的佛法，就是认识万法皆空，所以应该把"贪嗔痴"统统像布袋一样"放下"。因为万物本空，财物、名利、官位等等皆为过眼云烟，都如同这布袋一样最终将离你而去，所谓"生不带来，死不带去"。众生的自性本来就是清净圆满的，所谓"即心是佛"，人们只要能够觉悟自心，就可达到解脱了。如果人家还是不领会他的意思，他就捧腹大笑。为何大笑？乃是笑世人无明，笑世人心性迷暗。《俱舍论》中说："痴者，所谓愚痴，即是无明"。《唯识论》卷六中说："于诸理事迷暗为性，能碍无痴，一切杂染所依为业……诸烦恼生，必由痴故。"执着于作为"变碍"的色，则尘世间的纷纷扰扰，人内心的苦恼烦乱，都由此而起。

人生在世，忧长喜短、乐少苦多，但凡生老病死、爱别离、求不得、五阴炽盛八苦，扰人不休。布袋和尚的捧腹大笑，就是要晓谕世人：诸多苦烦，最终根因于"无明"的状态，因为无明，没有智慧的光芒穿透障蔽、照亮内心，而一旦开悟，则能够领悟到：一切诸法，唯依妄念，而有差别；若离妄念，则无一切境界之相。布袋和尚的笑，是一种深悟之后的绝假纯真、终极豁达的开怀大笑。这种笑是最能感动、感染人的，所以世人才会用布袋和尚式的笑口弥勒佛造型，逐渐替代印度式犍陀罗弥勒佛造像。为了更好地展现这种喜爱，各地寺院的弥勒殿往往都配有这样相似的对联。除了最著名的北京潭柘寺楹联"大肚能容，容天下难容之事；开口便笑，笑世间可笑之人"之外，意境深远的还有四川峨嵋山灵岩寺弥勒佛殿的对联"开口便笑，笑古笑今，凡事付之一笑；大肚能容，容天容地，与己何所不容"，以及莆田广化寺的"世态炎凉唯一笑，余怀坦白故常开"等，据不完全统计，从北京、天津、到甘肃、广西等，中华各地佛教寺院里各不相同的弥勒楹联就有 134 种。[①]

此外，在《宋高僧传》这篇"契此传"中，布袋和尚契此示人吉凶的方式也耐人寻味。他能够预卜吉凶和气候，本可借此自树为权威，让世人顶礼膜拜，然后道貌岸然地对他人说教"你该做什么不该做什么"云云，一如那些自认为领悟了"天理"，掌握了"真理"之后就对别人说三道四，动辄口诛笔伐的学究。但布袋和尚可不是这样，他摒弃那种整天绷

---

① 何劲松《布袋和尚与弥勒文化》，第 241 页。

着老脸的说教方式，而用谦和放旷，甚至有些调皮诙谐的方式，来向世人彰显自己的预测神力：预知次日是晴天，他就穿着高齿木屐，到桥上睡大觉；预知雨天，则穿上湿草鞋。明明是神，却一副与老百姓亲和无间，无拘无束的快乐老顽童作态。

即便是布袋和尚涅槃寂静前的举止，也是有大自在的作态。他端坐在明州岳林寺东廊下的一块磐石上，将安然坐化前以一偈"弥勒真弥勒，分身千百亿，时时示时人，时人自不识"让后人思索万千。这句偈语，往往被后人认为是他在入灭前告知众生自己是弥勒佛化身的明证，不过对比佛法大义，我觉得其实这是布袋和尚要向人们宣导佛家一个重要的理念："人皆有佛性"。自心是佛，此心即佛。所谓"法身无相，随应而彰"（净慧老和尚法语）。

永嘉大师曾经作过一首证道歌"一性圆通一切性。一法遍含一切法。一月普现一切水。一切水月一月摄"。就是为了阐释这种理念：佛性（一性）与众生性（一切性）是相互圆融无碍的。佛说的法门有八万四千种，其中每一法门都与其他八万三千九百九十九种法门互相含融，契合无间。这就像一个月亮普现在一切水面上，从而形成无数个水中月，而其实水中无数个月，皆是一个月亮的衍影。佛法不是高高在上、远离众生的，恰恰相反，佛性内在于所有人心中，只是众生为各种障所迷惑，没有能够看到自己的佛性罢了。在《景德传灯录》卷二十七中有布袋和尚契此的一首歌，曰："只个心心心是佛，十方世界最灵物。纵横妙用可怜生，一切不如心真实。"这首诗歌便是很好的印证。众生性不离佛性，佛性不离众生性。人若悟了即是佛，迷了就是众生。道出了这层深意，他就安心涅槃，归入寂灭清净的境界，终离于一切苦，得到究竟乐了。

从另一个角度说，若布袋和尚是弥勒佛化身，而他在世数十载春秋却从不以此向世人展炫，也可见他的人生境界之旷达高远。这不禁让人想起"拈花微笑"的典故，梵王至灵山，以金色波罗花献佛，请佛说法，而世尊拈花示众并不说法，当时众皆默然不解其意，唯独迦叶尊者破颜微笑。佛法传与世人，无需藉以强制，而是在于个人自己体悟，若顿悟自心本来清净，原无烦恼，那么就达到了"此心即佛"的禅境。布袋和尚不言自己是弥勒佛，但是传说后来人们却在他坐化后于其他地方再次见到他，而且依然是背着布袋大步前行，可见在人们心中，他就是那个化作无量分身于人间的，将在华林园龙华树下广传佛法，化度众生前往"谷食丰乐，人民炽盛"弥勒净土的弥勒佛。所谓"佛是圆满觉悟已远超于彼岸，即是已能自觉觉人"。[①] 综上所述，在五代以后，各地寺院天王殿须弥坛上供奉的弥勒佛，逐渐采用布袋和尚式的笑口弥勒佛造型，而非源于印度式的佛装或者菩萨装的犍陀罗造像。究其深层原因，即源于上面所述的大肚笑口弥勒佛造型的独特属性——造像慈眉善目，神色欢快，既有世俗之趣，又包含深刻的佛法内涵，真正彰显出了佛家的那种亲近于世俗而又超越世俗的大度与豁达。

参考文献：

[1] 何劲松主编《布袋和尚与弥勒文化》，宗教文化出版社 2003 年 3 月版。

[2]《太虚大师太虚大师全书》，第 47 册，太虚大师全书影印委员会 1970 年 11 月版。

---

① 《太虚大师．太虚大师全书》，第 435 页。

图书在版编目（CIP）数据

全国美学大会（第七届）论文集/萧牧等主编．—北京：
文化艺术出版社，2010.8

ISBN 978-7-5039-4648-6

Ⅰ．全… Ⅱ．①萧… Ⅲ．①美学—学术会议—文集
Ⅳ．①B83-53

中国版本图书馆 CIP 数据核字（2010）第 151564 号

全国美学大会（第七届）论文集

主　编　萧　牧　韦尔申　张　伟
责任编辑　金　燕
责任校对　方玉菊
装帧设计　玲　子
出版发行　文化艺术出版社
地　　址　北京市东城区东四八条 52 号　100700
网　　址　www.whyscbs.com
电子邮箱　whysbooks@263.net
电　　话　（010）64813345　64813346（总编室）
　　　　　（010）64813384　64813385（发行部）
经　　销　新华书店
印　　刷　国英印务有限公司
版　　次　2010 年 8 月第 1 版
　　　　　2010 年 8 月第 1 次印刷
开　　本　787×1092 毫米　1/16
印　　张　64.5
字　　数　1080 千字
书　　号　ISBN 978-7-5039-4648-6
定　　价　96.00 元（两卷）